7·9급 전산직·군무원 시험대비

박문각 공무원

기출문제

손경희 정보보호론

손경희 편저

주요 기출문제 단원별 완벽 총정리

명쾌한 해설과 깔끔한 오답 분석

이론의 빈틈을 없애는 체계적인 개념 이해

단원별 기출문제집

동영상 강의 www.pmg.co.kr

박문각

이 책의 머리말

PREFACE

전산직 공무원 시험에서 [정보보호론]이라는 과목은 7급과 9급에 모두 포함되는 중요한 과목입니다.

[정보보호론] 과목의 최근 출제경향을 분석해보면 출제 범위가 예전에 비해 넓어지고 있으며, 난이도 역시 높아지고 있습니다. 문제의 형태도 단순한 암기식의 지역적인 문제뿐만 아니라 전체적인 개념을 이해해야 풀 수 있는 문제가 출제되고 있습니다.

따라서 본서에서는 그 점을 충분히 고려하여 실제 시험에서 가장 중요하게 다뤄야 하는 부분에 중점을 두어 기술하였으며, 핵심 기출문제를 반영하여 여러 시험에서 출제되었던 [정보보호론] 문제를 전체적으로 정리할 수 있도록 구성하였습니다. 또한 기출문제를 분석/풀이하여 [정보보호론]의 방대한 내용을 체계적으로 정리할 수 있도록 하였습니다.

이러한 구성의 특징을 잘 파악하고 학습한다면 분명히 여러분의 합격에 좋은 안내서가 되리라 믿습니다.

마지막으로 이 책이 나오기까지 고생하고 힘써주신 여러 고마운 분들에게 깊은 감사를 드립니다.

2024. 11

손경희

출제경향 살펴보기

ANALYSIS

■ 2024년

단원	국가직 9급(문제수)
정보보호의 개요	보안 3요소(1)
해킹과 바이러스	사회공학 공격(1)
암호화 기술	AES 알고리즘(1) 블록암호 운영모드(1) 스테가노그래피(1) 비대칭키(전자서명)(1)
접근통제	
네트워크 보안	ARP 스푸핑(1) SSL(1) 무선 네트워크(1)
시스템 보안	/etc/passwd 파일(1) 디렉터리의 기본 접근 권한(1)
애플리케이션 보안	디컴파일러(1) DRM(1)
정보보호 관리	위험 분석(1)
인증제	CC(Common Criteria)(1) ISMS-P(1)
정보보호 관련 법률	개인정보 보호법(2) 정보통신망 이용촉진 및 정보보호 등에 관한 법률(1) 디지털 포렌식(1)

■ 2023년

단원	국가직 9급(문제수)	지방직 9급(문제수)
정보보호의 개요	책임추적성(1) 부인방지(1)	무결성(1)
해킹과 바이러스		논리 폭판(1)
암호화 기술	RSA(1) 하이브리드 암호(1) 블록체인(1)	대칭키 암호 알고리즘(1) 블록 암호 운용 모드(1) 해시함수(1)
접근 통제	Biba Mode(1)	OTP 토큰(1)
네트워크 보안	SSL(1) 허니팟(Honeypot)(1) 무선 네트워크 보안(1)	UDP 헤더 포맷(1) IPSec(1) 서비스 거부 공격(1)
시스템 보안	스택 버퍼 운용 과정(1)	레지스트리(1) 리눅스 배시 셸(Bash shell)(1)
애플리케이션 보안	SSS(Server Side Script) 언어(1) 입력값 검증 누락 공격(1) 디스어셈블링, OllyDbg(1) 쿠키 처리 과정(1)	CSRF 공격(1) 이중 서명(1) SSH(1)
정보보호 관리 및 대책	비정형 접근법(1)	위험 평가 접근방법(1)
정보보호 관리 체계 및 인증제	ISMS-P(1)	ISMS-P 인증 기준(2)
정보보호 관련 법률	개인정보 보호법(2) 정보통신망 이용촉진 및 정보보호 등에 관한 법률(1) 디지털포렌식(1)	정보통신망 이용촉진 및 정보보호 등에 관한 법률(2) 전자서명법(1)

출제경향 살펴보기

ANALYSIS

■ 2022년

단원	국가직 9급(문제수)	지방직 9급(문제수)
정보보호의 개요	인증성(1)	소극적 공격(1)
해킹과 바이러스		백도어(1)
암호화 기술	대칭키 암호 알고리즘(2) 블록암호 카운터 운영모드(1) 비트코인(1)	X.509 인증서(1) AES 알고리즘(1) PKI(1)
접근통제	생체 인증 측정(1) 접근제어 모델(1)	SSO(1) Kerberos(1) 접근통제 보안모델(1)
네트워크 보안	TCP(1) 세션 하이재킹(1) IPv6(1) SSH(1) 스니핑 공격(1)	TCP(1) 세션 하이재킹(1) IPv6(1) SSH(1) 스니핑 공격(1)
시스템 보안	운영체제 관련(1)	umask(1)
애플리케이션 보안	SET(1)	PGP(1)
정보보호 관리 및 대책		
정보보호 관리 체계 및 인증제	ITSEC(1) ISO 27001(1)	CC(Common Criteria)(1)
정보보호 관련 법률	개인정보 보호법(2) 정보통신망 이용촉진 및 정보보호 등에 관한 법률(1) 정보보호 및 개인정보보호 관리체계 인증 등에 관한 고시(1)	지능정보화 기본법(1) 개인정보 영향평가에 관한 고시(1) 정보통신망 이용촉진 및 정보보호 등에 관한 법률(1)

■ 2014년 ~ 2021년

구분	출제 내용	15 국9	15 지9	15 서9	15 국7	16 국9	16 서9	16 국7	17 국9	17 국7	17국9추	18 국9	19 국9	19 국7	20 국9	20 지9	21 국9
정보보호의 개요	기밀성 / 가용성 / 무결성 / 인증성 / 적극적 공격 / 사회공학적 공격 / 부인방지 / OECD 가이드라인	2			2			1	2		1		1				1
해킹과 바이러스	바이러스 / 피싱 / 해킹 순서 / 랜섬웨어 / 크라임웨어 / 백도어		2		1		2		3	1	1	2	1		1		1
암호화 기술	대칭키 / 비대칭키 / 하이브리드 / 사전공격 / 중간자 공격 / 암호블록 모드 / 해시함수 / 스테가노그래피 / ARIA, Birthday Paradox / CMVP / AES / 전자서명	2	3	6	3	3	4	5	3	5	4	5	3	5	5	7	5
접근통제	RBAC / DAC / MAC / 패스워드 / Bell-LaPadula / 인증관련(커버로스, PKI, 사용자 인증) / 캡차(CAPCHA) / X.509	3	3	5	2	3	2	4	2	1	2	3		1	3	1	1
네트워크 보안	DoS / DDoS / 보안 프로토콜 / 네트워크 스캐닝 / IPsec / 전자우편 / PGP / 네트워크 공 /, Spoofing / 네트워크 보안 장비 / SSL / 블루스나프 / VPN	3	5	5	5	4	5	4	3	3	6	3	5	4	3	4	3
시스템 보안	Buffer overflow / SetUID / MS Windows 운영체제 및 Internet Explorer의 보안 / 로그파일 / 버퍼 오버플로 공격	2	2			2	2	1	2	3	1	2	2	2	1	1	
애플리케이션 보안	DRM / SET / 쿠키 / 블루스나프(BlueSnarf) / CMVP / XSS / 웹 서버 보안 / 데이터베이스 보안 / 안드로이드 보안	2	1	2		1	1		1	1	1	1	1			2	3
정보보호 관리 및 대책	위험분석 / 위험관리 / 대응단계 / 재해복구 / BCP / BIA	2			2	2		1	1	1			1	2	2		1
정보보호관리 체계 및 인증제	ISMS / CC / TCSEC / ITSEC / PIMS / PIPL / ISO27001 / ISO27002 / PDCA	2	1			3	3	1		5	1	1	1		1	2	1
정보보호 관련 법률	개인정보보호법 / 정보통신망법 / 전자서명법 / 정보통신기반 보호법 / 포렌식 / 개인정보의 안전성 확보 조치 기준 / 클라우드 관련	2	3	1	3	2	1	3	3		3	3	3	5	3	3	3

부록(용어 정리): 스턱스넷(14 국), 허니팟(15 서, 15 국 7급), i-PIN(국 7급), 블록체인-2(19 국9급 국7급, 20 지9급)

※ 서울시(14) : IPsec 문제는 문제오류로 모두 정답 인정.

이 책의 차례
CONTENTS

손경희 정보보호론

단원별 기출문제집

정보보호 개요

정보보호 개요

01 정보보안에 대한 설명으로 옳은 것은? 2017년 지방직 9급

① 보안공격 유형 중 소극적 공격은 적극적 공격보다 탐지하기 매우 쉽다.
② 공개키 암호 시스템은 암호화 키와 복호화 키가 동일하다.
③ 정보보호의 3대 목표는 기밀성, 무결성, 접근제어이다.
④ 부인 방지는 송신자나 수신자가 메시지를 주고받은 사실을 부인하지 못하도록 방지하는 것을 의미한다.

해설

- 소극적 공격은 탐지가 어려우나 예방은 비교적 쉽다.
- 대칭키 암호 시스템은 암호화 키와 복호화 키가 동일하다.
- 정보보호의 3대 목표는 기밀성, 무결성, 가용성이다.

02 정보보호의 설명 중 가장 적절하지 않은 것은? 2024년 군무원 9급

① 위험 평가(Risk Assessment)의 목적은 조직에 잠재적인 위험 요인을 식별하고 분석하는 것이다.
② 가상 사설망(VPN, Virtual Private Network)은 안전한 원격 접속 및 데이터 전송을 목적으로 한다.
③ 키로거(Keylogger)의 위협은 암호화된 키 입력 사용으로 대응할 수 있다.
④ 블랙햇 해커(Black Hat Hacker)는 공인된 보안 전문가를 지칭한다.

해설

블랙햇 해커(Black Hat Hacker)는 법을 위반하여 시스템이나 네트워크를 공격하는 해커를 의미하며, 공인된 보안 전문가는 화이트햇 해커(White Hat Hacker)라고 할 수 있다.

03 정보보호의 3대 요소로 옳지 않은 것은? 2021년 군무원 9급

① 비인가자, 불법 침입자의 접근 제어를 통해 비밀 정보가 누출되지 않도록 보장하는 기밀성
② 메시지의 송수신이나 교환 후, 또는 통신이나 처리가 실행된 후에 그 사실을 증명함으로써 사실 부인을 방지하는 부인방지
③ 인가된 사용자가 적시, 적소에 필요 정보에 접근할 수 있고 사용 가능하도록 보장하는 가용성
④ 불법 사용자에 의해 정보 및 소프트웨어가 변경, 삭제, 생성되는 것으로부터 보호하여 원래 상태를 보존 유지하는 무결성

해설

기밀성(confidentiality), 무결성(integrity), 가용성(availability)을 정보보호의 3요소(CIA triad)라고 하며, 정보보호의 기본 목표라고 한다.

04 **다음 중 정보보호와 관련된 설명으로 옳지 않은 것은?** 군무원 문제 응용

① 정보화 역기능의 사례는 지속적으로 증가하고 있으며 사용되고 있는 기술도 정보기술과 함께 발달하고 있으므로, 정보보호의 필요성이 더욱 중요시되고 있다.

② 기밀성(confidentiality)은 정보자산이 인가된(authorized) 사용자에게만 접근할 수 있도록 보장하여 접근 권한을 가진 사람만이 실제로 접근 가능하도록 한다.

③ 가용성(availability)을 유지하기 위한 방법으로는 데이터 백업, 위협 요소 제거, 중복성 등이 있다.

④ 임의 정보에 접근할 수 있는 주체의 능력이나 주체의 자격을 검증하는 데 사용하는 수단을 인가(authorization)라 한다.

해설

- 임의 정보에 접근할 수 있는 주체의 능력이나 주체의 자격을 검증하는 데 사용하는 수단을 인증(authentication)이라 한다.
- 인가(authorization) : 특정한 프로그램, 데이터 또는 시스템 서비스 등에 접근할 수 있는 권한이 주어지는 것이다.

05 **다음 중 정보(Information)에 대한 설명으로 옳지 않은 것은?** 보안기사 문제 응용

① 정보는 데이터와 구별하여 어떤 목적에 필요한 도움을 주는 사실이나 지식을 말한다.

② 정보는 기업 활동을 위한 기본적인 요소가 되고 있다.

③ 산업화 시대에 생산의 3요소는 자본, 노동, 정보였다.

④ 정보는 유형에 따라 크게 유형자산과 무형자산으로 나뉠 수 있다.

해설

- 지식정보화 시대의 생산의 3요소가 자본, 노동, 정보이다. 인터넷기업, 웹쇼핑몰 등과 같이 토지 없는 기업은 있을 수 있으나 정보 없는 기업활동은 있을 수 없다.
- 산업화 시대에 생산의 3요소는 자본, 노동, 토지였다.

정답 01. ④ 02. ④ 03. ② 04. ④ 05. ③

06 보안 공격에 대한 설명으로 옳지 않은 것은? 2015년 국가직 7급

① 소극적 공격은 시스템의 정보를 알아내거나 악용하지만, 시스템 자원에 영향을 주지 않는다.
② 적극적 공격은 실제로 데이터를 변경하지 않기 때문에 탐지하기 매우 어렵다.
③ 소극적 공격의 유형에는 메시지 내용 공개, 트래픽 분석이 있다.
④ 적극적 공격의 유형에는 신분위장, 서비스 거부, 재전송이 있다.

해설

소극적 공격은 실제로 데이터를 변경하지 않기 때문에 탐지하기 매우 어렵다. 소극적 공격은 탐지는 어렵지만 예방은 비교적 쉽다.

07 보안 공격 유형에는 적극적 공격과 소극적 공격이 있다. 다음 중 공격 유형이 다른 하나는?

2022년 지방직 9급

① 메시지 내용 공개(release of message contents)
② 신분 위장(masquerade)
③ 메시지 수정(modification of message)
④ 서비스 거부(denial of service)

해설

메시지 내용 공개(release of message contents, 메시지 내용 갈취) : 민감하고 비밀스런 정보를 취득하거나 열람할 수 있으며, 이는 소극적인 위협에 해당된다.

08 다음 중 정보보호의 주요개념에 대한 설명으로 옳지 않은 것은? 보안기사 문제 응용

① 제약사항은 조직의 운영이나 관리상에 특수한 환경이나 형편에 의해서 발생하는 부득이한 조건들이다.
② 영향(impact)의 간접적인 손실로는 조직의 이미지 상실, 시장 점유율 감소, 재정적 손실이 있을 수 있다.
③ 자산에 손실을 발생시키는 원인이나 행위 또는 보안에 해를 끼치는 행동이나 사건, 정보의 안정성을 위협하는 개념은 취약성이다.
④ 무결성 위협은 보호되어야 할 정보가 불법적으로 변경, 생성, 삭제되는 것을 의미한다.

해설

보기 3번 문장은 위협에 관한 것이고, 취약성은 보안 위협에 원인을 제공할 수 있는 컴퓨터 시스템의 약점이라 할 수 있다.

09 **다음 중 정보화 사회에서 문제시되고 있는 정보윤리에 대한 설명으로 옳지 않은 것은?**

보안기사 문제 응용

① 개인 프라이버시 보장, 정보 범죄 차단이 점점 어려워지고 있는 실정이다.
② 기술 서비스의 빠른 변화로 인해 정보의 부작용이라는 결과를 얻고 있다.
③ 정보에 대한 침해사고로 인해 회사, 국가, 전 세계와 같은 조직 전체에 광범위하면서 신속한 악영향을 미치는 위험성이 높아지고 있다.
④ 정보 서비스와 기술 서비스에서 강조되어야 할 정당성, 합법성, 공익성, 윤리 도덕성에 대한 강조 결여로 인해 문제가 되고 있다.

해설

현재는 정보화 사회로 기술 서비스가 빠르게 발전하여 인간의 삶이 점점 편리해지고 있으나, 이러한 서비스 사용에 따라 강조되어야 할 의무 사항들이 지켜지고 있지 않은 부분이 있어 정보 윤리의 문제가 발생되고 있다.

10 **다음 중 정보보호 필요성에 대한 설명으로 옳지 않은 것은?** 보안기사 문제 응용

① 정부, 금융, 에너지, 교통, 통신기반 및 비상 서비스의 정보 자원이 주요 정보보호 대상으로 지정되고 있다.
② 정보시스템의 환경적 취약성으로 인해 정보보호가 중요시되고 있다.
③ 정보화 사회로 오면서 전자 상거래, 전자정부 등 사이버 공간에서의 활동이 증가하고 있다.
④ 정보의 안정성과 신뢰성에 대한 중요도가 증가하고 있다.

해설

사이버 공간 활동이 증가함으로써 사이버 공간 특성인 원격, 자동실행 등의 특징으로 인해 더욱더 정보보호의 필요성이 중시되고 있다.

11 **공격 유형에는 적극적 공격과 소극적 공격이 있다. 다음 중 공격 유형에 대한 설명으로 옳지 않은 것은?** 군무원 문제 응용

① 데이터를 암호화하여 전송하면 소극적인 공격을 방어할 수 있다.
② 송・수신자의 신분 및 통신시간 등을 유추하기 위해 적극적인 공격을 해야 한다.
③ 전송되는 패킷을 중간에 가로채어 변조하는 것은 적극적인 공격에 해당된다.
④ 소극적인 공격은 네트워크를 통해 전송되는 패킷을 단순히 분석하는 것이다.

해설

송・수신자의 신분 및 통신시간은 트래픽 분석을 통해 진행되는 것으로 소극적인 공격에 해당한다.

정답 06. ② 07. ① 08. ③ 09. ② 10. ② 11. ②

12 **위협(threats)은 손실이나 손상의 원인이 될 가능성을 제공하는 환경의 집합을 말한다. 다음 중 위협에 대한 설명으로 옳지 않은 것은?** 정보시스템감리사 문제 응용

① 위협은 자연재해와 인적인 위협으로 나눌 수 있으며, 관점에 따라 의도적 위협과 비의도적 위협으로 구분할 수 있다.

② 정보누출 위협은 보호되어야 할 정보가 권한이 없는 사용자에게 알려지게 되는 것을 의미한다.

③ 혼합형 보안 위협(blended threat)은 바이러스와 웜의 특성을 이용한 복합 방법으로 위해 정도 및 감염 속도를 최대화한 컴퓨터 네트워크 공격으로 프로그램 취약성, 트로이목마 특성, 파일 감염 루틴, 인터넷 전파 루틴, 네트워크 공유 전파 루틴, 자동 확산 등의 여러 가지가 혼합된 공격이다.

④ 보호되어야 할 정보가 불법적으로 생성, 수정, 삭제되는 것을 의미하는 것은 서비스 거부 위협이다.

해설

- 보호되어야 할 정보가 불법적으로 생성, 수정, 삭제되는 것을 의미하는 것은 무결성 위협이다.
- 서비스 거부 위협: 정보시스템을 사용할 권한이 있는 사용자에게 제공되어야 할 서비스를 지연, 방해, 중지시키는 것을 의미한다.

13 **보안 공격 유형 중 소극적 공격으로 옳은 것은?** 2016년 지방직 9급

① 트래픽 분석(traffic analysis)
② 재전송(replaying)
③ 변조(modification)
④ 신분 위장(masquerading)

해설

소극적 공격으로는 스니핑, 트래픽 분석 등이 있다.

14 **다음 중 네트워크 해킹에 대한 설명으로 옳은 것은?**

> 네트워크상에서 일어나는 정상적인 작동을 방해하는 형태의 공격이다. 예로는 서비스 거부(DoS; Denial of Service)가 있다.

① interception
② modification
③ fabrication
④ interruption

해설

- 가로채기(interception): 기밀성 위협
- 수정(modification): 무결성 위협
- 조작(fabrication): 무결성 위협
- 방해(interruption): 네트워크 동작에 공격을 가하기 때문에 정보보호 속성인 가용성에 위협 요소가 된다.

15 **다음 중 정보보호의 특성으로 옳지 않은 것은?** 보안기사 문제 응용

① 정보보호 대책의 설치 시 필요성을 확신할 수 없다.
② 2가지 이상의 대책을 동시에 사용하면 위험을 크게 줄일 수 있다.
③ 정보시스템의 성능에 많은 도움을 준다.
④ 정보보호의 특성상 완벽하게 달성할 수는 없다.

해설
정보보호를 한다고 정보시스템의 성능에 도움을 주는 것은 아니다.

16 **다음 중 정보보호 관리 활동에 대한 설명으로 옳지 않은 것은?** 정보시스템감리사 문제 응용

① 관리적 – 보안전담조직 구성
② 물리적 – 서버실 출입일지 작성
③ 기술적 – 비상사태를 대비한 비상계획 수립
④ 기술적 – 시스템 접근 제어 및 관련 로그 관리

해설
일반적으로 정보보호 관리 활동은 크게 관리적, 물리적 그리고 기술적 보안 활동으로 분류되고 있으며, 비상계획 수립은 관리적 보안에 해당된다.

17 **다음에서 설명하는 공격방법은?** 2015년 국가직 9급

정보보안에서 사람의 심리적인 취약점을 악용하여 비밀정보를 취득하거나 컴퓨터 접근권한 등을 얻으려고 하는 공격방법이다.

① 스푸핑 공격
② 사회공학적 공격
③ 세션 가로채기 공격
④ 사전 공격

해설
사회공학적 공격: 시스템이나 네트워크의 취약점을 이용한 해킹기법이 아니라 사회적이고 심리적인 요인을 이용하여 해킹하는 것을 가리키는 용어이다.

정답 12. ④ 13. ① 14. ④ 15. ③ 16. ③ 17. ②

18 다음에서 설명하는 공격 방법은? 2024년 국가직 9급

> – 사람의 심리를 이용하여 보안 기술을 무력화시키고 정보를 얻는 공격 방법
> – 신뢰할 수 있는 사람으로 위장하여 다른 사람의 정보에 접근하는 공격 방법

① 재전송 공격(Replay Attack)
② 무차별 대입 공격(Brute-Force Attack)
③ 사회공학 공격(Social Engineering Attack)
④ 중간자 공격(Man-in-the-Middle Attack)

해설

사회공학적 공격: 시스템이나 네트워크의 취약점을 이용한 해킹기법이 아니라 사회적이고 심리적인 요인을 이용하여 해킹하는 것을 가리키는 용어이다.

19 다음 중 사회공학(Social Engineering)적 공격을 방어하기 위한 대책으로 가장 적절하지 않은 것은? 군무원 문제 응용

① 접근을 부여하는 절차와 위반 시에 보고 절차 수립
② 방화벽, 침입탐지시스템을 설명하고 운영
③ 취약점과 의심스러운 행동에 대한 보고 및 교육
④ 적절한 보안정책

해설

사회공학적 공격은 보안 측면에서 사람을 속여 비밀정보를 획득하는 기법을 의미하기 때문에 방화벽이나 침입탐지시스템으로 방어하는 것은 적절하지 않다.

20 능동적 보안 공격에 해당하는 것만을 모두 고른 것은? 2015년 국가직 9급

ㄱ. 도청	ㄴ. 감시
ㄷ. 신분위장	ㄹ. 서비스 거부

① ㄱ, ㄴ
② ㄱ, ㄷ
③ ㄴ, ㄷ
④ ㄷ, ㄹ

해설

- 능동적 공격(적극적 공격)은 데이터에 대한 변조를 하거나 직접 패킷을 보내서 시스템의 무결성, 가용성, 기밀성을 공격하는 것으로 직접적인 피해를 입힌다.
- 수동적 공격(소극적 공격)은 데이터 도청, 수집된 데이터 분석 등이 있으며, 직접적인 피해를 입히지는 않는다.

21 능동적 공격에 해당하는 것만을 모두 고르면? 2021년 국가직 9급

ㄱ. 도청　　ㄴ. 서비스 거부
ㄷ. 트래픽 분석　　ㄹ. 메시지 변조

① ㄱ, ㄷ　　② ㄴ, ㄷ
③ ㄴ, ㄹ　　④ ㄷ, ㄹ

해설

- 적극적인(Active) 공격 : 데이터에 대한 변조를 실시하거나 직접 패킷을 보내서 시스템의 무결성, 가용성, 기밀성을 공격
- 소극적인(Passive) 공격 : 데이터를 도청하거나 수집된 데이터를 분석하는 방법 등의 공격

22 스니핑 공격에 대한 설명으로 옳지 않은 것은? 2022년 국가직 9급

① 스위치에서 ARP 스푸핑 기법을 이용하면 스니핑 공격이 불가능하다.
② 모니터링 포트를 이용하여 스니핑 공격을 한다.
③ 스니핑 공격 방지책으로는 암호화하는 방법이 있다.
④ 스위치 재밍을 이용하여 위조한 MAC 주소를 가진 패킷을 계속 전송하여 스니핑 공격을 한다.

해설

ARP Spoofing은 스위칭 환경의 랜상에서 패킷의 흐름을 바꾸는 공격 방법이다. 공격자가 서버와 클라이언트의 통신을 스니핑하기 위해 ARP 스푸핑 공격을 시도한다.

23 정보시스템의 보안 취약성 중 가장 큰 취약성을 보이는 것은? 정보시스템감리사 문제 응용

① 물리적 취약성　　② 관리적 취약성
③ 소프트웨어 취약성　　④ 하드웨어 취약성

해설

정보시스템의 보안 취약성 중에서 가장 큰 취약성은 인적 취약성이며, 인적 취약성은 관리적 취약성에 포함된다.

정답　18. ③　19. ②　20. ④　21. ③　22. ①　23. ②

24 **다음 중 다른 해커들로부터 공격을 받기 전에 도움을 줄 목적으로 컴퓨터 시스템이나 네트워크에서 보안상 취약점을 찾아내서 그 취약점을 노출시켜 알리는 해커를 지칭한 것은 무엇인가?**

보안기사 문제 응용

① snort　　② white hat
③ black hat　　④ fuzzing

해설

- snort : 오픈소스 네트워크 침입탐지시스템이다.
- white hat : 다른 해커들로부터 공격을 받기 전에 도움을 줄 목적으로 컴퓨터 시스템이나 네트워크에서 보안성 취약점을 찾아내서 그 취약점을 노출시켜 알리는 해커이다.
- black hat : 이해관계나 명예를 위해 다른 사람의 컴퓨터 시스템이나 네트워크에 침입하는 해커나 크래커이다.
- Fuzzing 또는 Fuzzing Testing은 결함을 찾기 위하여 프로그램이나 단말, 시스템에 비정상적인 입력 데이터를 보내는 테스팅 방법이다. 버퍼 오버플로우의 취약점을 발견하는 용도이다.

25 **다음 중 안전한 이메일 이용에 대한 가이드로 가장 옳지 않은 것은?** 정보시스템감리사 문제 응용

① 메일에 존재하는 의심스런 URL은 클릭하지 않는다.
② 전달받기로 한 파일 외에는 첨부 파일을 열어 보지 않는다.
③ 발신자 항목은 조작이 불가능하지만, 출처가 불분명하거나 의심스러운 제목의 메일은 열어 보지 않는다.
④ Active X 설치를 요구할 경우 반드시 보안 경고 메시지를 검토한 후 설치한다.

해설

발신자 항목은 조작이 가능하기 때문에 발신자만으로 메일을 신뢰하는 것은 위험하다. 출처가 불분명하거나 의심스러운 제목의 메일은 열어 보지 않는다.

26 **다음 중 아래의 내용에 해당하는 공격으로 가장 옳은 것은?** 보안기사 문제 응용

사용자가 그의 온라인 뱅킹 패스워드를 변경할 것을 안내하는 원하지 않는 이메일을 받았다. 이메일 내에 포함된 링크를 클릭한 후에 사용자는 그의 ID를 입력하고 그의 패스워드를 변경했다. 며칠이 지나고, 그의 계좌 잔고를 확인했을 때, 큰 금액이 다른 계좌로 송금된 것을 알았다.

① 피싱　　② 스머프 공격
③ 악의적인 내부자　　④ 재생 공격

해 설

피싱(phishing) : 금융기관 등의 웹 사이트에서 보낸 이메일(email)로 위장하여, 링크를 유도해 타인의 인증 번호나 신용 카드 번호, 계좌 정보 등을 빼내는 공격 기법이다.

27 **다음 중 아래의 내용에 해당하는 공격으로 가장 옳은 것은?** 보안기사 문제 응용

> 한 사용자는 은행으로부터 걸려온 자동 전화를 받았다. 이 자동화된 레코딩은 은행의 개인 정책과 보안 정책들을 안내하는데, 이러한 정책들은 고객의 이름과 생일 그리고 사용자의 식별 정보를 은행에 명확하게 입력해야 한다는 것이다.

① 피싱 ② 파밍
③ 스푸핑 ④ 비싱

해 설

전화를 통해 사용자를 속이는 방식은 Voice Phishing이며, 비싱(Vishing)이라고도 한다.

28 **다음 중 DoS 공격에 대한 설명으로 옳지 않은 것은?** 정보시스템감리사 문제 응용

① DoS 공격 시 즉각적인 효과를 얻을 수 있을 정도로 시스템에 위력을 미친다.
② 관리자 권한을 획득할 수 있는 효과적인 공격 방법이다.
③ 최근에는 분산 DoS 공격이 주를 이루는 침해사고가 이루어지고 있다.
④ 시스템의 정상적인 동작을 방해하는 공격 수법이다.

해 설

- DoS 공격은 시스템의 서비스를 불가능하게 하는 공격으로 권한 획득과는 상관없다.
- DoS 공격은 인터넷을 통하여 장비나 네트워크를 목표로 공격한다. DoS 공격의 목적은 정보를 훔치는 것이 아니라 장비나 네트워크를 무력화시켜서 사용자가 더 이상 네트워크 자원에 접근할 수 없게 만든다.

정답 24. ② 25. ③ 26. ① 27. ④ 28. ②

29 다음 중 워터마킹에 대한 설명으로 가장 옳은 것은? 정보시스템감리사 문제 응용

① 워터마킹 기술을 사용하여 디지털 콘텐츠의 불법사용과 기밀정보의 유출 등과 같은 위협을 차단할 수 있다.
② 사용자는 워터마킹이 삽입된 데이터에서 저작권 정보를 눈으로 식별할 수 있다.
③ 워터마킹이란 저작권을 보호하고자 하는 대상에 저작권 정보를 삽입하는 기술을 말한다.
④ 워터마킹이 삽입된 원본 미디어의 경우 어떠한 경우에도 훼손되지 않으며 저작권 정보의 추출이 가능하다.

해설

워터마킹
- 저작권을 보호하고자 하는 대상 미디어(이미지, 오디오, 동영상)에 저작권 정보를 담고 있는 로고 이미지나 Copyrights, production date, ID 등의 정보를 삽입하는 기술이다.
- 삽입된 워터마킹 데이터는 사용자에게 표시되지 않게 원본 이미지에 포함되며, 원본 이미지와 동일한 포맷으로 존재하므로 사용자가 이용 시 어떠한 제한도 통제되지는 않는다.

30 다음 중 기업 내에서 취약점을 스캐닝하기 전에 반드시 먼저 선행되어야 하는 것은?
보안기사 문제 응용

① 포트 목록 및 서비스 목록 입수
② 문서화된 경영진의 승인
③ 스니퍼 소프트웨어
④ 업무 지침서 사본

해설

자신의 업무일 경우에도 취약점 스캐닝을 하기 전에는 반드시 경영진의 문서화된 승인을 받아야 한다. 그 이유는 취약점 스캐닝이 불법적인 범죄가 될 수 있기 때문이다.

31 컴퓨터 보안의 3요소가 아닌 것은? 2024년 국가직 9급

① 무결성(Integrity)
② 확장성(Scalability)
③ 가용성(Availability)
④ 기밀성(Confidentiality)

해설

정보보안의 3대 구성요소는 기밀성(Confidentiality), 가용성(Availability), 무결성(Integrity)이다.

32 **다음 중 정보보호의 기본 요소로 보기 어려운 것은?** 군무원 문제 응용

① Authentication ② Integrity
③ Confidentiality ④ Availability

해 설

정보보안의 3대 구성요소는 기밀성(Confidentiality), 가용성(Availability), 무결성(Integrity)이다. 인증(Authentication)은 주체의 신원을 검증하기 위한 증명 활동이다.

33 **다음 설명을 모두 만족하는 정보보호의 목표는?** 2018년 교행 9급

- 인터넷을 통해 전송되는 데이터 암호화
- 데이터베이스와 저장 장치에 저장되는 데이터 암호화
- 인가된 사용자들만이 정보를 볼 수 있도록 암호화

① 가용성 ② 기밀성
③ 무결성 ④ 신뢰성

해 설

기밀성(confidentiality)

- 정보자산이 인가된(authorized) 사용자에게만 접근할 수 있도록 보장하여 접근 권한을 가진 사람만이 실제로 접근 가능하도록 한다.
- 기밀성의 유지방법으로 접근통제(access control)나 암호화(encryption) 등이 있다.

정답 29. ③ 30. ② 31. ② 32. ① 33. ②

34 **정보보호의 목표와 그에 대한 설명 (가)~(다)를 바르게 짝지은 것은?** 2017년 교육청 9급

> (가) 내부 정보 및 전송되는 정보에 대하여 허가되지 않은 사용자 또는 객체가 정보의 내용을 알 수 없도록 한다.
> (나) 정보에 대한 접근 권한이 있는 사용자가 방해받지 않고 언제든지 정보와 정보시스템을 사용할 수 있도록 보장한다.
> (다) 접근 권한이 없는 사용자에 의해 정보가 변경되지 않도록 보호하여 정보의 정확성과 완전성을 확보한다.

	(가)	(나)	(다)
①	기밀성	가용성	무결성
②	기밀성	무결성	가용성
③	무결성	가용성	기밀성
④	무결성	기밀성	가용성

해설

- 기밀성: 내부 정보 및 전송되는 정보에 대하여 허가되지 않은 사용자 또는 객체가 정보의 내용을 알 수 없도록 한다.
- 가용성: 정보에 대한 접근 권한이 있는 사용자가 방해받지 않고 언제든지 정보와 정보시스템을 사용할 수 있도록 보장한다.
- 무결성: 접근 권한이 없는 사용자에 의해 정보가 변경되지 않도록 보호하여 정보의 정확성과 완전성을 확보한다.

35 **정보 보안 시스템을 설계하거나 운영할 때 고려하는 요소 중 하나인 가용성을 보존하기 위해 행해지는 활동으로 옳지 않은 것은?** 2021년 군무원 9급

① 백업
② 네트워크 증설
③ 침입탐지시스템 운용
④ 전자서명

해설

- 가용성을 유지하기 위한 활동으로는 데이터 백업, 위협 요소 제거, 중복성 등이 있으며, 사용이 더욱더 원활하도록 네트워크를 증설하거나 침입탐지시스템을 운용할 수 있다.
- 가용성의 위협 요소로는 DoS, DDoS, 천재지변, 화재 등이 있다.

36 다음에서 설명하는 정보보호의 보안 서비스로 옳은 것은? 2015년 국가직 7급

> 기관 내부의 중요 데이터를 외부로 전송하는 행위가 탐지된 경우 전송자가 전송하지 않았음을 주장하지 못하도록 확실한 증거를 제시할 수 있는 보안 서비스이다.

① 무결성
② 접근제어
③ 기밀성
④ 부인방지

해설

부인방지(Non-repudiation) : 행위나 이벤트의 발생을 증명하여 나중에 행위나 이벤트를 부인할 수 없도록 한다.

37 정보보호의 3대 요소 중 가용성에 대한 설명으로 옳은 것은? 2018년 지방직 9급

① 권한이 없는 사람은 정보자산에 대한 수정이 허락되지 않음을 의미한다.
② 권한이 없는 사람은 정보자산에 대한 접근이 허락되지 않음을 의미한다.
③ 정보를 암호화하여 저장하면 가용성이 보장된다.
④ DoS(Denial of Service) 공격은 가용성을 위협한다.

해설

가용성(availability) : 정보에 대한 접근 권한이 있는 사용자가 방해받지 않고 언제든지 정보와 정보시스템을 사용할 수 있도록 보장한다.

38 다음은 정보보호의 3대 기본 목표 중 무엇에 대한 설명인가? 2014년 국회사무처 9급

> 권한이 없는 사용자들은 컴퓨터 시스템상의 데이터 또는 컴퓨터 시스템 간에 통신 회선을 통하여 전송되는 데이터의 내용을 볼 수 없게 하는 기능

① 비밀성(Confidentiality)
② 가용성(Availability)
③ 신뢰성(Reliability)
④ 무결성(Integrity)
⑤ 책임추적성(Accountability)

해설

비밀성(기밀성, Confidentiality) : 정보자산을 인가된(authorized) 사용자에게만 접근할 수 있도록 보장하여 접근 권한을 가진 사람만이 실제로 접근 가능하도록 한다.

정답 34. ① 35. ④ 36. ④ 37. ④ 38. ①

39 **다음 아래의 〈보기〉 중에서 정보보호의 기본 요소로만 구성된 것은?** 보안기사 문제 응용

보기

가. Authentication
나. Integrity
다. Confidentiality
라. Availability
마. Authorization
사. Accountability

① 가, 나, 다, 라
② 나, 다, 라
③ 나, 다, 라, 마
④ 다, 라, 마

해설

정보보안의 3대 구성요소는 기밀성(Confidentiality), 가용성(Availability), 무결성(Integrity)이다.

40 **정보나 정보시스템을 누가, 언제, 어떤 방법을 통하여 사용했는지 추적할 수 있도록 하는 것은?**

2023년 국가직 9급

① 인증성
② 가용성
③ 부인방지
④ 책임추적성

해설

책임추적성(accountability) : 정보나 정보시스템을 누가, 언제, 어떤 목적으로, 어떤 방법을 통하여 사용했는지를 추적할 수 있어야 한다. 책임추적성이 결여되어 있을 때, 시스템의 임의 조작에 의한 사용, 기만 및 사기, 산업 스파이 활동, 선량한 사용자에 대한 무고행위, 법적인 행위에 의해서 물질적, 정신적인 피해를 입게 된다.

41 **다음 중 인터넷상에서 위험, 피해 그리고 대책에 관한 관계에서 옳지 않은 것은?** 보안기사 문제 응용

① 서비스 거부 – 프로세서 및 메모리의 과부하 – 서비스공급 불능 – 암호기술(DES)
② 기밀성 – 도청 – 기밀 데이터의 유출 – 데이터의 암호화
③ 무결성 – 데이터의 수정 – 데이터의 유실 – 암호 체크썸(메시지 다이제스트)
④ 인증 – 합법적 사용자로 위장 – 사용자의 오인 – 인증 기술(PKI)

해설

암호기술(DES)은 기밀성에 대한 대책이다.

42 **보안 서비스와 이를 제공하기 위한 보안 기술을 잘못 연결한 것은?** 2023년 국가직 9급

① 데이터 무결성 – 암호학적 해시
② 신원 인증 – 인증서
③ 부인방지 – 메시지 인증 코드
④ 메시지 인증 – 전자 서명

해설

- 부인방지(Non-repudiation)로 인해 서명자는 서명 후 자신의 서명 사실을 부인할 수 없어야 하며, 이를 위해서는 메시지 인증 코드가 아니라 전자서명이 필요하다.
- 메시지 인증 코드는 메시지의 인증을 위해 메시지에 부가되어 전송되는 작은 크기의 정보이다. 비밀키를 사용함으로써 데이터 인증과 무결성을 보장할 수 있다. 비밀키와 임의 길이의 메시지를 MAC 알고리즘으로 처리하여 생성된 코드를 메시지와 함께 전송한다. 하지만 부인 방지는 제공하지 않는다.

43 **정보보호의 목적 중 기밀성을 보장하기 위한 방법만을 묶은 것은?** 2014년 서울시 9급

① 데이터 백업 및 암호화
② 데이터 백업 및 데이터 복원
③ 데이터 복원 및 바이러스 검사
④ 접근통제 및 암호화
⑤ 접근통제 및 바이러스 검사

해설

기밀성(Confidentiality)은 비인가자가 부정한 방법으로 그 내용을 알 수 없도록 보호하는 것을 의미하며, 기밀성을 보장하기 위한 방법으로는 접근통제 및 암호화가 있다.

44 **정보보호의 주요 목적에 대한 설명으로 옳지 않은 것은?** 2014년 국가직 9급

① 기밀성(confidentiality)은 인가된 사용자만이 데이터에 접근할 수 있도록 제한하는 것을 말한다.
② 가용성(availability)은 필요할 때 데이터에 접근할 수 있는 능력을 말한다.
③ 무결성(integrity)은 식별, 인증 및 인가 과정을 성공적으로 수행했거나 수행 중일 때 발생하는 활동을 말한다.
④ 책임성(accountability)은 제재, 부인방지, 오류제한, 침입탐지 및 방지, 사후처리 등을 지원하는 것을 말한다.

해설

무결성(integrity) : 접근 권한이 없는 사용자에 의해 정보가 변경되지 않도록 보호하여 정보의 정확성과 완전성을 확보한다.

정답 39. ② 40. ④ 41. ① 42. ③ 43. ④ 44. ③

45 보안의 3대 요소 중 가용성에 대한 직접적인 위협 행위는? 2017년 국가직 9급 추가

① 데이터 변조(modification) ② 패킷 범람(packet flooding)
③ 신분 위장(masquerading) ④ 트래픽 분석(traffic analysis)

해설
- 데이터 변조(modification)와 신분 위장(masquerading)은 무결성에 대한 위협 행위이다.
- 트래픽 분석(traffic analysis)은 기밀성에 대한 위협 행위이다.

46 정보보호에 대한 위협요소, 위협을 막기 위한 보안서비스, 보안서비스 구현을 위한 암호학적인 메카니즘에 대한 각각의 연결로 옳지 않은 것은? 2015년 국가직 7급

① 도청 – 기밀성 – 암호화
② 서비스거부 – 부인방지 – 접근제어
③ 변조 – 무결성 – 해시함수
④ 위조 – 인증 – 전자서명

해설
서비스거부 – 가용성 – 이중화, 데이터 백업

47 대표적인 공격 유형으로 방해(interrupt)와 가로채기(intercept), 위조(fabrication), 변조(modification) 공격이 있다. 이 중 가로채기 공격에서 송·수신되는 데이터를 보호하기 위한 정보보호 요소는? 2014년 국가직 7급

① 기밀성(Confidentiality) ② 무결성(Integrity)
③ 인증(Authentication) ④ 부인방지(Non–Repudiation)

해설
가로채기(intercept) 공격은 비인가된 사용자 또는 공격자가 전송되고 있는 정보를 몰래 열람 또는 도청하는 행위로 정보의 기밀성 보장을 위협한다.

48 **사용자의 신원을 검증하고 전송된 메시지의 출처를 확인하는 정보보호 개념은?** 2022년 국가직 9급

① 무결성 ② 기밀성

③ 인증성 ④ 가용성

해설

인증성(Authentication)

- 정보시스템상에서 이루어진 어떤 활동이 정상적이고 합법적으로 이루어진 것을 보장하는 것이다.
- 정보에 접근할 수 있는 객체의 자격이나 객체의 내용을 검증하는 데 사용하는 것으로 정당한 사용자인지를 판별한다.
- 인증성이 결여될 경우에는 사기, 산업스파이 등 부정확한 정보를 가지고 부당한 처리를 하여 잘못된 결과를 가져올 수 있다.

49 **정보보호의 주요 목표 중 하나인 인증성(Authenticity)을 보장하는 사례를 설명한 것으로 옳은 것은?** 2014년 지방직 9급

① 대학에서 개별 학생들의 성적이나 주민등록번호 등 민감한 정보는 안전하게 보호되어야 한다. 따라서 이러한 정보는 인가된 사람에게만 공개되어야 한다.

② 병원에서 특정 환자의 질병 관련 기록을 해당 기록에 관한 접근 권한이 있는 의사가 이용하고자 할 때 그 정보가 정확하며 오류 및 변조가 없었음이 보장되어야 한다.

③ 네트워크를 통해 데이터를 전송할 때는 데이터를 송신한 측이 정당한 송신자가 아닌 경우 수신자가 이 사실을 확인할 수 있어야 한다.

④ 회사의 웹 사이트는 그 회사에 대한 정보를 얻고자 하는 허가받은 고객들이 안정적으로 접근할 수 있어야 한다.

해설

인증성(Authentication) : 정보교환에 의해 실체의 식별을 확실하게 하거나 임의 정보에 접근할 수 있는 객체의 자격이나 객체의 내용을 검증하는 데 사용한다.

정답 45. ② 46. ② 47. ① 48. ③ 49. ③

50 안전한 전자상거래를 구현하기 위해서 필요한 요건들에 대한 설명으로 옳은 것은?

2017년 지방직 9급 추가

① 무결성(Integrity) – 정보가 허가되지 않은 사용자(조직)에게 노출되지 않는 것을 보장하는 것을 의미한다.

② 인증(Authentication) – 각 개체 간에 전송되는 정보는 암호화에 의한 비밀 보장이 되어 권한이 없는 사용자에게 노출되지 않아야 하며 저장된 자료나 전송 자료를 인가받지 않은 상태에서는 내용을 확인할 수 없어야 한다.

③ 접근제어(Access Control) – 허가된 사용자가 허가된 방식으로 자원에 접근하도록 하는 것이다.

④ 부인봉쇄(Non-repudiation) – 어떠한 행위에 관하여 서명자나 서비스로부터 부인할 수 있도록 해주는 것을 의미한다.

해설

- 정보가 허가되지 않은 사용자(조직)에게 노출되지 않는 것을 보장하는 것은 기밀성과 관련된다.
- 각 개체 간에 전송되는 정보는 암호화에 의한 비밀 보장이 되어 권한이 없는 사용자에게 노출되지 않아야 하며, 저장된 자료나 전송 자료를 인가받지 않은 상태에서는 내용을 확인할 수 없어야 하는 것은 기밀성과 관련된다.
- 부인봉쇄(Non-repudiation)는 어떠한 행위에 관하여 서명자나 서비스로부터 부인할 수 없도록 해주는 것을 의미한다.

51 인가된 사용자가 조직의 정보자산에 적시에 접근하여 업무를 수행할 수 있도록 유지하는 것을 목표로 하는 정보 보호 요소는?

2016년 국가직 7급

① 기밀성(confidentiality)　② 무결성(integrity)

③ 가용성(availability)　④ 인증성(authentication)

해설

가용성(availability) : 정보에 대한 접근 권한이 있는 사용자가 방해받지 않고 언제든지 정보와 정보시스템을 사용할 수 있도록 보장한다.

52 무결성을 위협하는 공격이 아닌 것은?

2019년 지방직 9급

① 스누핑 공격(Snooping Attack)

② 메시지 변조 공격(Message Modification Attack)

③ 위장 공격(Masquerading Attack)

④ 재전송 공격(Replay Attack)

해설

스누핑 공격(Snooping Attack)은 무결성을 위협하는 공격이 아니라, 기밀성을 위협하는 공격이다.

53 **데이터의 위·변조를 방어하는 기술이 목표로 하는 것은?** 2023년 지방직 9급

① 기밀성 ② 무결성
③ 가용성 ④ 책임추적성

해설

무결성(integrity): 접근 권한이 없는 사용자에 의해 정보가 변경되지 않도록 보호하여 정보의 정확성과 완전성을 확보한다. 네트워크를 통하여 송수신되는 정보의 내용이 불법적으로 생성 또는 변경되거나 삭제되지 않도록 보호되어야 하는 것이다.

54 **컴퓨터 시스템 및 네트워크 자산에 대한 위협 중에서 기밀성 침해에 해당하는 것은?** 2017년 국가직 9급

① 메시지가 재정렬됨
② 새로운 파일이 허위로 만들어짐
③ 통계적 방법으로 데이터 내용이 분석됨
④ 장비가 불능 상태가 되어 서비스가 제공되지 않음

해설

- 기밀성(confidentiality): 정보자산이 인가된(authorized) 사용자에게만 접근할 수 있도록 보장하여 접근 권한을 가진 사람만이 실제로 접근 가능하도록 한다.
- 기밀성의 유지방법으로 접근통제(access control)나 암호화(encryption) 등이 있다.

55 **정보보호 서비스에 대한 설명으로 옳지 않은 것은?** 2019년 국가직 9급

① Authentication – 정보교환에 의해 실체의 식별을 확실하게 하거나 임의 정보에 접근할 수 있는 객체의 자격이나 객체의 내용을 검증하는 데 사용한다.
② Confidentiality – 온오프라인 환경에서 인가되지 않은 상대방에게 저장 및 전송되는 중요정보의 노출을 방지한다.
③ Integrity – 네트워크를 통하여 송수신되는 정보의 내용이 불법적으로 생성 또는 변경되거나 삭제되지 않도록 보호한다.
④ Availability – 행위나 이벤트의 발생을 증명하여 나중에 행위나 이벤트를 부인할 수 없도록 한다.

해설

- Availability: 정보와 정보시스템의 사용을 인가받은 사람이 그것을 사용하려고 할 때 언제든지 사용할 수 있도록 보장하는 것이다.
- Non-repudiation: 행위나 이벤트의 발생을 증명하여 나중에 행위나 이벤트를 부인할 수 없도록 한다.

정답 50. ③ 51. ③ 52. ① 53. ② 54. ③ 55. ④

56 보안 요소에 대한 설명과 용어가 바르게 짝지어진 것은? 2016년 국가직 9급

ㄱ. 자산의 손실을 초래할 수 있는 원하지 않는 사건의 잠재적인 원인이나 행위자
ㄴ. 원하지 않는 사건이 발생하여 손실 또는 부정적인 영향을 미칠 가능성
ㄷ. 자산의 잠재적인 속성으로서 위협의 이용 대상이 되는 것

	ㄱ	ㄴ	ㄷ
①	위협	취약점	위험
②	위협	위험	취약점
③	취약점	위협	위험
④	위험	위협	취약점

해설

- 위협: 자산의 손실을 초래할 수 있는 원하지 않는 사건의 잠재적인 원인이나 행위자
- 위험: 원하지 않는 사건이 발생하여 손실 또는 부정적인 영향을 미칠 가능성
- 취약점: 자산의 잠재적인 속성으로서 위협의 이용 대상이 되는 것

57 보안 서비스에 대한 설명을 바르게 나열한 것은? 2016년 지방직 9급

ㄱ. 메시지가 중간에서 복제 · 추가 · 수정되거나 순서가 바뀌거나 재전송됨이 없이 그대로 전송되는 것을 보장한다.
ㄴ. 비인가된 접근으로부터 데이터를 보호하고 인가된 해당 개체에 적합한 접근 권한을 부여한다.
ㄷ. 송 · 수신자 간에 전송된 메시지에 대해서, 송신자는 메시지 송신 사실을, 수신자는 메시지 수신 사실을 부인하지 못하도록 한다.

	ㄱ	ㄴ	ㄷ
①	데이터 무결성	부인봉쇄	인증
②	데이터 가용성	접근통제	인증
③	데이터 기밀성	인증	부인봉쇄
④	데이터 무결성	접근통제	부인봉쇄

해설

- 데이터 무결성: 메시지가 중간에서 복제 · 추가 · 수정되거나 순서가 바뀌거나 재전송됨이 없이 그대로 전송되는 것을 보장한다.
- 접근통제: 비인가된 접근으로부터 데이터를 보호하고 인가된 해당 개체에 적합한 접근 권한을 부여한다.
- 부인봉쇄: 송 · 수신자 간에 전송된 메시지에 대해서, 송신자는 메시지 송신 사실을, 수신자는 메시지 수신 사실을 부인하지 못하도록 한다.

58 IT시스템에 발생할 수 있는 다음의 보안 이슈들과 밀접한 관계를 가진 정보보호 요소는?

2015년 국회사무처 9급

- IT 시스템의 저장된 데이터 변경
- IT 시스템 메모리 변경
- IT 시스템 간 메시지 전송 중 내용 변경

① 기밀성(Confidentiality) ② 무결성(Integrity)
③ 가용성(Availability) ④ 신뢰성(Reliability)
⑤ 책임추적성(Accountability)

해설

무결성(integrity): 접근 권한이 없는 사용자에 의해 정보가 변경되지 않도록 보호하여 정보의 정확성과 완전성을 확보한다.

59 보안의 3대 요소 중 적절한 권한을 가진 사용자가 인가한 방법으로만 정보를 변경할 수 있도록 하는 것은? 2021년 지방직 9급

① 무결성(integrity) ② 기밀성(confidentiality)
③ 가용성(availability) ④ 접근성(accessability)

해설

- 무결성: 비인가된 자에 의한 정보의 변경, 삭제, 생성 등으로부터 보호하여 정보의 정확성, 완전성이 보장되어야 한다.
- 기밀성: 정보의 소유자가 원하는 대로 정보의 비밀이 유지되어야 한다.
- 가용성: 정식 인가된 사용자에게 적절한 방법으로 정보 서비스를 요구할 때 언제든지 해당 서비스가 제공되어야 한다.

정답 56. ② 57. ④ 58. ② 59. ①

60 **정보보호시스템이 제공하는 보안서비스 개념과 그에 대한 설명으로 옳은 것은?** 2016년 국회사무처 9급

ㄱ. 기밀성(Confidentiality): 데이터가 위/변조되지 않아야 함
ㄴ. 무결성(Integrity): 권한이 있는 자는 서비스를 사용하여야 함
ㄷ. 인증(Authentication): 정당한 자임을 상대방에게 입증하여야 함
ㄹ. 부인방지(Non-Repudiation): 거래사실을 부인할 수 없어야 함
ㅁ. 가용성(Availability): 비인가자에게는 메시지를 숨겨야 함

① ㄱ, ㄴ
② ㄱ, ㅁ
③ ㄴ, ㄷ
④ ㄷ, ㄹ
⑤ ㄹ, ㅁ

해설

- 기밀성(Confidentiality): 비인가자에게는 메시지를 숨겨야 함
- 무결성(Integrity): 데이터가 위·변조되지 않아야 함
- 가용성(Availability): 권한이 있는 자는 서비스를 사용하여야 함

61 **다음 아래의 〈보기〉에서 설명하는 위협의 속성으로 가장 옳은 것은?** 보안기사 문제 응용

보기

시스템의 보안을 증진시키기 위해서 사용되는 관리 기법 중의 하나로 사용자들이 자원을 직접 접근할 수 없고, 단지 운영체제 내부의 감시 프로그램만이 접근할 수 있도록 시스템 보안에 대한 위협을 감소시키는 방법 중의 하나로 중요한 작업에 대한 제어권을 사용자가 직접 갖지 못하게 하고 운영체제가 갖도록 하는 것이다.

① 보안위협
② 무결성위협
③ 위협감시
④ 정보누출

해설

위협의 속성

- 위협감시: 시스템의 보안을 증진시키기 위해서 사용되는 관리 기법
- 보안위협: 컴퓨터 시스템 내의 정보자원에 대해 원하지 않는 결과를 초래할 수 있는 잠재적 가능성, 악의적인 의도, 위협요소 등
- 정보누출위협: 보호되어야 할 정보가 권한이 없는 사용자에게 알려지게 되는 것
- 무결성위협: 보호되어야 할 정보가 불법적으로 변경, 생성, 삭제되는 것
- 서비스거부위협: 정보시스템을 사용할 권한이 있는 사용자에게 제공되어야 할 서비스를 지연, 방해, 중지시키는 것

62 **다음 중 조직 내에서 데이터 등급화를 수행하는 주요한 이유로 가장 옳은 것은?** 보안기사 문제 응용

① 피싱 공격들이 식별되어지고 적절히 등급화되었다는 것을 확실히 하기 위해
② 조직원들이 그들이 다루고 있는 데이터가 무엇인지를 확실히 알게 하기 위해
③ 악의적인 공격을 탐지하기 위해
④ 모든 데이터를 삭제할 명분을 얻기 위해

해설

데이터를 등급화하는 목적은 조직원들이 다루고 있는 것이 중요한 데이터인지 아니면 일반적인 데이터인지를 구분하기 위한 것이다.

63 **'정보시스템과 네트워크의 보호를 위한 OECD 가이드라인'(2002)에서 제시한 원리(principle) 중 "참여자들은 정보시스템과 네트워크 보안의 필요성과 그 안전성을 향상하기 위하여 할 수 있는 사항을 알고 있어야 한다."에 해당하는 것은?** 2017년 국가직 9급

① 인식(Awareness)
② 책임(Responsibility)
③ 윤리(Ethics)
④ 재평가(Reassessment)

해설

OECD의 보호원칙(2002년 개정)

1. 인식(Awareness) : 참여자들은 정보시스템과 네트워크 보안의 필요 및 보안을 향상시키기 위해 무엇을 할 수 있는지 인지하고 있어야 한다.
2. 책임(Responsibility) : 모든 참여자들은 정보시스템과 네트워크 보안에 책임이 있다.
3. 대응(Response) : 참여자들은 보안사고를 방지, 탐지, 대응하는 데 시기적절하게 협력적으로 행동해야 한다.
4. 윤리(Ethics) : 참여자들은 타인들의 적법한 이익을 존중해야만 한다.
5. 민주주의(Democracy) : 정보시스템과 네트워크의 보안은 민주사회에서의 근본적인 가치들과 조화되어야 한다.
6. 위험평가(Risk Assessment) : 참여자들은 위험평가를 시행해야 한다.
7. 보안설계와 이행(Security Design and Implementation) : 참여자들은 보안을 정보시스템과 네트워크의 핵심 요소로 포함시켜야 한다.
8. 보안관리(Security Management) : 참여자들은 보안관리에 있어 포괄적인 접근방식을 도입해야 한다.
9. 재평가(Reassessment) : 참여자들은 정보시스템과 네트워크의 보안을 재검토 및 재평가하여야 하며 보안정책, 관행, 도구, 절차 등에 적절한 수정을 가해야 한다.

정답 60. ④ 61. ③ 62. ② 63. ①

64 **다음 중 정보보호 정책서 작성 시 포함되어야 할 내용으로 옳지 않은 것은?** 보안기사 문제 응용

① 정책의 내용　　② 책임자
③ 적용 범위　　④ 문서승인

해설
정보보호 정책서 작성 시 목적, 적용 범위, 정책의 내용, 책임문서승인, 정보보호위원회 등을 포함해야 한다.

65 **다음 설명에 해당하는 OECD 개인정보보호 8원칙으로 옳은 것은?** 2016년 지방직 9급

> 개인정보는 이용 목적상 필요한 범위 내에서 개인정보의 정확성, 완전성, 최신성이 확보되어야 한다.

① 이용 제한의 원칙(Use Limitation Principle)
② 정보 정확성의 원칙(Data Quality Principle)
③ 안전성 확보의 원칙(Security Safeguards Principle)
④ 목적 명시의 원칙(Purpose Specification Principle)

해설
- 이용 제한의 원칙(Use Limitation Principle) : 정보주체의 동의가 있거나, 법규정이 있는 경우를 제외하고는 목적 외 이용 및 공개 금지
- 안전성 확보의 원칙(Security Safeguard Principle) : 개인정보의 침해, 누설, 도용 등을 방지하기 위한 물리적·조직적·기술적 안전 조치 확보
- 목적명시의 원칙(Purpose Specification Principle) : 수집 이전 또는 당시에 수집목적 명시. 명시된 목적에 적합한 개인정보의 이용

66 **OECD 개인정보보호 8개 원칙 중 다음에서 설명하는 것은?** 2019년 지방직 9급

개인정보 침해, 누설, 도용을 방지하기 위한 물리적・조직적・기술적인 안전조치를 확보해야 한다.

① 수집 제한의 원칙(Collection Limitation Principle)
② 이용 제한의 원칙(Use Limitation Principle)
③ 정보 정확성의 원칙(Data Quality Principle)
④ 안전성 확보의 원칙(Security Safeguards Principle)

해설

• 수집 제한의 원칙(Collection Limitation Principle): 적법하고 공정한 방법을 통한 개인정보의 수집
• 이용 제한의 원칙(Use Limitation Principle): 정보주체의 동의가 있거나, 법규정이 있는 경우를 제외하고는 목적 외 이용 및 공개 금지
• 정보 정확성의 원칙(Data Quality Principle): 개인정보는 이용 목적상 필요한 범위 내에서 개인정보의 정확성, 완전성, 최신성이 확보되어야 한다.

67 **OECD 이사회(Council)는 2013년 7월 11일 프라이버시 보호 및 개인 데이터의 국경 간 유통에 관한 가이드라인(Recommendation Concerning Guidelines Governing the Protection of Privacy and Transborder Flows of Personal Data)의 개정안 권고문을 채택하였다. 다음 중 개인데이터보호 원칙에 해당하지 않는 것은?** 보안기사 문제 응용

① 책임성의 원칙
② 데이터 품질 원칙
③ 수집 제한의 원칙
④ 개인 비참여의 원칙

해설

개인데이터보호 8개 원칙
1. 수집 제한의 원칙
2. 정보 정확성의 원칙
3. 목적 명확화의 원칙
4. 이용 제한의 원칙
5. 안전보호의 원칙
6. 공개의 원칙
7. 개인 참가의 원칙
8. 책임의 원칙

정답 64. ② 65. ② 66. ④ 67. ④

68 **다음은 「OECD 프라이버시 프레임워크」(2013)에서 제시한 개인정보보호 원칙을 설명한 것이다. (가)와 (나)에 해당하는 것을 A~D에서 바르게 연결한 것은?** 2024년 지방직 9급

> (가) 개인 데이터의 수집에는 제한이 있어야 하고 그러한 정보는 적법하고 공정한 방법에 의해 얻어져야 하며, 정보주체의 적절한 인지 또는 동의가 있어야 한다.
> (나) 개인 데이터는 사용목적과 관계가 있어야 하고 그 목적에 필요한 한도 내에서 정확하고, 완전하며, 최신의 것이어야 한다.

> A. 수집 제한의 원칙(collection limitation principle)
> B. 목적 명확화의 원칙(purpose specification principle)
> C. 데이터 품질 원칙(data quality principle)
> D. 개인 참여의 원칙(individual participation principle)

	(가)	(나)
①	A	B
②	A	C
③	D	B
④	D	C

해설

- 수집 제한의 원칙(Collection Limitation Principle): 개인 데이터의 수집에는 제한이 있어야 하고 그러한 정보는 적법하고 공정한 방법에 의해 얻어져야 하며, 정보주체의 적절한 인지 또는 동의가 있어야 한다.
- 데이터 품질 원칙(Data Quality Principle): 개인 데이터는 사용목적과 관계가 있어야 하고 그 목적에 필요한 한도 내에서 정확하고, 완전하며, 최신의 것이어야 한다.
- 목적 명확화의 원칙(Purpose Specification Principle): 개인 데이터의 수집목적은 수집 이전 또는 수집 당시에 명시되어야 하며, 개인 데이터의 이용은 명시된 수집목적 또는 수집 시 목적, 목적 변경 시 명시되는 목적과 상충하지 않아야 한다.
- 개인 참여의 원칙(Individual Participation Principle): 개인들은 다음과 같은 권리를 가진다.
  (a) 정보관리자로부터 또는 기타의 방법으로 정보관리자가 자신들에 대한 정보를 보유하고 있는지에 대해 확인할 권리
  (b) 다음과 같이 자신에 관한 정보와 통신할 수 있는 권리
    (i) 적절한 시간 내
    (ii) 유료라면 과도하지 않은 비용으로
    (iii) 적절한 방법으로
    (iv) 개인들이 쉽게 알 수 있는 형식으로
  (c) (a)항, (b)항에 따른 요청이 거부된 경우, 그 사유를 알고 이의를 제기할 수 있는 권리
  (d) 자신의 정보와 관련된 정보에 이의를 제기하고 이의제기가 수락된 경우, 그 정보를 삭제, 정정, 완성, 수정할 수 있는 권리

PART 01

69 **다음 중 보안정책 수립의 가장 큰 목적으로 옳은 것은?** 보안기사 문제 응용

① 직원들의 잘못된 행동을 제재한다.
② 직원들의 보안 활동을 위한 가이드라인을 제공한다.
③ 조직의 경영전략을 지원한다.
④ 회사의 중요자산을 보호한다.

해 설

보안정책은 임직원에게 책임 할당 및 책임추적성을 제공하고, 기업의 비밀 및 지적 재산권을 보호하며 기업의 컴퓨팅 자원의 낭비를 방지하게 된다. 또한 임직원의 가치 판단 기준이 되며, 경영진의 목표를 직원들이 공유할 수 있도록 해준다.

70 **다음 중 미국과학연구소(NIST)가 OECD의 정보보호 원칙에 근거를 두고 제정한 정보보호 원칙의 내용으로 옳지 않은 것은?** 보안기사 문제 응용

① 컴퓨터 보안은 사회적인 문제로 제약을 받는다.
② 컴퓨터 보안에 대한 책임과 책임추적성이 명확해야 한다.
③ 컴퓨터 보안은 정기적으로 재평가되어야 한다.
④ 컴퓨터 보안에서 시스템 소유자는 그들 자신의 외부조직에 대해서는 책임을 갖지 않는다.

해 설

시스템 소유자는 그들 자신의 외부조직에 대해서도 책임을 갖는다(외부사용자에게도 적절한 보안이 필요하다).

71 **정보보호를 위한 통제(대책)는 예방 통제(Preventive Controls), 탐지 통제(Detective Controls), 교정 통제(Corrective Controls)로 분류할 수 있다. 다음 중 해당 통제별에 대한 사례로 옳지 않은 것은?** 2013년 2회 보안기사

① 탐지 통제 : 불법적인 접근 시도를 발견하기 위해 접근 위반 로그를 남기도록 하였다.
② 탐지 통제 : 데이터 파일의 복구를 위한 트랜잭션 로그를 남기도록 하였다.
③ 예방 통제 : 비인가자가 정보통신망을 통해 자산에 접근하지 못하도록 하였다.
④ 예방 통제 : 관리자 외에는 특정 시설이나 설비에 접근할 수 없게 하였다.

해 설

데이터 파일의 복구를 위한 트랜잭션 로그를 남기도록 하는 것은 교정 통제에 해당된다.

정 답 68. ② 69. ② 70. ④ 71. ②

72 **위협에 대한 정보보호 대책이 필요하며, 절차적으로 구성된다. 다음 중 보안의 절차적인 통제 수단에 대한 설명으로 옳지 않은 것은?** 보안기사 문제 응용

① 지시 통제(Directive Control) : 법적인 규제, 경영진의 지시 사항 등으로 관리적 구분으로 정책이 이에 포함된다.

② 예방 통제(Preventive Control) : 컴퓨터 사기, 절도, 불법 침입, 시스템 오류, 부주의에 의한 파일 삭제 등 컴퓨터와 관련된 모든 위해를 사전에 예방하기 위한 행위이다.

③ 탐지 통제(Detective Control) : 시스템으로 침입하는 위해 요소들을 탐지하는 행위로 기술적 구분으로 패스워드나 토큰 등이 있다.

④ 교정 통제(Corrective Control) : 탐지된 에러와 부주의에 의한 파일 삭제 등 시스템에 발생한 피해를 원상회복하기 위한 통제이다.

해설

보안의 절차적인 통제 수단

구분	관리적(Administrative)	물리적(Physical)	기술적(Technical)
지시 통제	정책	제한 구역 표지판	경고 배너
예방 통제	사용자 등록부	펜스, 볼라드(bollards)	패스워드, 토큰
억제 통제	강등	경비견 조심	위반 보고서
탐지 통제	리포트 검토	센서, CCTV	감사 로그, IDS
교정 통제	직원 해고	소화기	연결 관리
복구 통제	DRP	재건축, 재구축	백업
보완 통제	직무 순환	계층적 보안	키 입력 로그

73 **다음 중 정보보호 대책을 가장 옳게 설명한 것은?** 보안기사 문제 응용

① 기술적 보안 대책은 정보보호 대책 중에서 가장 중요한 대책으로, 만약 정보 시스템에 대한 보호 대책들이 완벽하게 구축되었다 할지라도 항상 문제로 남아있다.

② 정보 시스템의 보호 대책을 위한 구성요소로는 물리적 보안 대책, 기술적 보안 대책, 관리적 보안대책이 있다.

③ 물리적 보안 대책으로는 법적 및 제도적 보호 대책 수립과 인적 자원에 의한 대책으로 나눌 수 있다.

④ 관리적 보호 대책은 하드웨어, 소프트웨어, 네트워크 대책으로 구분된다.

해설

정보보호 대책 중에서 가장 중요한 대책은 인적 자원에 대한 대책이다. 기술적 보안 대책은 하드웨어, 소프트웨어, 네트워크 대책으로 구분된다. 물리적 보호 대책으로는 정보 시스템 시설 보호, 출입 통제, 도청 방지 등이 이에 속한다.

74 **보안 관리 대상에 대한 설명으로 ㉠~㉢에 들어갈 용어는?** 2018년 지방직 9급

> ―(㉠): 시스템과 네트워크의 접근 및 사용 등에 관한 중요 내용이 기록되는 것을 말한다.
> ―(㉡): 사용자와 시스템 또는 두 시스템 간의 활성화된 접속을 말한다.
> ―(㉢): 자산에 손실을 초래할 수 있는 원치 않는 사건의 잠재적 원인이나 행위자를 말한다.

	㉠	㉡	㉢
①	로그	세션	위험
②	로그	세션	위협
③	백업	쿠키	위험
④	백업	쿠키	위협

해 설

- 로그: 시스템과 네트워크의 접근 및 사용 등에 관한 중요 내용이 기록되는 것을 말한다.
- 세션: 사용자와 시스템 또는 두 시스템 간의 활성화된 접속을 말한다.
- 위협: 자산에 손실을 초래할 수 있는 원치 않는 사건의 잠재적 원인이나 행위자를 말한다.

정답 72. ③ 73. ② 74. ②

MEMO

해킹과 바이러스

해킹과 바이러스

01 **보안 침해 사고에 대한 설명으로 옳은 것은?** 2017년 국가직 9급

① 피싱은 해당 사이트가 공식적으로 운영하고 있던 도메인 자체를 탈취하는 공격 기법이다.

② 파밍은 정상적으로 사용자들이 접속하는 도메인 이름과 철자가 유사한 도메인 이름을 사용하여 위장 홈페이지를 만든 뒤 사용자로 하여금 위장된 사이트로 접속하도록 한 후 개인 정보를 빼내는 공격 기법이다.

③ 스니핑은 적극적 공격으로 백도어 등의 프로그램을 사용하여 네트워크상의 남의 패킷 정보를 도청하는 해킹 유형의 하나이다.

④ 크라임웨어는 온라인상에서 해당 소프트웨어를 실행하는 사용자가 알지 못하게 불법적인 행동 및 동작을 하도록 만들어진 프로그램을 말한다.

해설

- 피싱은 정상적으로 사용자들이 접속하는 도메인 이름과 철자가 유사한 도메인 이름을 사용하여 위장 홈페이지를 만든 뒤 사용자로 하여금 위장된 사이트로 접속하도록 한 후 개인 정보를 빼내는 공격 기법이다.
- 파밍은 해당 사이트가 공식적으로 운영하고 있던 도메인 자체를 탈취하는 공격 기법이다.
- 스니핑은 소극적 공격으로 백도어 등의 프로그램을 사용하여 네트워크상의 남의 패킷 정보를 도청하는 해킹 유형의 하나이다.

02 **다음 중 DoS(Denial of Service) 공격의 목적으로 볼 수 없는 것은 무엇인가?** 군무원 문제 응용

① 데이터 변조　　② 시스템 자원고갈

③ 시스템 서비스 중단　　④ 네트워크 트래픽 증가

해설

DoS는 표적 시스템과 시스템에 속한 네트워크에 과다한 데이터를 보냄으로써 정상적인 서비스를 할 수 없도록 하는 행위이다.

03 **해킹에 대한 설명으로 옳지 않은 것은?** 2015년 국가직 9급

① SYN Flooding은 TCP 연결설정 과정의 취약점을 악용한 서비스 거부 공격이다.

② Zero Day 공격은 시그니처(signature) 기반의 침입탐지시스템으로 방어하는 것이 일반적이다.

③ APT는 공격대상을 지정하여 시스템의 특성을 파악한 후 지속적으로 공격한다.

④ Buffer Overflow는 메모리에 할당된 버퍼의 양을 초과하는 데이터를 입력하는 공격이다.

해 설

침입탐지시스템에서 시그니처(signature) 기반은 오용탐지에 해당되며, 오용탐지는 Zero Day 공격을 탐지할 수 없다. 비정상 행위탐지가 Zero Day 공격을 탐지할 수는 있다.

04 보안 사고에 대한 설명으로 옳지 않은 것은? 2014년 국가직 7급

① 파밍(pharming)은 신종 인터넷 사기 수법으로 해당 사이트가 공식적으로 운영하고 있던 도메인 자체를 탈취하는 공격 기법이다.

② 스파이웨어(spyware)는 사용자의 동의 없이 시스템에 설치되어, 금융 정보 및 마케팅용 정보를 수집하거나 중요한 개인 정보를 빼내가는 악의적 프로그램을 말한다.

③ 피싱(phishing)은 금융기관 등의 웹 사이트에서 보낸 이메일(email)로 위장하여, 링크를 유도해 타인의 인증 번호나 신용 카드 번호, 계좌 정보 등을 빼내는 공격 기법이다.

④ 스니핑(sniffing)은 백 도어(backdoor) 등의 프로그램을 사용하여, 원격에서 남의 패킷 정보를 도청하는 해킹 유형의 하나로 적극적 공격에 해당한다.

해 설

스니핑(sniffing)은 백 도어(backdoor) 등의 프로그램을 사용하여, 원격에서 남의 패킷 정보를 도청하는 해킹 유형의 하나로 소극적 공격에 해당한다.

05 다음 중 침해사고의 제거(Eradication)단계에 대한 유의사항에서 옳지 않은 것은?

정보시스템감리사 문제 응용

① 취약성 분석을 실시한다.

② 문제의 원인과 징후를 파악해야 한다.

③ 백업을 받는다.

④ 네트워크에 다시 접속하기 전에 시스템의 문제를 반드시 해결하여야 한다.

해 설

백업을 받는 작업은 침해사고의 제거(Eradication)단계가 아니라, 복구(Recovery)단계에 해당된다고 볼 수 있다.

정 답 01. ④ 02. ① 03. ② 04. ④ 05. ③

06 프로그램이나 손상된 시스템에 허가되지 않는 접근을 할 수 있도록 정상적인 보안 절차를 우회하는 악성 소프트웨어는? 2018년 국가직 9급

① 다운로더(downloader)
② 키 로거(key logger)
③ 봇(bot)
④ 백도어(backdoor)

해 설

- 백도어는 시스템의 보안이 제거된 비밀 통로로서 서비스 기술자나 유지 보수 프로그래머들의 접근 편의를 위해 시스템 설계자가 고의적으로 만들어 놓은 통로이다. 이를 정상적인 보안 절차를 우회하는 악성 소프트웨어로 악용하는 경우가 있다.
- 키로거 공격(Key Logger Attack): 컴퓨터 사용자의 키보드 움직임을 탐지해 ID나 패스워드, 계좌번호, 카드번호 등과 같은 개인의 중요한 정보를 몰래 빼가는 해킹 공격이다.

07 다음 중 아래의 내용에 해당하는 공격으로 가장 옳은 것은? 보안기사 문제 응용

> 공격자가 시스템에 침입할 때에 침입 전 가짜 호스트 주소로 유도 및 제어하여 실제 시스템을 보호하는 것을 말한다.

① 루트킷 툴(Rootkit Tool)
② 맨트랩(ManTrap)
③ 스푸핑(Spoofing)
④ 립프로그 공격(Leapfrog Attack)

해 설

- 맨트랩(ManTrap): 공격자가 시스템에 침입할 때에 침입 전 가짜 호스트 주소로 유도 및 제어하여 실제 시스템을 보호하는 것을 말한다.
- 루트킷 툴(Rootkit Tool): 은폐형 프로세스로 자기 자신을 숨기거나 다른 프로세스를 숨겨주는 툴이라 할 수 있다. 해킹 도구가 스스로 자기 자신을 숨겨서 동작할 수 있으며, 다른 해킹 도구를 숨겨서 동작하게 도와주기도 한다.
- 립프로그 공격(Leapfrog Attack): 다른 호스트를 훼손하기 위해 한 호스트에서 불법적으로 얻은 사용자 ID와 암호 정보를 사용하는 것이다.

08 다음 중 보안 취약성에 대한 유용한 정보를 제공할 수 있는 주요 도구가 아닌 것은? 보안기사 문제 응용

① SATAN
② Nessus
③ nmap
④ Spoofing

해 설

- Spoofing: 속임을 이용한 공격에 해당되며, 네트워크에서 스푸핑 대상은 MAC 주소, IP 주소, 포트 등 네트워크 통신과 관련된 모든 것이 될 수 있다.
- SATAN(Security Administrator Tool for Analyzing Networks): 네트워크를 통한 시스템 취약성 점검도구이다.
- Nessus: C/S 환경에서 편리한 GUI를 통하여 local과 remote에서 컴퓨터의 취약성을 점검하는 도구이다.
- nmap(network map): 범용 네트워크 취약성 점검도구이며, 대규모 네트워크를 고속 스캔하는 도구이다.

09 **다음 중 피기백(Piggyback)에 대한 설명으로 옳은 것은?** 보안기사 문제 응용

① 통신 회선을 통해 전송되는 정보를 도청
② 승인된 사람을 뒤따라 물리적이나 논리적으로 컴퓨터의 내부 네트워크에 접근
③ 불법 사용자가 자신의 호스트 IP 주소를 허락된 사용자 IP 주소로 위장
④ 시스템의 정상적인 동작을 방해하여 사용자에 대한 서비스의 제공을 거부

해설

- 피기백(Piggyback) : '어깨에 타고'라는 의미로 승인된 사람을 뒤따라 물리적이나 논리적으로 컴퓨터의 내부 네트워크에 접근한다.
- 통신 회선을 통해 전송되는 정보를 도청 : 스니핑(Sniffing)
- 불법 사용자가 자신의 호스트 IP 주소를 허락된 사용자 IP 주소로 위장 : IP 스푸핑(Spoofing)
- 시스템의 정상적인 동작을 방해하여 사용자에 대한 서비스의 제공을 거부 : 서비스거부(DoS) 공격

10 **다음 중 정보처리와 통신 서비스의 무결성과 가용성을 보장하기 위하여 필요한 정보자원의 백업에 대한 물리적, 환경적 보안사항으로 부적합한 것은?** 보안기사 문제 응용

① 비상시에 사용할 수 있도록 백업 매체를 정기적으로 점검하고, 보안구역의 매체에 적용되는 통제항목을 백업 장소에서도 적용되도록 확대해야 한다.
② 백업카피와 문서화된 복구절차의 정확하고 완전한 기록과 함께 최소한의 백업 정보를 즉시 사용할 수 있도록 보안구역의 옆에 보관해야 한다.
③ 백업 정보는 보안구역에 적용되는 기준과 일치하는 적절한 물리적, 환경적 보호가 이루어져야 한다.
④ 재난이나 매체 오류 발생 시 모든 필수적인 업무정보와 소프트웨어가 복구될 수 있도록 적합한 백업설비를 제공해야 한다.

해설

✓ 백업 관련 지침

1. 백업카피와 문서화된 복구절차의 정확하고 완전한 기록과 함께 최소한의 백업 정보를 보안구역의 재난으로부터 위험을 피할 수 있는 충분한 거리의 원격지에 보관해야 한다. 중요한 업무의 백업 정보는 최소한 3회의 백업순환 기간 동안 보유해야 한다.
2. 백업 정보는 보안구역에 적용되는 기준과 일치하는 적절한 물리적, 환경적 보호가 이루어져야 한다. 보안구역의 매체에 적용되는 통제항목을 백업 장소에서도 적용되도록 확대해야 한다.
3. 필요하면 비상시에 사용할 수 있도록 백업 매체를 정기적으로 점검해야 한다.
4. 복구절차는 복구를 위한 운영 절차에 배정된 시간 내에서 효율적으로 처리될 수 있도록 정기적으로 확인하고 점검해야 한다.

정답 06. ④ 07. ② 08. ④ 09. ② 10. ②

11 **공격자가 해킹을 통해 시스템에 침입하여 루트 권한을 획득한 후, 재침입할 때 권한을 쉽게 획득하기 위하여 제작된 악성 소프트웨어는?** 2022년 지방직 9급

① 랜섬웨어 ② 논리폭탄

③ 슬래머 웜 ④ 백도어

해설

- 백도어(backdoor)는 시스템의 보안이 제거된 비밀 통로로서 서비스 기술자나 유지 보수 프로그래머들의 접근 편의를 위해 시스템 설계자가 고의적으로 만들어 놓은 통로이다. 이를 정상적인 보안 절차를 우회하는 악성 소프트웨어로 악용하는 경우가 있다.
- 슬래머 웜: 윈도 서버(MS-SQL 서버)의 취약점을 이용해 대량의 네트워크 트래픽을 유발하여 네트워크를 마비시키는 바이러스이다.

12 **다음 설명에 해당하는 악성코드는?** 2021년 국가직 7급

- 사용자 동의 없이 설치되어 컴퓨터의 정보를 수집하고 전송하는 악성소프트웨어
- 신용카드와 같은 금융정보 및 주민등록번호와 같은 신상정보, 암호를 비롯한 각종 정보를 수집

① ransomware ② spyware

③ backdoor ④ dropper

해설

- spyware: 사용자 동의 없이 설치되어 통제권한의 제한과 주요정보를 갈취하는 악성 프로그램이다.
- Ransomware: 랜섬웨어는 '몸값'(Ransom)과 '소프트웨어'(Software)의 합성어다. 컴퓨터 사용자의 문서를 볼모로 잡고 돈을 요구한다고 해서 '랜섬(ransom)'이란 수식어가 붙었다. 인터넷 사용자의 컴퓨터에 잠입해 내부 문서나 스프레드시트, 그림 파일 등을 제멋대로 암호화해 열지 못하도록 만들거나 첨부된 이메일 주소로 접촉해 돈을 보내주면 해독용 열쇠 프로그램을 전송해 준다며 금품을 요구하기도 한다.
- Backdoor: 비인가된 접근을 허용하는 것으로 공격자가 사용자 인증 과정 등의 정상 절차를 거치지 않고 프로그램이나 시스템에 접근하도록 지원한다.
- dropper: 정상적인 파일에 멀웨어 파일이 숨겨져 있는 형태. 파일 자체 내에는 바이러스 코드가 없으나 실행 시 바이러스를 불러오는 실행 파일을 활용하여 사용자의 시스템을 감염시키는 파일 및 프로그램이다. 드로퍼는 우리가 흔히 알고 있는 트로이목마 형태로 정상적인 파일이나 프로그램에 들어있으며, 마치 잘 쌓여진 선물 상자 안에 폭탄이 들어있는 것과 같다. 드로퍼 안에는 스파이웨어, 바이러스 등 여러 악성코드와 프로그램이 담겨져 있기 때문에 사용자가 정상적으로 프로그램을 받아 실행했을 때, 이 드로퍼 파일이 실행되면서 해당 PC나 기기에 악성 바이러스를 드롭(Drop)하는 형태로 공격이 이루어진다.

13 **보안 공격 중 적극적 보안 공격의 종류가 아닌 것은?** 2014년 지방직 9급

① 신분위장(masquerade) : 하나의 실체가 다른 실체로 행세를 한다.
② 재전송(replay) : 데이터를 획득하여 비인가된 효과를 얻기 위하여 재전송한다.
③ 메시지 내용 공개(release of message contents) : 전화통화, 전자우편 메시지, 전송 파일 등에 기밀 정보가 포함되어 있으므로 공격자가 전송 내용을 탐지하지 못하도록 예방해야 한다.
④ 서비스 거부(denial of service) : 통신 설비가 정상적으로 사용 및 관리되지 못하게 방해한다.

해설

메시지 내용 공개(release of message contents, 메시지 내용 갈취) : 민감하고 비밀스런 정보를 취득하거나 열람할 수 있으며, 이는 소극적인 위협에 해당된다.

14 **할당된 메모리 공간보다 더 많은 데이터를 입력하려고 할 때 발생하는 오류를 이용한 공격기법으로 옳은 것은?** 군무원 문제 응용

① SYN flooding
② Buffer overflow
③ Denial of Service
④ ARP Spoofing

해설

- Buffer Overflow 공격은 메모리에 할당된 버퍼의 양을 초과하는 데이터를 입력하는 공격이다.
- SYN Flooding 공격은 대상 시스템에 연속적인 SYN패킷을 보내서 넘치게 만들어 버리는 공격이다.
- DoS(Denial of Service)는 표적 시스템과 시스템에 속한 네트워크에 과다한 데이터를 보냄으로써 정상적인 서비스를 할 수 없도록 하는 행위이다.
- ARP Spoofing 공격은 스위칭 환경의 랜상에서 패킷의 흐름을 바꾸는 공격 방법이다. 대응책으로는 ARP 테이블이 변경되지 않도록 arp –s [IP 주소][MAC 주소] 명령으로 MAC 주소값을 고정시키는 것이다.

15 **다음 중 해킹 유형의 하나로 여러 대의 장비를 이용하여 대량의 데이터를 특정한 서버에 집중적으로 전송함으로써 서버의 정상적인 기능을 방해하는 것을 무엇이라고 하는가?** 보안기사 문제 응용

① sniffer
② trap door
③ spoofing
④ DDoS

해설

DDoS(Distributed Denial of Service) 공격 : 공격자, 마스터 에이전트, 공격 대상으로 구성된 메커니즘을 통해 DoS 공격을 다수의 PC에서 대규모로 수행한다.

정답 11. ④ 12. ② 13. ③ 14. ② 15. ④

16 **DoS 및 DDoS 공격 대응책으로 옳지 않은 것은?** 2021년 지방직 9급

① 방화벽 및 침입 탐지 시스템 설치와 운영
② 시스템 패치
③ 암호화
④ 안정적인 네트워크 설계

해설

DoS 및 DDoS 공격 대응책

1. 방화벽 설치와 운영
2. 침입 탐지 시스템 설치와 운영
3. 안정적인 네트워크의 설계
4. 홈페이지 보안 관리
5. 시스템 패치
6. 스캔 및 서비스별 대역폭 제한

17 **송 · 수신자의 MAC 주소를 가로채 공격자의 MAC 주소로 변경하는 공격은?** 2022년 지방직 9급

① ARP spoofing
② Ping of Death
③ SYN Flooding
④ DDoS

해설

ARP Spoofing 공격은 스위칭 환경의 랜상에서 패킷의 흐름을 바꾸는 공격 방법이다. 대응책으로는 ARP 테이블이 변경되지 않도록 arp -s [IP 주소][MAC 주소] 명령으로 MAC 주소값을 고정시키는 것이다.

18 **로컬에서 통신하고 있는 서버와 클라이언트의 IP 주소에 대한 MAC 주소를 공격자의 MAC 주소로 속여, 클라이언트와 서버 간에 이동하는 패킷이 공격자로 전송되도록 하는 공격 기법은?** 2024년 국가직 9급

① SYN 플러딩
② DNS 스푸핑
③ ARP 스푸핑
④ ICMP 리다이렉트 공격

해설

ARP Spoofing은 스위칭 환경의 랜상에서 패킷의 흐름을 바꾸는 공격 방법이다. 로컬에서 통신하고 있는 서버와 클라이언트 간에 이동하는 패킷이 공격자로 전송되도록 하는 공격 기법이다.

19 IP 주소 10.1.10.2의 MAC은 xx:2f인데 10.1.10.6의 MAC도 임의로 xx:2f로 ARP 테이블에 Static 하게 입력하여 공격을 하는 공격기법을 무엇이라고 하는가? 보안기사 문제 응용

① IP Spoofing
② ARP Spoofing
③ War Dialing
④ DoS

해설

- ARP Spoofing 공격은 스위칭 환경의 랜상에서 패킷의 흐름을 바꾸는 공격 방법이다. 대응책으로는 ARP 테이블이 변경되지 않도록 arp -s [IP 주소][MAC 주소] 명령으로 MAC 주소값을 고정시키는 것이다.
- War Dialing : 크래킹 기술의 하나로 소프트웨어 프로그램을 이용해 수천 개의 전화번호를 돌려 그중 모뎀이 부착된 전화번호를 확인하는 것을 말한다. 인터넷망을 피해 접속 가능하며, 모뎀을 이용하여 전화번호 목록들을 탐색하거나 회사 내부망으로 접근할 수 있다(일반적으로 기업은 들어오는 전화망을 완전히 통제하는 것이 어렵다는 것을 악용).

20 다음 중 공격 대상의 송수신측 주소를 동일하게 변조하여 송신측에서 전달되는 패킷이 다시 송신측으로 전달되는 loop 현상을 이용하는 형태의 공격 방법은 무엇인가? 보안기사 문제 응용

① Session Hijacking
② War Driving
③ Smurf Attack
④ Land Attack

해설

Land Attack는 소스 IP와 목적지 IP가 같도록 위조한 패킷을 전송하는 공격형태이다.

21 다음 중 IP Spoofing에 대한 설명으로 옳지 않은 것은? 군무원 문제 응용

① IP 인증 방식을 사용하면 안전하다.
② DoS 공격을 이용하여 신뢰 호스트가 올바른 응답을 보낼 수 없게 한다.
③ 호스트 간의 신뢰관계를 악용하여 자신의 IP를 속여 시스템을 공격하는 기법이다.
④ 외부에서 들어오는 패킷 중에서 출발지 IP 주소(Source IP Address)가 내부망 IP 주소를 가지고 있는 패킷 필터링을 사용하여 방지할 수 있다.

해설

IP 인증 방식을 사용하면 IP 스푸핑의 공격대상이 된다.

정답 16. ③ 17. ① 18. ③ 19. ② 20. ④ 21. ①

22 DNS 스푸핑 공격에 대한 설명으로 옳지 않은 것은? 2024년 지방직 9급

① 위조된(spoofed) DNS 응답을 보내 공격자가 의도한 웹 사이트로 사용자의 접속을 유도하는 공격이다.
② 일반적으로 DNS 질의는 TCP 패킷이므로 공격자는 로컬 DNS 서버가 인터넷의 DNS 서버로부터 응답을 얻기 위해 설정한 TCP 세션을 하이재킹해야 한다.
③ 위조된 응답이 일반적으로 로컬 DNS 서버에 의해 캐시되므로 손상이 지속될 수 있는데 이를 DNS 캐시 포이즈닝이라고 한다.
④ 디지털 서명으로 DNS 데이터의 진위 여부를 확인하는 DNSSEC는 DNS 캐시 포이즈닝에 대처하도록 설계되었다.

해설

DNS 질의는 UDP 패킷을 사용하는 것이 일반적이다. DNS 스푸핑 공격은 UDP 패킷의 특성을 이용하여 이루어지며, DNS 스푸핑은 공격 대상이 잘못된 IP 주소로 웹 접속을 유도한다.

23 다음 중 APT(Advanced Persistent Threat) 공격에 대한 설명 중 옳지 않은 것은?

2017년 서울시 9급

① 사회 공학적 방법을 사용한다.
② 공격대상이 명확하다.
③ 가능한 방법을 총동원한다.
④ 불분명한 목적과 동기를 가진 해커 집단이 주로 사용한다.

해설

APT(Advanced Persistent Threat) 공격
- 조직이나 기업을 표적으로 정한 뒤 장기간에 걸쳐 다양한 수단을 총동원하는 지능적 해킹 방식이다.
- 특정 조직 내부 직원의 PC를 장악한 후에 그 PC를 통해 내부 서버나 데이터베이스에 접근한 뒤 기밀정보 등을 빼오거나 파괴하는 공격 수법으로, 불특정 다수보다는 특정 기업이나 조직을 대상으로 한다.

PART 02

24 다음 설명에 해당하는 것은? 2017년 국가직 9급

- 응용 프로그램이 실행될 때 일종의 가상머신 안에서 실행되는 것처럼 원래의 운영체제와 완전히 독립되어 실행되는 형태를 말한다.
- 컴퓨터 메모리에서 애플리케이션 호스트 시스템에 해를 끼치지 않고 작동하는 것이 허락된 보호받는 제한 구역을 가리킨다.

① Whitebox
② Sandbox
③ Middlebox
④ Bluebox

해 설

Sandbox

- 보호된 영역 내에서 프로그램을 동작시키는 것으로, 외부 요인에 의해 악영향이 미치는 것을 방지하는 보안 모델이다. '아이를 모래밭(샌드 박스)의 밖에서 놀리지 않는다'라고 하는 말이 어원이라고 알려져 있다.
- 이 모델에서는 외부로부터 받은 프로그램을 보호된 영역, 즉 '상자' 안에 가두고 나서 동작시킨다. '상자'는 다른 파일이나 프로세스로부터는 격리되어 내부에서 외부를 조작하는 것은 금지되고 있다.

25 스파이웨어 주요 증상으로 옳지 않은 것은? 2017년 서울시 9급

① 웹브라우저의 홈페이지 설정이나 검색 설정을 변경, 또는 시스템 설정을 변경한다.
② 컴퓨터 키보드 입력내용이나 화면표시내용을 수집, 전송한다.
③ 운영체제나 다른 프로그램의 보안설정을 높게 변경한다.
④ 원치 않는 프로그램을 다운로드하여 설치하게 한다.

해 설

스파이웨어

- 스파이(spy)와 소프트웨어(software)의 합성어로, 다른 사람의 컴퓨터에 잠입하여 사용자도 모르게 개인정보를 제3자에게 유출시키는 프로그램이다.
- 브라우저의 기본 설정이나 검색, 또는 시스템 설정을 변경하거나 각종 보안 설정을 제거하거나 낮추고, 사용자 프로그램의 설치나 수행을 방해 또는 삭제하나 자신의 프로그램은 사용자가 제거하지 못하도록 하며, 다른 프로그램을 다운로드하여 설치한다.

정 답 22. ② 23. ④ 24. ② 25. ③

26 **다음 설명에 해당하는 악성코드 분석도구를 옳게 짝지은 것은?** 2020년 국가직 9급

> ㄱ. 가상화 기술 기반으로 악성코드의 비정상 행위를 유발하는 실험과정에서 발생할 수 있는 분석 시스템으로의 침해를 방지하여 통제된 환경과 분석 기능을 제공한다.
> ㄴ. 악성코드의 행위를 추출하기 위해 실제로 해당 코드를 실행함으로써 발생하는 비정상 행위 혹은 시스템 동작 환경의 변화를 살펴볼 수 있는 동적 분석 기능을 제공한다.

	ㄱ	ㄴ
①	Sandbox	Process Explorer
②	Sandbox	Burp Suite
③	Blackbox	IDA Pro
④	Blackbox	OllyDBG

해설

- Sandbox : 보호된 영역 내에서 프로그램을 동작시키는 것으로, 외부 요인에 의해 악영향이 미치는 것을 방지하는 보안 모델이다. '아이를 모래밭(샌드 박스)의 밖에서 놀리지 않는다'라고 하는 말이 어원이라고 알려져 있다. 이 모델에서는 외부로부터 받은 프로그램을 보호된 영역, 즉 '상자' 안에 가두고 나서 동작시킨다. '상자'는 다른 파일이나 프로세스로부터는 격리되어 내부에서 외부를 조작하는 것은 금지되고 있다. 가상화 기술 기반으로 악성코드의 비정상 행위를 유발하는 실험과정에서 발생할 수 있는 분석시스템으로의 침해를 방지하여 통제된 환경과 분석 기능을 제공한다.
- Process Explorer : 프로세스를 관리할 수 있는 프로그램으로 악성코드의 행위를 추출하기 위해 실제로 해당 코드를 실행함으로써 발생하는 비정상 행위 혹은 시스템 동작 환경의 변화를 살펴볼 수 있는 동적 분석 기능을 제공한다.

27 **겉으로는 유용한 프로그램으로 보이지만 사용자가 의도하지 않은 악성 루틴이 숨어 있어서 사용자가 실행시키면 동작하는 악성 소프트웨어는?** 2021년 국가직 9급

① 키로거　　② 트로이목마
③ 애드웨어　　④ 랜섬웨어

해설

- 트로이목마 프로그램 : 유용하거나 자주 사용되는 프로그램 또는 명령 수행 절차 내에 숨겨진 코드를 포함시켜 잠복하고 있다가 사용자가 프로그램을 실행할 경우 원치 않는 기능을 수행한다.
- 키로거 공격 : 컴퓨터 사용자의 키보드 움직임을 탐지해 ID나 패스워드, 계좌번호, 카드번호 등과 같은 개인의 중요한 정보를 몰래 빼가는 해킹 공격이다.
- 애드웨어 : 광고를 목적으로 설치되어 사용자의 성향을 파악하여 무분별한 광고를 제공하는 프로그램이다.
- Ransomware : 랜섬웨어는 '몸값'(Ransom)과 '소프트웨어'(Software)의 합성어다. 컴퓨터 사용자의 문서를 볼모로 잡고 돈을 요구한다고 해서 '랜섬(ransom)'이란 수식어가 붙었다. 인터넷 사용자의 컴퓨터에 잠입해 내부 문서나 스프레드시트, 그림 파일 등을 제멋대로 암호화해 열지 못하도록 만들거나 첨부된 이메일 주소로 접촉해 돈을 보내주면 해독용 열쇠 프로그램을 전송해 준다며 금품을 요구하기도 한다.

28 다음 중 바이러스에 대한 설명으로 옳지 않은 것은? 보안기사 문제 응용

① 1999년 4월 26일 CHI바이러스가 대표적이다.
② 컴퓨터 파일을 감염시키거나 손상시키지만, 대역폭에는 영향을 끼치지 않는다.
③ 네트워크를 사용하여 자신의 복사본을 전송할 수 있다.
④ 다른 프로그램에 기생하여 실행된다.

해설

보기 3번은 웜에 대한 설명이다. 웜은 네트워크를 손상시키고 대역폭을 잠식하지만, 바이러스는 네트워크를 통해 자신의 복사본을 복제하는 기능이 없다.

29 다음 설명에 해당하는 악성 소프트웨어를 옳게 짝지은 것은? 2017년 국가직 9급 추가

> ㄱ. 시스템 및 응용 소프트웨어의 취약점을 악용하거나 전자우편 또는 공유 폴더를 이용하며, 네트워크를 통해서 컴퓨터에서 컴퓨터로 빠르게 전파된다.
> ㄴ. 사용자 컴퓨터 내에서 자신 또는 자신의 변형을 다른 실행 프로그램에 복제하여 그 프로그램을 감염시킨다.
> ㄷ. 겉으로 보기에는 유용해 보이지만 정상적인 프로그램 속에 숨어있는 악성 소프트웨어로, 사용자가 프로그램을 실행할 때 동작한다.

	ㄱ	ㄴ	ㄷ
①	웜	바이러스	트로이목마
②	바이러스	웜	봇
③	바이러스	웜	트로이목마
④	웜	바이러스	봇

해설

- 웜: 바이러스처럼 다른 프로그램에 달라붙는 형태가 아니라, 자체적으로 번식하는 악성 프로그램으로 전파하기 위하여 네트워크 연결을 이용한다.
- 바이러스: 정상적인 파일이 악성 기능을 포함하도록 정상적인 파일을 변경하는 프로그램이다. 다른 프로그램에 달라붙는 형태, 즉 숙주에 기생하여 다른 시스템이나 실행파일을 감염시키며 자신을 복제할 수 있는 기능을 가지고 있다.
- 트로이목마: 유용하거나 자주 사용되는 프로그램 또는 명령 수행 절차 내에 숨겨진 코드를 포함시켜 잠복하고 있다가 사용자가 프로그램을 실행할 경우 원치 않는 기능을 수행한다. 자기복제 능력은 없고 고의적인 부작용만 갖고 있는 악성 프로그램이며, 프로그래머의 실수로 포함된 버그(bug)와는 다르다.

정답 26. ① 27. ② 28. ③ 29. ①

30 아래 표에서 ㉠과 ㉡의 특징을 갖는 주요 악성코드를 옳게 짝지은 것은? 2021년 국회사무처 9급

㉠	㉡
컴퓨터 취약점을 이용하여 네트워크 통한 감염 및 실행	컴퓨터 사용 시 자동으로 광고를 표시하는 악성코드
자기복제: O	자기복제: X
독립적인 프로그램: O	독립적인 프로그램: X

	㉠	㉡
①	웜	애드웨어
②	트로이 목마	애드웨어
③	애드웨어	바이러스
④	바이러스	트로이 목마
⑤	웜 트로이	목마

해설

- 웜: 바이러스처럼 다른 프로그램에 달라붙는 형태가 아니라, 자체적으로 번식하는 악성 프로그램으로 전파하기 위하여 네트워크 연결을 이용한다.
- 바이러스: 정상적인 파일이 악성 기능을 포함하도록 정상적인 파일을 변경하는 프로그램이다. 다른 프로그램에 달라붙는 형태, 즉 숙주에 기생하여 다른 시스템이나 실행파일을 감염시키며 자신을 복제할 수 있는 기능을 가지고 있다.

31 바이러스의 종류 중에서 감염될 때마다 구현된 코드의 형태가 변형되는 것은? 2019년 서울시 9급

① Polymorphic Virus
② Signature Virus
③ Generic Decryption Virus
④ Macro Virus

해설

다형성 바이러스(polymorphic virus): 감염될 때마다 구현된 코드의 형태가 변형되는 것으로 암호화를 푸는 부분이 항상 일정한 단순 암호화 바이러스와는 달리 감염될 때마다 암호화를 푸는 부분이 달라진다.

32 **피싱(Phishing)에 대한 설명으로 옳지 않은 것은?** 2014년 지방직 9급

① Private Data와 Fishing의 합성어로서 유명 기관을 사칭하거나 개인 정보 및 금융 정보를 불법적으로 수집하여 금전적인 이익을 노리는 사기 수법이다.
② Wi-Fi 무선 네트워크에서 위장 AP를 이용하여 중간에 사용자의 정보를 가로채 사용자인 것처럼 속이는 수법이다.
③ 일반적으로 이메일을 사용하여 이루어지는 수법이다.
④ 방문한 사이트를 진짜 사이트로 착각하게 하여 아이디와 패스워드 등의 개인정보를 노출하게 하는 수법이다.

해설

이블 트윈(Evil Twins) : 실제로는 공인되지 않은 무선 접속 장치(Access Point)이면서도 공인된 무선 접속 장치인 것처럼 가장하여 접속한 사용자들의 신상 정보를 가로채는 인터넷 해킹 수법이다.

33 **프로그램을 감염시킬 때마다 자신의 형태뿐만 아니라 행동 패턴까지 변화를 시도하기도 하는 유형의 바이러스는?** 2018년 국가직 9급

① 암호화된(encrypted) 바이러스
② 매크로(macro) 바이러스
③ 스텔스(stealth) 바이러스
④ 메타모픽(metamorphic) 바이러스

해설

- 다형성 바이러스(polymorphic virus) : 암호화를 푸는 부분이 항상 일정한 단순 암호화 바이러스와는 달리 감염될 때마다 암호화를 푸는 부분이 달라진다.
- 메타모픽(metamorphic) 바이러스 : 다형성 바이러스가 발전된 형태이다. 프로그램을 감염시킬 때마다 자신의 형태뿐만 아니라 행동 패턴까지 변화를 시도하기도 하는 유형의 바이러스이다.

34 **다음 중 바이러스의 예방방법에 대한 설명으로 옳지 않은 것은?** 보안기사 문제 응용

① 최신 백신들은 바이러스뿐만 아니라 다른 악성코드도 탐지가 가능하다.
② 백신 프로그램은 모든 바이러스를 탐지하므로 필수로 사용해야 한다.
③ 중요파일은 정기적인 백업을 해야 하며, 첨부파일은 안전하다고 생각될 때 실행하는 것이 좋다.
④ 백신 프로그램은 바이러스를 찾아내서 기능을 정지 또는 제거한다.

해설

백신 프로그램이 모든 바이러스를 탐지할 수 있는 것은 아니다.

정답 30. ① 31. ① 32. ② 33. ④ 34. ②

35 **서비스 거부(DoS : Denial of Service) 공격 또는 분산 서비스 거부(DDoS : Distributed DoS) 공격에 대한 설명으로 옳지 않은 것은?** 2014년 국가직 9급

① TCP SYN이 DoS 공격에 활용된다.
② CPU, 메모리 등 시스템 자원에 과다한 부하를 가중시킨다.
③ 불특정 형태의 에이전트 역할을 수행하는 데몬 프로그램을 변조하거나 파괴한다.
④ 네트워크 대역폭을 고갈시켜 접속을 차단시킨다.

해설

데몬(Daemon) 프로그램은 에이전트 시스템 역할을 수행하는 프로그램으로 DoS 또는 DDoS 공격이 데몬 프로그램을 변조하거나 파괴하는 것은 아니다.

36 **분산 서비스 거부(DDoS) 공격에 대한 설명으로 옳지 않은 것은?** 2021년 국가직 9급

① 하나의 공격 지점에서 대규모 공격 패킷을 발생시켜서 여러 사이트를 동시에 공격하는 방법이다.
② 가용성에 대한 공격이다.
③ 봇넷이 주로 활용된다.
④ 네트워크 대역폭이나 컴퓨터 시스템 자원을 공격 대상으로 한다.

해설

- DDoS는 여러 개의 공격 지점에서 대규모 공격 패킷을 발생시켜서 하나의 특정 사이트를 동시에 공격하는 방법이다.
- DDoS(Distributed Denial of Service) 공격 : 공격자, 마스터 에이전트, 공격 대상으로 구성된 메커니즘을 통해 DoS 공격을 다수의 PC에서 대규모로 수행한다.

37 **다음 중 금융사기에 대한 설명으로 옳지 않은 것은?** 2014년 교육청 9급

① 스미싱(Smishing)은 주로 스마트폰 문자에다 URL을 첨부하여 URL을 클릭 시 악성 앱이 설치되어 개인정보나 금융정보를 빼내거나 이를 활용하여 금전적 손해를 끼치는 사기수법이다.
② 피싱(Phishing)은 공공기관이나 금융기관을 사칭하여 개인정보나 금융정보를 빼내거나 이를 활용하여 금전적 손해를 끼치는 사기수법이다.
③ 파밍(Pharming)은 공격대상 웹사이트의 관리자 권한을 획득하여 사용자의 개인정보나 금융정보를 빼내거나 이를 활용하여 금전적 손해를 끼치는 사기수법이다.
④ 스미싱(Smishing)은 문자(SMS)와 피싱(Phishing)의 합성어이다.

해설

- 문제의 3번 보기는 Web shell의 설명이며, 파밍은 사용자로 하여금 진짜 사이트로 오인하도록 하여 접속 유도 후 개인 정보를 탈취하는 기법이다.
- Web Shell : 웹 서버에 명령을 실행해 관리자 권한을 획득하는 방식의 공격 방법이다. 공격자가 원격에서 대상 웹 서버에 웹 스크립트 파일을 전송하여 관리자 권한을 획득한 후 웹페이지 소스 코드 열람, 악성코드 스크립트 삽입, 서버 내 자료유출 등의 공격을 하는 것이다.

38 스미싱 공격에 대한 설명으로 옳지 않은 것은? 2021년 지방직 9급

① 공격자는 주로 앱을 사용하여 공격한다.
② 스미싱은 개인 정보를 빼내는 사기 수법이다.
③ 공격자는 사용자가 제대로 된 url을 입력하여도 원래 사이트와 유사한 위장 사이트로 접속시킨다.
④ 공격자는 문자 메시지 링크를 이용한다.

해설

- 스미싱(Smishing) : 스미싱은 문자메시지(SMS)와 피싱(Phishing)의 합성어로, 문자메시지를 이용해 개인 및 금융정보를 탈취하는 휴대폰 해킹 기법이다. 특정 링크가 적힌 낚시성 문자를 보내 사용자가 해당 링크를 클릭하게 한 뒤 악성코드를 설치해 소액결제 및 개인정보 탈취 등의 피해를 유발한다.
- 파밍(Pharming) : 악성코드에 감염된 컴퓨터를 조작해 이용자가 인터넷 '즐겨찾기' 또는 포털사이트 검색을 통하여 금융회사 등의 정상 홈페이지 주소로 접속하여도 가짜 사이트 홈페이지로 유도되어 해커가 금융거래정보 등을 편취하는 수법이다.

39 다음 중 컴퓨터 바이러스의 발전단계에 따른 분류 중 옳지 않은 것은? 보안기사 문제 응용

① 매크로 바이러스 : 매크로를 사용하는 프로그램 데이터에 감염시키는 바이러스
② 원시형 바이러스 : 가변 크기를 갖는 단순하고 분석하기 쉬운 바이러스
③ 암호화 바이러스 : 바이러스 프로그램 전체 또는 일부를 암호화시켜 저장하는 바이러스
④ 갑옷형 바이러스 : 백신 개발을 지연시키기 위해 다양한 암호화 기법을 사용하는 바이러스

해설

원시형 바이러스(primitive virus)는 1세대 바이러스이며, 가변 크기를 갖는 것이 아니라 고정된 크기를 갖는다.

정답 35. ③ 36. ① 37. ③ 38. ③ 39. ②

40 **바이러스 및 악성 프로그램에 대한 다음 설명 중 옳지 않은 것은?** 보안기사 문제 응용

① 웜 바이러스는 자기 복제 기능과 자체 메일 전송 기능으로 이메일을 통해 급속히 전파될 수 있다.

② DoS는 시스템에서 가용성 침해를 위해 네트워크 트래픽 양을 증가시켜서 서비스 제공이 마비되도록 하는 공격이다.

③ 로그인과 같은 사용자 인증 절차를 거치지 않고 불법적인 시스템의 접근이 가능한 것은 스파이웨어 프로그램이다.

④ 스푸핑(Spoofing)은 인터넷 주소를 수정하여 정당한 사용자처럼 승인받아 시스템에 접근해 정보를 수집한다.

해설

- 보기 3번은 백도어 프로그램에 대한 설명이다.
- Spyware는 사용자 동의 없이 설치되어 통제권한의 제한과 주요정보를 갈취하는 악성 프로그램이다.

41 **다음 중 백오리피스에 대한 설명으로 옳지 않은 것은?** 보안기사 문제 응용

① MS 윈도우와 유닉스 운영체제에 치명적이다.

② 불법적인 경로를 통해 시스템에 접근하기 위한 백도어 프로그램이다.

③ 정보의 갈취뿐 아니라 시스템을 조작할 수도 있다.

④ 자기복제 능력은 없이 유틸리티 프로그램에 내장되거나 그 자체를 유틸리티 프로그램으로 위장한다.

해설

백오리피스는 MS의 윈도우 운영체제에서만 작동한다.

42 **다음 해킹도구 중에서 사용자의 key stroke를 훔치는 키로거는 어느 것인가?** 보안기사 문제 응용

① Passpy ② Voob

③ Goldeneye ④ Snort

해설

- Passpy : 사용자의 키 입력을 훔치는 key Log 프로그램
- Voob : 컴퓨터를 다운시키는 프로그램
- Snort : 공개용 소프트웨어인 침입탐지도구
- Goldeneye : 웹 사이트를 Hacking하는 프로그램

43 **악성코드에 대한 설명으로 옳지 않은 것은?** 2021년 국회사무처 9급

① Backdoor는 비인가된 접근을 허용하는 것으로 공격자가 사용자 인증 과정 등의 정상 절차를 거치지 않고 프로그램이나 시스템에 접근하도록 지원한다.

② Rootkit은 보안 관리자나 보안 시스템의 탐지를 피하면서 시스템을 제어하기 위해 공격자가 설치하는 악성파일이다.

③ Ransomware는 사용자의 파일을 암호화하여 사용자가 실행하거나 읽을 수 없도록 한 뒤 자료 복구 대가로 돈을 요구한다.

④ Launcher는 Downloader나 Dropper 등으로 생성된 파일을 실행하는 기능을 가지고 있다.

⑤ Exploit은 악성코드에 감염되지 않았는데도 악성코드를 탐지했다고 겁을 주어 자사의 안티바이러스 제품으로 제거해야 한다는 식으로 구매를 유도한다.

해설

- 보기 5번의 설명은 Scareware이다.
- Exploit : 컴퓨터 소프트웨어와 하드웨어의 버그나 취약점 등을 이용하여 공격자가 원하는 악의적 동작을 하도록 하는 공격 방법이다.

44 **안티바이러스 프로그램에서 시그니처 기반 검출은 무엇을 기반으로 하는 것인가?** 2024년 군무원 9급

① 사용자 행동

② 알려진 바이러스 코드 패턴

③ 네트워크 트래픽

④ 시스템 성능 지표

해설

안티바이러스 프로그램에서 시그니처 기반 검출은 알려진 바이러스 코드 패턴을 기반으로 한다. 시그니처 기반 검출은 악성 소프트웨어(바이러스, 웜, 트로이 목마 등)의 특정 코드 패턴이나 해시 값을 사용하여 감지하는 방식이다. 이미 알려진 바이러스의 시그니처를 데이터베이스에 저장하고, 새로 발견된 파일이 이러한 시그니처와 일치하는지 비교한다.

정답 40. ③ 41. ① 42. ① 43. ⑤ 44. ②

45 **다음 설명에 해당하는 컴퓨터 바이러스는?** 2014년 국가직 9급

> 산업 소프트웨어와 공정 설비를 공격 목표로 하는 극도로 정교한 군사적 수준의 사이버 무기로 지칭된다. 공정 설비와 연결된 프로그램이 논리제어장치(Programmable Logic Controller)의 코드를 악의적으로 변경하여 제어권을 획득한다. 네트워크와 이동저장매체인 USB를 통해 전파되며, SCADA(Supervisory Control and Data Acquisition) 시스템이 공격 목표이다.

① 오토런 바이러스(Autorun virus)
② 백도어(Backdoor)
③ 스턱스넷(Stuxnet)
④ 봇넷(Botnet)

해설
스턱스넷(Stuxnet) : SCADA(원격감시 제어시스템)을 파괴할 목적으로 제작된 악성코드의 일종으로 원자력, 전기, 철강, 반도체, 화학 등의 폐쇄망으로 운영되는 주요 원격감시 제어시스템에 침투해 오동작을 유도하는 명령코드를 입력하여 시스템을 마비시키는 악성코드이다.

46 **최근 가장 주목받는 보안 위협 중 APT(Advanced Persistent Threats)가 있다. 다음 중 APT 보안 공격에 대한 설명으로 옳지 않은 것은?** 보안기사 문제 응용

① APT 보안 공격은 대부분 먼저 사회공학적인 기법으로 공격하기 때문에 사내 직원들의 보안 교육을 강화해야 한다.
② APT 보안 공격의 대표적인 기법으로는 오퍼레이션 오로라(Operation Aurora), 스턱스넷(Stuxnet), 나이트 드래곤(Night Dragon) 등이 있다.
③ APT 보안 공격은 일반적으로 단기적으로 정보를 유출하는 것이기 때문에 흔적을 남기지 않는다.
④ APT 보안 공격은 기존 해킹과 달리 불특정 다수가 아닌 특정한 대상을 지정해 공격한다.

해설
APT는 일반적으로 단기적으로 정보를 유출하는 것이 아니라, 오랜 잠복 기간(지속적, Persistent) 흔적을 남기지 않고 정보를 수집한다. 잠복하면서 흔적을 하나씩 지우기 때문에 어느 순간에 공격을 당하게 되었는지 확인하기가 어렵다.

47 **스파이웨어로부터 컴퓨터를 보호하기 위해 필요한 조치로 옳지 않은 것은?** 보안기사 문제 응용

① 신뢰할 수 있는 웹사이트에서만 프로그램을 다운로드한다.
② 불명확한 사이트의 프로그램 설치는 가급적 자제한다.
③ 운영체제와 보안 소프트웨어의 업데이트는 가급적 자제한다.
④ 각 사이트의 개인정보보호 정책을 신뢰하지 않는다.

해설

운영체제와 보안 소프트웨어의 업데이트를 주기적으로 하여야 컴퓨터 시스템의 보안성이 더 높아질 수 있다.

48 **다음 설명에 해당하는 것은?** 2017년 국가직 9급

> PC나 스마트폰을 해킹하여 특정 프로그램이나 기기 자체를 사용하지 못하도록 하는 악성코드로서 인터넷 사용자의 컴퓨터에 설치되어 내부 문서나 스프레드시트, 이미지 파일 등을 암호화하여 열지 못하도록 만든 후 돈을 보내주면 해독용 열쇠 프로그램을 전송해 준다며 금품을 요구한다.

① Web Shell
② Ransomware
③ Honeypot
④ Stuxnet

해설

- Ransomware : 랜섬웨어는 '몸값'(Ransom)과 '소프트웨어'(Software)의 합성어다. 컴퓨터 사용자의 문서를 볼모로 잡고 돈을 요구한다고 해서 '랜섬(ransom)'이란 수식어가 붙었다. 인터넷 사용자의 컴퓨터에 잠입해 내부 문서나 스프레드 시트, 그림 파일 등을 제멋대로 암호화해 열지 못하도록 만들거나 첨부된 이메일 주소로 접촉해 돈을 보내주면 해독용 열쇠 프로그램을 전송해 준다며 금품을 요구하기도 한다.
- Web Shell : 웹 서버에 명령을 실행해 관리자 권한을 획득하는 방식의 공급 방법이다. 공격자가 원격에서 대상 웹 서버에 웹 스크립트 파일을 전송, 관리자 권한을 획득한 후 웹페이지 소스 코드 열람, 악성코드 스크립트 삽입, 서버 내 자료유출 등의 공격을 하는 것이다.
- Honeypot : 컴퓨터 프로그램에 침입한 스팸과 컴퓨터바이러스, 크래커를 탐지하는 가상컴퓨터이다. 침입자를 속이는 최신 침입탐지기법으로 마치 실제로 공격을 당하는 것처럼 보이게 하여 크래커를 추적하고 정보를 수집하는 역할을 한다.
- Stuxnet : 발전소 등 전력 설비에 쓰이는 지멘스의 산업자동화제어시스템(PCS7)만을 감염시켜 오작동을 일으키거나 시스템을 마비시키는 신종 웜 바이러스다.

정답 45. ③ 46. ③ 47. ③ 48. ②

49 **다음 (가)~(다)에 해당하는 악성코드를 옳게 짝지은 것은?** 2021년 지방직 9급

> (가) 사용자의 문서와 사진 등을 암호화시켜 일정 시간 안에 일정 금액을 지불하면 암호를 풀어주는 방식으로 사용자에게 금전적인 요구를 하는 악성코드
> (나) 운영체제나 특정 프로그램의 취약점을 이용하여 공격하는 악성코드
> (다) 외부에서 파일을 내려받는 다운로드와 달리 내부 데이터로부터 새로운 파일을 생성하여 공격을 수행하는 악성코드

	(가)	(나)	(다)
①	드로퍼	익스플로잇	랜섬웨어
②	드로퍼	랜섬웨어	익스플로잇
③	랜섬웨어	익스플로잇	드로퍼
④	랜섬웨어	드로퍼	익스플로잇

해설

- 랜섬웨어 : '몸값'(Ransom)과 '소프트웨어'(Software)의 합성어다. 컴퓨터 사용자의 문서를 볼모로 잡고 돈을 요구한다고 해서 '랜섬(ransom)'이란 수식어가 붙었다. 인터넷 사용자의 컴퓨터에 잠입해 내부 문서나 스프레드 시트, 그림 파일 등을 제멋대로 암호화해 열지 못하도록 만들거나 첨부된 이메일 주소로 접촉해 돈을 보내 주면 해독용 열쇠 프로그램을 전송해 준다며 금품을 요구하기도 한다.
- 익스플로잇 : 운영체제나 특정 프로그램의 취약점을 이용하여 공격하는 악성코드이다.
- 드로퍼 : 파일 자체 내에는 바이러스 코드가 없으나 실행 시 바이러스를 불러오는 실행 파일을 활용하여 사용자의 시스템을 감염시키는 파일 및 프로그램이며, 외부에서 파일을 내려받는 다운로드와 달리 내부 데이터로부터 새로운 파일을 생성하여 공격을 수행하는 악성코드이다.

50 **다음 아래의 설명에서 ( ) 안에 들어갈 내용을 차례대로 알맞게 기술한 것은?** 보안기사 문제 응용

> 서버 관리자는 사내에서 사용 중인 공유 폴더에 ( )를 이용하여, 동영상 파일이 저장되는 것을 제한하려고 한다. 또 속성 설정에서 ( ) 옵션을 사용하여, 동영상 파일이 저장되었을 때 이메일로 해당 사항을 인지할 수 있게 한다.

① File Screening, Active
② File Screening, Passive
③ Quota, Active
④ Quota, Passive

해설

- 파일제한(File Screening)으로 윈도우에서 특정 파일이 저장되는 것을 제한할 수 있다. 적극적 차단 시 파일이 저장되는 것을 막을 수 있고, 소극적 차단 시에는 저장 및 모니터링을 할 수 있다.(파일 선별 검사)
- Quota(디스크 할당량) : 디스크 공간의 한도를 넘으면 사용할 수 없고 로그를 남긴다.

51 다음 중 웜(Worm)에 대한 설명으로 옳지 않은 것은? 정보시스템감리사 문제 응용

① 과도한 트래픽을 유발해 네트워크에도 영향을 미친다.
② 운영체제 및 프로그램의 취약점을 이용하여 침투한다.
③ 시스템을 파괴하고 작업을 방해하며, 다른 프로그램에 기생하여 활동한다.
④ 감염대상을 가지지 않으며 자체로서 번식력을 가진다.

해설

- 문제의 3번 보기는 바이러스에 대한 설명이다.
- 웜: 바이러스처럼 다른 프로그램에 달라붙는 형태가 아니라, 자체적으로 번식하는 악성 프로그램으로 전파하기 위하여 네트워크 연결을 이용한다.
- 바이러스: 정상적인 파일이 악성 기능을 포함하도록 정상적인 파일을 변경하는 프로그램이다. 다른 프로그램에 달라붙는 형태, 즉 숙주에 기생하여 다른 시스템이나 실행파일을 감염시키며 자신을 복제할 수 있는 기능을 가지고 있다.

52 다음의 멀웨어(Malware) 중에서 성격이 다른 하나는 어느 것인가? 보안기사 문제 응용

① Chntpw ② Back Orifice
③ Ackcmd ④ NetBus

해설

공개 해킹도구

1. 트로이목마 S/W
   - 일반적으로 서버와 클라이언트 프로그램으로 구성된다(공격의 대상에는 서버 프로그램, 공격자는 클라이언트 프로그램을 이용).
   - 일반적인 기능: 원격 조정, 캐시된 패스워드 확인, 키보드 입력 확인, 시스템 파일 삭제
   - 탐지 방법: 안티바이러스 프로그램 사용, 자동실행 설정이 된 레지스트리 확인, 사용 중인 포트 확인, 설치된 프로그램 확인
   - 종류: NetBus, Back Orifice, Ackcmd, School Bus, Rootkit
2. 크래킹 S/W
   - 사용자 ID, Password를 찾는 행위
   - 종류: Chntpw, John the Ripper, Pwdump, Webcrack, LOphtCrack
3. 키로그 S/W
   - 설치된 컴퓨터에서 키보드로 입력한 정보를 로그로 남기는 프로그램
   - 종류: Winhawk, Sc-Keylog, Keylog25

정답 49. ③ 50. ② 51. ③ 52. ①

53 **시스템 또는 네트워크에 손상을 입히는 악성 소프트웨어에 대한 다음 설명으로 가장 적절한 것은?** 17회 감리사

① 트랩도어(Trap Doors)는 세션 하이재킹의 기본이 되는 기술로 IP 주소를 속여서 공격하는 기법이다.
② 논리 폭탄(Logic Bomb)은 특정한 조건이 만족되면 특정형태의 공격을 하는 기법이다.
③ 트로이목마(Trojan Horses)는 자기 복제 능력이 있으며 다른 파일을 감염시키는 기법이다.
④ 웜(Worms)은 인증절차 없이 시스템에 접근하기 위한 방법을 미리 설정해 놓는 기법이다.

해설

세션 하이재킹 공격은 공격 과정에서 정상적인 사용자로 위장한 후 시스템을 공격하는 형태가 IP 스푸핑과 유사하다고 할 수 있다. 그러나 IP 스푸핑은 송수신자 상호 트러스트 정보를 이용하여 공격을 시도하는 것이고, TCP 기반의 세션 하이재킹은 활성화되어 있는 세션을 RST 신호를 이용하여 강제로 리셋시킨 후 이를 악용하여 공격을 시도하는 부분에서 차이가 있다.

54 **논리 폭탄에 대한 설명으로 옳은 것은?** 2023년 지방직 9급

① 사용자 동의 없이 설치되어 컴퓨터 내의 금융 정보, 신상 정보 등을 수집·전송하기 위한 것이다.
② 침입자에 의해 악성 소프트웨어에 삽입된 코드로서, 사전에 정의된 조건이 충족되기 전까지는 휴지 상태에 있다가 조건이 충족되면 의도한 동작이 트리거되도록 한다.
③ 사용자가 키보드로 PC에 입력하는 내용을 몰래 가로채어 기록한다.
④ 공격자가 언제든지 시스템에 관리자 권한으로 접근할 수 있도록 비밀 통로를 지속적으로 유지시켜 주는 일련의 프로그램 집합이다.

해설

- 논리 폭탄(Logic bomb) : 트로이목마의 변종 프로그램으로서, 평상시에는 활동이 없다가 특정 조건을 만족할 경우에 숨겨진 기능이 시작되는 특징을 가지고 있다. 예를 들면, 특정 일자가 되거나 프로그램이 특정 수만큼 실행되었을 경우 악의적인 메일을 무작위로 발송하는 프로그램 등을 말한다. 주요 대응책으로는 안티바이러스 프로그램을 통해 악의적인 파일을 삭제하는 방법이 있다.
- 루트킷 : 시스템에 설치되어 존재를 최대한 숨기고 공격자가 언제든지 관리자 권한으로 접근할 수 있도록 비밀 통로를 지속적으로 유지시켜주는 일련의 프로그램 집합이다.
- 보기 1번은 스파이웨어, 보기 3번은 키로거를 말한다.

55 다음 중 클라이언트 보안도구 Snort에 대한 설명으로 옳지 않은 것은? 보안기사 문제 응용

① 관리자가 직접 탐지 Rule 설정이 가능하다.
② 공개 네트워크 침입 탐지 시스템이다.
③ 유닉스 운영체제에서만 실행이 가능하다.
④ 지속적인 탐지 Rule을 제공한다.

해설

Snort는 다양한 운영체제에서 실행 가능하다.

56 다음 중 안티바이러스 소프트웨어 설치 시 주의할 점이 아닌 것은? 보안기사 문제 응용

① 항상 실시간 감시 기능을 활성화시킨다.
② 업데이트와 컴퓨터 검사를 스케줄로 예약 설정한다.
③ 포트를 통해 들어오는 웜이나 바이러스에 대해서도 차단하도록 설정한다.
④ 윈도우 업데이트가 자동으로 설정되어 있는 컴퓨터에는 설치할 필요가 없다.

해설

윈도우 업데이트가 자동으로 설정되어 있는 컴퓨터라 할지라도 악성코드에 감염되는 것을 최대한 방어하기 위해 안티바이러스 소프트웨어 설치가 필요하다.

57 스마트폰 애플리케이션과 관련하여 악성 애플리케이션이 유통되지 않도록 마켓에서 판매되는 애플리케이션에 대한 보안성 검증을 강화하면서 애플리케이션 개발자의 신원 확인/인증을 강화하기 위해 사용된 기술은? 2015년 감리사

① repackaging
② decompile
③ code signing
④ mobile trusted module

해설

- 코드 사이닝(code signing): 실행 가능한 코드의 변조 방지 및 서명자 인증을 위한 전자 서명기술로 개발자는 신원증명을 위해 인증서로 전자서명을 수행하여 애플리케이션을 앱스토어에 등록한다.
- MTM(mobile trusted module): TCG에서 표준화 진행 중인 모바일 플랫폼용 신뢰 보안 모듈

정답 53. ② 54. ② 55. ③ 56. ④ 57. ③

58 컴퓨터 바이러스에 대한 설명으로 옳지 않은 것은? 2014년 국가직 9급

① 트랩도어(Trapdoor)는 정상적인 인증 과정을 거치지 않고 프로그램에 접근하는 일종의 통로이다.
② 웜(Worm)은 네트워크 등의 연결을 통하여 자신의 복제품을 전파한다.
③ 트로이목마(Trojan Horse)는 정상적인 프로그램으로 가장한 악성프로그램이다.
④ 루트킷(Rootkit)은 감염된 시스템에서 활성화되어 다른 시스템을 공격하는 프로그램이다.

해설

루트킷(RootKit): 컴퓨터 소프트웨어 중에서 악의적인 것들의 모음으로 자신 또는 다른 소프트웨어의 존재를 가림과 동시에 허가되지 않은 컴퓨터나 소프트웨어의 영역에 접근할 수 있게 하는 용도로 설계된다.

59 다음 아래 〈보기〉에서 설명하는 개인정보 수집 기술로 옳은 것은? 보안기사 문제 응용

보기

웹 사이트를 이용하거나 이메일을 보내는 등 행동을 모니터링하는 1×1 pixel 이하의 이미지를 말한다. 언제 접속하고 얼마 동안 이용하는지, 어떤 타입의 웹 브라우저에서 이용하는지, 쿠키 값을 어떻게 설정하는지, 이용자의 IP 주소는 무엇인지의 정보를 알 수 있다.

① cookie
② history
③ Web beacon
④ finger print

해설

웹 비콘은 쿠키와 결합되어 이용자의 웹 사이트 이용 현황이나 이메일 송신 등 행동을 모니터링하려고 웹 페이지나 이메일에 삽입한다. 주로 마케팅 목적으로 사용된다.

60 다음 중 정보보호와 관련된 공격에 대한 설명으로 옳지 않은 것은? 보안기사 문제 응용

① ICMP flooding 공격은 네트워크를 고갈시킨다.
② 사회공학적 공격은 사람의 심리적인 약점을 이용하여 정보를 획득하는 것이다.
③ SLOWLORIS 공격과 slow HTTP Header 공격의 차이는 헤더에 포함된 문자의 차이이다.
④ DRDoS와 DDoS의 차이점 중에는 공격의 근원지를 파악할 수 있는지에 대한 여부도 있다.

해설

- SLOWLORIS 공격과 slow HTTP Header 공격은 동일한 공격이다.
- SLOWLORIS 공격: 비정상 HTTP 헤더(완료되지 않은 헤더)를 전송함으로써 웹 서버 단의 커넥션 자원을 고갈시키는 공격이다.

61 〈보기〉에서 설명하는 것으로 가장 옳은 것은? 2021 서울시 7급

보기
- 공개적으로 알려진 사이버보안 취약점을 규격화된 목록으로 만들어 식별하는 체계이다.
- 목록에는 취약점의 명칭(일련 번호 포함), 취약성 및 노출 개요, 대응 참조 사항 등이 포함된다.

① Honeypot ② CVE
③ VPN ④ UTM

해설

CVE(Common Vulnerabilities and Exposures, 일반적인 취약점 및 노출) : 보안 취약점, 위험노출과 같은 공개적으로 잘 알려진 정보에 대한 참조 및 방법 제공

62 다음 바이러스의 구성에 대한 설명 중에서 옳지 않은 것은? 보안기사 문제 응용

① 트리거 – 자기 은폐를 작동시키는 기능
② 페이로드 – 바이러스가 가지고 있는 행동
③ 자기 복제 – 바이러스를 새로운 호스트로 전달되는 기능
④ 자기 은폐 – 시스템 내에서 자신의 코드를 숨기는 기능

해설

바이러스의 4가지 구성요소

1. 자기 복제(코드 복사) : 새로운 숙주(호스트)를 찾아 감염시킨다.
2. 자기 은폐(코드 숨김) : 자기 자신을 숨기기 위한 코드를 포함하고 있다.
3. 페이로드(실행 코드) : 숙주를 감염시킨 후에 나타나는 활동이다.
4. 트리거 : 바이러스의 페이로드 부분을 작동시키는 장치 혹은 조건에 해당된다(특정한 날짜, 특정 프로그램의 실행 등).

정답 58. ④ 59. ③ 60. ③ 61. ② 62. ①

MEMO

암호화 기술

Part **03** # 암호화 기술

01 **암호화에 대한 설명으로 옳은 것은?** 2021년 국가직 7급

① 대칭키 암호 방식은 암호화 키와 복호화 키가 다른 암호화 방법으로 암호화 키는 공개되고, 복호화 키는 공개되지 않는 구조로서 다수의 정보교환자 간의 통신에 적합하다.

② 공개키 암호에는 RSA, ElGamal 등이 있으며, 처리속도가 대칭키 알고리즘에 비해 매우 느린 단점이 있으나 키 전달이 편리하여 키교환 알고리즘으로 사용되며, 전자서명을 용이하게 구현할 수 있는 특징이 있다.

③ 블록암호는 이진화된 평문과 키 이진수열을 배타적 논리합 이진 연산으로 결합하여 암호문을 생성하고, 블록 대칭 알고리즘에는 선형 쉬프트 레지스터 등이 있다.

④ 공개키 암호 방식은 암호화 키와 복호화 키가 동일한 암호화 방법으로 두 키가 동일하게 이용되며, 데이터를 변화하는 방법에 따라서 스트림암호와 블록암호로 나누어지고 기밀성용으로만 사용된다.

해설

- 대칭키 암호 방식은 암호화 키와 복호화 키가 같은 키를 사용한다.
- 스트림암호는 이진화된 평문과 키 이진수열을 배타적 논리합 이진 연산으로 결합하여 암호문을 생성하고, 알고리즘에는 선형 쉬프트 레지스터 등이 있다.
- 대칭키 암호 방식은 암호화 키와 복호화 키가 동일한 암호화 방법으로 두 키가 동일하게 이용되며, 데이터를 변화하는 방법에 따라서 스트림암호와 블록암호로 나누어지고 기밀성용으로만 사용된다.

02 **암호는 데이터의 변환을 기반으로 하는 수학의 한 분야이다. 다음 중 컴퓨터 보안에서 사용되는 암호에 대한 설명으로 옳지 않은 것은?** 보안기사 문제 응용

① 암호는 데이터의 무결성을 보장해준다.

② 암호는 데이터의 기밀성을 보장해준다.

③ 암호는 데이터의 가용성을 보장해준다.

④ 암호는 데이터에 전자서명을 사용할 수 있도록 한다.

해설

암호는 정보를 보호하는 데 사용되는 중요한 도구이며, 컴퓨터 보안의 관점에서 여러 요소에 사용된다. 암호는 데이터의 기밀성과 무결성, 전자서명 및 인증을 할 수 있도록 한다.

03 **컴퓨터와 네트워크에 대한 의존도가 커질수록 그 부작용 또한 증가하고 있으며, 이러한 부작용으로부터 정보의 안전한 유통과 보안을 위해 암호화 방법이 사용된다. 다음 암호화의 정의에 대한 설명 중 올바르지 않은 것은?** 보안기사 문제 응용

① 메시지를 원본과 다른 형태로 코드화하는 방법이다.
② 안전이 보장되지 않은 환경에 있는 데이터를 안전하게 유지한다.
③ 메시지의 보안성을 전달매체의 보안성과 동일하게 코드화하여 전체 보안성을 높일 수 있다.
④ 네트워크를 통해 전송되는 정보를 보호하는 가장 강력한 수단이다.

해설

암호화란 메시지의 내용이 불명확하도록 평문(plain text)을 재구성하여 암호화된 문장(cipher text)으로 만드는 행위나 메시지를 원본과 다른 형태로 재구성(코드화)하는 것을 말한다. 메시지의 보안성을 높이기 위하여 전달매체의 보안성과 분리하여 코드화해야 한다.

04 **정보보안의 기본 개념에 대한 설명으로 옳지 않은 것은?** 2015년 국가직 9급

① Kerckhoff의 원리에 따라 암호 알고리즘은 비공개로 할 필요가 없다.
② 보안의 세 가지 주요 목표에는 기밀성, 무결성, 가용성이 있다.
③ 대칭키 암호 알고리즘은 송수신자 간의 비밀키를 공유하지 않아도 된다.
④ 가용성은 인가된 사용자에게 서비스가 잘 제공되도록 보장하는 것이다.

해설

- 대칭키 암호 알고리즘은 송수신자 간의 비밀키를 공유하여야 한다. 이는 대칭키 암호 알고리즘의 단점이기도 하다.
- Kerckhoff의 원리 : Kerckhoff에 따르면 암호문의 안전성은 비밀키의 비밀성에만 기반을 두라고 권장한다. 키를 알아내는 것이 매우 어려워서 암·복호화 알고리즘을 비밀로 할 필요가 없어야 한다는 것이다.

05 **다음 중 암호화의 강도가 가장 강력한 암호화로 옳은 것은?** 보안기사 문제 응용

① Transposition Cipher
② Substitution Cipher
③ Product Cipher
④ Permutation Cipher

해설

- 문제의 보기에서 암호화의 강도가 가장 높은 것은 혼합 암호(Product Cipher)이다.
- 전치 암호(Transposition Cipher) : 글자를 바꾸지 않고 놓인 위치를 변경하는 방법으로 'Permutation Cipher'라 부르기도 한다.
- 대치(치환) 암호(Substitution Cipher) : 각각의 글자를 다른 글자에 대응시키는 방법
- 혼합 암호(Product Cipher) : 대치(치환) 암호와 전치 암호를 같이 사용

정답 01. ② 02. ③ 03. ③ 04. ③ 05. ③

06 **암호화란 메시지를 해커가 파악하지 못하도록 원래의 메시지와 다른 형태로 코드화하는 방법이다. 다음 중 암호화의 기능으로 옳지 않은 것은?** 보안기사 문제 응용

① 익명성(Anonymity)을 제공한다.
② 상호신뢰성(Trust)을 제한한다.
③ 메시지의 보안성을 전달매체의 보안성과 분리한다.
④ 신분 인증(Authentication)을 제공한다.

해설
암호화의 목적 중 하나는 암호화를 통하여 서로 간의 상호신뢰성을 높이거나 보장하는 것이다.

07 **하드웨어 보안 모듈(HSM)의 사용 목적과 가장 가까운 것은?** 2024년 군무원 9급

① 고속 연산 처리
② 공개키 인프라(PKI) 내의 암호화키 관리
③ 하드웨어 구성 업데이트
④ 바이러스 실시간 탐지

해설
HSM(Hardware Security Module)이라고 불리는 하드웨어 기반 암호화 장치를 디지털 키로 관리하기 위해 사용되는 안전한 암호화 프로세서(Cryptoprocessor)이다. HSM은 암호화 키의 생성, 저장 및 관리와 같은 보안 작업을 수행하는 특수한 하드웨어 장치이다. 주로 공개키 인프라(PKI)와 관련된 작업에 많이 사용되며, 안전한 키 관리와 암호화 작업을 위해 설계되었다.

08 **다음 중 각 세대별 암호시스템의 연결이 옳지 않은 것은?** 보안기사 문제 응용

① 1세대 – 시저 암호 ② 1세대 – M–209
③ 2세대 – 슐뤼셀추자츠 ④ 3세대 – DES

해설
- 1세대(고대~19세기 후반): 시저 암호, 비게네르 암호, 뷰포트 암호
- 2세대(20세기 초~1940년대 후반): 에니그마, 슐뤼셀추자츠, M–209
- 3세대(1940년대 말~현재): 암호 알고리즘, 암호 프로토콜

09 암호화에 대한 설명으로 옳지 않은 것은? 2017년 국가직 7급

① AES는 블록 크기가 192비트이며, 키는 192비트와 256비트 두 가지를 사용한다.
② Rabin은 RSA와 같은 원리로 암호화하고, 2차 합동에 근거하고 있다.
③ DES는 대칭키 방식으로서 16개 라운드로 구성되어 있다.
④ One-Time Pad는 암호화를 수행할 때마다 랜덤하게 선택된 키 스트림을 사용한다.

해설

AES는 블록 크기가 128비트이며, 키는 128/192/256비트를 사용한다.

10 다음 중 암호시스템을 설계할 때 고려해야 할 사항이 아닌 것은? 군무원 문제 응용

① 암호시스템에 사용되는 알고리즘은 공개해야 한다.
② 암호시스템을 손쉽게 사용할 수 있도록 해야 한다.
③ 암호시스템의 안전성은 키에만 의존하도록 해야 한다.
④ 암호화/복호화 과정에 이용되는 키의 길이는 상관없다.

해설

암호문을 만들기 위해 사용된 키를 찾아내기 위해서는 가능한 모든 키를 적용시켜보는 공격인 키 전수조사를 막기 위해서 키의 길이가 매우 커야 한다.

11 미국의 NIST와 캐나다의 CSE가 공동으로 개발한 평가체계로 암호모듈의 안전성을 검증하는 것은? 2014년 지방직 9급

① CMVP
② COBIT
③ CMM
④ ITIL

해설

CMVP는 미국의 NIST와 캐나다의 CSEC가 공동으로 개발한 암호모듈 검증 지침인 FIPS 140-2를 준수하는 암호모듈 검증 프로그램이다. CMVP 지침에 따라 암호 알고리즘, 해싱 알고리즘, 인증 알고리즘, 서명 알고리즘, 키 관리 등을 포함한 암호모듈을 시험한다.

정답 06. ② 07. ② 08. ② 09. ① 10. ④ 11. ①

12 **암호모듈을 KS X ISO/IEC 19790에 따라 검증하고 암호모듈의 안전성을 보증하는 국내 제도는?**

2017년 국가직 7급

① KCMVP ② TCSEC
③ ITSEC ④ METI

해설

• 국내에서 시행되고 있는 KCMVP의 경우 「전자정부법 시행령」 제69조와 「암호모듈 시험 및 검증지침」에 의거, 국가·공공기관 정보통신망에서 소통되는 자료 중에서 비밀로 분류되지 않은 중요 정보의 보호를 위해 사용되는 암호모듈의 안전성과 구현 적합성을 검증하기 위하여 사용된다.
• 검증대상에 해당되는 암호모듈은 소프트웨어, 하드웨어, 펌웨어 또는 이들을 조합한 형태로 구현될 수 있으며 소프트웨어 암호모듈 검증기준 또는 암호모듈 검증기준(KS X ISO/IEC 19790)을 준수하여 시험되고 있다. 즉 국가·공공기관에서 사용하는 모든 보안제품에는 암호모듈검증제도를 통해 검증받은 암호모듈이 탑재되어야 한다.

13 **KCMVP에 대한 설명으로 옳은 것은?** 2019년 지방직 9급

① 보안 기능을 만족하는 신뢰도 인증 기준으로 EAL1부터 EAL7까지의 등급이 있다.
② 암호 알고리즘이 구현된 프로그램 모듈의 안전성과 구현 적합성을 검증하는 제도이다.
③ 개인정보 보호활동을 체계적·지속적으로 수행하기 위한 관리체계의 구축과 이행 여부를 평가한다.
④ 조직의 정보자산을 효과적으로 보호하고 있는지 평가하여 일정 수준 이상의 기업에 인증을 부여한다.

해설

• 12번 문제 해설 참조

14 **사진이나 텍스트 메시지 속에 데이터를 잘 보이지 않게 은닉하는 기법으로서, 9.11 테러 당시 테러리스트들이 그들의 대화를 은닉하기 위해 사용한 기법은?** 2014년 국회사무처 9급

① 전자서명 ② 대칭키 암호
③ 스테가노그라피(Steganography) ④ 영지식 증명
⑤ 공개키 암호

해설

스테가노그라피(Steganography): 전달하려는 기밀정보를 이미지 파일이나 MP3 파일 등에 암호화해 숨기는 기술이다. 예를 들어 모나리자 이미지 파일이나 미국 국가 MP3 파일에 비행기 좌석 배치도나 운행 시간표 등의 정보를 암호화해 전달할 수 있다.

15 **다음은 디지털 콘텐츠 저작권 보호에 활용되는 기술에 대한 설명이다. 빈칸 ㉠에 공통으로 들어갈 용어로 옳은 것은?** 2017년 교육청 9급

> 디지털 (㉠)은 디지털 콘텐츠를 구매할 때 구매자의 정보를 삽입하여 불법 배포 발견 시 최초의 배포자를 추적할 수 있게 하는 기술이다. 이 기술을 사용하면 판매되는 콘텐츠마다 구매자의 정보가 들어 있으므로, 불법적으로 재배포된 콘텐츠 내에서 (㉠)된 정보를 추출하여 구매자를 식별할 수 있다.

① 스미싱(smishing)　② 노마디즘(nomadism)
③ 패러다임(paradigm)　④ 핑거프린팅(fingerprinting)

해설

- 핑거프린팅(fingerprinting)은 텍스트, 비디오, 오디오, 이미지, 멀티미디어 콘텐츠에 저작권 정보와 구매한 사용자의 정보를 삽입하여 콘텐츠 불법 배포자를 추적하는 기술이다.
- 스미싱(Smishing)은 문자(SMS)와 피싱(Rhishing)의 합성어이며, 주로 스마트폰 문자에다 URL을 첨부하여 URL을 클릭 시 악성 앱이 설치되어 개인정보나 금융정보를 빼내거나 이를 활용하여 금전적 손해를 끼치는 사기수법이다.
- 노마디즘(nomadism)은 신기술의 발달로 인한 집단적 행위의 특성을 지칭하는 용어로, 유비쿼터스 개념을 설명하는 데에도 유용하게 사용되고 있다.

16 **원본 파일에 숨기고자 하는 정보를 삽입하고 숨겨진 정보의 존재 여부를 알기 어렵게 하는 기술은?** 2024년 국가직 9급

① 퍼징(Fuzzing)　② 스캐닝(Scanning)
③ 크립토그래피(Cryptography)　④ 스테가노그래피(Steganography)

해설

스테가노그라피(Steganography)

- 전달하려는 기밀정보를 이미지 파일이나 MP3 파일 등에 암호화해 숨기는 기술이다.
- 예를 들어 모나리자 이미지 파일이나 미국 국가 MP3 파일에 비행기 좌석 배치도나 운행 시간표 등의 정보를 암호화해 전달할 수 있다.

정답 12. ① 13. ② 14. ③ 15. ④ 16. ④

17 **스테가노그래피에 대한 설명으로 옳지 않은 것은?** 2019년 지방직 9급

① 스테가노그래피는 민감한 정보의 존재 자체를 숨기는 기술이다.
② 원문 데이터에 비해 더 많은 정보의 은닉이 가능하므로 암호화보다 공간효율성이 높다.
③ 텍스트 · 이미지 파일 등과 같은 디지털화된 데이터에 비밀 이진(Binary) 정보가 은닉될 수 있다.
④ 고해상도 이미지 내 각 픽셀의 최하위 비트들을 변형하여 원본의 큰 손상 없이 정보를 은닉하는 방법이 있다.

해설

스테가노그래피의 특성은 저용량의 삽입 내용(일정 크기 이상인 저용량의 내용을 포함)과 비인지성(삽입 내용에 대해 제3자는 인지하지 못함)이 있다.

18 **블록 암호는 평문을 일정한 단위(블록)로 나누어서 각 단위마다 암호화 과정을 수행하여 암호문을 얻는 방법이다. 블록암호 공격에 대한 설명으로 옳지 않은 것은?** 2015년 서울시 9급

① 선형 공격 : 알고리즘 내부의 비선형 구조를 적당히 선형화시켜 키를 찾아내는 방법이다.
② 전수 공격 : 암호화할 때 일어날 수 있는 모든 가능한 경우에 대해 조사하는 방법으로 경우의 수가 적을 때는 가장 정확한 방법이지만 일반적으로 경우의 수가 많은 경우에는 실현 불가능한 방법이다.
③ 차분 공격 : 두 개의 평문 블록들의 비트 차이에 대응되는 암호문 블록들의 비트 차이를 이용하여 사용된 키를 찾아내는 방법이다.
④ 수학적 분석 : 암호문에 대한 평문이 각 단어의 빈도에 관한 자료를 포함하는 지금까지 모든 통계적인 자료를 이용하여 해독하는 방법이다.

해설

보기 4번은 통계적 분석의 내용이며, 수학적 분석은 수학적 이론을 이용하여 해독하는 방법으로 통계적인 방법이 포함된다.

19 **중간자(man-in-the-middle) 공격에 대한 설명으로 옳은 것은?** 2016년 국가직 7급

① Diffie-Hellman 키 교환 프로토콜은 중간자 공격에 대비하도록 설계된 것이다.
② 공격대상이 신뢰하고 있는 시스템을 불능상태로 만들고 공격자가 신뢰시스템인 것처럼 동작한다.
③ 공격자가 송・수신자 사이에 개입하여 송신자가 보낸 정보를 가로채고, 조작된 정보를 정상적인 송신자가 보낸 것처럼 수신자에게 전달한다.
④ 여러 시스템으로부터 한 시스템에 집중적으로 많은 접속 요청이 발생하여, 해당 시스템이 정상적인 동작을 못하게 된다.

해설

- Diffie-Hellman 키 교환 프로토콜은 중간자 공격에 취약하다.
- 공격대상이 신뢰하고 있는 시스템을 불능상태로 만들고 공격자가 신뢰시스템인 것처럼 동작하는 것은 IP 스푸핑이다.
- 여러 시스템으로부터 한 시스템에 집중적으로 많은 접속 요청이 발생하여, 해당 시스템이 정상적인 동작을 못하게 되는 것은 가용성을 떨어뜨리는 공격이다.

20 **대칭키 암호시스템에 대한 암호 분석 방법과 암호 분석가에게 필수적으로 제공되는 모든 정보를 연결한 것으로 옳지 않은 것은?** 2021년 국가직 9급

① 암호문 단독(ciphertext only) 공격 – 암호 알고리즘, 해독할 암호문
② 기지 평문(known plaintext) 공격 – 암호 알고리즘, 해독할 암호문, 임의의 평문
③ 선택 평문(chosen plaintext) 공격 – 암호 알고리즘, 해독할 암호문, 암호 분석가에 의해 선택된 평문과 해독할 암호문에 사용된 키로 생성한 해당 암호문
④ 선택 암호문(chosen ciphertext) 공격 – 암호 알고리즘, 해독할 암호문, 암호 분석가에 의해 선택된 암호문과 해독할 암호문에 사용된 키로 복호화한 해당 평문

해설

기지 평문(known plaintext) 공격: 암호 해독자는 일정량의 평문 P에 대응하는 암호문 C를 알고 있는 상태에서 해독하는 방법으로 암호문 C와 평문 P의 관계로부터 키 K나 평문 P를 추정하는 방법이다. 즉, 약간의 평문에 대응하는 암호문을 입수하고 있는 상태에서 나머지 암호문에 대한 공격을 하는 방법이다.

정답 17. ② 18. ④ 19. ③ 20. ②

21 **⟨보기 1⟩의 ㄱ~ㄹ의 암호 공격 방식과 ⟨보기 2⟩의 ⓐ~ⓓ에 대한 설명으로 옳지 않은 것은?**

2015년 국가직 7급

보기 1

ㄱ. 암호문 단독 공격(Ciphertext Only Attack)
ㄴ. 기지 평문 공격(Known Plaintext Attack)
ㄷ. 선택 평문 공격(Chosen Plaintext Attack)
ㄹ. 선택 암호문 공격(Chosen Ciphertext Attack)

보기 2

ⓐ 암호문만을 가지고 평문이나 키를 찾아내는 방법으로 평문의 특성 등을 추정하여 해독하는 방법
ⓑ 약간의 평문에 대응하는 암호문을 알고 있는 상태에서 암호문과 평문의 관계로부터 키나 평문을 추정하여 암호를 해독하는 방법
ⓒ 해독자가 암호기에 접근할 수 있어, 평문을 선택하여 그 평문에 해당하는 암호문을 얻어 키나 평문을 추정하여 암호를 해독하는 방법
ⓓ 해독자가 암호 복호기에 접근할 수 있어, 일부 평문에 대한 암호문을 얻어 암호를 해독하는 방법

① ㄱ－ⓐ
② ㄴ－ⓑ
③ ㄷ－ⓒ
④ ㄹ－ⓓ

해설

- 암호문 단독 공격(ciphertext-only cryptanlysis) : 암호 공격자에게는 가장 불리한 방법으로 단지 암호문만을 갖고 평문이나 암호키를 찾아내는 방법이다.(통계적 성질과 문장의 특성 등을 추정하여 해독하는 방법)
- 기지 평문 공격(known-plaintext cryptanlysis) : 암호 해독자는 약간의 평문에 대응하는 암호문을 입수하고 있는 상태에서 나머지 암호문에 대한 공격을 하는 방법이다.
- 선택 평문 공격(chosen plaintext cryptanlysis) : 암호 해독자가 사용된 암호기에 접근할 수 있을 때 사용하는 공격방법으로 적당한 평문을 선택하여 그 평문에 대응하는 암호문을 얻을 수 있다.(주로 암호 시스템 공격 시 사용)
- 선택 암호문 공격(chosen ciphertext cryptanlysis) : 암호 해독자가 암호 복호기에 접근할 수 있다. 적당한 암호문을 선택하고 그에 대응하는 평문을 얻을 수 있다.

22 **암호 알고리즘에 대한 설명으로 옳지 않은 것은?** 2022년 국가직 9급

① 일반적으로 대칭키 암호 알고리즘은 비대칭키 암호 알고리즘에 비하여 빠르다.
② 대칭키 암호 알고리즘에는 Diffie-Hellman 알고리즘이 있다.
③ 비대칭키 암호 알고리즘에는 타원 곡선 암호 알고리즘이 있다.
④ 인증서는 비대칭키 암호 알고리즘에서 사용하는 공개키 정보를 포함하고 있다.

해 설

Diffie-Hellman : 1976년에 Diffie와 Hellman이 개발된 최초의 공개키 알고리즘으로써 제한된 영역에서 멱의 계산에 비하여 이산대수 로그 문제의 계산이 어렵다는 이론에 기초를 둔다. 이 알고리즘은 메시지를 암·복호화하는 데 사용되는 알고리즘이 아니라 암·복호화를 위해 사용되는 키의 분배 및 교환에 주로 사용되는 알고리즘이다.

23 암호 알고리즘에 대한 설명으로 옳지 않은 것은? 2021년 국회사무처 9급

① Adaptive Chosen-plaintext Attack은 Ciphertext-only Attack보다 공격자 입장에서 더 높은 자유도를 갖는다.
② Differential Cryptanalysis는 평문과 암호문 간의 차분 정보를 사용하는 암호 공격 기법이다.
③ Side-channel Attack은 소비 전력이나 실행 시간 등 암호의 구현상 특성을 활용하는 공격 기법이다.
④ Birthday Attack은 공개키 암호 알고리즘의 암호 안전도를 측정하는 데 사용된다.
⑤ 해시함수는 Collision Resistance를 가져야 한다.

해 설

Birthday Attack은 해시함수 알고리즘을 공격할 때 사용된다.

24 다음의 암호 관련 용어에 대한 설명 중 옳지 않은 것은? 보안기사 문제 응용

① 평문은 송신자와 수신자 사이에 주고받는 일반적인 문장으로서 암호화의 대상이 된다.
② 암호문은 송신자와 수신자 사이에 주고받고자 하는 내용을 제3자가 이해할 수 없는 형태로 변형한 문장이다.
③ 암호화는 평문을 제3자가 알 수 없도록 암호문으로 변형하는 과정으로서 수신자가 수행한다.
④ 공격자는 암호문으로부터 평문을 해독하려는 제3자를 가리키며, 특히 송·수신자 사이의 암호통신에 직접 관여하지 않고, 네트워크상의 정보를 관찰하여 공격을 수행하는 공격자를 도청자라고 한다.

해 설

암호화는 평문을 제3자가 알 수 없도록 암호문으로 변형하는 과정으로서 송신자가 수행한다.

정 답 21. ④ 22. ② 23. ④ 24. ③

25 **다음 중 암호 공격 환경에 대한 설명으로 옳지 않은 것은?** 보안기사 문제 응용

① 공격자가 해독하고자 하는 암호문을 제외한 암호문에 대응하는 평문을 획득할 수 있는 능력을 보유하고서 주어진 암호문에 대응하는 평문이나 키를 알아내고자 하는 방식을 선택 암호문 공격(Chosen Ciphertext Attack)이라 한다.

② 선택 평문 공격에서 공격자가 주어진 암호문을 본 후에 평문을 선택하여 암호문을 획득하고 다시 평문을 선택하여 암호문을 선택하는 과정을 반복적으로 행하는 경우를 능동 선택 평문 공격(Adaptive Chosen Plaintext Attack)이라 한다.

③ 공격자가 임의의 평문을 선택하면 대응하는 암호문을 획득할 수 있는 능력을 보유하고서 주어진 암호문에 대응하는 평문이나 키를 알아내고자 하는 방식을 선택 평문 공격(Chosen Plaintext Attack)이라 한다.

④ 공격자가 사전에 평문을 임의로 선택하여 이에 알려진 암호문에 대응하는 평문 또는 키를 알아내고자 하는 방식을 기지 평문 공격(Known Plaintext Attack)이라 한다.

해설

공격자가 사전에 동일한 키로 암호화된 여러 개의 암호문과 대응하는 평문 쌍을 획득한 후 주어진 암호문에 대응하는 평문 또는 키를 알아내고자 하는 방식을 기지 평문 공격(Known Plaintext Attack)이라 한다.

26 **다음 중 암호 공격 환경에 대한 설명에서 옳지 않은 것은?** 보안기사 문제 응용

① 공격자가 암호 복호기에는 접근할 수 없지만, 적당한 암호문을 선택하여 그에 대한 평문을 일부 얻을 수 있는 방식을 선택 암호문 공격(Chosen Ciphertext Attack)이라 한다.

② 공격자가 사전에 동일한 키로 암호화된 여러 개의 암호문과 대응하는 평문 쌍을 획득한 후 주어진 암호문에 대응하는 평문 또는 키를 알아내고자 하는 방식을 기지 평문 공격(Known Plaintext Attack)이라 한다.

③ 공격자가 임의의 평문을 선택하면 대응하는 암호문을 획득할 수 있는 능력을 보유하고서 주어진 암호문에 대응하는 평문이나 키를 알아내고자 하는 방식을 선택 평문 공격(Chosen Plaintext Attack)이라 한다.

④ 암호문만을 갖고 평문이나 암호키를 찾아내는 방식을 암호문 단독 공격(Ciphertext Only Attack)이라 한다.

해설

선택 암호문 공격은 공격자가 암호 복호기에 접근할 수 있으며, 적당한 암호문을 선택하고 그에 대응하는 평문을 얻을 수 있다.

27 그림에서 공격자의 암호 해독 방법으로 옳은 것은? 2017년 교육청 9급

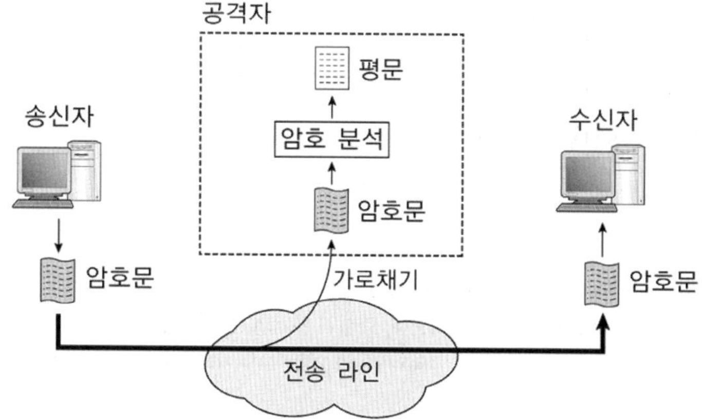

① 선택 평문 공격
② 선택 암호문 공격
③ 암호문 단독 공격
④ 알려진(기지) 평문 공격

해설

- 문제의 그림에서 공격자는 전송 라인에서 암호문을 가로채기하여 암호 분석을 통하여 평문이나 키를 찾아내기 위한 공격이므로 암호문 단독 공격에 해당된다.
- 암호문 단독 공격(ciphertext-only cryptanlysis) : 암호 공격자에게는 가장 불리한 방법으로 단지 암호문만을 갖고 평문이나 암호키를 찾아내는 방법이다.(통계적 성질과 문장의 특성 등을 추정하여 해독하는 방법)

28 다음에서 설명하는 공격 기술은? 2018년 지방직 9급

> 암호 장비의 동작 과정 중에 획득 가능한 연산시간, 전력소모량, 전자기파 방사량 등의 정보를 활용하여 암호 알고리즘의 비밀 정보를 찾아내는 기술

① 차분 암호 분석 공격(Differential Cryptanalysis Attack)
② 중간자 공격(Man-In-The-Middle Attack)
③ 부채널 공격(Side-Channel Attack)
④ 재전송 공격(Replay Attack)

해설

부채널 공격(Side-Channel Attack) : 암호 장비의 동작 과정 중에 획득 가능한 연산시간, 전력소모량, 전자기파 방사량 등의 정보를 활용하여 암호 알고리즘의 비밀 정보를 찾아내는 기술이다.

정답 25. ④ 26. ① 27. ③ 28. ③

29 **하이브리드 암호 시스템에 대한 설명으로 옳지 않은 것은?** 2024년 지방직 9급

① 대칭키 암호와 공개키 암호의 장점을 조합한 방법이다.
② 메시지의 기밀성과 세션키의 기밀성을 제공한다.
③ 송신자의 공개키를 이용하여 메시지를 암호화한다.
④ 수신자의 공개키를 이용하여 세션키를 암호화한다.

해설

- 메시지 암호화에는 세션키를 이용한다.
- 하이브리드 시스템은 기본적으로 대칭키 암호시스템에 기반하고 있다고 생각하면 더 이해하기 쉽다. 대칭키 암호시스템으로 문서를 암·복호화하여 송수신하는데, 대칭키 분배의 문제를 공개키 암호시스템으로 해결한 것이다. 즉, 송신자는 대칭키를 수신자의 공개키를 통하여 암호화하여 전송하고, 이를 받은 수신자는 자신의 개인키를 통하여 복호화하여 대칭키를 분배한다.

30 **대칭키 암호시스템과 공개키 암호시스템의 장점을 조합한 것을 하이브리드 암호시스템이라고 부른다. 하이브리드 암호시스템을 사용하여 송신자가 수신자에게 문서를 보낼 때의 과정을 순서대로 나열하면 다음과 같다. 각 시점에 적용되는 암호시스템을 순서대로 나열하면?** 2015년 서울시 9급

> ㉠ 키를 사용하여 문서를 암호화할 때
> ㉡ 문서를 암·복호화하는 데 필요한 키를 암호화할 때
> ㉢ 키를 사용하여 암호화된 문서를 복호화할 때

	㉠	㉡	㉢
①	공개키 암호시스템	대칭키 암호시스템	공개키 암호시스템
②	공개키 암호시스템	공개키 암호시스템	대칭키 암호시스템
③	대칭키 암호시스템	대칭키 암호시스템	공개키 암호시스템
④	대칭키 암호시스템	공개키 암호시스템	대칭키 암호시스템

해설

- 29번 문제 해설 참조

31 **하이브리드 암호 시스템에 대한 설명으로 옳지 않은 것은?** 2020년 지방직 9급

① 메시지는 대칭 암호 방식으로 암호화한다.
② 일반적으로 대칭 암호에 사용하는 세션키는 의사 난수 생성기로 생성한다.
③ 생성된 세션키는 무결성 보장을 위하여 공개키 암호 방식으로 암호화한다.
④ 메시지 송신자와 수신자가 사전에 공유하고 있는 비밀키가 없어도 사용할 수 있다.

해설
생성된 세션키는 기밀성 보장을 위하여 공개키 암호 방식으로 암호화한다.

32 **사전에 A와 B가 공유하는 비밀키가 존재하지 않을 때, A가 B에게 전달할 메시지 M의 기밀성을 제공할 목적으로 공개키와 대칭키 암호화 기법을 모두 활용하여 암호화한 전송 메시지를 아래의 표기 기호를 사용하여 바르게 표현한 것은?** 2016년 국가직 7급

> PU_X: X의 공개키
> PR_X: X의 개인키
> K_{AB}: A에 의해 임의 생성된 A와 B 간의 공유 비밀키
> E(k, m): 메시지 m을 암호키 k로 암호화하는 함수
> ||: 두 메시지의 연결

① $E(K_{AB}, M) \| E(PU_A, K_{AB})$
② $E(PR_A, (E(K_{AB}, M) \| K_{AB}))$
③ $E(K_{AB}, M) \| E(PR_A, K_{AB})$
④ $E(K_{AB}, M) \| E(PU_B, K_{AB})$

해설
공개키와 대칭키 암호화 기법을 모두 활용하는 방식으로 메시지는 대칭키를 이용하여 암호화하고, 대칭키는 공개키 암호화 기법을 이용하여 암호화시킨다.

정답 29. ③ 30. ④ 31. ③ 32. ④

33 **사용자 A가 사전에 비밀키를 공유하고 있지 않은 사용자 B에게 기밀성 보장이 요구되는 문서 M을 보내기 위한 메시지로 옳은 것은?** 2023년 국가직 9급

> KpuX : 사용자 X의 공개키
> KprX : 사용자 X의 개인키
> KS : 세션키
> H() : 해시 함수
> E() : 암호화
> || : 연결(concatenation) 연산자

① $M \| E_{KprA}(H(M))$
② $E_{KprA}(M \| H(M))$
③ $E_{KS}(M) \| E_{KpuB}(KS)$
④ $E_{KS}(M) \| E_{KprA}(KS)$

해설

비밀키를 공유하고 있지 않으므로 비밀키를 수신자(사용자 B)의 개인키로 암호화한다. 즉, 비밀키로 메시지를 암호화하고 EKS(M), 비밀키를 수신자(사용자 B)의 개인키로 암호화 EKpuB(KS) 한다.

34 **사용자 A가 사용자 B에게 보낼 메시지에 대한 전자서명을 생성하는 데 필요한 키는?** 2024년 국가직 9급

① 사용자 A의 개인키
② 사용자 A의 공개키
③ 사용자 B의 개인키
④ 사용자 B의 공개키

해설

- 평문을 본인의 개인키(private key)로 암호화하여 암호문을 생성한다.
- 암호문은 누구라도 해독할 수 있다. 그에 따라 기밀성이 유지될 수는 없지만, 어떠한 수취인도 그 메시지가 송신자에 의해서 생성되었음을 확신할 수 있다.
- 송신자 : 송신자의 사설키로 암호화(= 독점적 암호화)
- 수신자 : 송신자의 공개키로 복호화

35 **다음은 아래 범례를 사용하여 사용자 A가 사용자 B에게 메시지 M을 전송하기 위한 프로토콜을 순서대로 나타낸 것이다.**

IDU : U의 아이디, KUU : U의 공개키, KRU : U의 개인키
E(K, M) : 메시지 M을 키 K로 암호화하는 함수
D(K, C) : 암호문 C를 키 K로 복호화하는 함수

B→A : ID_B, KU_B A→B : ID_A, C [단, C=E(KU_B, M)] B : M = D(KR_B, C)

위의 프로토콜에 대하여 다음과 같은 순서로 공격이 가능하다. 이 공격에 대한 설명으로 옳지 않은 것은? 2020년 국가직 7급

B→X : ID_B, KU_B X→A : ID_B, KU_X A→X : ID_A, C′ [단, C′ = E(KU_X, M)] X : M = D(KR_X, C′) X→B : ID_A, C [단, C=E(KU_B, M)] B : M = D(KR_B, C)

① A가 B의 공개키를 검증하지 못해서 발생하는 중간자 공격이다.
② 공격자 X가 A의 메시지를 가로채서 다시 보내는 재전송 공격이다.
③ 공개키 인증서를 사용하면 방지할 수 있다.
④ 디피-헬만 키 교환에서도 발생할 수 있다.

해설
PKI를 사용하지 않는 공개키 암호시스템은 중간자 공격으로부터 안전하지 않다.

정답 33. ③ 34. ① 35. ②

36 **공개키 암호화에 대한 설명으로 옳지 않은 것은?** 2020년 국가직 9급

① ECC(Elliptic Curve Cryptography)와 Rabin은 공개키 암호 방식이다.
② RSA는 소인수 분해의 어려움에 기초를 둔 알고리즘이다.
③ 전자서명 할 때는 서명하는 사용자의 공개키로 암호화한다.
④ ElGamal은 이산대수 문제의 어려움에 기초를 둔 알고리즘이다.

해설

전자서명 할 때는 서명하는 사용자의 개인키로 암호화한다.

공개키 알고리즘

알고리즘명	발표연도	개발자	안전도 근거
RSA	1978	Rivest, Shamir, Adleman	소인수 분해 문제
Knapsack	1978	R.C.Merkle, M.E.Hellman	부분합 문제
McEliece	1978	McEliece	대수적 부호 이론
ELGamal	1985	ELGamal	이산대수 문제
ECC	1985	N.kObitz, V.Miller	타원곡선 이산대수 문제
RPK	1996	W.M.Raike	이산대수 문제
Lattice	1997	Goldwasser, Goldreich, Halevi	가장 가까운 벡터를 찾는 문제

37 **암호화 알고리즘과 복호화 알고리즘에서 각각 다른 키를 사용하는 것은?** 2021년 지방직 9급

① SEED
② ECC
③ AES
④ IDEA

해설

ECC는 비대칭키(공개키) 암호 방식이다.

대칭키 암호		공개키 암호	
스트림 암호	블록 암호	이산 대수	소인수 분해
RC4, LFSR	AES, SEED, IDEA	DH, ElGaaml, DSA, ECC	RSA, Rabin

38 **RSA 암호화 알고리즘에 대한 설명으로 옳지 않은 것은?** 2014년 국가직 7급

① 비대칭키를 이용한 부인방지 기능을 포함한다.
② AES 암호화 알고리즘보다 수행 속도가 빠르다.
③ 키 분배 및 관리가 용이하다.
④ 전자서명 등 응용 범위가 매우 넓다.

해설
RSA 암호화 알고리즘은 비대칭키 알고리즘이고, AES 암호화 알고리즘은 대칭키 알고리즘이다. 일반적으로 비대칭키 알고리즘이 대칭키 알고리즘에 비해 키의 길이가 길기 때문에 대칭키 알고리즘이 수행 속도가 빠르다.

39 **현재 10명이 사용하는 암호시스템을 20명이 사용할 수 있도록 확장하려면 필요한 키의 개수도 늘어난다. 대칭키 암호시스템과 공개키 암호시스템을 채택할 때 추가로 필요한 키의 개수를 각각 구분하여 순서대로 나열한 것은?** 2015년 서울시 9급

① 20개, 145개
② 20개, 155개
③ 145개, 20개
④ 155개, 20개

해설
- 대칭키의 개수는 n(n−1)/2개이므로 현재 10명이 가지고 있는 키의 개수는 45개이며, 20명일 때를 계산하면 190개가 된다. 현재 10명이 사용하던 시스템을 확장하는 것이므로 (190−45)로 계산하면 키는 145개 확장이 필요하다.
- 공개키의 개수는 2n로 계산되므로 20개 증가한다.

40 **스트림 암호에 대한 설명으로 옳은 것은?** 2018년 국가직 7급

① 대표적인 스트림 암호 방식인 RC4는 다양한 키 길이를 갖도록 설계된 바이트 기반의 알고리즘이다.
② 안전성은 키열(key stream)을 생성하는 의사 난수 생성기의 안전성에 반비례한다.
③ 블록 암호와 달리 구현이 어렵고 속도가 느린 단점이 있다.
④ 키열의 반복 주기가 짧을수록 암호문을 해독하기가 더 어려워진다.

해설
- RC4는 소프트웨어에서 가장 널리 사용되는 스트림 암호 알고리즘이다. 이 암호는 인터넷 트래픽을 보호하는 SSL, 무선 네트워크 보안을 위한 WEP와 같은 프로토콜에 사용된다
- 스트림 암호의 안전성은 키열(key stream)을 생성하는 의사 난수 생성기의 안전성에 비례한다.
- 스트림 암호는 블록 암호와 달리 구현이 쉽고 속도가 빠른 장점이 있다.
- 스트림 암호에서 키열의 반복 주기가 길수록 암호문을 해독하기가 더 어려워진다.

정답 36. ③ 37. ② 38. ② 39. ③ 40. ①

41 스트림 암호에 대한 설명으로 옳지 않은 것은? 2021년 지방직 9급

① 데이터의 흐름을 순차적으로 처리해 가는 암호 알고리즘이다.
② 이진화된 평문 스트림과 이진 키스트림 수열의 XOR 연산으로 암호문을 생성하는 방식이다.
③ 스트림 암호 알고리즘으로 RC5가 널리 사용된다.
④ 구현이 용이하고 속도가 빠르다는 장점이 있다.

해설

- RC5는 대칭키 암호 방식이고, RC4는 소프트웨어에서 가장 널리 사용되는 스트림 암호 알고리즘이다.
- RC5 & RC6 : 1994년 미국 RSA 연구소의 Rivest가 개발한 입출력, 키, 라운드 수가 가변인 블록 알고리즘이다. 32/64/128비트의 블록과 2040비트의 키 값을 지원하고 255라운드까지 허용한다.

42 다음 중 암호화 기술 중에서 성격이 다른 것은? 보안기사 문제 응용

① LFSR
② RC5
③ MUX generator
④ RC4

해설

구분	블록 암호	스트림 암호
장점	높은 확산, 기밀성, 해시 함수 등 다양	암호 속도가 빠름, 에러 전파현상 없음
단점	암호 속도가 느림, 에러 전파현상 있음	낮은 확산, 부당한 삽입과 변형 쉬움
단위	블록(block)	비트(bit)
사례	DES, AES, IDEA, SEED, RC5	LFSR, MUX generator
대상	일반 데이터 전송, 스토리지 저장	음성, 오디오/비디오 스트리밍

43 다음 중 OTP(One Time Pad) 암호의 설명으로 옳지 않은 것은? 보안기사 문제 응용

① 평문 비트가 1011이고, 암호키 비트가 0010이면 암호 비트는 1001이 된다.
② 무한대의 계산력을 갖는 컴퓨터가 발명되었다고 하더라도 일회용 패드는 해독할 수 없다.
③ 평문과 암호문의 비트는 평문을 이진수로 변환하므로 일대다로 대응된다.
④ 키의 배송이나 보존 등의 문제가 발생할 수 있다.

해설

OTP(One Time Pad) 암호는 평문과 암호문의 비트는 1 : 1로 대응된다.

44 대칭키 암호에 대한 설명으로 옳지 않은 것은? 2014년 국회사무처 9급

① 공개키 암호 방식보다 암호화 속도가 빠르다.
② 비밀키 길이가 길어질수록 암호화 속도는 빨라진다.
③ 대표적인 대칭키 암호 알고리즘으로 AES, SEED 등이 있다.
④ 송신자와 수신자가 동일한 비밀키를 공유해야 된다.
⑤ 비밀키 공유를 위해 공개키 암호 방식이 사용될 수 있다.

해설

대칭키 암호의 비밀키가 길어지면 암호화 강도는 높아지지만, 암호화 속도는 느려진다.

45 다음 중 대칭키 암호시스템에 대한 설명으로 옳지 않은 것은? 보안기사 문제 응용

① 공통키 암호시스템은 비교적 소규모 하드웨어로 신속한 암호를 실현하기에 쉬운 이점이 있다.
② 대칭키 암호 시스템의 전형적인 형태는 데이터 암호화 표준(DES : Data encryption Standard) 이며, DES는 64비트 단위로 메시지를 암호화한다.
③ n명의 사용자가 있다면 (n + 1)명일 때, 전체 비밀키를 (n + 1)개까지 증가시킨다.
④ 공개키 암호시스템에 비해 상대적으로 속도가 빠르다.

해설

- DES는 64비트 평문을 암호문으로 암호화하며, 키의 비트 크기는 56비트이다.
- n명의 사용자에서 (n + 1)명으로 1명의 사용자의 증가는 전체 비밀키를 n개까지 증가시킨다.

46 DES에 대한 다음의 설명 중 옳지 않은 것은? 2014년 서울시 9급

① 1970년대에 표준화된 블록 암호 알고리듬(Algorithm)이다.
② 한 블록의 크기는 64비트이다.
③ 한번의 암호화를 위해 10라운드를 거친다.
④ 내부적으로는 56비트의 키를 사용한다.
⑤ Feistel 암호 방식을 따른다.

해설

DES는 Feistel 암호 방식을 사용하며, 한번의 암호화를 위해 16라운드를 거친다.

정답 41. ③ 42. ② 43. ③ 44. ② 45. ③ 46. ③

47 **DES(Data Encryption Standard)에 대한 설명으로 옳지 않은 것은?** 2021년 지방직 9급

① 1977년에 미국 표준 블록 암호 알고리즘으로 채택되었다.
② 64비트 평문 블록을 64비트 암호문으로 암호화한다.
③ 페이스텔 구조(Feistel structure)로 구성된다.
④ 내부적으로 라운드(round)라는 암호화 단계를 10번 반복해서 수행한다.

해설
DES는 16번의 라운드 함수를 사용하며, 각 라운드 함수는 Feistel 구조로 구성된다.

48 **다음 중 블록 암호화의 설계 원리인 Feistel 구조의 특징을 설명한 것으로 옳지 않은 것은?** 보안기사 문제 응용

① 라운드 함수에 대한 제약 조건이 없다.
② 일반적으로 3라운드 이상을 실행하며, 짝수 라운드로 구성된다.
③ 복호화 시 라운드 함수의 역변환이 필요하다.
④ 복호화 시 라운드 키가 역순으로 사용된다.

해설
- SPN 구조: 복호화 시 라운드 함수의 역변환이 필요
- Feistel 구조: 라운드 함수와 관계없이 역변환이 가능하며(즉, 암·복호화 과정이 같음) 알고리즘의 수행속도가 빠르고, 하드웨어 및 소프트웨어 구현이 용이

49 **다음 중 DES 및 TDES에 대한 설명으로 옳지 않은 것은?** 보안기사 문제 응용

① DES의 F-함수의 확장(Expansion)은 입력 32비트를 출력 48비트로 확장하는 과정이다.
② DES의 F-함수는 8개의 S-box로 구성되어 있으며, 각 S-box는 6비트 입력, 4비트 출력을 갖는다.
③ DES의 S-box는 모두 선형(Linear) 구조이며, DES 안전성의 핵심 모듈이다.
④ TDES는 2개 또는 3개의 서로 다른 키를 이용하여 DES를 반복 적용하는 것이다.

해설
S-box는 8개의 비선형 함수로 구성되어 DES 안전성의 중요한 역할을 하며, 48비트를 32비트로 변환한다.

50 다음 중 DES 알고리즘에서 S-box가 아래와 같을 때, 입력(010111010011)의 중간값(1101)이 S-box를 통과한 후에 출력되는 값으로 옳은 것은? 보안기사 문제 응용

	0	1	2	...	12	13	14	15
0	14	4	13	...	5	9	0	7
1	0	15	7	...	9	5	3	8
2	4	1	14	...	3	10	5	0
3	15	12	8	...	10	0	6	14

① 0
② 3
③ 10
④ 15

해설

중간값(1101)의 바로 앞의 1과 바로 뒤의 0을 합쳐서 4비트의 값은 111010과 같은 6비트의 값으로 변경된다. 변경된 111010에서 맨 앞의 1과 맨 뒤의 0이 행번호가 되며, 중간 1101이 열의 값이 된다. 이진수 10은 십진수 2로 변환(행번호), 이진수 1101은 십진수 13으로 변환(열번호)된다. S-box에서 2행의 13열의 값을 찾으면 십진수 10이 된다.

51 AES 알고리즘에 대한 설명으로 옳지 않은 것은? 2022년 지방직 9급

① 블록 암호 체제를 갖추고 있다.
② 128/192/256bit 키 길이를 제공하고 있다.
③ DES 알고리즘을 보완하기 위해 고안된 알고리즘이다.
④ 첫 번째 라운드를 수행하기 전에 먼저 초기 평문과 라운드 키의 NOR 연산을 수행한다.

해설

첫 번째 라운드를 수행하기 전에 먼저 초기 평문과 라운드 키의 XOR 연산을 수행한다.

52 128비트 키를 이용한 AES 알고리즘 연산 수행에 필요한 내부 라운드 수는? 2024년 국가직 9급

① 10
② 12
③ 14
④ 16

해설

AES는 128, 192, 256 비트 키를 사용하고 키 크기에 따라 각각 10, 12, 14 라운드를 갖는 3가지 버전이 있다.

정답 47. ④ 48. ③ 49. ③ 50. ③ 51. ④ 52. ①

53 **다음은 AES(Advanced Encryption Standard) 암호에 대한 설명이다. 옳지 않은 것은?**

2015년 서울시 9급

① 1997년 미 상무성이 주관이 되어 새로운 블록 암호를 공모했고, 2000년 Rijndael을 최종 AES 알고리즘으로 선정하였다.

② 라운드 횟수는 한 번의 암·복호화를 반복하는 라운드 함수의 수행 횟수이고, 10/12/14 라운드로 이루어져 있다.

③ 128비트 크기의 입·출력 블록을 사용하고, 128/192/256 비트의 가변크기 키 길이를 제공한다.

④ 입력을 좌우 블록으로 분할하여 한 블록을 라운드 함수에 적용시킨 후에 출력값을 다른 블록에 적용하는 과정을 좌우 블록에 대해 반복적으로 시행하는 SPN(Substitution-Permutation Network) 구조를 따른다.

해설

입력을 좌우 블록으로 분할하여 한 블록을 라운드 함수에 적용시킨 후에 출력값을 다른 블록에 적용하는 과정을 좌우 블록에 대해 반복적으로 시행하는 것은 페이스텔 구조이다.

54 **AES 알고리즘에 대한 설명으로 옳지 않은 것은?** 2022년 국가직 9급

① 대먼과 리즈먼이 제출한 Rijndael이 AES 알고리즘으로 선정되었다.

② 암호화 과정의 모든 라운드에서 SubBytes, ShiftRows, MixColumns, AddRoundKey 연산을 수행한다.

③ 키의 길이는 128, 192, 256 bit의 크기를 사용한다.

④ 입력 블록은 128 bit이다.

해설

AES 알고리즘에서 각 라운드는 마지막을 제외하고 역연산이 가능한 4개의 변환을 사용하고, 마지막 라운드에서는 3개(SubBytes, ShiftRows, AddRoundKey)의 변환만을 갖는다.

55 **AES(Advanced Encryption Standard) 알고리즘을 구성하는 변환 과정 중, 상태 배열의 열 단위의 행렬 곱셈과 같은 형태로 표현되는 것은?** 2016년 국가직 7급

① 바이트 치환(substitute bytes)

② 행 이동(shift row)

③ 열 혼합(mix columns)

④ 라운드 키 더하기(add round key)

해설

- 바이트 치환(substitute bytes) : DES의 S-box에 해당하며 한 바이트 단위로 치환을 수행한다. 즉, 상태(state)의 한 바이트를 대응되는 S-box의 한 바이트로 치환한다. 이 계층은 혼돈의 원리를 구현한다.
- 행 이동(shift row) : 상태의 한 행 안에서 바이트 단위로 자리바꿈이 수행된다.
- 열 혼합(mix columns) : 변환은 열 단위로 작동하며, 열의 각 바이트를 4바이트 함수의 새로운 값으로 매핑한다.
- 라운드 키 더하기(add round key) : 비밀키(128/192/256 비트)에서 생성된 128비트의 라운드 키와 상태가 XOR된다.

56 **AES(Advanced Encryption Standard) 알고리즘에서 사용되는 함수들이다. 암호화 과정의 마지막 라운드에서 수행되는 함수를 〈보기〉에서 옳은 것만을 모두 골라, 호출 순서대로 바르게 나열한 것은?** 2018년 교육청 9급

보기
ㄱ. SubBytes( ) /* 바이트 치환 */
ㄴ. ShiftRows( ) /* 행 이동 */
ㄷ. MixColumns( ) /* 열 혼합 */
ㄹ. AddRoundKey( ) /* 라운드 키 더하기 */

① ㄱ – ㄷ
② ㄱ – ㄴ – ㄹ
③ ㄴ – ㄱ – ㄹ
④ ㄹ – ㄱ – ㄴ – ㄷ

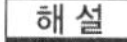
해설

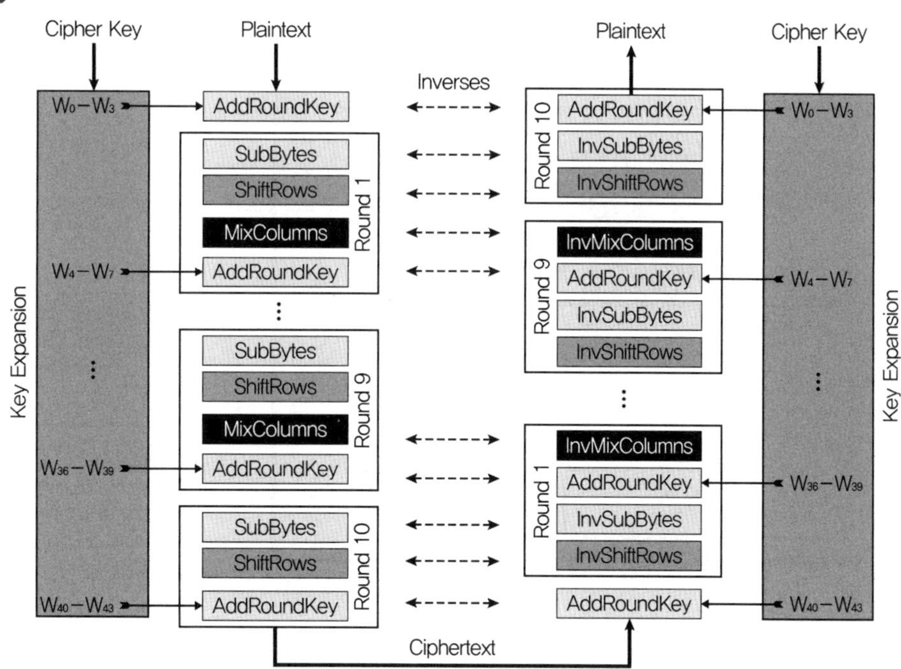

정답 53. ④ 54. ② 55. ③ 56. ②

57 **AES(Advanced Encryption Standard) 알고리즘을 구성하는 변환 과정 중, 상태 배열의 열 단위의 행렬 곱셈과 같은 형태로 표현되는 것은?** 2016년 국가직 7급

① 바이트 치환(substitute bytes)
② 행 이동(shift row)
③ 열 혼합(mix columns)
④ 라운드 키 더하기(add round key)

해설
열 혼합(mix columns) : 변환은 열 단위로 작동하며, 열의 각 바이트를 4바이트 함수의 새로운 값으로 매핑한다.

58 **NIST의 AES(Advanced Encryption Standard) 표준에 따른 암호화 시 암호키(cipher key) 길이가 256비트일 때 필요한 라운드 수는?** 2020년 국가직 9급

① 8　② 10
③ 12　④ 14

해설
AES 알고리즘의 블록크기는 128비트이고 키 길이는 128/192/256비트이며, 각 라운드 수는 10/12/14이다. SPN(Substitution–Permutation Network) 구조를 사용하고 있다.

✓ AES 암호의 구조도

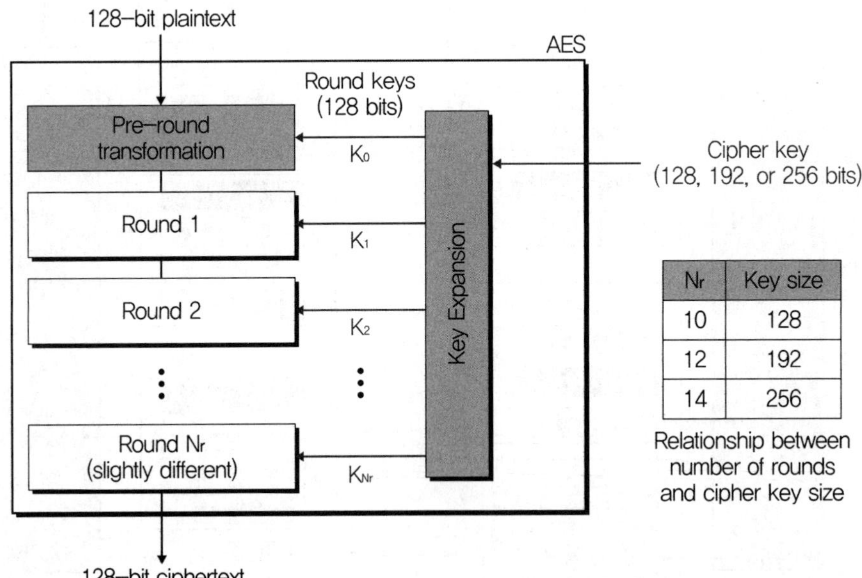

Nr	Key size
10	128
12	192
14	256

Relationship between number of rounds and cipher key size

59 **AES 알고리즘의 블록크기와 키길이에 대한 설명으로 옳은 것은?** 2017년 국가직 9급

① 블록크기는 64비트이고 키길이는 56비트이다.
② 블록크기는 128비트이고 키길이는 56비트이다.
③ 블록크기는 64비트이고 키길이는 128/192/256비트이다.
④ 블록크기는 128비트이고 키길이는 128/192/256비트이다.

해설

AES 알고리즘의 블록크기는 128비트이고 키길이는 128/192/256비트이다. 라운드 수는 10/12/14이며, SPN(Substitution-Permutation Network) 구조를 사용하고 있다.

60 **AES(Advanced Encryption Standard)에 대한 설명으로 옳지 않은 것은?** 2017년 국가직 9급 추가

① 미국 NIST(National Institute of Standards and Technology)의 공모에서 Rijndael이 AES로 채택되었다.
② 128비트 크기의 블록 대칭키 암호 알고리즘이다.
③ Feistel 구조를 사용한다.
④ 128, 192, 256비트 길이의 키를 사용할 수 있다.

해설

Rijdeal이 NIST에 의해 AES로서 선정되었다. Rijdeal에서는 페이스텔 네트워크가 아니라 SPN(Substitution-Permutation Network) 구조를 사용하고 있다.

61 **AES(Advanced Encryption Standard)에 대한 설명으로 옳은 것은?** 2020년 지방직 9급

① DES(Data Encryption Standard)를 대신하여 새로운 표준이 된 대칭 암호 알고리즘이다.
② Feistel 구조로 구성된다.
③ 주로 고성능의 플랫폼에서 동작하도록 복잡한 구조로 고안되었다.
④ 2001년에 국제표준화기구인 IEEE가 공표하였다.

해설

AES(Advanced Encryption Standard)

- DES가 페이스텔 구조인 반면, AES는 비페이스텔 구조
- AES 선정 조건: 속도가 빠를 것. 단순하고 구현하기 쉬울 것. 스마트카드나 8비트 CPU 등의 계산력이 작은 플랫폼에서부터 워크스테이션과 같은 고성능의 플랫폼에 이르기까지 효율적으로 동작
- 2001년에 미국의 표준화기구인 NIST(National Institute of Standard and Technology)에 의해 공표

정답 57. ③ 58. ④ 59. ④ 60. ③ 61. ①

62 **AES 암호 방식은 비페이스텔 구조이며, 한 라운드는 네 가지 계층으로 구성된다. 다음 중 MixColumns에 대한 설명으로 옳은 것은?** 보안기사 문제 응용

① 상태의 한 행 안에서 바이트 단위로 자리바꿈이 수행된다.
② 비밀키(128/192/256 비트)에서 생성된 128비트의 라운드 키와 상태가 XOR된다.
③ DES의 S-box에 해당하며 한 바이트 단위로 치환을 수행한다. 즉, 상태(state)의 한 바이트를 대응되는 S-box의 한 바이트로 치환한다.
④ 상태가 한 열 안에서 혼합이 수행되며, 확산의 원리를 구현한다.

해설

SubBytes	DES의 S-box에 해당하며 한 바이트 단위로 치환을 수행한다. 즉, 상태(state)의 한 바이트를 대응되는 S-box의 한 바이트로 치환한다. 이 계층은 혼돈의 원리를 구현한다.
ShiftRows	상태의 한 행 안에서 바이트 단위로 자리바꿈이 수행된다.
MixColumns	상태가 한 열 안에서 혼합이 수행된다. ShiftRows와 함께 확산의 원리를 구현한다.
AddRoundKey	비밀키(128/192/256 비트)에서 생성된 128비트의 라운드 키와 상태가 XOR된다.

63 **다음 대칭키 암호화에서 K값은?** 2017년 국가직 7급

> – 8비트 정보 P와 K의 배타적 논리합(XOR) 연산의 결과를 Q라 함
> – P = 11010011
> – Q = 10000110

① 11010011　　② 10000110
③ 01010101　　④ 01010100

해설

P = 11010011
XOR　K = 01010101
Q = 10000110

64 **국내 기관에서 주도적으로 개발한 암호 알고리즘은?** 2014년 지방직 9급

① IDEA　　② ARIA
③ AES　　④ Skipjack

해설

ARIA는 대한민국의 국가보안기술연구소에서 개발한 블록 암호 체계이다. ARIA라는 이름은 학계(Academy), 연구소(Research Institute), 정부 기관(Agency)이 공동으로 개발한 특징을 함축적으로 표현한 것이다.

ARIA 암호 알고리즘의 특징

블록 사이즈	128비트
암호문 사이즈	128비트
키 길이	128/192/256 비트
라운드 수	12/14/16 라운드
구조	Involutional SPN 구조

65 암호화 기법들에 대한 설명으로 옳지 않은 것은? 2019년 지방직 9급

① Feistel 암호는 전치(Permutation)와 대치(Substitution)를 반복시켜 암호문에 평문의 통계적인 성질이나 암호키와의 관계가 나타나지 않도록 한다.

② Kerckhoff의 원리는 암호 해독자가 현재 사용되고 있는 암호 방식을 알고 있다고 전제한다.

③ AES는 암호키의 길이를 64비트, 128비트, 256비트 중에서 선택한다.

④ 2중 DES(Double DES) 암호 방식은 외형상으로는 DES에 비해 2배의 키 길이를 갖지만, 중간일치공격 시 키의 길이가 1비트 더 늘어난 효과밖에 얻지 못한다.

해설

이중 DES에서는 키를 탐색하기 위한 탐색 횟수가 2^{56}번(하나의 DES)에서 2^{112}번(이중 DES)으로 증가하는 것처럼 보인다. 하지만 중간 일치 공격(meet-in-the-middle Attack)과 같은 기지 평문 공격을 사용하면 2^{112}가 아닌 2^{57}로 약간의 향상만이 있을 뿐이다.

66 암·복호화할 때 동일한 키를 사용하는 암호화 알고리즘은? 2015년 국가직 7급

① RSA ② KCDSA

③ SEED ④ ECC

해설

- 대칭키 암호화 알고리즘 : DES, 3DES, AES, SEED, IDEA, ARIA, Blowfish, RC5, RC6 등
- 비대칭키 암호화 알고리즘 : RSA, ElGamal, ECC, RABIN 등

정답 62. ④ 63. ③ 64. ② 65. ③ 66. ③

67 다음 지문에서 설명하는 것은? 2017년 서울시 9급

- 국내의 학계, 연구소, 정부 기관이 공동으로 개발한 블록 암호이다.
- 경량 환경 및 하드웨어 구현을 위해 최적화된 Involutional SPN 구조를 갖는 범용 블록 암호 알고리즘이다.

① ARIA ② CAST
③ IDEA ④ LOK

해설

✓ ARIA

- 대한민국의 국가보안기술연구소에서 개발한 블록 암호 체계이다. ARIA라는 이름은 학계(Academy), 연구소(Research Institute), 정부 기관(Agency)이 공동으로 개발한 특징을 함축적으로 표현한 것이다.
- 비페이스텔 구조를 가지고 있음에도 불구하고 복호화 알고리즘이 필요 없이 암호화 알고리즘만으로 복호화를 할 수 있는 Involutional SPN 구조를 가지고 있다는 점이 가장 큰 특징이다(별도의 복호화기를 필요로 하지 않는 구조).

68 블록 암호 알고리즘의 종류와 특징에 대한 설명으로 가장 적절하지 않은 것은? 2014년 경찰청 9급

① DES : 전치암호와 대치암호를 혼합한 암호방식이다.
② SEED : 페이스텔 구조 128비트 블록단위 처리 알고리즘이다.
③ IDEA : 한국에서 개발된 16라운드 알고리즘이다.
④ AES : 암호화 알고리즘과 복호화 알고리즘이 서로 다르다.

해설

- IDEA : 스위스에서 1990년 Xuejia Lai, James Messey에 의해 만들어진 PES(Proposed Encryption Standard)는 이후 1992년 IDEA(International Data Encryption Algorithm)로 이름을 고쳐 제안하였다.
- IDEA는 블록 암호 알고리즘으로써 64비트의 평문에 대하여 동작하며, 키의 길이는 128비트이고, 8라운드의 암호 방식을 적용한다.

69 우리나라 국가 표준으로 지정되었으며 경량 환경 및 하드웨어 구현에서의 효율성 향상을 위해 개발된 128비트 블록암호 알고리즘은? 2017년 국가직 9급

① ARIA ② HMAC
③ 3DES ④ IDEA

해설

- ARIA : 대한민국의 국가보안기술연구소에서 개발한 블록 암호 체계이다. ARIA라는 이름은 학계(Academy), 연구소(Research Institute), 정부 기관(Agency)이 공동으로 개발한 특징을 함축적으로 표현한 것이다. ARIA의 블록크기는 128비트이고 키길이는 128/192/256비트이며, 라운드수는 12/14/16이다.
- HMAC : 속도향상과 보안성을 높이기 위해 MAC와 MDC를 합쳐 놓은 새로운 해시이다. 해시 함수의 입력에 사용자의 비밀키와 메시지를 동시에 포함하여 해시코드를 구하는 방법이다.
- 3DES : DES보다 강력하도록 DES를 3단 겹치게 한 암호 알고리즘이다.
- IDEA : 블록 암호 알고리즘으로써 64비트의 평문에 대하여 동작하며, 키의 길이는 128비트이고, 8라운드의 암호 방식을 적용한다.

70 대칭키 암호 알고리즘에 대한 설명으로 옳은 것만을 모두 고르면? 2018년 지방직 9급

ㄱ. AES는 128/192/256 비트 키 길이를 지원한다.
ㄴ. DES는 16라운드 Feistel 구조를 가진다.
ㄷ. ARIA는 128/192/256 비트 키 길이를 지원한다.
ㄹ. SEED는 16라운드 SPN(Substitution Permutation Network) 구조를 가진다.

① ㄱ, ㄹ
② ㄴ, ㄷ
③ ㄱ, ㄴ, ㄷ
④ ㄱ, ㄴ, ㄹ

해설

SEED 알고리즘의 전체 구조는 변형된 Feistel 구조로 이루어져 있으며, 128비트 열쇠로부터 생성된 16개의 64비트 회전 열쇠를 사용하여 총 16회전을 거쳐 128비트의 평문 블록을 128비트 암호문 블럭으로 암호화하여 출력한다.

71 다음 알고리즘 중 공개키 암호 알고리즘에 해당하는 것은? 2019년 국가직 9급

① SEED 알고리즘
② RSA 알고리즘
③ DES 알고리즘
④ AES 알고리즘

해설

대칭키 암호화 알고리즘	DES, 3DES, AES, SEED, IDEA, ARIA, Blowfish, RC5, RC6 등
비대칭키 암호화 알고리즘	RSA, ElGamal, ECC, RABIN 등

정답 67. ① 68. ③ 69. ① 70. ③ 71. ②

72 대칭키 암호 알고리즘이 아닌 것은? 2023년 지방직 9급

① SEED　② ECC
③ IDEA　④ LEA

해설

대칭키 암호		공개키 암호	
스트림 암호	블록 암호	이산 대수	소인수 분해
RC4, LFSR	DES, AES, SEED, IDEA, LEA	DH, ElGaaml, DSA, ECC	RSA, Rabin

LEA(Lightweight Encryption Algorithm) : 국산 경량 암호화 알고리즘으로 대칭형 암호 알고리즘이고 빅데이터, 클라우드 등 고속 환경 및 모바일기기의 경량 환경에서 기밀성을 제공하기 위해 개발된 블록 암호 알고리즘이다. 128비트 데이터 블록과 128/192/256 키를 사용하며 24/28/32 라운드를 제공한다.

73 ROT13 암호로 info를 암호화한 결과는? 2016년 서울시 9급

① jvxv　② foin
③ vasb　④ klmd

해설

ROT13(Rotate by 13)은 단순한 카이사르 암호의 일종으로 영어 알파벳을 13글자씩 밀어서(이동하여) 만드는 단순한 알고리즘이다.

74 같은 부서의 팀원 8명이 서로서로 정보를 공유하려 한다. 대칭키와 공개키 방식을 사용할 때, 필요한 키의 개수로 맞게 짝지어진 것은? 보안기사 문제 응용

① 28, 16　② 16, 28
③ 56, 16　④ 16, 56

해설

대칭키 방식과 공개키 방식의 키 개수

- 대칭키 : $n(n-1)/2$
- 공개키 : $2n$

75 다음 중 암호 알고리즘에 대한 설명으로 가장 옳지 않은 것은? 보안기사 문제 응용

① 암·복호화는 쉽고 빠르면서 암호 해독은 어려울수록 좋은 암호 알고리즘이라고 할 수 있다.
② 암호 알고리즘의 근본 원리는 확산과 혼돈을 통해 이루어진다.
③ 평문의 각 사용 문자에 대한 정보가 암호문 전체에 고루 분산되는 특성을 이용하여 암호해독의 단서를 남기지 않기 위해 암호문과 평문의 관계를 숨기는 것이 혼돈(Confusion)이다.
④ 암호 알고리즘이란 암호 기술을 이용하여 데이터를 암호화 또는 복호화하기 위한 일련의 체계이다.

해설

확산(Diffusion) : 평문의 각 사용 문자에 대한 정보가 암호문 전체에 고루 분산되는 특성을 이용하여 암호 해독의 단서를 남기지 않기 위해 암호문과 평문의 관계를 숨기는 것이다.

76 대칭키 암호에 대한 설명으로 옳지 않은 것은? 2018년 국회 응용

① DES, AES는 대칭키 암호 알고리즘에 속한다.
② 대칭키 암호는 두 개의 키 값(비밀키, 공개키)이 서로 대칭적으로 존재해야 한다.
③ AES는 SPN(Substitution-Permutation Network) 기반 대칭키 암호이다.
④ AES는 128비트 라운드 키를 사용한다.

해설

두 개의 키 값(비밀키, 공개키)이 필요한 방식은 비대칭키(공개키) 암호 시스템이다.

77 다음 설명 중 가장 옳은 것은 무엇인가? 2019년 경찰 간부

① RC5 암호 알고리즘은 64비트의 고정된 키 길이를 사용한다.
② 3중 DES(Triple DES) 암호 알고리즘은 DES 암호 알고리즘을 개선한 것으로 DES에 비해 처리 속도가 3배 정도 빠르다.
③ IDEA 암호 알고리즘은 16라운드의 암호 방식을 적용하며, 암호화와 복호화에 사용되는 알고리즘이 달라 암호화 강도가 높다.
④ ARIA 암호 알고리즘에 사용되는 키와 블록의 길이는 AES와 동일하다.

해설

- RC5 암호 알고리즘은 가변 키 길이를 사용한다.
- 3중 DES(Triple DES) 암호 알고리즘보다 DES 암호 알고리즘이 속도가 빠르다.
- IDEA 암호 알고리즘은 8라운드의 암호 방식을 적용하며, 암호화와 복호화에 사용되는 알고리즘이 동일하다.

정답 72. ② 73. ③ 74. ① 75. ③ 76. ② 77. ④

78 SPN 구조와 Feistel 구조에 대한 설명 중 가장 옳은 것은 무엇인가? 2019년 경찰 간부

① SPN 구조는 암호화와 복호화 과정이 동일하여 처리 속도가 빠르다.
② SPN 구조의 종류에는 AES, SEED, BLOWFISH 등이 있다.
③ Feistel 구조의 암호 강도를 결정짓는 요소는 평문 블록의 길이, 키의 길이, 라운드의 수이다.
④ Feistel 구조는 역변환 함수에 제약이 있으며, S-BOX와 P-BOX를 사용한다.

해설

- SPN 구조는 암호화와 복호화 과정이 역변환되어야 한다.
- SEED, BLOWFISH는 Feistel 구조이다.
- SPN 구조는 역변환 함수에 제약이 있으며, S-BOX와 P-BOX를 사용한다.

79 블록암호 알고리즘에 대한 설명으로 옳지 않은 것은? 2017년 국가직 7급

① IDEA – 상이한 대수 그룹으로부터의 세 가지 연산을 혼합하는 방식
② Blowfish – 키의 크기가 가변적이므로 안전성과 성능의 요구에 따라 유연하게 사용
③ SEED – 1999년 KISA와 국내 암호전문가들이 개발한 128비트 블록암호
④ ARIA – 국가보안기술연구소 주관으로 64비트 블록 암호로 128비트 암호화키만 지원

해설

ARIA 암호 알고리즘의 특징

블록 사이즈	128비트
암호문 사이즈	128비트
키 길이	128/192/256 비트
라운드 수	12/14/16 라운드
구조	Involutional SPN 구조

80 엔트로피에 대한 설명으로 옳은 것만을 모두 고른 것은? 2020년 국가직 7급

ㄱ. 한 비트가 가질 수 있는 엔트로피의 최댓값은 1이다.
ㄴ. 블록 암호문의 엔트로피는 낮을수록 안전하다.
ㄷ. 엔트로피는 정보량 또는 정보의 불확실도를 측정하는 수학적 개념이다.
ㄹ. 어떤 확률변수가 가질 수 있는 모든 값의 발생 확률이 같을 경우, 엔트로피는 최솟값을 갖는다.

① ㄱ, ㄴ
② ㄱ, ㄷ
③ ㄴ, ㄹ
④ ㄷ, ㄹ

해 설

- 엔트로피 : 열역학적 계의 유용하지 않은 (일로 변환할 수 없는) 에너지의 흐름을 설명할 때 이용되는 상태 함수다. '무질서도'라고도 하며, 에너지 보존법칙(열역학 제1법칙)이 자연현상을 설명하기에 부족해서 등장한 개념이다.
- 블록 암호문의 엔트로피는 높을수록 안전하다.
- 어떤 확률변수가 가질 수 있는 모든 값의 발생 확률이 같을 경우, 엔트로피는 최댓값을 갖는다.

81 암호화에 대한 설명으로 옳지 않은 것은? 2021년 군무원 9급

① 순서보존 암호화(Order-preserving encryption)는 원본정보의 순서와 암호값의 순서가 동일하게 유지되는 암호화 방식이다.

② 형태보존 암호화(Format-preserving encryption)는 원본정보의 형태와 암호값의 형태가 동일하게 유지되는 암호화 방식이다.

③ 동형 암호화(Homomorphic encryption)는 암호화된 상태에서의 연산이 가능한 암호화 방식이다.

④ 일방향 암호화는 원문에 대한 암호화만 가능하며 추가정보가 있으면 암호문에 대한 복호화가 가능하다.

해 설

일방향 암호화를 위하여는 해시 함수를 사용하며, 해시 함수는 역상저항성(일방향성)을 가지므로 복호화가 가능하지 않다.

82 블록 암호 알고리즘의 운영 모드로 옳지 않은 것은? 2015년 국가직 7급

① ECB(Electronic Codebook)

② CBC(Cipher Block Chaining)

③ CFB(Cipher Feedback)

④ ECC(Error Correction Code)

해 설

블록 암호의 운용 모드 : ECB(Electric CodeBook) 모드, CBC(Cipher Block Chaining) 모드, CFB(Cipher FeedBack) 모드, OFB(Output-FeedBack) 모드, CTR(CounTeR) 모드

정답 78. ③ 79. ④ 80. ② 81. ④ 82. ④

83 다음에서 설명하는 블록암호 운영 모드는? 2021년 지방직 9급

> – 단순한 모드로 평문이 한 번에 하나의 평문 블록으로 처리된다.
> – 각 평문 블록은 동일한 키로 암호화된다.
> – 주어진 하나의 키에 대하여 평문의 모든 블록에 대한 유일한 암호문이 존재한다.

① CBC(Cipher Block Chaining Mode)

② CTR(Counter Mode)

③ CFB(Cipher-Feed Back Mode)

④ ECB(Electronic Code Book Mode)

해설

ECB(Electric CodeBook) 모드

- 여러 모드 중에서 가장 간단하며, 기밀성이 가장 낮은 모드이다.
- 평문 블록을 암호화한 것이 그대로 암호문 블록이 되며, 평문 블록과 암호문 블록이 일대일의 관계를 유지하게 된다.
- 평문 속에 같은 값을 갖는 평문 블록이 여러 개 존재하면 그 평문 블록들은 모두 같은 값의 암호문 블록이 되어 암호문을 보는 것만으로도 평문 속에 패턴의 반복이 있다는 것을 알게 된다.

84 블록 암호화 운영모드 중 ECB(Electronic CodeBook) 모드에 대한 설명으로 가장 적절한 것은?

2024년 군무원 9급

① 가장 단순한 모드로 블록단위로 나누어 순차적으로 암호화하는 구조이다.

② 블록 암호화 모드 중 보안이 가장 강력한 암호화 모드로 평가된다.

③ 동일한 평문 블록이라도 서로 다른 암호문 블록으로 암호화된다.

④ 암호화, 복호화에 쓰이는 키는 서로 다르다는 특징이 있다.

해설

- ECB 모드는 보안상 취약점이 있다고 볼 수 있다.
- ECB 모드에서는 동일한 평문 블록이 동일한 암호문 블록으로 암호화된다.
- ECB 모드에서는 암호화와 복호화에 동일한 키를 사용한다.

85 다음의 블록 암호 모드 중 각 평문 블록을 이전 암호문 블록과 XOR한 후 암호화되어 안전성을 높이는 모드는? 2014년 서울시 9급

① ECB 모드
② CBC 모드
③ CTR 모드
④ OFB 모드
⑤ CFB 모드

해설

CBC(Cipher Block Chaining) 모드

- 1단계 전에 수행되어 결과로 출력된 암호문 블록에 평문 블록을 XOR하고 나서 암호화를 수행하며, 생성되는 각각의 암호문 블록은 단지 현재 평문 블록뿐만 아니라 그 이전의 평문 블록들의 영향도 받게 된다.
- 최초의 평문 블록을 암호화할 때는 1단계 앞의 암호문 블록을 대신할 비트열인 한 개의 블록을 준비해야 하며, 이 비트열을 초기화 벡터(initialization vector)라 한다.
- 평문 블록은 반드시 1단계 앞의 암호문 블록과 XOR을 취하고 나서 암호화되기 때문에 ECB 모드가 갖고 있는 결점이 보완되었다.

86 블록 암호의 운영 모드 중 ECB 모드와 CBC 모드에 대한 설명으로 옳은 것은? 2024년 국가직 9급

① ECB 모드는 블록의 변화가 다른 블록에 영향을 주지 않아 안전하다.
② ECB 모드는 암호화할 때, 같은 데이터 블록에 대해 같은 암호문 블록을 생성한다.
③ CBC 모드는 블록의 변화가 이전 블록에 영향을 주므로 패턴을 추적하기 어렵다.
④ CBC 모드는 암호화할 때, 이전 블록의 결과가 필요하지 않다.

해설

- ECB 모드는 여러 모드 중에서 가장 간단하며, 기밀성이 가장 낮은 모드이다. 평문 속에 같은 값을 갖는 평문 블록이 여러 개 존재하면 그 평문 블록들은 모두 같은 값의 암호문 블록이 되어 암호문을 보는 것만으로도 평문 속에 패턴의 반복이 있다는 것을 알게 된다.
- CBC 모드는 1단계 전에 수행되어 결과로 출력된 암호문 블록에 평문 블록을 XOR하고 나서 암호화를 수행하며, 생성되는 각각의 암호문 블록은 단지 현재 평문 블록뿐만 아니라 그 이전의 평문 블록들의 영향도 받게 된다.
- CBC 모드는 블록의 변화가 다음 블록에 영향을 주므로 패턴을 추적하기 어렵다.
- CBC 모드는 암호화할 때, 이전 블록의 결과가 필요하다.

정답 83. ④ 84. ① 85. ② 86. ②

87 **키 k에 대한 블록 암호 알고리즘 E_k, 평문블록 M_i, Z_0는 초기벡터, $Z_i = E_k(Z_{i-1})$가 주어진 경우, 이때 I = 1, 2, ..., n에 대해 암호블록 C_i를 $C_i = Z_i \oplus M_i$로 계산하는 운영모드는? (단, ⊕는 배타적 논리합이다)** 2020년 국가직 9급

① CBC
② ECB
③ OFB
④ CTR

해설

OFB(Output-FeedBack) 모드

- 암호 알고리즘의 출력을 암호 알고리즘의 입력으로 피드백한다.
- 평문 블록은 암호 알고리즘에 의해 직접 암호화되고 있는 것이 아니며, 평문 블록과 암호 알고리즘의 출력을 XOR해서 암호문 블록을 만들어 낸다.
- 키 스트림을 미리 준비할 수 있으며, 미리 준비한다면 암호문을 만들 때 더 이상 암호 알고리즘을 구동할 필요가 없다(키 스트림을 미리 만들어 두면 암호화를 고속으로 수행할 수 있으며, 혹은 키 스트림을 만드는 작업과 XOR를 취하는 작업을 병행하는 것도 가능하다).

OFB 모드에 의한 암호화

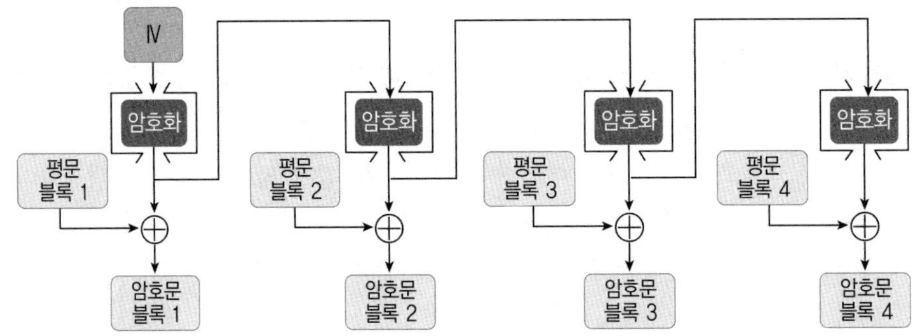

88 **대칭키 블록 암호 알고리즘의 운영 모드 중에서 한 평문 블록의 오류가 다른 평문 블록의 암호 결과에 영향을 미치는 오류 전이(error propagation)가 발생하지 않는 모드만을 묶은 것은? (단, ECB : Electronic Code Book, CBC : Cipher Block Chaining, CFB : Cipher Feedback, OFB : Output Feedback)** 2018년 국가직 9급

① CFB, OFB
② ECB, OFB
③ CBC, CFB
④ ECB, CBC

해설

- ECB(Electric CodeBook) 모드는 평문 블록을 암호화한 것이 그대로 암호문 블록이 되며, 평문 블록과 암호문 블록이 일대일의 관계를 유지하게 된다.
- OFB(Output-FeedBack) 모드는 평문 블록을 암호 알고리즘에 의해 직접 암호화하지 않고, 평문 블록과 암호 알고리즘의 출력을 XOR해서 암호문 블록을 만들어 낸다. 키 스트림을 미리 준비할 수 있으며, 미리 준비한다면 암호문을 만들 때 더 이상 암호 알고리즘을 구동할 필요가 없다. (키 스트림을 미리 만들어 두면 암호화를 고속으로 수행할 수 있으며, 혹은 키 스트림을 만드는 작업과 XOR를 취하는 작업을 병행하는 것도 가능하다.)

89 다음 중 Cipher Block Chaining 운용 모드의 암호화 수식을 제대로 설명한 것은? (단, P_i는 i번째 평문 블록을, C_i는 I번째 암호문 블록을 의미한다) 2016년 서울시 9급

① $C_i = E_k(P_i)$
② $C_i = E_k(P_i \oplus C_{i-1})$
③ $C_i = E_k(C_{i-1}) \oplus P_i$
④ $C_i = E_k(P_i) \oplus C_{i-1}$

해설

CBC(Cipher Block Chaining) 모드는 각 평문 블록을 이전 암호문 블록과 XOR한 후 암호화를 수행한다.

90 다음 그림과 같이 암호화를 수행하는 블록 암호 운용 모드는? (단, ⊕: XOR, K: 암호키)

2023년 지방직 9급

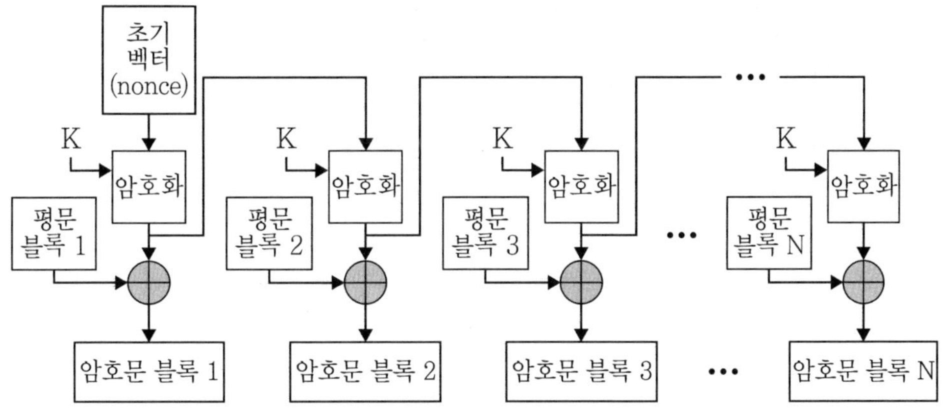

① CBC
② CFB
③ OFB
④ ECB

해설

OFB(Output-FeedBack) 모드

- 암호 알고리즘의 출력을 암호 알고리즘의 입력으로 피드백한다.
- 평문 블록은 암호 알고리즘에 의해 직접 암호화되고 있는 것이 아니며, 평문 블록과 암호 알고리즘의 출력을 XOR해서 암호문 블록을 만들어 낸다.
- 키 스트림을 미리 준비할 수 있으며, 미리 준비한다면 암호문을 만들 때 더 이상 암호 알고리즘을 구동할 필요가 없다(키 스트림을 미리 만들어 두면 암호화를 고속으로 수행할 수 있으며, 혹은 키 스트림을 만드는 작업과 XOR를 취하는 작업을 병행하는 것도 가능하다).

정답 87. ③ 88. ② 89. ② 90. ③

91 **블록 암호 운용 모드에 대한 설명으로 옳지 않은 것은?** 2020년 지방직 9급

① CFB는 블록 암호화를 병렬로 처리할 수 없다.
② ECB는 IV(Initialization Vector)를 사용하지 않는다.
③ CBC는 암호문 블록에 오류가 발생한 경우 복호화 시 해당 블록만 영향을 받는다.
④ CTR는 평문 블록마다 서로 다른 카운터 값을 사용하여 암호문 블록을 생성한다.

해설
CBC 모드는 비트 단위의 에러가 있는 암호문을 복호화하면, 1블록 전체와 다음 블록의 대응하는 비트에 에러가 발생한다.

92 **다음의 블록암호 운용모드 중, 암호 과정에서는 암호화 함수 E를, 복호 과정에서는 E와 다른 복호화 함수 D를 필요로 하는 것만을 모두 고르면?** 2019년 국가직 7급

ㄱ. ECB	ㄴ. CBC
ㄷ. CFB	ㄹ. OFB

① ㄱ　　② ㄱ, ㄴ
③ ㄷ, ㄹ　　④ ㄱ, ㄴ, ㄹ

해설
ECB와 CBC는 암호화 함수와 복호화 함수의 구조가 서로 다르다.

93 **다음에서 설명하는 블록암호 운용 모드는?** 2018년 지방직 9급

– 암·복호화 모두 병렬 처리가 가능하다.
– 블록 암호 알고리즘의 암호화 로직만 사용한다.
– 암호문의 한 비트 오류는 복호화되는 평문의 한 비트에만 영향을 준다.

① ECB　　② CBC
③ CFB　　④ CTR

해설

CTR(CounTeR) 모드

- 블록을 암호화할 때마다 1씩 증가해가는 카운터를 암호화해서 키 스트림을 만든다. 즉, 카운터를 암호화한 비트열과 평문 블록과의 XOR를 취한 결과가 암호문 블록이 된다.
- 암호화와 복호화가 완전히 같은 구조가 되므로, 프로그램으로 구현하는 것이 간단하다.
- 블록을 임의의 순서로 암호화·복호화할 수 있으며, 블록을 임의의 순서로 처리할 수 있다는 것은 처리를 병행할 수 있다는 것을 의미한다.

94 **블록암호 카운터 운영모드에 대한 설명으로 옳지 않은 것은?** 2022년 국가직 9급

① 암호화와 복호화는 같은 구조로 구성되어 있다.
② 병렬로 처리할 수 있는 능력에 따라 처리속도가 결정된다.
③ 카운터를 암호화하고 평문블록과 XOR하여 암호블록을 생성한다.
④ 블록을 순차적으로 암호화·복호화 한다.

해설

- 93번 문제 해설 참조

95 **다음 중 암호 운용모드의 단점에 대한 설명으로 옳지 않은 것은?** 보안기사 문제 응용

① OFB 모드는 비트 단위의 에러가 있는 암호문을 복호화하면, 블록의 대응하는 비트와 다음 블록 전체가 에러가 발생한다.
② CBC 모드는 비트 단위의 에러가 있는 암호문을 복호화하면, 1블록 전체와 다음 블록의 대응하는 비트에 에러가 발생한다.
③ CFB 모드는 비트 단위의 에러가 있는 암호문을 복호화하면, 블록의 대응하는 비트와 다음 블록 전체가 에러가 발생한다.
④ ECB 모드는 비트 단위의 에러가 있는 암호문을 복호화하면, 대응하는 블록이 에러가 발생한다.

해설

OFB 모드는 비트 단위의 에러가 있는 암호문을 복호화하면, 블록의 대응하는 비트에 에러가 발생한다.

정답 91. ③ 92. ② 93. ④ 94. ④ 95. ①

96 다음 아래에서 설명하는 알고리즘으로 옳은 것은? 보안기사 문제 응용

> 미국이 Clipper 정책에 사용할 수 있도록 chip의 형태로 구현되도록 설계했으며, 소프트웨어로 구현되는 것을 의도적으로 막도록 설계한 암호 알고리즘

① SKIPJACK ② IDEA
③ RC6 ④ SEED

해설

- SKIPJACK 알고리즘은 미국의 NSA가 개발 발표(1993년)한 블록 암호 알고리즘으로 발표 당시에 알고리즘의 형태 및 구조는 비밀로 분류되었다가 1998년에 공개되었다.
- 비밀키를 보관하기 위한 스마트카드의 일종인 Fortezza card에 내장되도록 클리퍼 칩(clipper chip)의 형태로 구현되었으며 소프트웨어로 구현되는 것을 의도적으로 막아왔다.
- SKIPJACK은 64비트의 블록을 입출력으로 하는 블록 암호 알고리즘으로 키의 크기는 80비트이며 32라운드를 반복해 암호문을 만든다.

97 다음 중 키 분배 문제를 해결하기 위한 방법으로 옳지 않은 것은? 2015년 국회사무처 9급

① 공개키 암호를 사용 ② 키를 사전에 공유
③ SEED 암호 알고리즘 사용 ④ Diffie-Hellman 알고리즘 사용
⑤ 키 분배(KDC)를 이용

해설

SEED 암호 알고리즘은 대칭키 암호이므로 키 분배 문제를 해결할 수 없다.

98 다음 중 블록 암호와 스트림 암호를 비교 설명한 것으로 옳지 않은 것은? 보안기사 문제 응용

① 스트림 암호는 암호 속도가 빠르며, 에러 전파현상이 없다.
② 블록 암호는 대표적으로 DES, AES, IDEA, RC5 등이 있다.
③ 스트림 암호는 암호화 단위가 bit이며, 대표적으로 LFSR이 있다.
④ 블록 암호는 일반적으로 음성, 오디오·비디오 스트리밍에 이용한다.

해설

블록 암호는 일반적으로 일반 데이터 전송에 이용된다.

99 **우리나라가 개발해 국제표준화한 암호 알고리즘만으로 짝지은 것은?** 2021년 군무원 9급

① 블록 암호 알고리즘(SEED) – 서명 알고리즘(KCDSA)
② 블록 암호 알고리즘(AES) – 서명 알고리즘(RSA)
③ 블록 암호 알고리즘(triple DES) – 서명 알고리즘(DSA)
④ 블록 암호 알고리즘(ARIA) – 서명 알고리즘(ECDSA)

해설

- SEED는 한국 정보보호센터가 1998년 10월에 초안을 개발하여 공개검증과정을 거쳐 안전성과 성능이 개선된 최종수정안을 1998년 12월에 발표하였다. 1999년 2월 최종결과를 발표하고 128비트 블록암호표준(안)으로 한국통신기술협회에 제안하였다.
- 디지털 서명의 유형으로는 RSA 전자서명, ElGamal 전자서명, DSS(Digital Signature Standards, 미국), E-Sign(일본), KCDSA(한국) 등이 있다.

100 **다음 설명 중 가장 옳지 않은 것은 무엇인가?** 2019년 경찰 간부

① 5명이 서로 통신할 경우 대칭키 암호 알고리즘과 공개키 암호 알고리즘에서 필요한 키의 개수가 다르다.
② 일반적으로 대칭키 암호 알고리즘이 공개키 암호 알고리즘보다 암호화 속도가 빠르다.
③ 공개키 암호 알고리즘의 종류로는 RSA, ECC, DSA 등이 있다.
④ 공개키 암호 알고리즘은 인증과 부인 방지를 제공한다.

해설

5명이 서로 통신할 경우 대칭키 암호 알고리즘과 공개키 암호 알고리즘에서 필요한 키의 개수는 10개로 동일하다.

101 **공개키 암호와 대칭키 암호에 대한 설명으로 옳은 것은?** 2016년 국회 응용

① 공개키를 교환하기 위해 대칭키 암호를 이용한다.
② 128비트 RSA 공개키와 2048비트 대칭키는 안전도가 비슷하다.
③ 두 암호 모두 기밀성과 무결성을 동시에 보장한다.
④ 긴 메시지 암호화에는 하이브리드 방식의 암호가 효율적이다.

해설

- 대칭키를 교환하기 위해 공개키 암호를 이용한다.
- 128비트 대칭키와 2048비트 RSA 공개키는 안전도가 비슷하다.
- 두 암호 모두 기밀성과 무결성을 동시에 보장하지는 않는다.

정답 96. ① 97. ③ 98. ④ 99. ① 100. ① 101. ④

102 **공개된 네트워크 환경에서 통신하는 두 당사자가 공유키를 만드는 데 사용되는 Diffie-Hellman 알고리즘에 대한 설명으로 옳지 않은 것은?** 2021년 군무원 9급

① 비밀키 알고리즘의 일종이다.
② 안전을 위해 일반적으로 1024비트 이상의 큰소수를 사용해야 한다.
③ 상대방에 대한 인증을 제공하지 않기 때문에 중간자 공격이 가능하다.
④ 안전을 위해 충분히 안전한 난수 생성 알고리즘을 사용해야 한다.

해설

Diffie-Hellman 알고리즘: 1976년에 Diffie와 Hellman이 개발한 최초의 공개키 알고리즘으로써 제한된 영역에서 멱의 계산에 비하여 이산대수로그 문제의 계산이 어렵다는 이론에 기초를 둔다. 이 알고리즘은 메시지를 암·복호화하는 데 사용되는 알고리즘이 아니라 암·복호화를 위해 사용되는 키의 분배 및 교환에 주로 사용되는 알고리즘이다.

103 **Diffie-Hellman 키 교환 알고리즘에 대한 설명으로 옳은 것은?** 2017년 국가직 9급 추가

① 두 사용자가 메시지 암호화에 사용할 공개키를 안전하게 교환하기 위한 것이다.
② 중간자(MITM) 공격에 안전하다.
③ 키를 교환하는 두 사용자 간의 상호 인증 기능을 제공한다.
④ 이산대수 문제를 푸는 것이 어렵다는 점을 활용한 것이다.

해설

- Diffie-Hellman 키 교환 알고리즘은 비밀키를 안전하게 교환하기 위한 것이다.
- Diffie-Hellman은 중간자(Man-in-the-middle) 공격에 취약하다.
- Diffie-Hellman은 상호 인증 기능을 제공하지 못하고, 오직 키 교환을 위하여 사용된다.

104 그림은 Diffie-Hellman의 키 교환 방법이다. 그림에서 사용자 A, B가 생성하는 비밀키 값과 동일한 값을 구하는 식은? (단, mod는 나머지를 구하는 연산자이고, Φ(n)는 오일러의 Totient 함수이다)

2018년 교육청 9급

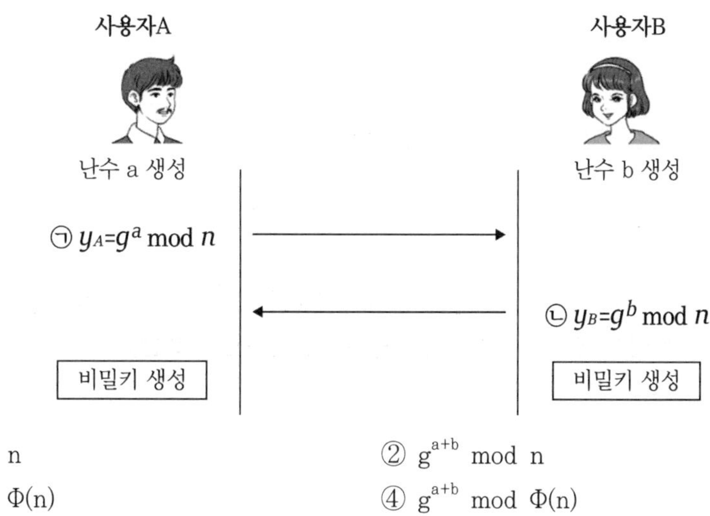

① $g^{a \times b} \bmod n$
② $g^{a+b} \bmod n$
③ $g^{a \times b} \bmod \Phi(n)$
④ $g^{a+b} \bmod \Phi(n)$

해설

Diffie-Hellman

- 1976년에 Diffie와 Hellman이 개발한 최초의 공개키 알고리즘으로써 제한된 영역에서 멱의 계산에 비하여 이산대수 로그 문제의 계산이 어렵다는 이론에 기초를 둔다.
- 이 알고리즘은 메시지를 암·복호화하는 데 사용되는 알고리즘이 아니라 암·복호화를 위해 사용되는 키의 분배 및 교환에 주로 사용되는 알고리즘이다.

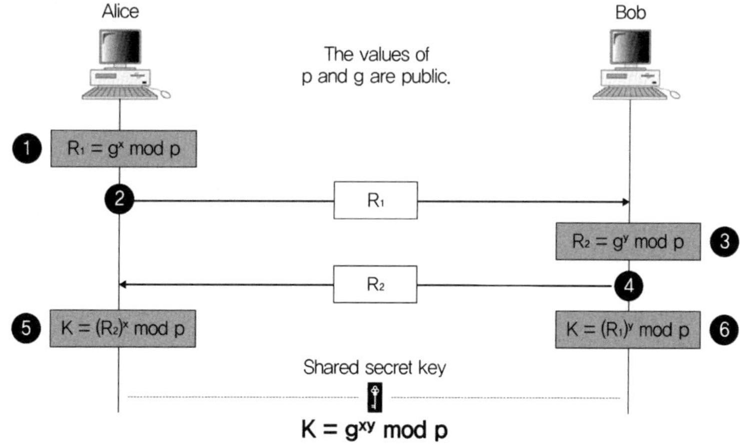

Diffie-Hellman 방법에서 대칭(공유)키는 $K = g^{xy} \bmod p$이다.

정답 102. ① 103. ④ 104. ①

105 **소수 p = 13, 원시근 g = 2, 사용자 A와 B의 개인키가 각각 3, 2일 때, Diffie-Hellman 키 교환 알고리즘을 사용하여 계산한 공유 비밀키는?** 2020년 국가직 9급

① 6 ② 8

③ 12 ④ 16

해설

Diffie-Hellman 방법에서 대칭(공유)키는 $K = g^{xy} \bmod p$이다.

$2^{3 \times 2} \bmod 13 = 64 \bmod 13 = 12$

106 **Diffie-Hellman 키 공유 프로토콜에서, 공개 정보인 소수 p = 11, 원시원소 g = 7인 경우, 갑이 자신의 비밀키(x)를 5로, 을이 자신의 비밀키(y)를 3으로 선택했을 경우, 갑과 을이 공유하는 세션 키로 옳은 것은?** 2021년 군무원 9급

① 10 ② 7

③ 8 ④ 5

해설

$K = (g^y \bmod p)^x \bmod p$

$= (7^3 \bmod 11)^5 \bmod 11$

$= (343 \bmod 11)^5 \bmod 11$

$= (343 \bmod 11)^5 \bmod 11$

$= 2^5 \bmod 11$

$= 32 \bmod 11$

$= 10$

107 그림은 Diffie-Hellman의 키 교환 방법이다. 그림의 식 ㉠, ㉡에서 n이 7일 때, g로 사용할 수 있는 것은? 2018년 교육청 9급

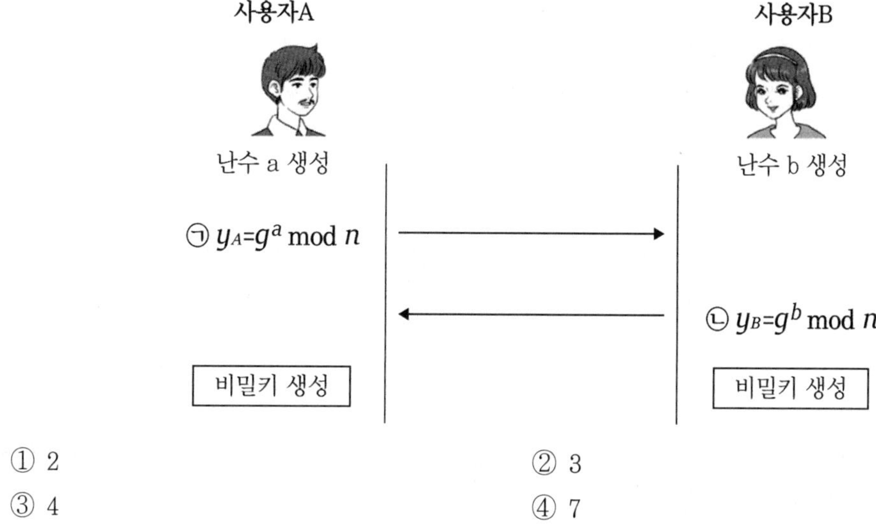

① 2
② 3
③ 4
④ 7

해설

소수 n에 대한 원시근은 $x^y \bmod n = 1$을 만족하는 최소의 y가 n-1일 때의 x값을 n의 원시근이라 한다. 문제에서 n의 값은 7이기 때문에 $x^y \bmod 7 = 1$을 만족하는 최소의 y가 6일 때의 x값을 찾아야 한다.

① $2^2 \bmod 7 = 4$
$2^3 \bmod 7 = 1$이므로 $x^y \bmod 7 = 1$을 만족하는 최소의 y가 3이므로 2는 7의 원시근이 아니다.

② $3^2 \bmod 7 = 2$
$3^3 \bmod 7 = 6$
$3^4 \bmod 7 = 4$
$3^5 \bmod 7 = 5$
$3^6 \bmod 7 = 1$이므로 $x^y \bmod 7 = 1$을 만족하는 최소의 y가 6이므로 3은 7의 원시근이 된다.

정답 105. ③ 106. ① 107. ②

108 **Diffie–Hellman 알고리즘은 비밀키를 공유하는 과정에서 특정 공격에 취약할 가능성이 존재한다. 다음 중 Diffie–Hellman 알고리즘에 가장 취약한 공격으로 옳은 것은?** 2015년 서울시 9급

① DDoS(Distributed Denial of Service) 공격
② 중간자 개입(Man–in–the–middle) 공격
③ 세션 하이재킹(Session Hijacking) 공격
④ 강제지연(Forced–delay) 공격

해설

Diffie–Hellman 알고리즘은 키의 분배 및 교환에 주로 사용되는 알고리즘이다. 송·수신자 사이에 공격자가 서로에 송·수신자인 것처럼 공격한다면 송·수신자는 공격을 당할 수 있다. 이런 공격이 중간자 공격이며, Diffie–Hellman 알고리즘은 중간자 공격에 취약하다.

109 **다음에 설명한 Diffie–Hellman 키 교환 프로토콜의 동작 과정에서 공격자가 알지 못하도록 반드시 비밀로 유지해야 할 정보만을 모두 고른 것은?** 2018년 국가직 9급

> 소수 p와 p의 원시근 g에 대하여, 사용자 A는 p보다 작은 양수 a를 선택하고, $x = g^a \bmod p$를 계산하여 x를 B에게 전달한다. 마찬가지로 사용자 B는 p보다 작은 양수 b를 선택하고, $y = g^b \bmod p$를 계산하여 y를 A에게 전달한다. 그러면 A와 B는 $g^{ab} \bmod p$를 공유하게 된다.

① a, b
② p, g, a, b
③ a, b, $g^{ab} \bmod p$
④ p, g, a, b, $g^{ab} \bmod p$

해설

Diffie–Hellman 키 교환 프로토콜에서 사용자 A와 사용자 B가 준비하는 난수 a, b와 서로 간에 계산된 $K = g^{ab} \bmod p$도 비밀로 유지되어야 한다.

110 **Diffie–Hellman 알고리즘은 $(G^a \bmod P)^b \bmod P$와 $(G^b \bmod P)^a \bmod P$를 계산한 값이 같다는 대수적인 성질을 활용한다. 다음 설명 중 옳지 않은 것은?** 2018년 국회사무처 9급

① a와 b, G는 비밀값이다.
② 암호화와 복호화에 필요한 키를 분배하거나 교환하기 위한 것이며, P는 소수이다.
③ 두 개의 키를 합성하면 새로운 키가 생성된다.
④ 중간자 공격에 취약하다.

해설

Diffie–Hellman 키 교환 프로토콜에서 사용자 A와 사용자 B가 준비하는 난수 a, b와 서로 간에 계산된 $K = g^{ab} \bmod p$도 비밀로 유지되어야 한다.

111 사용자 A와 B가 Diffie-Hellman 키 교환 알고리즘을 이용하여 비밀키를 공유하고자 한다. A는 3을, B는 2를 각각의 개인키로 선택하고, A는 B에게 21($=7^3 \bmod 23$)을, B는 A에게 3($=7^2 \bmod 23$)을 전송한다면, A와 B가 공유하게 되는 비밀키 값은? (단, 소수 23과 그 소수의 원시근 7을 사용한다) 2015년 지방직 9급

① 4　　② 5
③ 6　　④ 7

해설
- A : $(7^3 \bmod 23)^2 \bmod 23 = 4$
- B : $(7^2 \bmod 23)^3 \bmod 23 = 4$

112 다음 RSA에 대한 공격 중 그 설명이 틀린 것은? 2011년 감리사

① 소인수분해 공격을 당하지 않기 위해서 RSA는 모듈로 값을 1024비트 이상 사용할 것을 권장하고 있다.
② 선택 암호문 공격은 복호화 방식을 알 때, 킷값을 추정하여 복호화하는 방법이다.
③ 관련된 메시지 공격은 두 암호문이 선형적인 관계에 있을 때 공격자가 유효한 시간내에 평문을 구하는 것이다.
④ 평문 공격은 공격자가 평문에 대한 정보를 모르고 있어도 가능하다.

해설

RSA에 대한 공격
- 소인수분해 공격 : 공격자가 N을 소인수분해해서 p와 q를 구한다면 메시지의 복호화가 가능할 수 있다. 큰 수의 소인수분해를 고속으로 할 수 있는 방법이 발견되면 RSA는 해독할 수 있다.
- 선택 암호문 공격 : 복호화 방식을 알 때, 키 값을 추정하여 복호화하는 방법이며, RSA의 곱셈 성질을 이용한다.
- 관련된 메시지 공격 : 두 개의 암호문 C1, C2를 수신자에게 보냈다면, P1이 P2에 선형적으로 관계가 있으면 공격자는 실현 가능한 시간 내에 평문 P1과 P2를 구할 수도 있다.
- 평문 공격 : 공격자가 많은 평문들을 알고 있다고 가정하며, 가로챈 암호문과 동일한 암호문이 나올 때까지 자신이 가지고 있는 모든 평문 메시지를 암호화해 본다.

정답　108. ②　109. ③　110. ①　111. ①　112. ④

113 **다음 중 공개키 암호(public key cryptosystem)에 대한 설명으로 옳은 것은?** 2014년 서울시 9급

① 대표적인 암호로 AES, DES 등이 있다.
② 대표적인 암호로 RSA가 있다.
③ 일반적으로 같은 양의 데이터를 암호화하기 위한 연산이 대칭키 암호(symmetric key cryptosystem)보다 현저히 빠르다.
④ 대칭키 암호(symmetric key cryptosystem)보다 수백 년 앞서 고안된 개념이다.
⑤ 일반적으로 같은 양의 데이터를 암호화한 암호문(ciphertext)이 대칭키 암호(symmetric key cryptosystem)보다 현저히 짧다.

해설

- AES, DES는 대칭키 암호이다.
- 암호화 속도는 공개키 암호보다 대칭키 암호가 현저히 빠르다.
- 대칭키 암호가 공개키 암호보다 훨씬 더 앞서 고안된 개념이다.

114 **다음은 공개키 암호 시스템을 이용하여 Alice가 Bob에게 암호문을 전달하고, 이를 복호화하는 과정에 대한 설명이다. ㉠~㉢에 들어갈 내용으로 옳은 것은?** 2014년 국가직 7급

ㄱ. Bob은 개인키와 공개키로 이루어진 한 쌍의 키를 생성한다.
ㄴ. Bob은 (㉠)를 Alice에게 전송한다.
ㄷ. Alice는 (㉡)를 사용하여 메시지를 암호화한다.
ㄹ. Alice는 생성된 암호문을 Bob에게 전송한다.
ㅁ. Bob은 (㉢)를 사용하여 암호문을 복호화한다.

	㉠	㉡	㉢
①	Bob의 공개키	Alice의 공개키	Alice의 개인키
②	Bob의 개인키	Bob의 공개키	Bob의 개인키
③	Bob의 개인키	Alice의 공개키	Alice의 개인키
④	Bob의 공개키	Bob의 공개키	Bob의 개인키

해설

공개키 암호화에 의한 데이터암호화 통신 절차

1. 데이터의 수신자(Bob)는 공개키와 개인키의 쌍을 생성하고 공개키를 송신자(Alice)에 공개한다. 또한 개인키에 대해서는 데이터의 수신자(Bob)에 대해 다른 곳에 누출하지 않도록 비밀히 보존한다.
2. 송신자(Alice)는 입수한 Bob의 공개키를 사용해서 Bob에게 보내고 싶은 비밀데이터를 암호화해서 Bob에게 송신한다.
3. Alice로부터 암호화한 데이터를 수신한 Bob은 본인이 갖고 있는 개인키를 이용해서 수신 데이터를 복호화하는 것에 의해 Alice가 작성한 평문을 얻는다.

115 A가 B에게 공개키 알고리즘을 사용하여 서명과 기밀성을 적용한 메시지(M)를 전송하는 그림이다. ㉠~㉣에 들어갈 용어로 옳은 것은? 2017년 지방직 9급

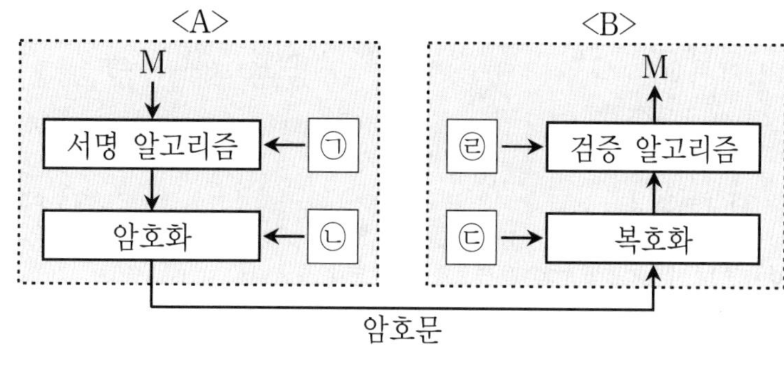

	㉠	㉡	㉢	㉣
①	A의 공개키	B의 공개키	A의 개인키	B의 개인키
②	A의 개인키	B의 개인키	A의 공개키	B의 공개키
③	A의 개인키	B의 공개키	B의 개인키	A의 공개키
④	A의 공개키	A의 개인키	B의 공개키	B의 개인키

해설

- 공개키 알고리즘의 서명에서 암호화는 송신자의 개인키로, 복호화는 송신자의 공개키로 한다.
- 공개키 알고리즘의 기밀성에서 암호화는 수신자의 공개키로, 복호화는 수신자의 개인키로 한다.

116 RSA 암호 알고리즘에서 두 소수, p = 17, q = 23과 키 값 e = 3을 선택한 경우, 평문 m = 8에 대한 암호문 c로 옳은 것은? 2020년 지방직 9급

① 121　② 160
③ 391　④ 512

해설

$m^e \bmod n = c$

$n = p * q = 17 * 23 = 391$

$8^3 \bmod 391 = 121$

정답 113. ② 114. ④ 115. ③ 116. ①

117 **RSA 암호 알고리즘을 위해 두 개의 소수가 p = 3, q = 11일 경우, 공개키(n)과 암호화 공개키 (e = 7)에 대응되는 복호용 개인키(d)로 적절한 것은?** 2021년 군무원 9급

① n = 33, d = 3
② n = 21, d = 5
③ n = 21, d = 3
④ n = 33, d = 5

해설

n = p * q = 3 * 11 = 33
L = LCM(p−1, q−1) = LCM(2, 10) = 10
d × e mod L = 1 　　d × 7 mod 10 = 1 　　d = 3

118 **RSA를 적용하여 7의 암호문 11과 35의 암호문 42가 주어져 있을 때, 알고리즘의 수학적 특성을 이용하여 계산한 245(= 7 * 35)의 암호문은? (단, RSA 공개 모듈 n = 247, 공개 지수 e = 5)** 2023년 국가직 9급

① 2
② 215
③ 239
④ 462

해설

암호문을 생성하기 위하여 $C = M^e \bmod n = 245^5 \bmod 247$을 계산해야 하지만, 수치가 크므로 문제의 내용을 이용하여 아래와 같이 풀이한다.

$C = M^e \bmod n = 245^5 \bmod 247 = (7 * 35)^5 \bmod 247$
$= ((7^5 \bmod 247)(35^5 \bmod 247)) \bmod 247$
$= (11 * 42) \bmod 247$
$= 462 \bmod 247$
$= 215$

119 **소인수분해 문제의 어려움에 기초하여 큰 안전성을 가지는 전자서명 알고리즘은?** 2014년 지방직 9급

① RSA
② ElGamal
③ KCDSA
④ ECDSA

해설

- RSA 암호 알고리즘 : 정수의 소인수분해의 복잡성을 이용
- 전자서명 : KCDSA(이산대수 관련), ECDSA(ECC 관련)

120 **공개키 암호 알고리즘에 대한 설명으로 옳은 것은?** 2016년 국가직 9급

① Diffie-Hellman 키 교환 방식은 중간자(man-in-the-middle) 공격에 강하고 실용적이다.
② RSA 암호 알고리즘은 적절한 시간 내에 인수가 큰 정수의 소인수분해가 어렵다는 점을 이용한 것이다.
③ 타원곡선 암호 알고리즘은 타원곡선 대수문제에 기초를 두고 있으며, RSA 알고리즘과 동일한 안전성을 제공하기 위해서 더 긴 길이의 키를 필요로 한다.
④ ElGamal 암호 알고리즘은 많은 큰 수들의 집합에서 선택된 수들의 합을 구하는 것은 쉽지만, 주어진 합으로부터 선택된 수들의 집합을 찾기 어렵다는 점을 이용한 것이다.

PART 03

해설

- Diffie-Hellman 키 교환 방식은 중간자(man-in-the-middle) 공격에 취약하다.
- 타원곡선 암호 알고리즘은 RSA 알고리즘보다 짧은 길이의 키를 이용하여 동일한 수준의 안전성을 제공한다.
- ElGamal 암호 알고리즘은 이산대수 문제가 어렵다는 가정하에 제안된 암호시스템이다.

121 **다음에서 설명하는 암호 알고리즘은?** 2018년 국가직 7급

- Koblitz와 Miller가 제안한 것이다.
- RSA보다 키의 길이를 작게 하면서도 대등한 보안성을 제공한다.
- 전자서명이나 키 교환에 활용될 수 있다.
- 메모리와 처리능력이 제한된 분야에 효율적이다.

① ElGamal
② ECC(Elliptic Curve Cryptography)
③ Rabin
④ WHIRLPOOL

해설

ECC(Elliptic Curve Cryptography, 타원곡선 암호) : 타원곡선 암호는 RSA 암호보다 짧은 키 길이로서 같은 정도의 강도를 확보하고, 암호화·복호화의 처리에 필요한 시간을 단축할 수 있다. 타원곡선상의 이산대수 문제가 RSA 암호에서 사용하고 있는 소인수분해 문제보다 수학적으로 난이도가 높기 때문에 RSA 암호 키 길이에서 1/6 정도로 실현할 수 있다.

정답 117. ① 118. ② 119. ① 120. ② 121. ②

122 다음 설명을 모두 만족하는 암호화 알고리즘은? 2017년 교육청 9급

- 공개키 암호 알고리즘이다.
- 이산대수 문제의 어려움에 기반을 둔다.
- Diffie-Hellman 키 교환 프로토콜의 확장이다.

① SEED 암호
② Rabin 암호
③ ElGamal 암호
④ Blowfish 암호

해설

ElGamal 암호 : Taher ElGamal이 고안한 ElGamal 공개키 시스템은 암호화와 서명 알고리즘 두 가지 모두를 지원한다. Diffie-Hellman처럼 이산대수 문제가 매우 어렵다는 가정하에 제안된 공개키 암호 시스템이다.

123 RSA 암호 알고리즘에 대한 설명으로 옳지 않은 것은? 2018년 국가직 7급

① 대표적인 비대칭 암호 알고리즘으로, 널리 사용되고 있다.
② 공개키 {e,n}이 주어지면 지수 및 모듈러 연산을 통해 n과 무관한 임의 크기의 평문 블록을 하나의 암호문 블록으로 암호화할 수 있다.
③ 공개키 {e,n}의 n을 소인수분해할 수 있으면 개인키 {d,n}의 d를 알아낼 수 있다.
④ 일반적으로 키의 길이가 길수록 안전성은 높아지지만 알고리즘 수행시간은 길어진다.

해설

RSA 암호 알고리즘의 $C = P^E \pmod N$에서 $P < N$이 되어야 하며, 평문의 길이가 N보다 크다면, 이보다 작은 블록으로 나누어야 한다.

124 공개키 암호시스템에 대한 설명 중 ㉠~㉢에 들어갈 말로 옳게 짝지어진 것은? 2017년 국가직 9급

- (㉠)의 안전성은 유한체의 이산대수 계산의 어려움에 기반을 둔다.
- (㉡)의 안전성은 타원곡선군의 이산대수 계산의 어려움에 기반을 둔다.
- (㉢)의 안전성은 소인수분해의 어려움에 기반을 둔다.

	㉠	㉡	㉢
①	ElGamal 암호시스템	DSS	RSA 암호시스템
②	Knapsack 암호시스템	ECC	RSA 암호시스템
③	Knapsack 암호시스템	DSS	Rabin 암호시스템
④	ElGamal 암호시스템	ECC	Rabin 암호시스템

해설

공개키 알고리즘

알고리즘명	발표연도	개발자	안전도 근거
RSA	1978	Rivest, Shamir, Adleman	소인수 분해 문제
Knapsack	1978	R.C.Merkle, M.E.Hellman	부분합 문제
McEliece	1978	McEliece	대수적 부호 이론
ELGamal	1985	ELGamal	이산대수 문제
ECC	1985	N.kObitz, V.Miller	타원곡선 이산대수 문제
RPK	1996	W.M.Raike	이산대수 문제
Lattice	1997	Goldwasser, Goldreich, Halevi	가장 가까운 벡터를 찾는 문제
Rabin	1979	M.Rabin	소인수 분해 문제

125 **공개키 암호시스템에 대한 설명으로 옳은 것만을 모두 고르면?** 2021년 국가직 9급

ㄱ. 한 쌍의 공개키와 개인키 중에서 개인키만 비밀로 보관하면 된다.
ㄴ. 동일한 안전성을 가정할 때 ECC는 RSA보다 더 짧은 길이의 키를 필요로 한다.
ㄷ. 키의 분배와 관리가 대칭키 암호시스템에 비하여 어렵다.
ㄹ. 일반적으로 암호화 및 복호화 처리 속도가 대칭키 암호시스템에 비하여 빠르다.

① ㄱ, ㄴ　② ㄱ, ㄹ
③ ㄴ, ㄷ　④ ㄷ, ㄹ

해설

ㄷ. 키의 분배와 관리가 대칭키 암호시스템에 비하여 용이하다.
ㄹ. 일반적으로 암호화 및 복호화 처리 속도가 대칭키 암호시스템에 비하여 느리다.

126 **정보보호 시스템에서 사용된 보안 알고리즘 구현 과정에서 곱셈에 대한 역원이 사용된다. 잉여류 Z_{26}에서 법(modular) 26에 대한 7의 곱셈의 역원으로 옳은 것은?** 2016년 지방직 9급

① 11　② 13
③ 15　④ 17

해설

법(modular) 26에 대한 7의 곱셈의 역원은 $(7 \times ?) \bmod 26 = 1$을 만족하는 값을 구하면 된다.

정답 122. ③　123. ②　124. ④　125. ①　126. ③

127 RSA 암호 시스템에서 어떤 사용자의 공개키를 {e, n}이라 할 때, 평문 블록 M과 암호문 블록 C는 수식, $C = M^e \bmod n$을 만족한다. n을 두 소수 11과 13의 곱이라 할 때, e로 선택할 수 있는 것만을 모두 고른 것은? 2017년 국가직 9급 추가

ㄱ. 9	ㄴ. 17	ㄷ. 19	ㄹ. 127

① ㄴ, ㄷ
② ㄱ, ㄴ, ㄷ
③ ㄴ, ㄷ, ㄹ
④ ㄱ, ㄴ, ㄷ, ㄹ

해설

p = 11, q = 13, n = 143
L = LCM(10, 12) = 60
1 < E < L, GCD(E, L) = 1

즉, E의 값은 L과 서로소의 관계에 있으면서 1 < E < L 범위에 해당되는 값이 된다.

128 다음의 지문은 RSA 알고리즘의 키생성 적용 순서를 설명한 것이다. ( )를 바르게 채운 것은?
2017년 서울시 9급

ㄱ. 두 개의 큰 소수, p와 q를 생성한다. ($p \neq q$)
ㄴ. 두 소수를 곱하여, $n = p \cdot q$를 계산한다.
ㄷ. (㉮)을 계산한다.
ㄹ. $1 < A < \varnothing(n)$이면서 A, $\varnothing(n)$이 서로소가 되는 A를 선택한다. $A \cdot B$를 $\varnothing(n)$으로 나눈 나머지가 1임을 만족하는 B를 계산한다.
ㅁ. 공개키로 (㉯), 개인키로 (㉰)를 각각 이용한다.

	㉮	㉯	㉰
①	$\varnothing(n) = (p-1)(q-1)$	(n, A)	(n, B)
②	$\varnothing(n) = (p+1)(q+1)$	(n, B)	(n, A)
③	$\varnothing(n) = (p-1)(q-1)$	(n, B)	(n, A)
④	$\varnothing(n) = (p+1)(q+1)$	(n, A)	(n, B)

해설

RSA 알고리즘의 키생성 적용 순서

1. 소수인 p와 q 생성
2. $n = p \times q$
3. $\varnothing(n)$은 n~(n−1) 사이의 정수들의 개수. 단, p와 q는 소수이므로 $\varnothing(n) = (p-1)(q-1)$
4. $\varnothing(n)$과 서로 소수(최대공약수가 1)이고, $1 < d < \varnothing(n)$인 d 선택
5. d의 역원인 e 계산: $d \times e \bmod \varnothing(n) = 1$

[공개키: (d, n) 개인키: (e, n)]

129 **다음은 RSA 공개키 알고리즘에서 공개키와 개인키를 구하는 과정이다. 단계 4의 e 값으로 적절한 것은?** 2017년 교육청 9급

> [알고리즘]
> - 단계 1: 두 소수 $p=5$, $q=11$을 선정한다.
> - 단계 2: $n=p\times q$를 계산한다.
> - 단계 3: $\phi(n)=(p-1)\times(q-1)$을 계산한다. (단, $\phi(n)$은 오일러의 Totient 함수이다.)
> - 단계 4: $\phi(n)$과 서로소의 관계를 갖는 임의의 e 값을 선택한다.
> - 단계 5: $e\times d \bmod \phi(n)=1$의 관계를 갖는 d를 계산한다. (단, mod는 나머지를 구하는 연산자이다.)
> - 단계 6: (e,n)을 공개키로 하고, (d,n)을 개인키로 한다.

① 12　② 13
③ 15　④ 18

해설

p = 5, q = 11, n = 55
L = LCM(4, 10) = 20
1 < E < L, GCD(E, L) = 1, E = 13

130 **오일러 함수 ∅( )를 이용해 정수 n = 15에 대한 ∅(n)을 구한 값으로 옳은 것은? (단, 여기서 오일러 함수 ∅( )는 RSA 암호 알고리즘에 사용되는 함수이다)** 2018년 서울시 9급

① 1　② 5
③ 8　④ 14

해설

RSA 암호 시스템에서 오일러 Totient 함수는 ∅(n) = {n보다 작은 양의 정수 중에서 n과 서로소인 양의 정수의 개수}로 정의할 수 있다. (1 2 4 7 8 11 13 14)

정답 127. ① 128. ① 129. ② 130. ③

131 **RSA 암호 시스템에서 오일러 Totient 함수는 $\varnothing(n)$ = {n보다 작은 양의 정수 중에서 n과 서로소인 양의 정수의 개수}로 정의할 수 있다. p와 q가 각각 서로 다른 소수(Prime Number)라고 가정할 때, 옳지 않은 것은?** 2021년 국회사무처 9급

① $\varnothing(p) = p-1$

② $\varnothing(p \cdot q) = \varnothing(p)\varnothing(q)$

③ $a^{\varnothing(2 \cdot p)} \not\equiv a^{\varnothing(p)} \pmod{p}$: 만일 p가 2보다 큰 소수이고, a는 p에 의하여 나누어지지 않는 양의 정수일 때

④ $a^{\varnothing(n)} \equiv 1 \pmod{n}$: 서로소인 a와 n에 대하여

⑤ $\varnothing = 24$

해설

- 만일 p가 2보다 큰 소수이고, a는 p에 의하여 나누어지지 않는 양의 정수일 때 $a^{\varnothing(2 \cdot p)} \not\equiv a^{\varnothing(p)} \pmod{p}$이므로 합동식이 성립한다.
- 소수 p의 경우 $\varnothing(p) = p-1$이다.
- 오일러 피 함수는 곱셈적 함수이다. 즉, 만약 두 정수 p, q이 서로소라면 $\varnothing(p \cdot q) = \varnothing(p)\varnothing(q)$가 성립한다.
- 만약 양의 정수 a, n이 서로소라면, $a^{\varnothing(n)} \equiv 1 \pmod{n}$과 같은 합동식이 성립한다. 이를 오일러의 정리라고 한다.

132 **ElGamal 공개키 암호 방식의 기본 원리인 이산 대수(discrete logarithm) 문제를 바르게 설명한 것은? (단, p, q는 소수, a는 p의 원시원소이고, $\varnothing$는 Euler's totient 함수이다)** 2016년 국가직 7급

① a, p, y가 주어졌을 때, y = a^xmod p를 만족하는 x를 구하는 문제

② a, p, x, Y가 주어졌을 때, Y = a^ymod p를 만족하는 a^{xy}mod p를 구하는 문제

③ n이 주어졌을 때, n = pq를 만족하는 $\varnothing$(n)을 구하는 문제

④ n과 $\varnothing$(n)과 서로소인 e가 주어졌을 때, n = pq이면서 ed mod $\varnothing$(n) = 1을 만족하는 d를 구하는 문제

해설

이산대수 문제: 소수 p가 주어지고 y = g^x(mod p)인 경우, 역으로 x = $\log_g$y(mod p)인 x를 계산하는 문제이다. 여기에서 x를 모듈러 p상의 y의 이산대수라고 한다.

133 정수의 소인수분해를 기반으로 한 RSA 암호 알고리즘에서 공개키 (e, n) = (7, 33)을 이용하여 생성된 암호문 C 값이 7일 때, 이를 다시 복호화한다면 원문 메시지 값은? 2017년 국가직 7급

① 11
② 13
③ 17
④ 19

해설

공개키 (e, n) = (7, 33)
p = 3, q = 11이라고 가정, n = 33
L = LCM(2, 10) = 10
1 < E < L, GCD(E, L) = 1, E = 7
1 < D < L, E * D mod L = 1, D = 3
P = CD(mod N) = 73(mod 33) = 13

134 타원 곡선 암호에 대한 설명으로 옳은 것만을 모두 고른 것은? 2020년 국가직 7급

ㄱ. 타원 곡선은 함수 $y^2 = x^3 + ax + b$의 형태로 $4a^3 + 27b^2 \neq 0$의 조건을 만족해야 한다.
ㄴ. 임의의 평문과 암호문은 타원 곡선상의 점으로 표현되며, 곡선상의 모든 점들이 암호에 사용될 수 있다.
ㄷ. 타원 곡선상의 서로 다른 두 점, P와 Q의 합의 연산(P+Q)은 P와 Q를 연결하는 직선과 교차하는 곡선상의 점이다.
ㄹ. 타원 곡선 암호는, k와 P로부터 Q = kP를 만족하는 Q를 구하는 것은 비교적 쉽지만, 주어진 Q와 P로 k를 결정하는 것은 매우 어렵다는 점을 이용한 것이다. 여기서, P와 Q는 타원 곡선상의 점들이고 k는 일정 조건을 만족하는 값이다.

① ㄱ, ㄴ
② ㄱ, ㄹ
③ ㄱ, ㄷ, ㄹ
④ ㄴ, ㄷ, ㄹ

해설

- 타원 곡선상의 P와 Q의 덧셈 연산은 점 P와 Q를 지나는 직선이 타원과 만나는 제3의 교점을 x축으로 대칭시킨 점을 P+Q = R로 정의한다.
- 타원 곡선 암호의 동작원리
  - ㉠ 수식공식 : 실수 위에서의 타원 곡선은 a와 b가 고정된 실수일 경우에 방정식 $y^2 = x^3 + ax + b$를 만족하는 (x, y)점들의 집합이다.
  - ㉡ 가환군 원리 : 우변의 방정식이 중근($4a^3 + 27b^2 \equiv 0$(mod p)이면 중근 존재)을 갖지 않을 경우에, 변형된 타원 곡선상의 점과 항등원으로 구성된 점들 사이에 적당한 덧셈 연산을 정의하면 가환군이 된다는 것을 이용한다.
- $y^2 = x^3 + ax + b(4a^3 + 27b^2 \neq 0)$의 타원 x의 2점을 이용한다.
- 수식 Q = kP에서 k와 P를 이용하여 Q를 구하는 것은 비교적 쉽지만, 알려진 Q와 P값을 통해 k값을 구하는 것은 어려운 점을 이용한다.

정답 131. ③ 132. ① 133. ② 134. ②

135 **타원곡선 암호시스템(ECC)은 타원곡선 이산대수의 어려움을 이용한다. 그림과 같이 실수 위에 정의된 타원곡선과 타원곡선상의 두 점 P와 R이 주어진 경우, R = kP를 만족하는 정수 k의 값은? (단, 점선은 타원곡선의 접선, 점을 연결하는 직선 또는 수직선을 나타낸다)** 2021년 국가직 9급

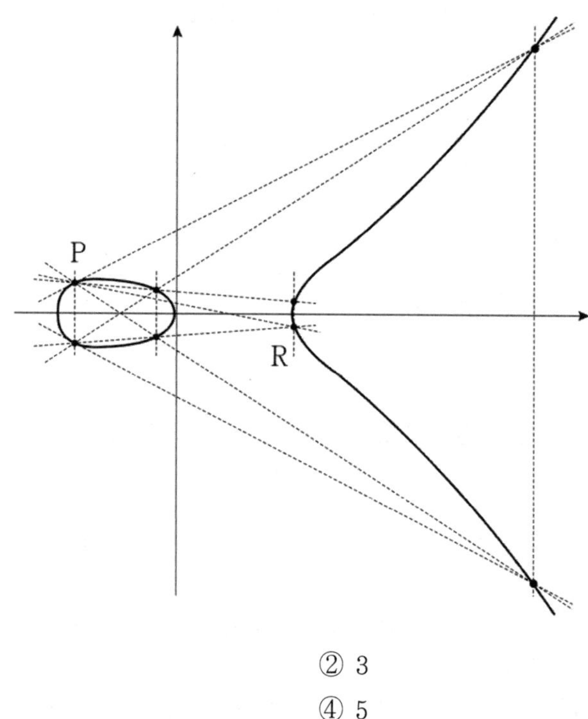

① 2　　② 3
③ 4　　④ 5

해설

⊘ 타원곡선 암호(ECC ; Elliptic Curve Cryptography)

1. 타원곡선 암호는 RSA 암호보다 짧은 키 길이로서 같은 정도의 강도를 확보하고, 암호화·복호화의 처리에 필요한 시간을 단축할 수 있다.
2. 타원곡선상의 이산대수 문제가 RSA 암호에서 사용하고 있는 소인수 분해 문제보다 수학적으로 난이도가 높기 때문에 RSA 암호키 길이에서 1/6 정도로 실현할 수 있다.
3. 타원곡선 암호가 RSA나 ElGamal과 같은 기존 공개 키 암호 방식에 비하여 갖는 가장 대표적인 장점은 보다 짧은 키를 사용하면서도 그와 비슷한 수준의 안전성을 제공한다는 것이며, 특히 무선 환경과 같이 전송량과 계산량이 상대적으로 열악한 환경에 적합하다고 할 수 있다.
4. 타원곡선 암호의 동작원리
   ㉠ 수식공식: 실수 위에서의 타원곡선은 a와 b가 고정된 실수일 경우에 방정식 $y^2=x^3+ax+b$를 만족하는 (x, y)점들의 집합이다.
   ㉡ 가환군 원리: 우변의 방정식이 중근($4a^3+27b^2\equiv 0$(mod p)이면 중근 존재)을 갖지 않을 경우에, 변형된 타원곡선상의 점과 항등원으로 구성된 점들 사이에 적당한 덧셈 연산을 정의하면 가환군이 된다는 것을 이용한다.
   - $y^2=x^3+ax+b(4a^3+27b^2\neq 0)$의 타원 x의 2점을 이용한다.
   - 수식 Q=kP에서 k와 P를 이용하여 Q를 구하는 것은 비교적 쉽지만, 알려진 Q와 P값을 통해 k값을 구하는 것은 어려운 점을 이용한다.

✓ 타원곡선상의 3가지 덧셈

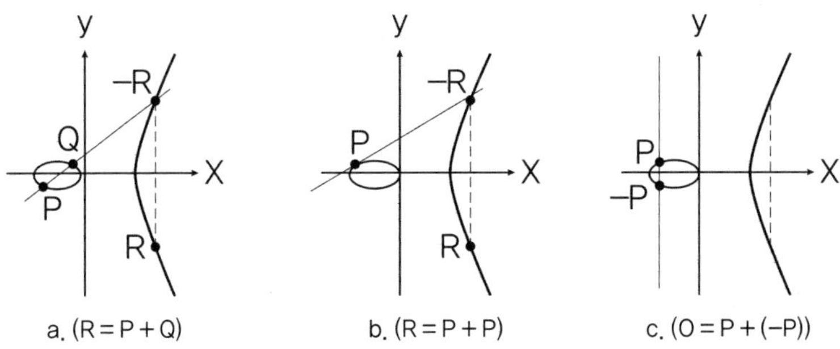

136 양자내성암호(Post-Quantum Cryptography)에 대한 설명으로 옳지 않은 것은?

2021년 국회사무처 9급

① 양자컴퓨터의 실현 가능성이 높아짐에 따라 기존 대칭키 암호를 대체하는 목적으로 만들어지고 있다.
② RSA는 양자내성암호로 볼 수 없다.
③ 양자내성암호의 종류로는 격자 기반 암호, 코드 기반 암호, 해시 기반 암호 등이 있다.
④ 양자내성암호는 알고리즘의 종류에 따라 키 교환 목적, 전자서명 목적으로 사용된다.
⑤ 양자내성암호는 NIST에 의해 표준화가 진행되고 있다.

해설

양자내성암호는 양자컴퓨터의 실현 가능성이 높아짐에 따라 기존 공개키 암호를 대체하는 목적으로 만들어지고 있다.

정답 135. ③ 136. ①

137 **사용자 A가 사용자 B에게 보낼 메시지 M을 공개키 기반의 전자 서명을 적용하여 메시지의 무결성을 검증하도록 하였다. A가 보낸 서명이 포함된 전송 메시지를 다음 표기법에 따라 바르게 표현한 것은?** 2018년 국가직 9급

> PUx: X의 공개키
> PRx: X의 개인키
> E(K, M): 메시지 M을 키 K로 암호화
> H(M): 메시지 M의 해시
> ||: 두 메시지의 연결

① $E(PU_B, M)$　　② $E(PR_A, M)$
③ $M \| E(PU_B, H(M))$　　④ $M \| E(PR_A, H(M))$

해설

공개키 기반의 전자 서명을 적용하여 사용자 A가 송신자이므로, 사용자 A가 공개키와 개인키를 생성한다. E(K, M)에 사용할 키 K는 송신자인 사용자 A의 개인키인 PR_A가 된다. 메시지의 무결성을 검증하기 위해서 H(M)인 해시가 필요하다.

138 **암호 시스템의 키 관리에 대한 설명으로 옳은 것은?** 2017년 교육청 9급

① X.509 인증서는 개인키를 포함한다.
② PKI(Public Key Infrastructure) 환경에서 사용자는 공개키를 생성하여 배포한다.
③ 대칭키를 사용하는 환경에서 키 배포 센터와 구성원 간의 통신은 세션키를 사용한다.
④ PKI 환경에서 공개키 암호를 이용할 경우 CA(Certification Authority)는 인증서를 발급한다.

해설

- X.509 인증서는 공개키 정보를 포함한다.
- PKI(Public Key Infrastructure) 환경에서 사용자는 공개키를 키 배포 센터에서 배포한다.

139 **인증기관이 사용자의 공개키에 대한 인증을 수행하기 위해 X.509 형식의 인증서를 생성할 때 서명에 사용하는 키는?** 2020년 지방직 9급

① 인증기관의 공개키
② 인증기관의 개인키
③ 사용자의 개인키
④ 인증기관과 사용자 간의 세션키

해설

공개키 인증서는 인증기관의 개인키로 전자서명이 되어 있으므로, 인증서 생성 시 서명에 사용하는 키는 인증기관의 개인키이다.

PART 03

140 **공개키 기반구조에 대한 설명으로 옳지 않은 것은?** 2021년 군무원 9급

① X.509 국제표준에 기반하며, 정보의 기밀성, 무결성, 인증, 부인방지 등 신뢰 서비스를 제공하는 데 이용된다.
② 공개키 인증서를 발행하는 인증기관, 실체의 신원을 확인하는 등록기관, 인증서 폐지 목록을 관리하는 보관소, 최종 실체 등으로 구성된다.
③ 기업 및 기관 단위에서 사용자들에게 특정 시스템 및 애플리케이션에 접근할 수 있는 권한을 차등 부여해주는 관리 체계이다.
④ 공개키 인증서를 생성, 관리, 배포, 이용, 저장 및 폐지하기 위해 필요한 기능, 정책, 하드웨어, 소프트웨어 및 절차의 집합이다.

해설

- 공개키 기반 구조(PKI ; Public Key Infrastructure) : 공개키를 이용하여 송수신 데이터를 암호화하고 디지털 인증서를 통해 사용자를 인증하는 시스템이다. 공개키 암호 알고리즘을 안전하게 사용하기 위해 필요한 서비스를 제공하는 기반 구조이다.
- 권한 관리 기반 구조(privilege management infrastructure) : 기업 및 기관 단위에서 사용자들에게 특정 시스템 및 애플리케이션에 접근할 수 있는 권한을 차등 부여해주는 권한 관리 체계이다. 공개 키 기반 구조(PKI)의 사용자 신원 확인 중심의 보안 체계를 보완해주고 인증 소유자의 특정 권한을 체계적으로 정립해줌으로써 각 조직에서의 전산 시스템 확장에 따른 시스템 통합 요구에 효과적으로 PKI를 적용시킬 수 있다.

정답 137. ④ 138. ④ 139. ② 140. ③

141 PKI에서 발급하는 전자 인증서를 보유한 주체로 가장 적절한 것은? 2024년 군무원 9급

① 사용자 또는 장치
② 인증 기관(CA)
③ 등록 기관(RA)
④ 키 분배 센터

해설

전자 인증서는 개인 사용자, 장치, 서버 등 다양한 주체가 소유할 수 있으며, 이러한 인증서는 주체의 신원을 확인하고 데이터의 무결성을 보장하는 데 사용된다. 인증기관이나 등록대행기관, 키 분배 센터는 전자 인증서를 발급하거나 관리하는 역할을 수행한다.

142 X.509 인증서 형식 필드에 대한 설명으로 옳은 것은? 2020년 국가직 9급

① Issuer name – 인증서를 사용하는 주체의 이름과 유효기간 정보
② Subject name – 인증서를 발급한 인증기관의 식별 정보
③ Signature algorithm ID – 인증서 형식의 버전 정보
④ Serial number – 인증서 발급 시 부여된 고유번호 정보

해설

- Issuer name: 인증서 발행자의 이름을 나타내는 정보
- Subject name: 인증서 사용자의 이름을 나타내는 정보
- Signature algorithm ID: 인증기관이 인증서를 서명하기 위한 알고리즘과 알고리즘 식별자 정보

143 X.509 인증서 폐기 목록(Certificate Revocation List) 형식 필드에 포함되지 않는 것은? 2022년 지방직 9급

① 발행자 이름(Issuer name)
② 사용자 이름(Subject name)
③ 폐지된 인증서(Revoked certificate)
④ 금번 업데이트 날짜(This update date)

해설

X.509 인증서 폐기 목록(Certificate Revocation List) 형식 필드에 포함되는 내용은 발행자 이름(Issuer name), 폐지된 인증서(Revoked certificate), 금번 업데이트 날짜(This update date), 다음 업데이트 날짜(Next update date), 버전(Version), 시그니처(Signature)가 있다.

144 공개키 기반 구조(PKI, Public Key Infrastructure)에 대한 설명으로 옳지 않은 것은?

2014년 지방직 9급

① 공개키 암호시스템을 안전하게 사용하고 관리하기 위한 정보 보호 방식이다.
② 인증서의 폐지 여부는 인증서폐지목록(CRL)과 온라인 인증서 상태 프로토콜(OCSP) 확인을 통해서 이루어진다.
③ 인증서는 등록기관(RA)에 의해 발행된다.
④ 인증서는 버전, 일련번호, 서명, 발급자, 유효기간 등의 데이터 구조를 포함하고 있다.

해설

- 인증서는 인증기관(CA)에 의해 발행된다.
- CA : 한국정보인증, 금융결제원, 한국증권전산 등

대한민국의 전자서명 인증관리 체계도

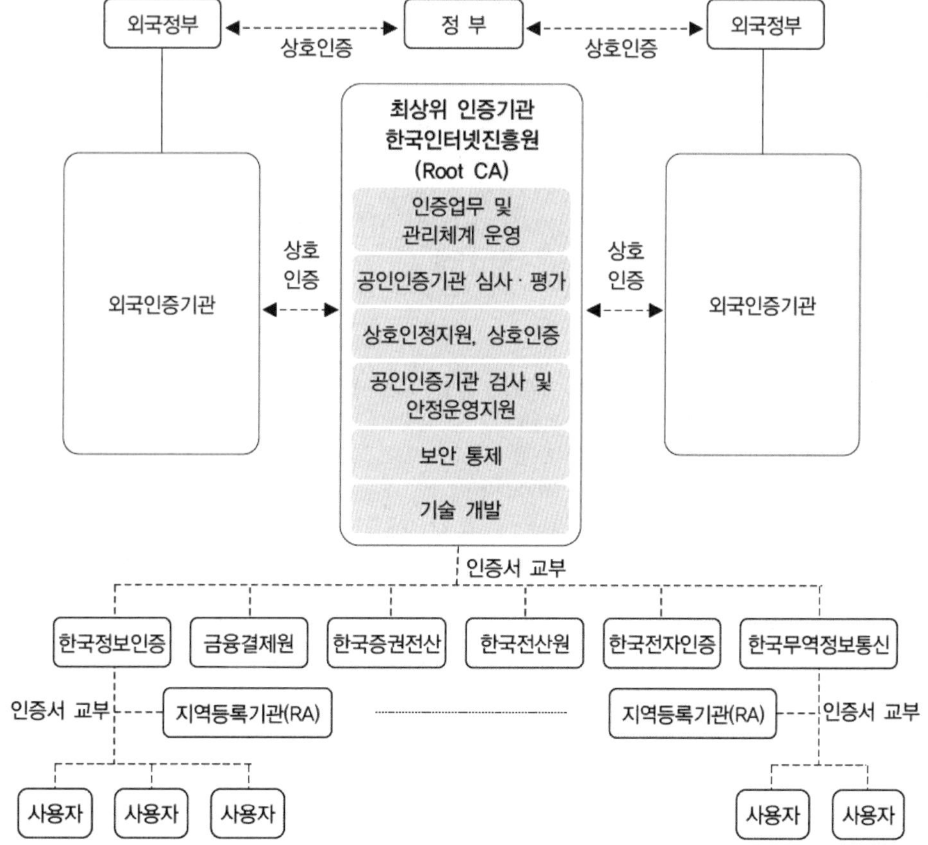

정답 141. ① 142. ④ 143. ② 144. ③

145 (가)~(다)에 해당하는 트리형 공개키 기반 구조의 구성 기관을 바르게 연결한 것은? (단, PAA는 Policy Approval Authorities, RA는 Registration Authority, PCA는 Policy Certification Authorities를 의미한다) 2022년 지방직 9급

(가) PKI에 대한 정책을 결정하고 하위 기관의 정책을 승인하는 기관
(나) Root CA 인증서를 발급하고 CA가 준수해야 할 기본 정책을 수립하는 기관
(다) CA를 대신하여 PKI 인증 요청을 확인하고, CA 간 인터페이스를 제공하는 기관

	(가)	(나)	(다)
①	PAA	RA	PCA
②	PAA	PCA	RA
③	PCA	RA	PAA
④	PCA	PAA	RA

해설

PKI의 구성요소 : PAA, PCA, CA, RA, Directory, User

1. PAA(Policy Approving Authority, 정책 승인 기관)
   - PKI 전반에 사용되는 정책과 절차를 생성 수립하고, PKI 내・외에서의 상호 인증을 위한 정책을 수립하고 승인한다.
   - 하위 기관들의 정책 준수 상태 및 적정성을 감사하고, 하위 기관의 공개키를 인증한다.
2. PCA(Policy Certification Authority, 정책 인증 기관)
   - 도메인 내의 사용자와 인증기관이 따라야 할 정책을 수립하고, 인증기관의 공개키를 인증한다.
   - 인증서, 인증서 취소목록 등을 관리한다.
3. CA(Cerification Authority, 인증 기관)
   - RA의 요청에 의해 사용자의 공개키 인증서를 발행・취소・폐기, 상호 인증서를 발행한다.
   - 인증서, 소유자의 데이터베이스를 관리한다.
4. RA(Registration Authority, 등록 대행 기관)
   - 인증서 등록 및 사용자 신원 확인을 대행한다.
   - 인증 기관에 인증서 발행을 요청한다.
5. Directory
   - 인증서와 사용자 관련 정보, 상호 인증서 쌍, CRL 등을 저장하고, 검색하는 장소이다.
   - 주로 LDAP를 이용하여 X.500 디렉터리 서비스를 제공한다.
6. 사용자(PKI Client)
   - 인증서를 신청하고 인증서를 사용하는 주체이다.
   - 인증서의 저장, 관리 및 암호화・복호화 기능을 함께 가지고 있다.

146 **공개키 기반구조(PKI)에 대한 설명으로 옳지 않은 것은?** 2020년 국가직 7급

① PKI는 인증기관, 등록기관, 저장소, 사용자 등으로 구성된다.
② 인증서의 폐지 여부를 확인하기 위해 인증기관은 인증서 폐지 목록(CRL)을 주기적으로 관리한다.
③ 유효기간 내의 인증서를 가지고 있다면, 사용자는 별도로 CRL을 조사할 필요가 없다.
④ 한 인증기관이 다른 인증기관의 공개키를 검증하는 것이 가능하므로, 사용자는 모든 인증기관의 공개키를 사전에 가지고 있을 필요가 없다.

해설

- 이미 발급된 인증서에 대한 폐지 · 효력정지 등 트랜잭션으로 인해 발생하는 인증서 상태의 유효성을 검사하는 과정으로 CRL, OCSP 등을 통해 이뤄진다.
- 공개키 기반 구조(PKI ; Public Key Infrastructure) : 공개키 암호 알고리즘(Algorithm)을 적용하고 인증서를 관리하기 위한 기반시스템이다.
- CRL(Certificate Revocation List) : 인증서에 대한 폐지 목록이다. CA는 폐지된 인증서 정보를 가지고 있는 CRL 리스트를 통해서 인증서의 유효성을 최신의 상태로 유지한다.

147 **공개키기반구조(PKI)에서 관리나 보안상의 문제로 폐기된 인증서들의 목록은?** 2017년 국가직 9급

① Online Certificate Status Protocol
② Secure Socket Layer
③ Certificate Revocation List
④ Certification Authority

해설

- CRL(Certificate Revocation List) : 인증서에 대한 폐지 목록이다. CA는 폐지된 인증서 정보를 가지고 있는 CRL 리스트를 통해서 인증서의 유효성을 최신의 상태로 유지한다.
- OCSP(Online Certificate Status Protocol) : 실시간으로 인증서의 유효성을 검증할 수 있는 프로토콜이다. CRL을 대신하거나 보조하는 용도로 사용된다. 고액 거래의 은행 업무, 이동 단말기에서의 전자 거래 등에 활용된다.
- Secure Socket Layer : 웹서버와 웹브라우저에서 전달되는 데이터를 안전하게 송수신할 수 있도록 개발된 프로토콜이다.
- CA(Cerification Authority, 인증 기관) : RA의 요청에 의해 사용자의 공개키 인증서를 발행 · 취소 · 폐기, 상호 인증서를 발행한다. 인증서, 소유자의 데이터베이스를 관리한다.

정답 145. ② 146. ③ 147. ③

148 **공개키 기반 전자서명에서 메시지에 서명하지 않고 메시지의 해시 값과 같은 메시지 다이제스트에 서명하는 이유는?** 2016년 국가직 9급

① 공개키 암호화에 따른 성능 저하를 극복하기 위한 것이다.
② 서명자의 공개키를 쉽게 찾을 수 있도록 하기 위한 것이다.
③ 서명 재사용을 위한 것이다.
④ 원본 메시지가 없어도 서명을 검증할 수 있도록 하기 위한 것이다.

해설
공개키 기반 전자서명에서 메시지에 서명을 하면, 성능이 저하될 수 있기 때문에 메시지 다이제스트에 서명한다.

149 **공개키 기반 구조(PKI : Public Key Infrastructure)의 인증서에 대한 설명으로 옳은 것만을 모두 고른 것은?** 2015년 국가직 9급

ㄱ. 인증기관은 인증서 및 인증서 취소목록 등을 관리한다.
ㄴ. 인증기관이 발행한 인증서는 공개키와 공개키의 소유자를 공식적으로 연결해 준다.
ㄷ. 인증서에는 소유자 정보, 공개키, 개인키, 발행일, 유효기간 등의 정보가 담겨 있다.
ㄹ. 공인인증서는 인증기관의 전자서명 없이 사용자의 전자서명만으로 공개키를 공증한다.

① ㄱ, ㄴ ② ㄱ, ㄷ
③ ㄴ, ㄷ ④ ㄷ, ㄹ

해설
• 인증서의 구조 : 버전(Version), 일련번호(Serial Number), 알고리즘 식별자(Algorithm Identifier), 발행자(Issuer), 유효기간(Period of validity), 주체(Subject), 공개키 정보(Public-key information), 서명(Signature)
• 인증서에는 인증 기관(CA ; Certificate Authority)의 서명문을 포함한다.

150 **다음은 공개키 기반 구조(PKI)에 대한 정의이다. 옳지 않은 것은?** 2015년 서울시 9급

① 네트워크 환경에서 보안 요구사항을 만족시키기 위해 공개키 암호화 인증서 사용을 가능하게 해주는 기반 구조이다.
② 암호화된 메시지를 송신할 때에는 수신자의 개인키를 사용하며, 암호화된 서명 송신 시에는 송신자의 공개키를 사용한다.
③ 공개키 인증서를 발행하여 기밀성, 무결성, 인증, 부인 방지, 접근 제어를 보장한다.
④ 공개키 기반 구조의 구성요소로는 공개키 인증서, 인증기관, 등록기관, 디렉터리(저장소), 사용자 등이 있다.

해설

암호화된 메시지를 송신할 때에는 수신자의 공개키를 사용하며, 암호화된 서명 송신 시에는 송신자의 개인키를 사용한다.

151 **다음 공개키 기반 구조(PKI)에 대한 설명으로 옳은 것만을 모두 고른 것은?** 2015년 국가직 7급

> ㄱ. 사용자는 인증서를 발급받기 위하여 모든 인증기관의 승인을 얻어야 한다.
> ㄴ. 누구나 다른 사용자 및 인증기관의 공개키를 열람할 수 있다.
> ㄷ. 인증기관은 인증서에 대한 생성뿐만 아니라 갱신과 폐기도 가능하다.
> ㄹ. 인증서 폐기목록은 보안상 인증기관 및 등록기관에서만 접근 가능하다.

① ㄱ, ㄴ ② ㄱ, ㄷ
③ ㄴ, ㄷ ④ ㄴ, ㄹ

해설

CRL(Certification Revocation List) : 폐기된 인증서를 이용자들이 확인할 수 있도록 그 목록을 배포·공표하기 위한 메커니즘

152 **다음 중 전자서명의 조건에 해당하는 설명으로 옳지 않은 것은?** 2014년 교육청 9급

① 부인방지(Non-repudiation) – 서명자는 서명 후 자신의 서명 사실을 부인할 수 없어야 한다.
② 서명자인증(Authentication) – 전자서명의 서명자를 공인인증기관에서만 검증할 수 있어야 한다.
③ 재사용불가(Non-Reusable) – 전자문서의 서명은 다른 전자문서의 서명으로 사용할 수 없어야 한다.
④ 위조불가(Unforgeable) – 합법적인 서명자만이 전자문서에 대한 전자서명을 생성할 수 있어야 한다.

해설

서명자인증은 전자서명의 서명자를 불특정 다수가 검증할 수 있어야 한다.

정답 148. ① 149. ① 150. ② 151. ③ 152. ②

153 **전자서명(digital signature)은 내가 받은 메시지를 어떤 사람이 만들었는지를 확인하는 인증을 말한다. 다음 중 전자서명의 특징이 아닌 것은?** 2015년 서울시 9급

① 서명자 인증: 서명자 이외의 타인이 서명을 위조하기 어려워야 한다.
② 위조 불가: 서명자 이외의 타인의 서명을 위조하기 어려워야 한다.
③ 부인 불가: 서명자는 서명 사실을 부인할 수 없어야 한다.
④ 재사용 가능: 기존의 서명을 추후에 다른 문서에도 재사용할 수 있어야 한다.

해설
전자서명의 특징 중에 재사용 불가(Non-Reusable)가 있으며, 이는 한번 서명한 서명문은 또 다른 문서에 사용할 수 없다는 것이다.

154 **전자서명 방식에 대한 설명으로 옳지 않은 것은?** 2016년 지방직 9급

① 위임 서명(proxy signature)은 위임 서명자로 하여금 서명자를 대신해서 대리로 서명할 수 있도록 한 방식이다.
② 부인방지 서명(undeniable signature)은 서명을 검증할 때 반드시 서명자의 도움이 있어야 검증이 가능한 방식이다.
③ 은닉 서명(blind signature)은 서명자가 특정 검증자를 지정하여 서명하고, 이 검증자만이 서명을 확인할 수 있는 방식이다.
④ 다중 서명(multisignature)은 동일한 전자문서에 여러 사람이 서명하는 방식이다.

해설
은닉 서명(blind signature)은 기본적으로 임의의 전자서명을 만들 수 있는 서명자와 서명받을 메시지를 제공하는 제공자로 구성되어 있는 서명 방식으로, 제공자의 신원과 메시지-서명 쌍을 연결시킬 수 없는 특성을 유지하는 서명이다.

155 **부인방지 서비스를 제공하기 위한 전자서명에 대한 설명으로 옳지 않은 것은?** 2021년 국가직 9급

① 서명할 문서에 의존하는 비트 패턴이어야 한다.
② 다른 문서에 사용된 서명을 재사용하는 것이 불가능해야 한다.
③ 전송자(서명자)와 수신자(검증자)가 공유한 비밀 정보를 이용하여 서명하여야 한다.
④ 서명한 문서의 내용을 임의로 변조하는 것이 불가능해야 한다.

해 설

전자서명은 전자 문서를 작성한 사람의 신원과 전자 문서의 변경 여부를 확인할 수 있도록 암호화 방식을 이용하여 디지털 서명키로 전자 문서에 대한 작성자의 고유 정보에 서명하는 기술을 말한다.

디지털 서명의 특징

1. 위조 불가: 서명자만이 서명문을 생성할 수 있다.
2. 부인 방지: 서명자는 서명 후에 사실을 부인할 수 없다.
3. 재사용 불가: 한번 서명한 서명문은 또 다른 문서에 사용할 수 없다.
4. 변경 불가: 내용 변경 시 서명문 자체가 변경되어 변조 사실의 확인이 가능하다.
5. 서명자 인증: 서명자의 서명문은 서명자의 식별이 가능하다.

156 **공개키를 이용하는 전자서명에 대한 설명으로 옳지 않은 것은?** 2017년 교육청 9급

① 전자서명은 위조 불가능해야 한다.
② 전자서명은 부인봉쇄(nonrepudiation)에 사용된다.
③ DSS(Digital Signature Standard)는 전자서명 알고리즘이다.
④ 한 문서에 사용한 전자서명은 다른 문서의 전자서명으로 재사용할 수 있다.

해 설

재사용 불가(Non-Reusable): 한번 서명한 서명문은 또 다른 문서에 사용할 수 없다.

157 **NIST 표준(FIPS 186)인 전자서명 표준(DSS)에 대한 설명으로 옳지 않은 것은?** 2024년 지방직 9급

① DSA(Digital Signature Algorithm)는 DSS에서 명세한 알고리즘으로 ElGamal과 Schnorr에 의해 제안된 기법을 기반으로 한다.
② 서명자는 공개키와 개인키의 쌍을 생성하고 검증에 필요한 매개 변수들을 공개해야 한다.
③ 서명 과정을 거치고 나면 두 개의 요소로 이루어진 서명이 생성되는데 서명자는 이를 메시지와 함께 수신자(검증자)에게 보낸다.
④ 검증 과정에서 검증자는 서명으로부터 추출한 값과 수신한 메시지로부터 얻은 해시값을 비교하여 일치하는가를 확인함으로써 서명을 검증한다.

해 설

검증 과정에서 검증자는 서명자의 공개키를 이용하여 서명을 복호화하고, 복호화된 값과 수신한 메시지로부터 얻은 해시값을 비교하여 일치하는지 확인함으로써 서명을 검증한다.

정 답 153. ④ 154. ③ 155. ③ 156. ④ 157. ④

158 전자 서명(digital signature) 보안 메커니즘이 제공하는 보안 서비스가 아닌 것은?

2020년 지방직 9급

① 근원 인증 ② 메시지 기밀성
③ 메시지 무결성 ④ 부인 방지

해 설

전자서명의 특징

1. 위조 불가: 서명자만이 서명문을 생성할 수 있다.
2. 부인 방지: 서명자는 서명 후에 사실을 부인할 수 없다.
3. 재사용 불가: 한번 서명한 서명문은 또 다른 문서에 사용할 수 없다.
4. 변경 불가: 내용 변경 시 서명문 자체가 변경되어 변조 사실의 확인이 가능하다.
5. 서명자 인증: 서명자의 서명문은 서명자의 식별이 가능하다.

159 공개키를 사용하는 전자 서명에 대한 설명으로 옳지 않은 것은? 2015년 지방직 9급

① 송신자는 자신의 개인키로 서명하고 수신자는 송신자의 공개키로 서명을 검증한다.
② 메시지의 무결성과 기밀성을 보장한다.
③ 신뢰할 수 있는 제3자를 이용하면 부인봉쇄를 할 수 있다.
④ 메시지로부터 얻은 일정 크기의 해시 값을 서명에 이용할 수 있다.

해 설

공개키를 사용하는 전자서명은 사용자의 인증과 데이터의 무결성을 보장한다.

160 일방향 해시 함수(one-way hash function)에 대한 설명으로 옳은 것은? 2017년 교육청 9급

① 데이터 암호화에 사용된다.
② 주어진 해시값으로 원래의 입력 메시지를 구할 수 있다.
③ 임의 길이의 메시지를 입력받아 고정 길이의 해시 값을 출력한다.
④ IDEA(International Data Encryption Algorithm)는 일방향 해시 함수이다.

해 설

일방향 해시 함수는 주어진 해시값으로 원래의 입력 메시지를 구할 수 없다. 즉, 역상저항성(일방향성)이 있어야 한다.

161 **해시 함수(hash function)에 대한 설명으로 옳지 않은 것은?** 2014년 국가직 9급

① 임의 길이의 문자열을 고정된 길이의 문자열로 출력하는 함수이다.
② 대표적인 해시 함수는 MD5, SHA-1, HAS-160 등이 있다.
③ 해시 함수는 메시지 인증과 메시지 부인방지 서비스에 이용된다.
④ 해시 함수의 충돌 회피성은 동일한 출력을 산출하는 서로 다른 두 입력을 계산적으로 찾기 가능한 성질을 나타낸다.

해설
해시 함수의 충돌 회피성은 동일한 출력을 산출하는 서로 다른 두 입력을 계산적으로 찾기 불가능한 성질을 나타낸다.

162 **다음 중 해시(Hash)에 대한 설명으로 가장 적절하지 않은 것은?** 2024년 군무원 9급

① 해시는 양방향 암호화 기법을 사용하고, 암호화(Encryption)는 단방향 암호화 기법을 사용한다.
② 해시 함수는 임의 길이의 입력값을 받아 고정된 길이의 출력값을 내는 함수이다.
③ 해시 알고리즘은 MD5, SHA-256 등이 존재하며 MD5는 보안상 매우 취약한 알고리즘으로 사용하는 것을 권고하고 있지 않다.
④ 해시는 입력값이 일부만 변경되어도 전혀 다른 결과값을 출력하는 특징을 가지고 있다.

해설
해시는 일(단)방향 암호화 기법을 사용하고, 암호화(Encryption)는 양방향 암호화 기법을 사용한다.

163 **해시에 대한 설명으로 옳지 않은 것은?** 2021년 국가직 7급

① 해시 알고리즘에는 MD5, SHA 등이 있다.
② 해시는 메시지의 무결성을 확인하기 위해서 사용한다.
③ 해시 알고리즘 SHA는 유럽 RIPE 프로젝트에 의해 개발된 해시함수이다.
④ 해시는 임의의 길이 메시지로부터 고정 길이의 해시값을 계산한다.

해설
해시 알고리즘 SHA는 미국 NIST에 의해 개발되었고 가장 많이 사용되고 있는 방식이다.

정답 158. ② 159. ② 160. ③ 161. ④ 162. ① 163. ③

164 **암호학적 해시 함수 H에 대한 설명으로 옳은 것은?** 2024년 지방직 9급

① 임의의 크기의 데이터 블록 x에 대해서 가변적 길이의 해시값 H(x)를 생성한다.
② 주어진 h로부터 h = H(x)인 x를 찾는 것은 계산적으로 불가능하다.
③ 임의의 크기의 데이터 블록 x에 대해 H(x)를 구하는 계산은 어려운 연산이 포함되어 계산이 비효율적이다.
④ H(x) = H(y)를 만족하는 서로 다른 x, y는 존재하지 않는다.

해설

- 임의의 크기의 데이터 블록 x에 대해서 고정된 길이의 해시값 H(x)를 생성한다.
- 주어진 x에 대해서 H(x)는 비교적 계산하기 쉽다.
- H(x) = H(y)를 만족하는 서로 다른 x, y는 존재할 수 있다.

165 **해시함수의 충돌저항성을 위협하는 공격 방법은?** 2020년 지방직 9급

① 생일 공격
② 사전 공격
③ 레인보우 테이블 공격
④ 선택 평문 공격

해설

- 충돌 저항성(Collision Resistance) : 같은 출력(h(x) = h(x'))을 갖는 임의의 서로 다른 입력 x와 x'를 찾는 것이 계산상 어려워야 한다.
- 해시 길이가 n비트인 해시 함수가 역상 저항성과 제2 역상 저항성을 갖추기 위해서는 2n보다 효과적인 공격 기법이 없어야 한다. 즉, 역상 저항성과 제2 역상 저항성의 안전성은 n비트이다. 이에 반해, 충돌 저항성에 대한 안전성은 생일 공격에 의해 n/2비트이다. 따라서 우리가 일반적으로 고려하는 해시 함수는 충돌 저항성 공격에 안전한 해시 함수(충돌 저항 해시 함수)이다. 이에 대한 안전성은 n/2 비트이다.
- 생일 패러독스(birthday paradox) : 생일 문제(生日問題)란 확률론에서 유명한 문제로, 몇 명 이상 모이면 그중에 생일이 같은 사람이 둘 이상 있을 확률이 충분히 높아지는지를 묻는 문제이다. 얼핏 생각하기에는 생일이 365~366가지이므로 임의의 두 사람의 생일이 같을 확률은 1/365~1/366이고, 따라서 365명쯤은 모여야 생일이 같은 사람이 있을 것이라고 생각하기 쉽다. 그러나 실제로는 23명만 모여도 생일이 같은 두 사람이 있을 확률이 50%를 넘고, 57명이 모이면 99%를 넘어간다. 이 사실은 일반인의 직관과 배치되기 때문에 생일 역설이나 생일 패러독스라고도 한다.

166 **사용자 A가 사용자 B에게 보내는 메시지 M의 해시값을 A와 B가 공유하는 비밀키로 암호화하고 이를 M과 함께 보냄으로써 보장하려는 것은?** 2024년 지방직 9급

① 무결성
② 기밀성
③ 가용성
④ 부인방지

해설

데이터 무결성과 같은 보안 서비스를 제공하기 위한 대표적인 보안 기술은 암호학적 해시이다.

167 **메시지 인증 코드(MAC : Message Authentication Code)를 이용한 메시지 인증 방법에 대한 설명으로 옳지 않은 것은?** 2015년 국가직 9급

① 메시지의 출처를 확신할 수 있다.
② 메시지와 비밀키를 입력받아 메시지 인증 코드를 생성한다.
③ 메시지의 무결성을 증명할 수 있다.
④ 메시지의 복제 여부를 판별할 수 있다.

해설

MAC 값은 검증자(비밀키를 소유한 사람)의 허가에 의해서 메시지의 데이터 인증과 더불어 무결성을 보호한다.

168 **다음 중 메시지 인증 코드(MAC : Message Authentification Code)에 대한 설명 중 옳은 것은?** 2017년 서울시 9급

① 메시지 무결성을 제공하지는 못한다.
② 비대칭키를 이용한다.
③ MAC는 가변 크기의 인증 태그를 생성한다.
④ 부인 방지를 제공하지 않는다.

해설

메시지 인증 코드는 메시지의 인증을 위해 메시지에 부가되어 전송되는 작은 크기의 정보이다. 비밀키를 사용함으로써 데이터 인증과 무결성을 보장할 수 있다. 비밀키와 임의 길이의 메시지를 MAC 알고리즘으로 처리하여 생성된 코드를 메시지와 함께 전송한다. 하지만, 부인 방지는 제공하지 않는다.

169 **메시지 인증 코드(MAC : Message Authentication Code)를 이용하여 제공할 수 있는 보안 서비스로 옳은 것을 〈보기〉에서 고른 것은?** 2017년 교육청 9급

보기

ㄱ. 트래픽 패딩 ㄴ. 메시지 무결성
ㄷ. 메시지 복호화 ㄹ. 메시지 송신자에 대한 인증

① ㄱ, ㄴ ② ㄱ, ㄷ
③ ㄴ, ㄹ ④ ㄷ, ㄹ

해설

메시지 인증 코드(MAC)는 메시지 무결성과 메시지 송신자에 대한 인증이 가능하다. 메시지와 비밀키를 입력받아 MAC로 불리는 해시값을 생산해 낸다.

정답 164. ② 165. ① 166. ① 167. ④ 168. ④ 169. ③

170 **사용자 B가 메시지 M과 함께 H(M XOR K_{AB})를 MAC로 하여 사용자 A에게 보내고, A는 수신한 MAC와 M으로부터 산출한 MAC를 비교함으로써 보안을 강화한 경우에 대한 설명으로 옳지 않은 것은? (단, K_{AB}는 A와 B의 공유 비밀키, H는 해시 함수)** 2020년 국가직 7급

① A는 메시지 M의 무결성을 확신할 수 있다.

② A는 메시지 M의 출처가 B라는 것을 확신할 수 있다.

③ A는 B가 메시지 M에 대하여 부인하지 못하도록 하는 부인봉쇄를 보장받을 수 있다.

④ MAC에 시간이나 순서 정보가 포함되어 있지 않다면, 재전송 공격이 발생할 가능성이 있다.

해설

- MAC(Message Authentication Code, 메시지 인증 코드) : 대칭키를 이용하여 해시값을 생성하는 인증 코드이며, 무결성과 송신자에 대한 인증이 가능하다.
- MAC는 대칭키를 사용하기 때문에 부인 방지 기능은 제공할 수 없으며, 부인 방지 기능을 제공하기 위해서는 공개키 암호화 방식을 사용해야 한다.

171 **메시지의 무결성 보장과 송신자에 대한 인증을 목적으로 공유 비밀키와 메시지로부터 만들어지는 것은?** 2016년 국가직 7급

① 의사 난수
② 메시지 인증 코드
③ 해시
④ 인증서

해설

메시지와 비밀키를 입력받아 MAC(Message Authentication Code)으로 불리는 해시값을 생산해 낸다. 이는 비밀키를 아는 지정된 수신자만 동일한 해시값을 생성하도록 하여 데이터 무결성뿐만 아니라 데이터 발신자 인증 기능도 제공한다.

172 **해시 함수(Hash Function)의 특징에 대한 설명으로 옳지 않은 것은?** 2014년 국가직 7급

① 임의의 메시지를 입력받아, 고정된 길이의 해시 값으로 출력한다.

② 암호학적으로 안전한 해시 함수를 설계하기 위해서는 역상 저항성(preimage resistance) 및 충돌 저항성(collision resistance)의 기준을 충족해야 한다.

③ 일반적으로 데이터 암호화에 사용된다.

④ 종류에는 SHA-1, MD5, HAS-160 등이 있다.

해설

해시 함수는 데이터의 무결성을 제공하는 알고리즘 중 하나로 데이터 암호화를 위하여 사용되지 않는다.

173 **다음 중 해시함수의 설명으로 옳은 것은?** 2015년 서울시 9급

① 입력은 고정길이를 갖고 출력은 가변길이를 갖는다.
② 해시함수(H)는 다대일(n : 1) 대응 함수로 동일한 출력을 갖는 입력이 두 개 이상 존재하기 때문에 충돌(collision)을 피할 수 있다.
③ 해시함수는 일반적으로 키를 사용하지 않는 MAC(Message Authentication Code) 알고리즘을 사용한다.
④ MAC는 데이터의 무결성과 데이터 발신지 인증 기능도 제공한다.

해 설

- 입력이 가변길이이고, 출력은 고정되어 있다.
- 보기 2번의 내용으로 충돌이 발생할 수 있지만, 충돌저항성이 있어야 한다.
- 해시함수는 해시값의 생성에 있어서 비밀키를 사용하는 MAC(Message Authentication Code)과 비밀키를 사용하지 않는 MDC(Manipulation Detection Code)로 나눌 수 있다.

174 **전송할 메시지에서 메시지 무결성 검증을 위한 고정 크기의 출력물을 만드는 방법으로 적합한 것만을 고른 것은?** 2017년 국가직 9급 추가

① 메시지 인증 코드 생성기, 해시 함수
② 의사 난수 생성기, 해시 함수
③ 메시지 인증 코드 생성기, 코덱
④ 난수 생성기, 코덱

해 설

해시 함수는 해시값의 생성에 있어서 비밀키를 사용하는 MAC(Message Authentication Code)과 비밀키를 사용하지 않는 MDC(Manipulation Detection Code)로 나눌 수 있다. 메시지와 비밀키를 입력받아 MAC으로 불리는 해시값을 생산해 낸다. 이는 비밀키를 아는 지정된 수신자만 동일한 해시값을 생성하도록 하여 데이터 무결성뿐만 아니라 데이터 발신자 인증 기능도 제공한다.

정 답 170. ③ 171. ② 172. ③ 173. ④ 174. ①

175 **메시지의 무결성을 검증하는 데 사용되는 해시와 메시지 인증 코드(MAC)의 차이점에 대한 설명으로 옳은 것은?** 2016년 국가직 9급

① MAC는 메시지와 송・수신자만이 공유하는 비밀키를 입력받아 생성되는 반면에, 해시는 비밀키 없이 메시지로부터 만들어진다.

② 해시의 크기는 메시지 크기와 무관하게 일정하지만, MAC는 메시지와 크기가 같아야 한다.

③ 메시지 무결성 검증 시, 해시는 암호화되어 원본 메시지와 함께 수신자에게 전달되는 반면에, MAC의 경우에는 MAC로부터 원본 메시지 복호화가 가능하므로 MAC만 전송하는 것이 일반적이다.

④ 송・수신자만이 공유하는 비밀키가 있는 경우, MAC를 이용하여 메시지 무결성을 검증할 수 있으나 해시를 이용한 메시지 무결성 검증은 불가능하다.

해설

해시 함수는 키가 없는 암호 알고리즘이고, MAC은 키가 있는 해시 함수(Keyed Hash Function)로 인증의 도구로 사용된다.

176 **정보보호를 위해 사용되는 해쉬함수(Hash function)에 대한 설명 중 옳지 않은 것은?**

2014년 국회사무처 9급

① 주어진 해쉬값에 대응하는 입력값을 구하는 것이 계산적으로 어렵다.

② 무결성을 제공하는 메시지 인증코드(MAC) 및 전자서명에 사용된다.

③ 해쉬값의 충돌은 출력공간이 입력공간보다 크기 때문에 발생한다.

④ 동일한 해쉬값을 갖는 서로 다른 입력값들을 구하는 것이 계산적으로 어렵다.

⑤ 입력값의 길이가 가변이더라도 고정된 길이의 해쉬값을 출력한다.

해설

- 해시함수는 주어진 출력에 대하여 입력값을 구하는 것이 계산상 불가능[일방향성(one-way property)]하고 같은 출력을 내는 임의의 서로 다른 두 입력 메시지를 찾는 것이 계산상 불가능[충돌 회피성(collision free property)]하다는 특성을 갖고 있다.
- 해시함수는 임의 길이의 입력에서 고정된 길이의 출력이 만들어지기 때문에, 충돌은 오히려 출력공간이 입력공간보다 작기 때문에 발생한다고 볼 수 있다.

PART 03

177 **보안 해시 함수가 가져야 하는 성질 중 하나인 강한 충돌 저항성(strong collision resistance)에 대한 설명으로 옳은 것은?** 2015년 지방직 9급

① 주어진 해시 값에 대해, 그 해시 값을 생성하는 입력 값을 찾는 것이 어렵다.
② 주어진 입력 값과 그 입력 값에 해당하는 해시 값에 대해, 동일한 해시 값을 생성하는 다른 입력 값을 찾는 것이 어렵다.
③ 같은 해시 값을 생성하는 임의의 서로 다른 두 개의 입력 값을 찾는 것이 어렵다.
④ 해시 함수의 출력은 의사 난수이어야 한다.

해설

- 역상 저항성(Preimage Resistance) : 주어진 출력 y에 대해 h(x) = y를 만족하는 x를 구하는 것이 계산상 어려워야 한다.
- 제2 역상 저항성(Second Preimage Resistance), 약한 충돌 저항성 : 주어진 입력 x에 대해 같은 출력을 내는, 즉 h(x) = h(x'), x'(≠x)를 구하는 것이 계산상 어려워야 한다.
- 충돌 저항성(Collision Resistance), 강한 충돌 저항성 : 같은 출력[h(x) = h(x')]을 갖는 임의의 서로 다른 입력 x와 x′를 찾는 것이 계산상 어려워야 한다.

178 **생일 역설(Birthday Paradox)에 대한 설명으로 옳지 않은 것은?** 2014년 국가직 7급

① 해시 함수(hash function)는 충돌 메시지 쌍을 찾아내는 데 사용된다.
② 특정 장소에서 23명 이상이 있으면, 그중에서 2명 이상의 사람이 생일이 같을 확률은 0.5보다 크다.
③ 블록 암호 알고리즘의 안전성을 분석하는 데 이용된다.
④ 0부터 N−1까지의 균일 분포를 갖는 수 중에서 임의로 한 개의 수를 선택한다면, (N)1/2번의 시도 후에 동일한 수가 반복해서 선택될 확률은 0.5를 넘는다는 이론과 부합한다.

해설

생일 패러독스는 랜덤으로 선택한 N명 중에서 적어도 2명의 생일이 일치할 확률이 2분의 1 이상이 되도록 하기 위해서 N은 최저 23명이라는 것이다. 즉, 생일 공격은 해시 함수의 강한 충돌 내성을 깨기 위한 공격이다(특정 해시값을 생성하는 메시지를 구하는 것이 아니라, 해시값은 어떤 것이든 상관없고, 어쨌든 같은 해시값을 생성하는 2개의 메시지를 구하는 것이다).

정답 175. ① 176. ③ 177. ③ 178. ③

179 기밀성을 제공하는 암호 기술이 아닌 것은? 2018년 지방직 9급

① RSA ② SHA-1
③ ECC ④ IDEA

해설
• 대칭키 암호시스템: DES, AES SEED, IDEA, ARIA 등
• 비대칭키 암호시스템: RSA, ElGamal, ECC 등
• 해시 함수: SHA-1, MD5, HAS-160 등

180 SHA 알고리즘에서 사용하는 블록 크기와 출력되는 해시의 길이를 바르게 연결한 것은? 2021년 국가직 9급

알고리즘	블록 크기	해시 길이
① SHA-1	256비트	160비트
② SHA-256	512비트	256비트
③ SHA-384	1024비트	256비트
④ SHA-512	512비트	512비트

해설

알고리즘	블록길이	해시길이	단계수
SHA-1	512	160	80
SHA-224	512	224	64
SHA-256	512	256	64
SHA-384	1024	384	80
SHA-512	1024	512	80

181 SHA-512 알고리즘의 처리 방식에 대한 설명으로 옳지 않은 것은? 2018년 국가직 7급

① 최대 크기가 2^{128}비트 이하인 메시지를 입력받아 512비트 메시지 다이제스트를 출력한다.
② 필요한 길이의 패딩과 128비트 블록을 추가하여 처리하려는 메시지의 전체 크기가 1,024비트의 배수가 되게 한다.
③ 8개 소수의 제곱근에서 얻은 이진수로 초기화된 512비트 버퍼를 알고리즘의 중간 값과 최종 값을 저장하는 데 사용한다.
④ 블록 단위로 메시지를 처리하는 과정은 80라운드로 이루어지며, 규칙성을 제거하기 위해 각 라운드마다 서로 다른 암호 키를 사용한다.

해설

	SHA-1	SHA-256	SHA-512
블록크기	512	512	1024
MD	160	256	512
라운드 수	80	64	80

182 SHA-512 알고리즘의 수행 라운드 수와 처리하는 블록의 크기(비트 수)를 바르게 짝지은 것은? 2023년 지방직 9급

	라운드 수	블록의 크기
①	64	512
②	64	1024
③	80	512
④	80	1024

해설

✓ **SHA(Secure Hash Algorithm)**

- 1993년에 미국 NIST에 의해 개발되었고 가장 많이 사용되고 있는 방식이다.
- 많은 인터넷 응용에서 default 해시 알고리즘으로 사용되며, SHA-256, SHA-384, SHA-512는 AES의 키 길이인 128, 192, 256비트에 대응하도록 출력 길이를 늘인 해시 알고리즘이다.

정답 179. ② 180. ② 181. ④ 182. ④

183 해시함수 SHA-512를 이용하여 해시값을 구하려고 한다. 원래 메시지가 3940 비트일 때, 그림에서 ㉠ 패딩의 비트 수는? 2018년 교육청 9급

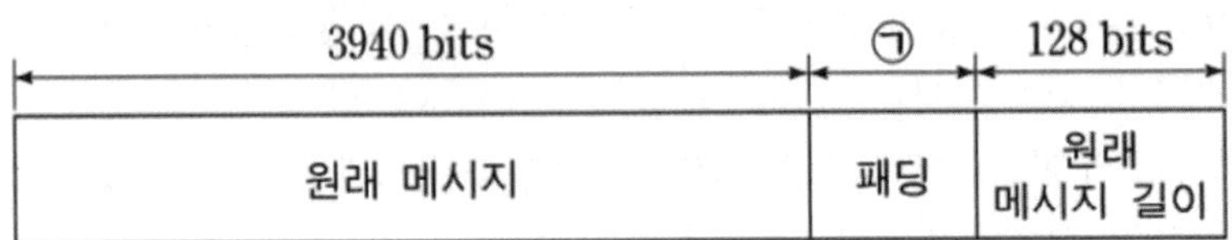

① 24
② 28
③ 32
④ 36

해설

SHA-512 알고리즘은 1024비트 블록 단위로 처리하므로 전체 길이가 1024의 배수가 되도록 패딩되어야 한다. (4096 − 3940 − 128 = 28)

184 보안 측면에서 민감한 암호 연산을 하드웨어로 이동함으로써 시스템 보안을 향상시키고자 나온 개념으로, TCG 컨소시엄에 의해 작성된 표준은? 2018년 서울시 9급

① TPM
② TLS
③ TTP
④ TGT

해설

TPM(Trusted Platform Module)은 신뢰할 수 있는 플랫폼 모듈이며, 암호화 키를 포함하여 외부의 공격이나 내부의 다른 요인에 의해 하드웨어의 변경이나 손상을 방지하는 등의 보안관련 기능을 제공하는 기술이다.

185 윈도우 운영체제에서 TPM(Trusted Platform Module)에 대한 설명으로 옳지 않은 것은? 2020년 국가직 9급

① TPM의 공개키를 사용하여 플랫폼 설정정보에 서명함으로써 디지털 인증을 생성한다.
② TPM은 신뢰 컴퓨팅 그룹(Trusted Computing Group)에서 표준화된 개념이다.
③ TPM은 키 생성, 난수 발생, 암복호화 기능 등을 포함한 하드웨어 칩 형태로 구현할 수 있다.
④ TPM의 기본 서비스에는 인증된 부트(authenticated boot), 인증, 암호화가 있다.

해설

- TPM(Trusted Platform Module)은 신뢰할 수 있는 플랫폼 모듈이며, 암호화 키를 포함하여 외부의 공격이나 내부의 다른 요인에 의해 하드웨어의 변경이나 손상을 방지하는 등의 보안관련 기능을 제공하는 기술이다.
- TPM의 공개키가 아니고, 개인키를 사용하여 플랫폼 설정정보에 서명함으로써 디지털 인증을 생성한다.

186 윈도우를 비롯한 시스템에서 하드웨어 레벨에서 보안을 향상시키는 방안으로 TPM(Trusted Platform Module)이 있다. TPM에 대한 설명으로 옳지 않은 것은? 2021년 군무원 9급

① 암·복호화 및 전자서명 기능 제공
② 부팅 과정에서 인증을 통해 신뢰성 제공
③ 디바이스 및 플랫폼 인증
④ 운영체제에 의존하여 명령어가 동작함

해설

TPM(Trusted Platform Module)은 신뢰할 수 있는 플랫폼 모듈이며, 하드웨어 기반 보안 솔루션이다. 암호화 키를 포함하여 외부의 공격이나 내부의 다른 요인에 의해 하드웨어의 변경이나 손상을 방지하는 등의 보안 관련 기능을 제공하는 기술이다.

187 다음에서 설명하는 보안 기술은? 2021년 지방직 9급

> – 해시 함수를 이용하여 메시지 인증 코드를 구현한다.
> – SHA-256을 사용할 수 있다.

① HMAC(Hash based Message Authentication Code)
② Block Chain
③ RSA(Rivest–Shamir–Adleman)
④ ARIA(Academy, Research Institute, Agency)

해설

HMAC(Hash based Message Authentication Code)
- HMAC은 속도향상과 보안성을 높이기 위해 MAC와 MDC를 합쳐 놓은 새로운 해시이다.
- 해시 함수의 입력에 사용자의 비밀키와 메시지를 동시에 포함하여 해시 코드를 구하는 방법이다.
- MD5, SHA-1 등 반복적인 암호화 해시 기능을 비밀키와 함께 사용하며, 키 기반 메시지 인증 알고리즘이다.

정답 183. ② 184. ① 185. ① 186. ④ 187. ①

188 다음 수식에 의해 산출되는 것은? 2019년 국가직 7급

$H[(K^+ \oplus opad) \| H[(K^+ \oplus ipad) \| M]]$	
H: 해시 함수	K^+: 비밀키 K에 0을 덧붙인 것
M: 메시지	ipad, opad: 특정 상수
⊕: XOR	‖: 연결(concatenation)

① GMAC
② HMAC
③ CMAC
④ 전자 서명

해설

HMAC

- HMAC은 속도향상과 보안성을 높이기 위해 MAC와 MDC를 합쳐 놓은 새로운 해시이다.
- 해시 함수의 입력에 사용자의 비밀키와 메시지를 동시에 포함하여 해시 코드를 구하는 방법이다.

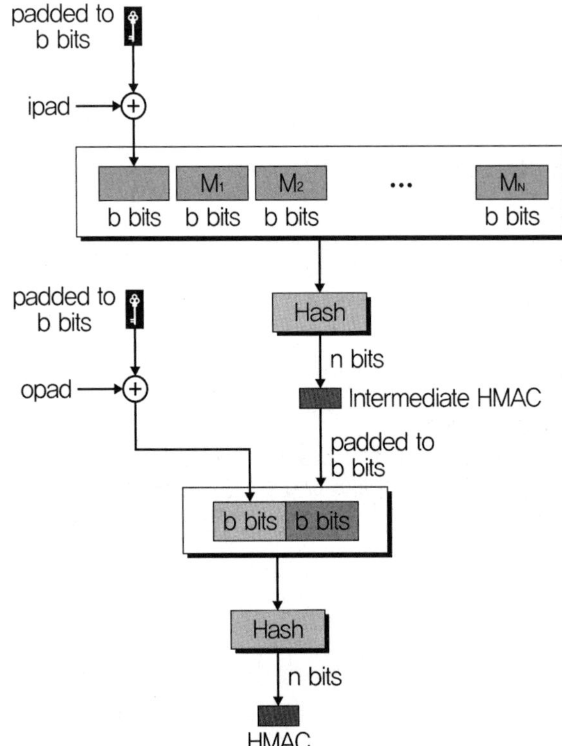

189 **블록체인에 대한 설명으로 옳지 않은 것은?** 2019년 국가직 9급

① 금융 분야에만 국한되지 않고 분산원장으로 각 분야에 응용할 수 있다.
② 블록체인의 한 블록에는 앞의 블록에 대한 정보가 포함되어 있다.
③ 앞 블록의 내용을 변경하면 뒤에 이어지는 블록은 변경할 필요가 없다.
④ 하나의 블록은 트랜잭션의 집합과 헤더(header)로 이루어져 있다.

해설

블록체인은 유효한 거래 정보의 묶음이라 할 수 있다. 하나의 블록은 트랜잭션의 집합(거래 정보)과 블록헤더(version, previousblockhash, merklehash, time, bits, nonce), 블록해시로 이루어져 있다. 블록헤더의 previousblockhash 값은 현재 생성하고 있는 블록 바로 이전에 만들어진 블록의 블록 해시값이다. 블록은 바로 앞의 블록 해시값을 포함하는 방식으로 앞의 블록과 이어지게 된다. 블록체인은 쉽게 말한다면 블록으로 이루어진 연결 리스트라 할 수 있다. 블록체인의 특징인 추가전용(Append Only) DB는 내용을 추가만 할 수 있고 삭제기능은 없다. 이렇게 추가한 블록을 주기적으로 생성하고 이를 체인으로 연결한다. 블록 안의 데이터를 일정 시간 동안 모아서 체인으로 연결하는 이유는 P2P 네트워크로서 노드들이 블록을 누가 만들 것인지 합의해야 하기 때문이다.

190 **블록체인(Blockchain) 기술에 대한 설명으로 가장 적절한 것은?** 2024년 군무원 9급

① 처리 노드의 다중화
② 중앙 집중식 데이터 관리
③ 데이터 무결성 및 분산 합의
④ 단일 실패 지점(SPOF) 방지

해설

블록체인(Blockchain) 기술은 데이터 무결성 및 분산 합의를 보장하는 기술이다. 데이터를 여러 노드에 분산 저장하고, 이를 통해 데이터의 무결성을 유지하며, 네트워크 참여자 간의 합의를 통해 거래를 검증하는 구조를 가지고 있다.

정답 188. ② 189. ③ 190. ③

191 **다음에서 설명하는 블록체인 합의 알고리즘은?** 2020년 지방직 9급

> – 비트코인에서 사용하는 방식이 채굴 경쟁으로 과도한 자원 소비를 발생시킨다는 문제를 해결하기 위한 대안으로 등장하였다.
> – 채굴 성공 기회를 참여자에 따라 차등적으로 부여한다.
> – 다수결로 의사 결정을 해서 블록을 추가하는 방식이 아니므로 불특정 다수가 참여하는 환경에서 유효하다.

① Paxos
② PoW(Proof of Work)
③ PoS(Proof of Stake)
④ PBFT(Practical Byzantine Fault Tolerance)

해설

- PoW(Proof of Work, 작업 증명 알고리즘)은 가장 일반적으로 사용되는 블록체인 합의 알고리즘이다. 하지만, PoW는 시간이 지날수록 과도한 에너지 낭비 및 채굴의 독점화의 문제점이 발생하였고 이를 해결하기 위해 PoS(Proof of Stake, 지분 증명 알고리즘)가 도입되었다.
- PoW 기반의 블록체인에서 블록의 유효성을 검증하고 새 블록을 만드는 과정을 채굴이라 한다면 PoS 기반의 블록체인에서는 단조(Forging)라고 하며, 새로운 블록의 생성 및 무결성을 검증하는 검증자는 Validator라 한다.
- 블록생성의 조건이 PoW(Proof of Work, 작업 증명 알고리즘)은 연산 능력이라 할 수 있지만, PoS(Proof of Stake, 지분 증명 알고리즘)은 보유지분이다. 또한 블록생성속도도 PoW은 느리지만, PoS는 빠르고 자원소모도 적다.

192 **비트코인 블록 헤더의 구조에서 머클 루트에 대한 설명으로 옳지 않은 것은?** 2022년 국가직 9급

① 머클 트리 루트의 해시값이다.
② 머클 트리는 이진트리 형태이다.
③ SHA-256으로 해시값을 계산한다.
④ 필드의 크기는 64바이트이다.

해설

- 머클루트(merkle root)란 머클트리에서 루트 부분에 해당하고, 블록 헤더에 포함된다. 해당 블록에 저장되어 있는 모든 거래의 요약본으로 해당 블록에 포함된 거래로부터 생성된 머클트리의 루트에 대한 해시를 말한다. 거래가 아무리 많아도 묶어서 요약된 머클 루트의 용량은 항상 32바이트이다.
- 블록체인(Blockchain) 기술 : 블록체인은 유효한 거래 정보의 묶음이라 할 수 있다. 블록체인은 쉽게 표현하면 블록으로 이루어진 연결 리스트라 할 수 있다. 하나의 블록은 트랜잭션의 집합(거래 정보)과 블록헤더(version, previousblockhash, merklehash, time, bits, nonce), 블록해시로 이루어져 있다.

193 **블록체인 합의 알고리즘에 대한 설명으로 옳지 않은 것은?** 2021년 군무원 9급

① 분산 시스템에서 합의란 네트워크에 존재하는 독립적인 참여자들이 동일한 블록체인 원장을 유지할 수 있도록 원장에 포함할 블록을 결정하는 방식이다.
② 분산원장 시스템에서는 다양한 합의 알고리즘 들이 사용될 수 있으며, 예로는 작업증명(PoW : Proof of Work), 지분증명(PoS : Proof of Stake), 위임지분증명(DPoS : Delegated Proof of Stake) 등이 존재한다.
③ 지분 증명은 블록을 생성하는 노드가 작업(예 : 특정 조건을 충족해야 하는 해시 연산 등 높은 비용/자원이 필요한 작업)을 통해 스스로의 신뢰성을 증명하는 합의 방식이다.
④ 분산원장 시스템 내의 모든 노드가 일관성 있는 분산원장을 보유할 수 있도록 통신을 통해 새로운 기록의 공유, 검증 및 추가에 대한 전체의 동의를 이끌어 내는 알고리즘이다.

해설

- PoW(Proof of Work, 작업 증명 알고리즘)은 가장 일반적으로 사용되는 블록체인 합의 알고리즘이다. 하지만, PoW는 시간이 지날수록 과도한 에너지 낭비 및 채굴의 독점화의 문제점이 발생하였고 이를 해결하기 위해 PoS(Proof of Stake, 지분 증명 알고리즘)가 도입되었다.
- PoW 기반의 블록체인에서 블록의 유효성을 검증하고 새 블록을 만드는 과정을 채굴이라 한다면 PoS 기반의 블록체인에서는 단조(Forging)라고 하며, 새로운 블록의 생성 및 무결성을 검증하는 검증자는 Validator라 한다.
- 블록생성의 조건이 PoW(Proof of Work, 작업 증명 알고리즘)은 연산 능력이라 할 수 있지만, PoS(Proof of Stake, 지분 증명 알고리즘)은 보유지분이다. 또한 블록생성속도도 PoW은 느리지만, PoS는 빠르고 자원소모도 적다.

194 **블록체인(Blockchain) 기술과 암호화폐(Cryptocurrency) 시스템에 대한 설명으로 옳지 않은 것은?** 2019년 국가직 9급

① 블록체인에서는 각 트랜잭션에 한 개씩 전자서명이 부여된다.
② 암호학적 해시를 이용한 어려운 문제의 해를 계산하여 블록체인에 새로운 블록을 추가할 수 있고 일정량의 암호화폐로 보상받을 수도 있다.
③ 블록체인의 과거 블록 내용을 조작하는 것은 쉽다.
④ 블록체인은 작업증명(Proof-of-work)과 같은 기법을 이용하여 합의에 이른다.

해설

블록체인은 유효한 거래 정보의 묶음이라 할 수 있다. 하나의 블록은 트랜잭션의 집합(거래 정보)과 블록헤더(version, previousblockhash, merklehash, time, bits, nonce), 블록해시로 이루어져 있다. 블록헤더의 previousblockhash 값은 현재 생성하고 있는 블록 바로 이전에 만들어진 블록의 블록 해시값이다. 블록은 바로 앞의 블록 해시값을 포함하는 방식으로 앞의 블록과 이어지게 된다. 블록체인은 쉽게 말한다면 블록으로 이루어진 연결 리스트라 할 수 있다. 블록체인의 특징인 추가전용(Append Only) DB는 내용을 추가만 할 수 있고 삭제기능은 없다. 이렇게 추가한 블록을 주기적으로 생성하고 이를 체인으로 연결한다. 블록 안의 데이터를 일정 시간 동안 모아서 체인으로 연결하는 이유는 P2P 네트워크로서 노드들이 블록을 누가 만들 것인지 합의해야 하기 때문이다.

정답 191. ③ 192. ④ 193. ③ 194. ③

195 암호 화폐인 비트코인이 채택한 블록체인의 블록 헤더에 포함되는 구성 요소가 아닌 것은?

2019년 국가직 7급

① 이전 블록의 헤더를 두 번 연속 해시한 값
② 해당 블록에 포함된 모든 트랜잭션의 해시로부터 추출된 merkle root 해시값
③ 작업증명(proof of work) 조건을 만족하는 nonce 값
④ 블록 생성자(miner)의 계정

해설

- 블록 헤더에 포함되는 구성 요소 : version, previousblockhash, merklehash, time, bits, nonce
- 암호화폐는 특정기업이 화폐의 가치를 보증하는 가상화폐와는 다르게 화폐를 관리하는 기관이 없는 형태를 말하며, 네트워크 참가자들의 합의가 화폐의 가치를 보증한다. 그래서 수요와 공급에 따라 가격이 변할 수 있고, 비트코인이 대표적으로 여기에 속한다.

196 블록체인 기술의 하나인 하이퍼레저 패브릭에 대한 설명으로 옳지 않은 것은? 2023년 국가직 9급

① 허가형 프라이빗 블록체인의 형태로 MSP(Membership Service Provider)라는 인증 관리 시스템에 등록된 사용자만 참여할 수 있다.
② 체인코드라는 스마트 컨트랙트를 통해서 분산 원장의 데이터를 읽고 쓸 수 있다.
③ 분산 원장은 원장의 현재 상태를 나타내는 월드 스테이트와 원장의 생성 시점부터 현재까지의 사용 기록을 저장하는 블록체인 두 가지로 구성된다.
④ 트랜잭션을 정해진 순서로 정렬하는 과정을 합의로 정의하고, 이를 위해 지분 증명 방식과 BFT(Byzantine Fault Tolerance) 알고리즘을 사용한다.

해설

- 하이퍼레저 패브릭(Hyperledger Fabric)은 허가받은 사용자만 참여할 수 있는 허가형 블록체인(permissioned blockchain)으로서, 프라이빗 블록체인의 일종이다.
- 퍼블릭 블록체인(Public blockchain) : 퍼블릭 블록체인은 공개형 블록체인이라고도 불리며 거래 내역뿐만 아니라 네트워크에서 이루어지는 여러 행동(Actions)이 다 공유되어 추적이 가능하다. 퍼블릭 블록체인 네트워크에 참여할 수 있는 조건(암호화폐 수량, 서버 사양 등)만 갖춘다면 누구나 블록을 생성할 수 있다. 대표적인 예로 비트코인, 이더리움 등이 있다.
- 프라이빗 블록체인(Private blockchain) : 프라이빗 블록체인은 폐쇄형 블록체인이라고도 불리며 허가된 참여자 외 거래 내역과 여러 행동(Actions)은 공유되지 않고 추적이 불가능하다. 프라이빗 블록체인 네트워크에 참여하기 위해 한 명의 주체로부터 허가된 참여자만 참여하여 블록을 생성할 수 있다.
- 하이퍼레저 패브릭의 구성 : 공유 원장, 스마트 컨트렉트, 개인정보, 커센서스
- 스마트 컨트렉트(Smart contracts) : 체인코드로 작성되며 해당 응용 프로그램이 원장과 상호 작용해야 할 때 블록체인 외부의 응용 프로그램에 의해 호출된다. 대부분의 경우 체인코드는 원장의 데이터베이스 구성요소, 트랜잭션 로그가 아닌 월드 스테이트에서만 상호 작용한다. 체인코드는 여러 프로그래밍 언어로 구현된다.
- 대표적인 프라이빗 블록체인 오픈 소스 플랫폼 중 하나인 하이퍼레저 패브릭에서는 PBFT(Practical Byzantine Fault Tolerance) 방식을 채택한다.

197 **전자화폐(Electronic Cash)에 대한 설명으로 옳지 않은 것은?** 2016년 서울시 9급

① 전자화폐의 지불 과정에서 물품 구입 내용과 사용자 식별 정보가 어느 누구에 의해서도 연계되어서는 안 된다.

② 전자화폐는 다른 사람에게 즉시 이전할 수 있어야 한다.

③ 일정한 가치를 가지는 전자화폐는 그 가치만큼 자유롭게 분산이용이 가능해야 한다.

④ 대금 지불 시 전자화폐의 유효성 확인은 은행이 개입하여 즉시 이루어져야 한다.

해설

전자화폐는 디지털 캐시로 금액의 정보가 디지털화되어 저장된다. 대금 지불 시 전자화폐의 유효성 확인은 은행의 개입 없이 이루어져야 한다.

198 **전자화폐 및 가상화폐에 대한 설명으로 옳지 않은 것은?** 2019년 지방직 9급

① 전자화폐는 전자적 매체에 화폐의 가치를 저장한 후 물품 및 서비스 구매 시 활용하는 결제 수단이며, 가상화폐는 전자화폐의 일종으로 볼 수 있다.

② 전자화폐는 발행, 사용, 교환 등의 절차에 관하여 법률에서 규정하고 있으나, 가상화폐는 별도로 규정하고 있지 않다.

③ 가상화폐인 비트코인은 분산원장기술로 알려진 블록체인을 이용한다.

④ 가상화폐인 비트코인은 전자화폐와 마찬가지로 이중 지불(Double Spending) 문제가 발생하지 않는다.

해설

- 이중 지불(Double Spending) 문제는 전자화폐나 가상화폐에 모두 발생할 수 있다.
- 전자화폐는 지급결제의 수단으로 화폐 대신에 기존의 화폐가 가지는 성질을 전자적인 정보로 변환시킨 것이라 할 수 있다.
- 가상화폐는 전자화폐의 일종으로 발행주체가 정부나 금융기관이 아닌 화폐를 말한다.
- 암호화폐는 특정기업이 화폐의 가치를 보증하는 가상화폐와는 다르게 화폐를 관리하는 기관이 없는 형태를 말하며, 네트워크 참가자들의 합의가 화폐의 가치를 보증한다. 그래서 수요와 공급에 따라 가격이 변할 수 있고, 비트코인이 대표적으로 여기에 속한다.

정답 195. ④ 196. ④ 197. ④ 198. ④

MEMO

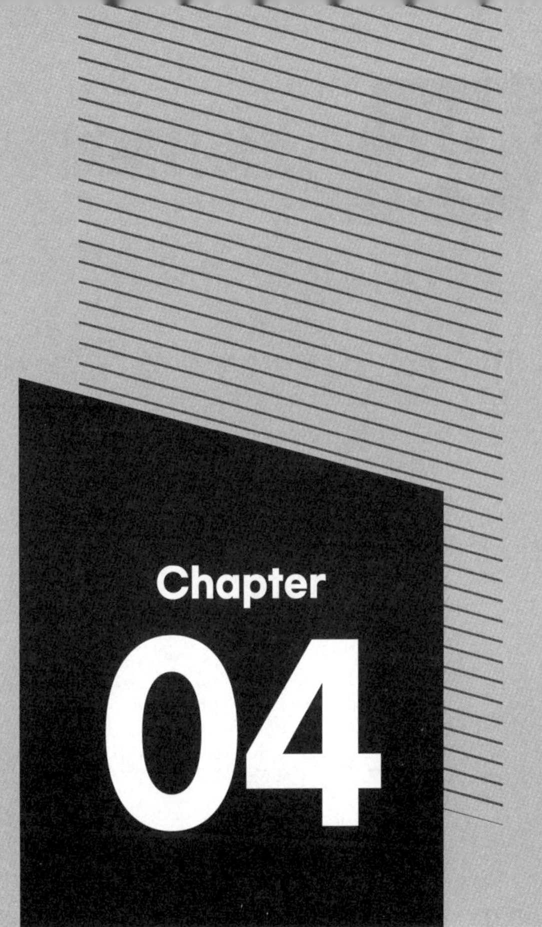

접근 통제

Part 04 접근 통제

01 **다음은 접근통제 정책 중 어느 정책에 해당하는 내용인가?** 2014년 3회 보안산업기사

> – 알 필요의 원칙 정책이라고도 불린다.
> – 주체들은 활동에 필요한 최소한의 정보를 사용한다.
> – 객체에 대한 접근에 강력한 통제 효과를 부여할 수 있다.

① 그룹 기반 정책　　② 개체 기반 정책
③ 최소 권한 정책　　④ 최대 권한 정책

해설

최소 권한 정책은 권한 남용으로 인한 피해를 최소화하고, 허가받은 일을 수행하기 위한 최소한의 권한만을 부여한다 (Need-to-know).

02 **다음 중 접근제어 원칙으로 옳지 않은 것은?** 2022년 군무원 9급

① 통신규약　　② 최소 권한
③ 알 필요성　　④ 직무 분리

해설

접근 통제 원칙

1. 최소 권한 정책(least peivilege policy) : 이 정책은 "need to know" 정책이라고도 부르며, 시스템 주체들은 그들의 활동을 위하여 필요한 최소의 정보를 사용해야 한다. 이 정책은 객체 접근에 대한 강력한 통제를 부여하는 효과가 있으나 때때로 정당한 주체에게 불필요한 초과적 제한을 부과하는 단점이 있을 수 있다.
2. 직무(임무)의 분리(separation of duties) : 직무 분리란 업무의 발생, 승인, 변경, 확인, 배포 등이 모두 한 사람에 의해 처음부터 끝까지 처리될 수 없도록 하는 정책이다. 직무 분리를 통하여 조직원들의 태만, 의도적인 시스템 자원의 남용에 대한 위험, 경영자와 관리자의 실수와 권한 남용에 대한 취약점을 줄일 수 있다. 직무 분리는 최소 권한 원칙과 밀접한 관계가 있다.

접근 통제 철학

1. 알 필요성 원칙(Need to know) : 해당 업무에 대해서만 접근 권한을 부여
2. 최소 권한(least privilege) : 업무수행에 필요한 최소한의 권한만 부여
3. 직무 분리(Separation of Duty) : 특정인에게 모든 업무 권한을 부여하지 않음

03 다음 〈보기〉의 내용 중 ㉠, ㉡에 들어가야 할 단어로 적합한 것은? 9회 보안기사

> 보기
>
> 접근통제는 (㉠)와(과) (㉡)(이)라는 두 부분으로 나누어진다. (㉠)은(는) "그곳에 있는 사람은 누구인가?"를 의미하며, (㉡)은(는) "그 사람이 그것을 수행하는 것이 허용되었는가?"를 의미한다.

① ㉠ 보안, ㉡ 승인
② ㉠ 배치, ㉡ 허가
③ ㉠ 인증, ㉡ 인가
④ ㉠ 검토, ㉡ 확인

해설

- 인증(authentication) : 임의 정보에 접근할 수 있는 주체의 능력이나 주체의 자격을 검증하는 데 사용하는 수단을 말한다.
- 인가(authorization) : 특정한 프로그램, 데이터 또는 시스템 서비스 등에 접근할 수 있는 권한이 주어지는 것이다.

PART 04

04 다음 중 사이버 환경에서 사용자 인증의 수단으로 가장 적절하지 않은 것은? 2014년 국회사무처 9급

① 패스워드
② 지문
③ OTP(One Time Password)
④ 보안카드
⑤ 주민등록번호

해설

인증은 임의의 정보에 접근할 수 있는 주체의 능력이나 주체의 자격을 검증하는 단계이다. 패스워드, 지문(생체인증), OTP, 보안카드 등은 모두 사용자 인증의 수단으로 사용 가능하지만, 주민등록번호는 인증의 수단으로 사용하기 어렵다.

정답 01. ③ 02. ① 03. ③ 04. ⑤

05 일어날 수 있는 모든 가능한 경우에 대하여 조사하는 형태의 공격으로 적절한 것은?

2021년 군무원 9급

① 전수조사 공격　　② 중간자 공격
③ 생일 공격　　④ 사전 공격

해설

- Brute force 공격: 모든 가능한 키와 패스워드 조합을 이용하여 공격하는 방법이다.
- 중간자(man-in-the-middle) 공격: 공격자가 송·수신자 사이에 개입하여 송신자가 보낸 정보를 가로채고, 조작된 정보를 정상적인 송신자가 보낸 것처럼 수신자에게 전달한다.
- 생일 패러독스(birthday paradox): 생일 문제(生日問題)란 확률론에서 유명한 문제로, 몇 명 이상 모이면 그중에 생일이 같은 사람이 둘 이상 있을 확률이 충분히 높아지는지를 묻는 문제이다. 얼핏 생각하기에는 생일이 365~366가지이므로 임의의 두 사람의 생일이 같을 확률은 1/365~1/366이고, 따라서 365명쯤은 모여야 생일이 같은 사람이 있을 것이라고 생각하기 쉽다. 그러나 실제로는 23명만 모여도 생일이 같은 두 사람이 있을 확률이 50%를 넘고, 57명이 모이면 99%를 넘어간다. 이 사실은 일반인의 직관과 배치되기 때문에 생일 역설 또는 생일 패러독스라고 한다.
- 사전 공격(Dictionary Attack): 공격자가 암호 등을 알아맞히기 위해 대규모의 가능한 조합을 사용하는 공격 형태로서, 공격자는 일반적으로 사용되는 백만 개 이상의 암호를 선택하여 이들 중 암호가 결정될 때까지 이를 시험해볼 수 있다.

06 패스워드(Password)에 사용될 수 있는 문자열의 범위를 정하고, 그 범위 내에서 생성 가능한 패스워드를 활용하는 공격은? 2014년 국가직 7급

① 레인보 테이블(Rainbow Table)을 이용한 공격
② 사전 공격(Dictionary Attack)
③ 무작위 대입 공격(Brute-Force Attack)
④ 차분 공격(Differential Attack)

해설

무작위 대입 공격(Brute-Force Attack): 모든 가능한 키와 패스워드 조합을 이용하여 암호시스템을 공격하는 방법이다.

07 패스워드가 갖는 취약점에 대한 대응방안으로 적절치 않은 것은? 2015년 서울시 9급

① 사용자 특성을 포함시켜 패스워드 분실을 최소화한다.
② 서로 다른 장비들에 유사한 패스워드를 적용하는 것을 금지한다.
③ 패스워드 파일의 불법적인 접근을 방지한다.
④ 오염된 패스워드는 빠른 시간 내에 발견하고, 새로운 패스워드를 발급한다.

해설

패스워드를 만들 때 사용자와 관련된 내용을 포함시키면 사용자 정보를 통해 패스워드를 유추하여 공격할 수 있기 때문에 공격이 더 수월해질 수 있다.

08 패스워드 공격에 해당하지 않는 것은? 2020년 국가직 7급

① 사전 대입 공격
② 이블 트윈 공격
③ 무작위 대입 공격
④ 레인보우 테이블을 이용한 공격

해설

- 이블 트윈(Evil Twins) : 실제로는 공인되지 않은 무선 접속 장치(Access Point)이면서도 공인된 무선 접속 장치인 것처럼 가장하여 접속한 사용자들의 신상 정보를 가로채는 인터넷 해킹 수법이다.
- 사전 대입 공격(Dictionary Attack) : 패스워드를 알아내기 위한 공격으로 사전에 있는 단어를 순차적으로 입력하는 것이다. 단어를 그대로 입력할 뿐 아니라, 대문자와 소문자를 뒤섞기도 하고, 단어에 숫자를 첨부하기도 하는 등의 처리도 병행하면서 공격을 할 수 있다.
- 무작위 대입 공격(Brute-Force Attack) : 모든 가능한 키와 패스워드 조합을 이용하여 암호시스템을 공격하는 방법이다.
- 레인보우 테이블(Rainbow Table)을 이용한 공격 : 레인보우 테이블은 해시 함수(MD5, SHA-1, SHA-2 등)를 사용하여 만들어낼 수 있는 값들을 저장하고 있는 테이블이다. 패스워드에 대해서 해시값의 리스트를 가지고 있는 것이며, 역으로 크래킹하고자 하는 해시값을 테이블에서 검색해서 패스워드를 찾는 방법이다.

09 패스워드 크래킹(Password Cracking) 방법 중 레인보우 테이블(Rainbow Table)을 이용한 공격 방법에 대한 설명으로 가장 적절한 것은? 2024년 군무원 9급

① 윈도우 LM(Lan Manager) 패스워드를 몇 분 만에 크래킹하면서 유명해진 해킹방법으로 패스워드와 해시로 이루어진 테이블을 무수히 만들어 놓은 체인을 이용한다.
② 패스워드를 모아서 하나의 사전파일로 만든 후 하나씩 대입하여 패스워드 일치 여부를 확인하는 방법이다.
③ 비밀번호로 사용될 수 있는 모든 문자를 대입하여 패스워드 일치 여부를 확인하는 방법이다.
④ 사전 공격(Dictionary Attack) 기법과 무차별 대입 공격(Brute Force Attack)을 혼합하여 사용하는 방법이다.

해설

레인보우 테이블은 미리 계산된 해시값과 해당 해시에 매핑되는 패스워드를 저장한 테이블이며, 해시 함수를 역추적하여 패스워드를 찾는 데 사용된다. 특히 LM 패스워드 해시와 같이 비교적 취약한 해시 알고리즘에 대해 효과적이다.

정답 05. ① 06. ③ 07. ① 08. ② 09. ①

10 **사용자 인증에 사용되는 기술로 옳지 않은 것은?** 2021년 국가직 7급

① Smart Card

② Single Sign On

③ One Time Password

④ Supervisory Control And Data Acquisition

해설

원격 감시 제어(Supervisory Control And Data Acquisition) : 일반적으로 작업공정, 시설, 설비 등을 모니터링하고 제어하는 산업 제어 시스템의 한 종류이다. 실제로 발전소, 철도, 상수도, 전기, 통신시스템 등의 사회 기반 시설을 노리는 공격을 스카다 공격이라 한다.

11 **다음 중 일반적인 패스워드에 대한 설명으로 가장 옳은 것은?** 보안기사 문제 응용

① 가장 많은 비용으로 가장 뛰어난 보안을 제공한다.

② 가장 적은 비용으로 가장 뛰어나지 않은 보안을 제공한다.

③ 가장 많은 비용으로 가장 뛰어나지 않은 보안을 제공한다.

④ 가장 적은 비용으로 가장 뛰어난 보안을 제공한다.

해설

- 패스워드는 최소 수준의 보안을 제공하지만, 가장 적은 비용이 든다.
- 패스워드 인증 방식은 판독기가 필요 없으며, 추가장치를 요구하지 않고 처리과정이 부담되지 않는다.

12 **사용자 인증에 사용되는 기술이 아닌 것은?** 2016년 국가직 9급

① Snort

② OTP(One Time Password)

③ SSO(Single Sign On)

④ 스마트 카드

해설

Snort는 사용자 인증에 사용되는 기술이 아니라, 공개 침입탐지시스템이다. 오픈소스 NIDS라고 할 수 있다.

13 다음에 제시된 〈보기 1〉의 사용자 인증방법과 〈보기 2〉의 사용자 인증도구를 바르게 연결한 것은?

2015년 국가직 9급

보기 1

ㄱ. 지식 기반 인증　　ㄴ. 소지 기반 인증　　ㄷ. 생체 기반 인증

보기 2

A. OPT 토큰　　B. 패스워드　　C. 홍채

	ㄱ	ㄴ	ㄷ
①	A	B	C
②	A	C	B
③	B	A	C
④	B	C	A

해설

- 지식 기반 인증 : 패스워드
- 소유(소지) 기반 인증 : 스마트카드, OPT
- 존재(생체) 인증 기반 : 지문, 홍채, 망막
- 행위 기반 인증 : 서명, 움직임

14 OTP 토큰이 속하는 인증 유형은? 2023년 지방직 9급

① 정적 생체정보　② 동적 생체정보
③ 가지고 있는 것　④ 알고 있는 것

해설

OTP 토큰이 속하는 인증 유형은 인증의 4가지 유형 중에서 소유 기반에 해당되며, 주체는 그가 가지고 있는 것을 보여주어야 한다.

정답 10. ④　11. ②　12. ①　13. ③　14. ③

15 **다음 중 사용자 인증(user authentication)에 대한 설명으로 옳은 것은?** 2014년 서울시 9급

① 인터넷 뱅킹에 활용되는 OTP 단말(One Time Password Token)은 지식 기반 인증(authentication by what the entity knows)의 일종이다.
② 패스워드에 대한 사전 공격(dictionary attack)을 막기 위해 전통적으로 salt가 사용되어 왔다.
③ 통장 비밀번호로 흔히 사용되는 4자리 PIN(Personal Identification Number)은 소유 기반 인증(authentication by what the entity has)의 일종이다.
④ 지식 기반 인증(authentication by what the entity knows)의 가장 큰 문제는 오인식(False Acceptance), 오거부(False Rejection)가 존재한다는 것이다.
⑤ 건물 출입시 사용되는 ID 카드는 사람의 신체 또는 행위 특성을 활용하는 바이오 인식(biometric verification)의 일종이다.

해설

오인식(False Acceptance)과 오거부(False Rejection)가 존재하는 것이 문제가 되는 것은 존재 인증 기반이다.

- 지식 기반 인증 : 패스워드, PIN
- 소유(소지) 기반 인증 : 스마트카드, OPT, ID 카드
- 존재(생체) 인증 기반 : 지문, 홍채, 망막
- 행위 기반 인증 : 서명, 움직임

16 **멀티 팩터 인증(Multi-Factor Authentication)에서 사용되는 인증 수단과 가장 거리가 먼 것은?** 2024년 군무원 9급

① 무엇을 알고 있나(지식)
② 어디에 있나(지리적 위치)
③ 무엇을 갖고 있나(소유)
④ 누구인가(생체 인식)

해설

멀티 팩터 인증(Multi-Factor Authentication)은 여러 가지 인증 수단을 사용하여 사용자를 인증하는 방식으로 다음의 요소를 일반적으로 사용한다.

- 지식 기반 인증(무엇을 알고 있나) : 비밀번호, PIN 등 사용자가 알고 있는 정보이다.
- 소유 기반 인증(무엇을 갖고 있나) : 스마트폰, 보안 토큰, 카드 등 사용자가 소유하고 있는 물리적인 장치이다.
- 생체 인식 인증(누구인가) : 지문, 얼굴 인식, 홍채 인식 등 사용자의 생체 정보를 기반으로 하는 인증 방식이다.

17 **일방향 해시함수를 사용하여 비밀번호를 암호화할 때 salt라는 난수를 추가하는 이유는?**

2020년 국가직 9급

① 비밀번호 사전공격(Dictionary attack)에 취약한 문제를 해결할 수 있다.
② 암호화된 비밀번호 해시 값의 길이를 줄일 수 있다.
③ 비밀번호 암호화의 수행 시간을 줄일 수 있다.
④ 비밀번호의 복호화를 빠르게 수행할 수 있다.

해설

솔트(salt) 사용

- 솔트는 공개되어 있는 랜덤값으로 패스워드의 해시값 생성 시 함께 사용된다.
- 솔트를 사용하면 접근 권한을 얻으려는 공격자가 수행하는 해시 함수 연산 횟수가 증가하여 보다 안전한 패스워드 인증 방식이 된다.

PART 04

18 **패스워드를 저장할 때 솔트(salt)를 사용함으로써 얻을 수 있는 이점이 아닌 것은?** 2024년 지방직 9급

① 시스템 내에 같은 패스워드를 쓰는 사용자가 복수로 존재한다는 것을 발견하지 못하게 한다.
② 오프라인 사전(dictionary) 공격을 어렵게 한다.
③ 사용자가 같은 패스워드를 여러 시스템에서 중복해서 사용하여도 그 사실을 발견하기 어렵게 한다.
④ 패스워드 파일에 솔트가 암호화된 상태로 저장되므로 인증 처리시간을 단축시킨다.

해설

솔트(salt)는 보안을 강화하고 패스워드 해시의 안전성을 보장하는 데 목적이 있으며, 인증 처리 시간 단축과는 관련이 없다.

19 **다음 중 사용자가 소유하고 있는 것과 사용자가 자신의 존재를 사용하여 인증하는 방식으로 옳은 것은?** 보안기사 문제 응용

① 패스워드와 망막스캔
② 토큰과 PIN
③ 토큰과 지문스캔
④ 사용자이름과 PIN

해설

사용자가 소유하고 있는 것은 토큰이나 스마트카드이며, 사용자가 자신의 존재를 사용하며 인증하는 방식으로는 지문, 홍채, 망막, 정맥, 손바닥 스캔 등이 있다.

정답 15. ② 16. ② 17. ① 18. ④ 19. ③

20 **시스템 계정 관리에서 보안성이 가장 좋은 패스워드 구성은?** 2014년 지방직 9급

① flowerabc
② P1234567#
③ flower777
④ Fl66ower$

해설

보안성이 높은 패스워드는 자릿수가 길며, 여러 가지 요소로 구성되어 있는 것이다. 문제의 보기 4번에 있는 패스워드가 영문 대문자, 영문 소문자, 숫자, 특수기호를 사용하여 구성되어 있기 때문에 보안성이 가장 좋다고 할 수 있다.

21 **다음 중 생체인식 시스템의 정확성을 측정하는 기술에서 허가되지 않은 사용자가 시스템의 오류로 인하여 접근이 허용되는 오류율을 나타내는 것으로 옳은 것은?** 정보시스템감리사 문제 응용

① FAR(False Acceptance Rate)
② FRR(False Rejection Rate)
③ CER(Crossover Error Rate)
④ FER(Failure to Enroll Rate)

해설

• FAR(False Acceptance Rate, 오인식률): 잘못된 승인율이며, 비인가자를 정상인가자로 받아들인다.
• FRR(False Rejection Rate, 오거부율): 잘못된 거부율이며, 정상적인 사람을 거부한다.

22 **다음 중 생체인증(바이오) 시스템의 정확도(또는 성능측정)에 대한 설명으로 가장 적절하지 않은 것은?** 2024년 군무원 9급

① FRR(False Rejection Rate)은 시스템에 등록된 사용자가 사용 시 본인임을 확인하지 못하고 인증을 거부하는 오류로 Type 1 Error로 불리기도 한다.
② FAR(False Acceptance Rate)은 인증 권한이 없는 사용자가 인증을 시도했을 때 성공하는 경우를 의미하며 FAR에 비해 FRR이 높은 것은 정보보호 측면에서 더 심각한 문제가 될 수 있다.
③ CER(Crossover Error Rate)은 FAR과 FRR이 그리는 곡선의 교차점을 말한다.
④ 생체인증(바이오) 시스템은 CER이 낮을수록 정확한 시스템이다.

해설

생체 인증 시스템의 정확도를 측정하는 데 사용되는 지표 중 FAR(False Acceptance Rate)은 인증 권한이 없는 사용자가 인증을 시도했을 때 성공하는 경우를 의미하며, FRR(False Rejection Rate)은 시스템에 등록된 사용자가 본인임을 확인하지 못하고 인증이 거부되는 오류이다. 일반적으로 정보보호 측면에서 FAR이 높으면 더 심각한 문제로 간주된다. FRR에 비해 FAR이 높은 것은 정보보호 측면에서 더 심각한 문제가 될 수 있다.

23 **생체인증(Biometrics)에 대한 설명으로 옳지 않은 것은?** 2021년 지방직 9급

① 생체 인증은 불변의 신체적 특성을 활용한다.
② 생체 인증은 지문, 홍채, 망막, 정맥 등의 특징을 활용한다.
③ 얼굴은 행동적 특성을 이용한 인증 수단이다.
④ 부정허용률(false acceptance rate)은 인증되지 않아야 할 사람을 인증한 값이다.

해설
얼굴은 행동적(행위적) 특성을 이용한 인증 수단이 아니고, 존재적 특성을 이용하는 인증 수단이다.

24 **생체인식에 대한 특징으로 옳지 않은 것은?** 2017년 국가직 7급

① 생체인식은 사람의 생체적 특징과 행동적 특징을 통한 보편성, 유일성, 영속성, 획득성을 요구한다.
② FRR은 인증 권한이 있는 사람이 인증을 시도했을 때 인증에 실패하는 비율을 말한다.
③ CER은 잘못된 거부율과 잘못된 허용 비율 곡선의 교차점을 말한다.
④ 엄격한 보안이 요구되는 경우는 FAR을 높이고, FRR을 낮춤으로써 보안성을 향상시킬 수 있다.

해설
엄격한 보안이 요구되는 경우는 FAR(False Acceptance Rate, 오인식률)을 낮춤으로써 보안성을 향상시킬 수 있다.

25 **생체 인증 측정에 대한 설명으로 옳지 않은 것은?** 2022년 국가직 9급

① FRR는 권한이 없는 사람이 인증을 시도했을 때 실패하는 비율이다.
② 생체 인식 시스템의 성능을 평가하는 지표로는 FAR, EER, FRR 등이 있다.
③ 생체 인식 정보는 신체적 특징과 행동적 특징을 이용하는 것들로 분류한다.
④ FAR는 권한이 없는 사람이 인증을 시도했을 때 성공하는 비율이다.

해설
• FRR(False Rejection Rate) : 잘못된 거부율(정상적인 사람을 거부함)
• FAR(False Acceptace Rate) : 잘못된 승인율(비인가자를 정상인가자로 받아들임)

정답 20. ④ 21. ① 22. ② 23. ③ 24. ④ 25. ①

26 **생체 인식 시스템은 저장되어 있는 개인의 물리적 특성을 나타내는 생체 정보 집합과 입력된 생체 정보를 비교하여 일치 정도를 판단한다. 다음 그림은 사용자 본인의 생체 정보 분포와 공격자를 포함한 타인의 생체 정보 분포, 그리고 본인 여부를 판정하기 위한 한계치를 나타낸 것이다. 그림 및 생체 인식 응용에 대한 설명으로 옳은 것만을 고른 것은?** 2018년 국가직 9급

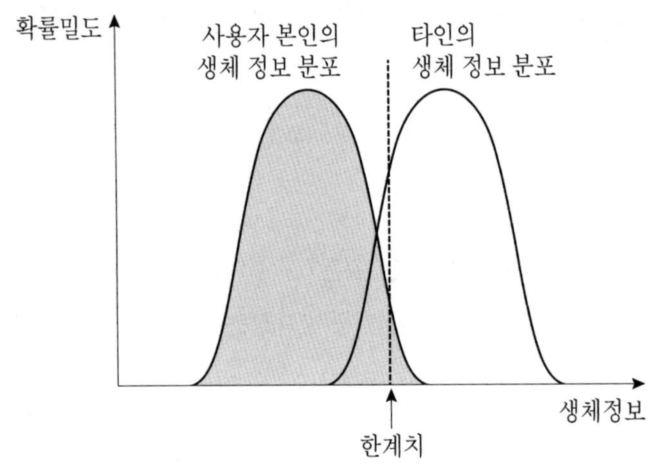

ㄱ. 타인을 본인으로 오인하는 허위 일치의 비율(false match rate, false acceptance rate)이 본인을 인식하지 못하고 거부하는 허위 불일치의 비율(false non-match rate, false rejection rate)보다 크다.
ㄴ. 한계치를 우측으로 이동시키면 보안성은 강화되지만 사용자 편리성은 저하된다.
ㄷ. 보안성이 높은 응용프로그램은 낮은 허위 일치 비율을 요구한다.
ㄹ. 가능한 용의자를 찾는 범죄학 응용프로그램의 경우 낮은 허위 일치 비율이 요구된다.

① ㄱ, ㄷ　　② ㄱ, ㄹ
③ ㄴ, ㄷ　　④ ㄴ, ㄹ

해설

- ㄴ: 한계치를 오른쪽으로 이동시키면 오거부율은 낮아지지만, 오인식률은 높아진다. 즉, 인증의 편리성은 증가될 수 있지만, 보안성이 약해진다.
- ㄹ: 가능한 용의자를 찾는 범죄학 응용프로그램의 경우 용의자로 의심 가는 경우는 모두 포함시켜서 조사가 진행되어야 하기 때문에 범인이라고 의심할 수 있는 경우는 모두 조사를 하여야 한다. 그렇게 하기 위해서는 오인식률을 높여서 조사하여야 한다.

27 **다음 중 Finger Scan 기술에 대한 설명으로 옳지 않은 것은?** 보안기사 문제 응용

① 모든 사람에게 적용할 수 있는 기술은 아니다.
② Iridian에서 원천 기술을 보유하고 있다.
③ 가장 널리 사용되는 생체 인식 기술이라 할 수 있다.
④ 다른 종류의 생체 인식 기술과 비교할 때 비용면에서 경제적이며 다양한 분야에 사용되고 있다.

해설
Iridian에서는 홍채 인식 원천 기술을 보유하고 있다.

28 **다음 중 로봇프로그램과 사람을 구분하는 방법의 하나로 사람이 인식할 수 있는 문자나 그림을 활용하여 자동 회원 가입 및 게시글 포스팅을 방지하는데 사용하는 방법은?** 2014년 국회사무처 9급

① 해시함수 ② 캡차(CAPCHA)
③ 전자서명 ④ 인증서
⑤ 암호문

해설
CAPCHA(Completely Automated Public Turing test to tell Computers and Humans Apart)는 기계는 인식할 수 없으나 사람은 쉽게 인식할 수 있는 테스트를 통해 사람과 기계를 구별하는 프로그램이다. 어떤 서비스에 가입을 하거나 인증이 필요할 때 알아보기 힘들게 글자들이 쓰여 있고, 이것을 그대로 옮겨 써야 하는데 보통 영어 단어, 또는 무의미한 글자 조합이 약간 변형된 이미지로 나타난다.

29 **사용자와 인증 서버 간 대칭키 암호를 이용한 시도 – 응답(Challenge–Response) 인증방식에 대한 설명으로 옳지 않은 것은?** 2015년 국가직 9급

① 재전송 공격으로부터 안전하게 사용자를 인증하는 기법이다.
② 인증 서버는 사용자 인증을 위해 사용자의 비밀키를 가지고 있다.
③ 사용자 시간과 인증 서버의 시간이 반드시 동기화되어야 한다.
④ Response값은 사용자의 비밀키를 사용하여 인증 서버에서 전달받은 Challenge값을 암호화한 값이다.

해설
OTP(One Time Password)의 구현에 이용되는 방식은 비동기화 방식과 동기화 방식이 있다. 비동기화 방식은 미리 설정되어 있는 동기화 기준 정보가 없어 난수값을 이용하며, 대표적인 예가 시도 – 응답(Challenge–Response) 인증방식이다.

정답 26. ① 27. ② 28. ② 29. ③

30 **사용자 인증을 위한 접근방법으로 사용자가 알고 있는 것, 사용자가 가지고 있는 것, 사용자 자신의 특성을 이용하는 것 등이 있다. 최근 사용이 증가하고 있는 OTP(One Time Password)에 대한 설명으로 옳은 것은?** 2016년 국가직 7급

① 어떤 패스워드가 일정유형으로 반복해서 생성된다.
② 사용자가 알고 있는 정보에 의한 인증 기법이다.
③ 일반적으로 사용자 자신의 특성을 이용하는 기법들에 비하여 식별 오류 발생 가능성이 높다.
④ 생성 방식에 따라 사용자나 인증 서버의 관리 부담이 발생할 수 있다.

해설

OTP를 사용하는 가장 간단한 방법은 사용자와 서버 간에 패스워드 목록을 사전에 공유하는 것이며, 공유된 목록에 있는 패스워드를 순서대로 사용하며 한 번 사용된 패스워드는 더 이상 사용하지 않는다. 하지만, 이와 같은 방법은 사용자와 서버 간에 긴 패스워드 목록을 사전에 공유해야 한다는 문제점이 있다.

31 **다음 설명을 모두 만족하는 OTP(One-Time Password) 생성 방식은?** 2018년 교육청 9급

- 해시체인 방식으로 계산된다.
- 생성된 일회용 패스워드의 사용 횟수가 제한된다.
- 검증 시 계산량이 적기 때문에 스마트카드와 같은 응용에 적합하다.

① S/KEY 방식
② 시간 동기화 방식
③ 이벤트 동기화 방식
④ Challenge-Response 방식

해설

S/KEY 방식: 벨 통신 연구소에서 개발되었고, 유닉스 계열 운영 체제에서 인증에 사용한다. 해시 체인에 기반하고 있으며, 검증 시 계산량이 적기 때문에 스마트카드와 같은 응용에 적합하다.

32 **다음 중 OTP(One Time Password)에 대한 설명으로 옳지 않은 것은?** 보안기사 문제 응용

① 사용자가 알고 있는 정보에 의한 인증 기법이 아니다.
② 동기화 방식과 비동기화 방식을 사용할 수 있다.
③ 클라이언트 서버 모델에서 일반적으로 서버 인증을 강화한 것이다.
④ 생성 방식에 따라 사용자나 인증 서버의 관리 부담이 발생할 수 있다.

해설

클라이언트 서버 모델에서 일반적으로 클라이언트 인증을 강화한 것이다.

33 Single-Sign On을 실현하기에 적합한 기술로 가장 옳은 것은? 2021년 서울시 7급

① DTLS
② TLS
③ OCSP
④ Kerberos

해설

- DTLS(Datagram Transport Layer Security): UDP 기반 통신방식에서는 보안성을 추가하기 위해 DTLS(Datagram Transport Layer Security) version 1.2가 주로 사용된다. DTLS version 1.2는 Transport layer의 TCP 프로토콜에 보안성을 제공해주는 TLS(Transport Layer Security) version 1.2 프로토콜을 UDP에 적용 가능하게 해주는 보안 프로토콜이다.
- 온라인 인증서 상태 프로토콜(Online Certificate Status Protocol): 전자서명 인증서 폐지 목록의 갱신 주기 문제를 해결하기 위해 폐지 및 효력 정지 상태를 파악해 사용자가 실시간으로 인증서를 검증할 수 있는 프로토콜이다.

34 다음에서 설명하는 용어는? 2022년 지방직 9급

> – 한 번의 시스템 인증을 통해 다양한 정보시스템에 재인증 절차 없이 접근할 수 있다.
> – 이 시스템의 가장 큰 약점은 일단 최초 인증 과정을 거치면, 모든 서버나 사이트에 접속할 수 있다는 것이다.

① NAC(Network Access Control)
② SSO(Single Sign On)
③ DRM(Digital Right Management)
④ DLP(Data Leak Prevention)

해설

SSO(Single Sign On)

- 단일사용승인은 하나의 아이디로 여러 사이트를 이용할 수 있는 시스템이다.
- SSO는 사용자의 편의성을 증가시키고, 기업의 관리자 입장에서도 회원에 대한 통합관리가 가능해서 마케팅을 극대화 시킬 수 있는 장점이 있다.
- SSO를 채택한 인증서버 시스템으로는 커버로스(Kerberros), 세사미(SESAME), 크립토나이트(Kriptonight)가 있다.

정답 30. ④ 31. ① 32. ③ 33. ④ 34. ②

35 **다음 중 SSO(Single Sign-On) 인증에 대한 설명으로 가장 적절하지 않은 것은?** 2024년 군무원 9급

① 1회 사용자 인증으로 다수의 애플리케이션 및 웹사이트에 대한 사용자 로그인을 허용하는 인증 방식이다.

② ID와 패스워드를 개별적으로 관리하는 위험성을 해소하고, 중앙 집중 관리를 통해 보안을 강화하는 것을 목적으로 한다.

③ 관리자에게는 관리의 편의성을 제공하지만, 사용자에게는 사용의 편의성을 충분히 제공하지 못하는 단점이 있다.

④ SSO 서버가 단일 실패 지점(Single Point of Failure)이므로, 해당 서버가 침해되면 모든 서버의 보안이 위협받을 수 있는 위험이 있다.

해설

SSO(Single Sign-On) 인증은 한 번의 인증으로 여러 애플리케이션 및 웹사이트에 접근할 수 있는 인증 방식으로 사용자에게도 편의성을 제공한다.

36 **커버로스(Kerberos) 버전 4에 대한 설명으로 옳지 않은 것은?** 2022년 지방직 9급

① 사용자를 인증하기 위해 사용자의 패스워드를 중앙집중식 DB에 저장하는 인증 서버를 사용한다.

② 사용자는 인증 서버에게 TGS(Ticket Granting Server)를 이용하기 위한 TGT(Ticket Granting Ticket)를 요청한다.

③ 인증 서버가 사용자에게 발급한 TGT는 유효기간 동안 재사용할 수 있다.

④ 네트워크 기반 인증 시스템으로 비대칭 키를 이용하여 인증을 수행한다.

해설

• 37번 문제 해설 참조

37 **커버로스(Kerberos) 버전 4에 대한 설명으로 옳지 않은 것은?** 2016년 국가직 7급

① 커버로스는 클라이언트와 응용서버 간의 상호 인증을 중재하는 제3자 인증 서비스를 제공한다.

② 커버로스 서버는 AS(Authentication Server)와 TGS(Ticket Granting Server)로 구성된다.

③ TGS가 발급하는 티켓은 응용서버의 공개키로 암호화된다.

④ 한번 인증을 받은 클라이언트는 TGS에 여러 차례 접속할 수 있고 여러 응용서버에 접속할 때 사용할 티켓들을 획득할 수 있다.

해설

커버로스는 신뢰할 수 있는 제3자 인증 프로토콜로서, 인증과 메시지 보호를 제공하는 보안 시스템의 이름이며, 대칭키 암호 방식을 사용하여 분산 환경에서 개체 인증 서비스를 제공한다.

38 **커버로스(Kerberos) 프로토콜에 대한 설명으로 옳지 않은 것은?** 2020년 국가직 9급

① 양방향 인증방식의 문제점을 보완하여 신뢰하는 제3자 인증 서비스를 제공한다.
② 사용자의 패스워드를 추측하거나 캡처하지 못하도록 일회용 패스워드를 제공한다.
③ 버전 5에서는 이전 버전과 달리 DES가 아닌 다른 암호 알고리즘을 사용할 수 있다.
④ 클라이언트는 사용자의 식별정보를 평문으로 인증 서버 (Authentication Server)에 전송한다.

해설

커버로스(Kerberos)

- 커버로스는 MIT 아테네 프로젝트에서 개발된 신뢰할 수 있는 제3자 인증 프로토콜로서, 인증과 메시지 보호를 제공하는 보안 시스템의 이름이다.
- 대칭키 암호 방식을 사용하여 분산 환경에서 개체 인증 서비스를 제공한다.

39 **다음 중 kerberos 인증 프로토콜에 대한 설명으로 옳지 않은 것은?** 2014년 서울시 9급

① Needham-Schroeder 프로토콜을 기반으로 만들어졌다.
② 대칭키 암호 알고리듬(Algorithm)을 이용한다.
③ 중앙 서버의 개입 없이 분산 형태로 인증을 수행한다.
④ 티켓 안에는 자원 활용을 위한 키와 정보가 포함되어 있다.
⑤ TGT를 이용해 자원 사용을 위한 티켓을 획득한다.

해설

클라이언트는 중앙의 KDC에 접속하여 인증 및 티켓을 발행받는다.

40 **커버로스(Kerberos)에 대한 설명으로 옳지 않은 것은?** 2024년 지방직 9급

① 네트워크를 이용한 인증 프로토콜이다.
② 세션키를 분배하는 데 사용될 수 있다.
③ 세션키를 이용하여 데이터의 기밀성을 제공할 수 있다.
④ 버전 5에서는 비표(nonce)를 사용하지 않기 때문에 재생(replay) 공격에 취약하다.

해설

커버로스 버전 5에서는 비표(nonce)를 사용하기 때문에 재생(replay) 공격에 안전하다. 비표는 일회용 랜덤 값으로, 재생 공격을 방지하는 데 사용된다. 커버로스 버전 5에서는 비표를 사용하여 인증 과정에서 전송되는 데이터의 무결성을 보장하고, 재생 공격을 방지할 수 있다.

정답 35. ③ 36. ④ 37. ③ 38. ② 39. ③ 40. ④

41 **다음 중 커버로스(Kerberos)에 대한 설명으로 가장 거리가 먼 것은?** 17회 감리사

① 커버로스는 키분배센터(KDC : Key Distribution Center) 기반의 키 관리를 수행한다.
② 커버로스는 타임스탬프를 이용하여 재전송 공격을 방지한다.
③ 커버로스는 RFC 표준으로 키분배뿐만 아니라 사용자 인증을 제공한다.
④ 커버로스를 이용하여 사용자는 키분배센터로부터 상대방의 공개키를 안전하게 수신한다.

해설

커버로스는 MIT 아테네 프로젝트에서 개발된 신뢰할 수 있는 제3자 인증 프로토콜로서, 인증과 메시지 보호를 제공하는 보안 시스템의 이름이다. 대칭키 암호방식을 사용하여 분산 환경에서 개체 인증 서비스를 제공한다.

42 **중앙집중식 인증 방식인 커버로스(Kerberos)에 대한 다음 설명 중 옳은 것은 무엇인가?** 2016년 서울시 9급

① TGT(Ticket Granting Ticket)는 클라이언트가 서비스를 받을 때마다 발급받아야 한다.
② 커버로스는 독립성을 증가시키기 위해 키 교환에는 관여하지 않아 별도의 프로토콜을 도입해야 한다.
③ 커버로스 방식에서는 대칭키 암호화 방식을 사용하여 세션 통신을 한다.
④ 공격자가 서비스 티켓을 가로채어 사용하는 공격에는 취약한 방식이다.

해설

- 클라이언트는 인증 기능을 가진 AS와 티켓을 발행하는 TGS로 구성된 KDC(Key Distribution Center)에 접속한다.
- AS 서버를 통해 인증을 받으면, 세션키로 암호화된 서비스 티켓을 부여받게 된다.
- 클라이언트는 KDC에서 전달받은 암호화된 서비스 티켓을 복호화한다.
- 클라이언트는 접속을 원하는 서비스에 확보한 서비스 티켓을 통해 인증을 받는다.

43 **다음 중 커버로스(Kerberos)에 대한 설명으로 옳지 않은 것은?** 2015년 서울시 9급

① 커버로스는 개방형 분산 통신망에서 클라이언트와 서버 간의 상호인증을 지원하는 인증 프로토콜이다.
② 커버로스는 시스템을 통해 패스워드를 평문 형태로 전송한다.
③ 커버로스는 네트워크 응용 프로그램이 상대방의 신분을 식별할 수 있게 한다.
④ 기본적으로 비밀키 알고리즘인 DES를 기반으로 하는 상호인증시스템으로 버전4가 일반적으로 사용된다.

해설

- 커버로스는 MIT 아테네 프로젝트에서 개발된 신뢰할 수 있는 제3자 인증 프로토콜로서, 인증과 메시지 보호를 제공하는 보안 시스템의 이름이다. 대칭키 암호방식을 사용하여 분산 환경에서 개체 인증 서비스를 제공한다.
- 커버로스 v4는 세션키의 연속적인 사용이 가능하여 사용의 문제가 있었지만, 커버로스 v5에서는 세션키를 1회만 사용토록 수정되어 재사용 공격을 방지할 수 있다.

44 다음 중 커버로스(Kerberos) 인증 과정에 관한 설명으로 옳지 않은 것은? 보안기사 문제 응용

① 사용자는 인증 티켓을 얻기 위해 KDC서버에 로그인하여 인증 절차를 수행한다.
② 인증 티켓을 받은 사용자는 응용서버에 인증 티켓을 제출한 후 서비스 권한을 획득한다.
③ 사용자가 응용 서비스를 받기 위해서는 KDC서버로부터 서비스 티켓을 발급받아야 한다.
④ 사용자는 인증 티켓과 서비스 티켓을 모두 받아야만 응용서비스를 수행할 수 있다.

해설

서비스 티켓을 이용해 서비스 권한을 얻는다.

45 다음 중 중앙 집중식 키 분배 방식에 대한 설명으로 옳지 않은 것은? 보안기사 문제 응용

① 사용자가 Terminal Key를 생성하여 KDC(Key Distribution Center)에 등록해야 한다.
② 중앙 집중식 키 분배 방식에 대한 예로 Kerberos를 들 수 있다.
③ 세션키 필요시 Terminal Key로 세션키를 암호화하여 분배받는다.
④ KDC(Key Distribution Center)에서 키를 소유 분배하기 때문에 사용자 수에 제한을 받지 않는다.

해설

- 중앙 집중식 키 분배 방식에서는 KDC 사용자 수가 늘어날수록 키 수가 급격히 늘어나므로 관리가 어려워진다.
- 중앙 집중식 키 분배 방식에 대한 대표적인 예가 Kerberos이다.

46 커버로스(Kerberos) 버전 4 인증 시스템에서 클라이언트가 응용 서버에게 제시하는 티켓에 포함되는 구성요소가 아닌 것은? 2018년 국가직 7급

① 클라이언트 ID ② 클라이언트와 응용 서버 간의 세션키
③ 인증 서버의 네트워크 주소 ④ 티켓의 유효시간

해설

티켓에 포함되는 구성요소 : 클라이언트 ID, 클라이언트와 응용 서버 간의 세션키, 티켓의 유효시간

정답 41. ④ 42. ③ 43. ② 44. ② 45. ④ 46. ③

47 **다음 중 중앙집중식 키분배 센터에 대한 설명으로 옳지 않은 것은?** 보안기사 문제 응용

① 네트워크상의 모든 사용자와 공통된 대칭키를 사전에 공유하고 있어야 한다.
② 임의의 두 사용자 간에 공유될 세션키의 생성이 어느 한 사용자에 의해서 주도된다.
③ 사용자는 네트워크 가입 시에 키분배 센터와 공통된 대칭키를 공유하기만 하면 된다.
④ 키분배 센터에 통신상의 병목 현상이 발생할 수가 있게 된다.

해설

임의의 두 사용자 간에 공유될 세션키의 생성은 키분배 센터의 주도로 생성된다.

48 **사용자 워크스테이션의 클라이언트, 인증서버(AS), 티켓발행서버(TGS), 응용서버로 구성되는 Kerberos에 대한 설명으로 옳은 것은? (단, Kerberos 버전 4를 기준으로 한다)** 2018년 국가직 9급

① 클라이언트는 AS에게 사용자의 ID와 패스워드를 평문으로 보내어 인증을 요청한다.
② AS는 클라이언트가 TGS에 접속하는 데 필요한 세션키와 TGS에 제시할 티켓을 암호화하여 반송한다.
③ 클라이언트가 응용서버에 접속하기 전에 TGS를 통해 발급받은 티켓은 재사용될 수 없다.
④ 클라이언트가 응용서버에게 제시할 티켓은 AS와 응용서버의 공유 비밀키로 암호화되어 있다.

해설

- 클라이언트는 AS에 등록을 하고 클라이언트 ID와 패스워드를 발급한다. AS는 사용자의 ID와 대응되는 패스워드에 대한 데이터베이스를 가지고 있다.
- 클라이언트가 클라이언트 ID를 AS로 전송하면 AS는 사용자를 검증하고, 클라이언트와 TGS 사이에 사용될 세션키를 발급하고 TGS에게 티켓을 발급한다.
- 클라이언트가 응용서버에게 제시할 티켓은 TGS와 응용서버의 공유 비밀키로 암호화되어 있다.

49 **커버로스(Kerberos)에 대한 설명 중 맞는 것은?** 2014년 국회사무처 9급

① 커버로스는 공개키 암호를 사용하기 때문에 확장성이 좋다.
② 커버로스 서버는 서버인증을 위해 X.509 인증서를 이용한다.
③ 커버로스 서버는 인증서버와 티켓발행서버로 구성된다.
④ 인증서버가 사용자에게 발급한 티켓은 재사용할 수 없다.
⑤ 커버로스는 two party 인증 프로토콜로 사용 및 설치가 편리하다.

해 설

- 클라이언트는 인증 기능을 가진 AS와 티켓을 발행하는 TGS로 구성된 KDC(Key Distribution Center)에 접속한다.
- AS 서버를 통해 인증을 받으면, 세션키로 암호화된 서비스 티켓을 부여받게 된다.
- 클라이언트는 KDC에서 전달받은 암호화된 서비스 티켓을 복호화한다.
- 클라이언트는 접속을 원하는 서비스에 확보한 서비스 티켓을 통해 인증을 받는다.
- 커버로스는 사용자 인증을 위한 대표적인 메커니즘이다.
- 티켓: 신원을 증명하고 인증을 제공하기 위해 제3자(Third party) 실재를 도입하는 메커니즘이다.

50 영지식 증명(Zero-Knowledge Proof)에 대한 설명으로 가장 옳지 않은 것은? 2019년 서울시 9급

① 영지식 증명은 증명자(Prover)가 자신의 비밀 정보를 노출하지 않고 자신의 신분을 증명하는 기법을 의미한다.

② 영지식 증명에서 증명자 인증 수단으로 X.509 기반의 공개키 인증서를 사용할 수 있다.

③ 최근 블록체인상에서 영지식 증명을 사용하여 사용자의 프라이버시를 보호하고자 하며, 이러한 기술로 zk-SNARK가 있다.

④ 영지식 증명은 완정성(Completeness), 건실성(Soundness), 영지식성 (Zero-Knowledgeness) 특성을 가져야 한다.

해 설

영지식 증명은 증명자(Prover)가 자신의 비밀 정보를 노출하지 않고 자신의 신분을 증명하는 기법이므로 X.509를 사용하지 않는다.

51 다음 중 MAC(Mandatory Access Control) 정책의 특성이 아닌 것은? 보안기사 문제 응용

① 객체의 소유자가 변경할 수 없는 주체들과 객체들 간의 접근 제어 관계를 정의한다.

② 모든 주체 및 객체에 대하여 일정하지 않고 어느 하나의 주체/객체 단위로 접근 제한을 설정할 수 있다.

③ 한 주체가 한 객체를 읽고 그 내용을 다른 객체에게 복사하는 경우에 원래의 객체에 내포된 MAC 제약사항이 복사된 객체에 전파된다.

④ 객체에 포함된 정보의 비밀성과 이러한 비밀성의 접근정보에 대하여 주체가 갖는 접근허가에 근거하여 객체에 대한 접근을 제한한다.

해 설

DAC는 모든 주체 및 객체에 대하여 일정하지 않고 어느 하나의 주체/객체 단위로 접근 제한을 설정할 수 있는 반면, MAC 정책은 모든 주체 및 객체에 대하여 일정하며 어느 하나의 주체/객체 단위로 접근 제한을 설정할 수 없다.

정답 47. ② 48. ② 49. ③ 50. ② 51. ②

52 **〈보기〉의 설명에 맞는 접근 제어 모델로 가장 옳은 것은?** 2021년 서울시 7급

> 보기
> – 정보 소유자가 정보의 보안 수준을 결정하고 이에 대한 접근 권한도 설정할 수 있는 모델이다.
> – 이 모델의 대표적인 사례로는 Linux 및 Windows 운영 체제에서 파일 시스템 접근 권한을 설정하는 방법이 있다.

① 임의적 접근 제어(Discretionary Access Control) 모델
② 강제적 접근 제어(Mandatory Access Control) 모델
③ 역할기반 접근 제어(Role-Based Access Control) 모델
④ 벨-라파둘라(Bell-LaPadula) 모델

해설

- 임의적 접근 통제(DAC ; Discretionary Access Control) : 주체가 속해 있는 그룹의 신원에 근거하여 객체에 대한 접근을 제한하는 방법으로 객체의 소유자가 접근 여부를 결정한다.
- 강제적 접근 통제(MAC ; Mandatory Access Control) : 주체와 객체의 등급을 비교하여 접근 권한을 부여하는 접근 통제이며, 모든 객체는 기밀성을 지니고 있다고 보고 객체에 보안 레벨을 부여한다.
- 역할기반 접근 통제(RBAC ; Role Based Access Control) : 주체와 객체 사이에 역할을 부여하여 임의적, 강제적 접근 통제의 약점을 보완한 방식이다. 사용자가 적절한 역할에 할당되고 역할에 적합한 접근 권한(허가)이 할당된 경우만 사용자가 특정한 모드로 정보에 접근할 수 있는 방법이다.

53 **접근 권한이 시스템 전체적으로 보안 정책 및 관련 규칙에 따라 결정되기보다는 자원의 소유자에 의해 결정되는 접근 제어 모델에 해당하는 것으로 옳은 것은?** 2021년 군무원 9급

① 강제적 접근 제어
② 임의적 접근 제어
③ 역할 기반 접근 제어
④ 규칙 기반 접근 제어

해설

- 52번 문제 해설 참조

54 **각 주체가 각 객체에 접근할 때마다 관리자에 의해 사전에 규정된 규칙과 비교하여 그 규칙을 만족하는 주체에게만 접근 권한을 부여하는 기법은?** 2017년 국가직 9급

① Mandatory Access Control
② Discretionary Access Control
③ Role Based Access Control
④ Reference Monitor

해설

- 강제적 접근 통제(MAC ; Mandatory Access Control) : 주체와 객체의 등급을 비교하여 접근 권한을 부여하는 접근 통제이며, 모든 객체는 기밀성을 지니고 있다고 보고 객체에 보안 레벨을 부여한다.
- 임의적 접근 통제(DAC ; Discretionary Access Control) : 주체가 속해 있는 그룹의 신원에 근거하여 객체에 대한 접근을 제한하는 방법으로 객체의 소유자가 접근 여부를 결정한다.
- 역할기반 접근 통제(RBAC ; Role Based Access Control) : 주체와 객체의 상호 관계를 통제하기 위하여 역할을 설정하고 관리자는 주체를 역할에 할당한 뒤 그 역할에 대한 접근 권한을 부여하는 방식이다.
- 참조 모니터(Reference Monitor) : 접근 행렬의 모니터 검사 기구를 추상화한 것으로 보안의 핵심 부분. 일반적으로는 흐름 제어도 그 대상으로 한다.

PART 04

55 **임의적 접근 통제(Discretionary Access Control) 모델에 대한 설명으로 옳은 것은?** 2020년 국가직 9급

① 주체가 소유권을 가진 객체의 접근 권한을 다른 사용자에게 부여할 수 있으며, 사용자 신원에 따라 객체의 접근을 제한한다.
② 주체와 객체가 어떻게 상호 작용하는지를 중앙 관리자가 관리하며, 사용자 역할을 기반으로 객체의 접근을 제한한다.
③ 주체와 객체에 각각 부여된 서로 다른 수준의 계층적인 구조의 보안등급을 비교하여 객체의 접근을 제한한다.
④ 주체가 접근할 수 있는 상위와 하위의 경계를 설정하여 해당 범위내 임의 객체의 접근을 제한한다.

해설

- 임의적 접근 통제(DAC ; Discretionary Access Control) : 주체가 속해 있는 그룹의 신원에 근거하여 객체에 대한 접근을 제한하는 방법으로 객체의 소유자가 접근 여부를 결정한다.
- 강제적 접근 통제(MAC ; Mandatory Access Control) : 주체와 객체의 등급을 비교하여 접근 권한을 부여하는 접근 통제이며, 모든 객체는 기밀성을 지니고 있다고 보고 객체에 보안 레벨을 부여한다.
- 역할기반 접근 통제(RBAC ; Role Based Access Control) : 주체와 객체 사이에 역할을 부여하여 임의적, 강제적 접근 통제의 약점을 보완한 방식이다. 사용자가 적절한 역할에 할당되고 역할에 적합한 접근 권한(허가)이 할당된 경우만 사용자가 특정한 모드로 정보에 접근할 수 있는 방법이다.

정답 52. ① 53. ② 54. ① 55. ①

56 임의접근제어(DAC)에 대한 설명으로 옳지 않은 것은? 2016년 국가직 9급

① 사용자에게 주어진 역할에 따라 어떤 접근이 허용되는지를 말해주는 규칙들에 기반을 둔다.
② 주체 또는 주체가 소속되어 있는 그룹의 식별자(ID)를 근거로 객체에 대한 접근을 승인하거나 제한한다.
③ 소유권을 가진 주체가 객체에 대한 권한의 일부 또는 전부를 자신의 의지에 따라 다른 주체에게 부여한다.
④ 전통적인 UNIX 파일 접근제어에 적용되었다.

해설

역할에 대한 접근 권한을 부여하는 방식은 역할기반 접근통제(RBAC)이다.

57 다음 설명에 해당하는 접근제어 모델은? 2014년 국가직 9급

> 조직의 사용자가 수행해야 하는 직무와 직무 권한 등급을 기준으로 객체에 대한 접근을 제어한다. 접근 권한은 직무에 허용된 연산을 기준으로 허용함으로 조직의 기능 변화에 따른 관리적 업무의 효율성을 높일 수 있다. 사용자가 적절한 직무에 할당되고, 직무에 적합한 접근 권한이 할당된 경우에만 접근할 수 있다.

① 강제적 접근제어(Mandatory Access Control)
② 규칙 기반 접근제어(Rule-Based Access Control)
③ 역할 기반 접근제어(Role-Based Access Control)
④ 임의적 접근제어(Discretionary Access Control)

해설

- 역할 기반 접근제어는 임의적 접근통제와 강제적 접근통제 방식의 단점을 보완한 접근통제 기법이며, 주체의 인사이동이 잦을 때 적합하다.
- 사용자가 적절한 역할에 할당되고 역할에 적합한 접근 권한(허가)이 할당된 경우만 사용자가 특정한 모드로 정보에 접근할 수 있는 방법이다.

58 **역할기반 접근제어(RBAC)에 대한 설명으로 옳은 것은?** 2020년 국가직 7급

① 정보의 소유자가 특정 사용자와 그룹에 특정 권한을 부여한다.
② 사용자에게 부여된 권한에 따라 사용자를 역할로 분류하여 각 사용자에게 하나의 역할만 할당되도록 한다.
③ 역할 및 역할이 수행할 권한을 정의하고, 사용자를 역할에 할당하는 방식이다.
④ 기밀문서가 엄격히 다루어져야 하는 군이나 정보기관 등에서의 중앙집중형 보안 관리에 적합하다.

해설

- 강제적 접근 통제(MAC ; Mandatory Access Control) : 주체와 객체의 등급을 비교하여 접근 권한을 부여하는 접근 통제이며, 모든 객체는 기밀성을 지니고 있다고 보고 객체에 보안 레벨을 부여한다.
- 임의적 접근 통제(DAC ; Discretionary Access Control) : 주체가 속해 있는 그룹의 신원에 근거하여 객체에 대한 접근을 제한하는 방법으로 객체의 소유자가 접근 여부를 결정한다.
- 역할기반 접근 통제(RBAC ; Role Based Access Control) : 주체와 객체의 상호 관계를 통제하기 위하여 역할을 설정하고 관리자는 주체를 역할에 할당한 뒤 그 역할에 대한 접근 권한을 부여하는 방식이다.
- 참조 모니터(Reference Monitor) : 접근 행렬의 모니터 검사 기구를 추상화한 것으로 보안의 핵심 부분. 일반적으로는 흐름 제어도 그 대상으로 한다.

59 **접근제어 모델에 대한 설명으로 옳지 않은 것은?** 2022년 국가직 9급

① 접근제어 모델은 강제적 접근제어, 임의적 접근제어, 역할기반 접근제어로 구분할 수 있다.
② 임의적 접근제어 모델에는 Biba 모델이 있다.
③ 강제적 접근제어 모델에는 Bell-LaPadula 모델이 있다.
④ 역할기반 접근제어 모델은 사용자의 역할에 권한을 부여한다.

해설

- 임의적 접근 통제(DAC ; Discretionary Access Control) : 주체가 속해 있는 그룹의 신원에 근거하여 객체에 대한 접근을 제한하는 방법으로 객체의 소유자가 접근 여부를 결정한다.
- 강제적 접근 통제(MAC ; Mandatory Access Control) : 주체와 객체의 등급을 비교하여 접근 권한을 부여하는 접근 통제이며, 모든 객체는 기밀성을 지니고 있다고 보고 객체에 보안 레벨을 부여한다.
- 역할기반 접근 통제(RBAC ; Role Based Access Control) : 주체와 객체 사이에 역할을 부여하여 임의적, 강제적 접근 통제의 약점을 보완한 방식이다. 사용자가 적절한 역할에 할당되고 역할에 적합한 접근 권한(허가)이 할당된 경우만 사용자가 특정한 모드로 정보에 접근할 수 있는 방법이다.

정답 56. ① 57. ③ 58. ③ 59. ②

60 **다음 〈보기〉가 설명하는 접근제어방식은?** 2017년 서울시 9급

> 보기
> 주체나 그것이 속해 있는 그룹의 신원에 근거하여 객체에 대한 접근을 제한하는 방법으로 자원의 소유자 혹은 관리자가 보안관리자의 개입 없이 자율적 판단에 따라 접근 권한을 다른 사용자에게 부여하는 기법이다.

① RBAC　　② DAC
③ MAC　　④ LBAC

해설
- 역할기반 접근 통제(RBAC ; Role Based Access Control) : 주체와 객체의 상호 관계를 통제하기 위하여 역할을 설정하고 관리자는 주체를 역할에 할당한 뒤 그 역할에 대한 접근 권한을 부여하는 방식이다.
- 임의적 접근 통제(DAC ; Discretionary Access Control) : 주체가 속해 있는 그룹의 신원에 근거하여 객체에 대한 접근을 제한하는 방법으로 객체의 소유자가 접근 여부를 결정한다.
- 강제적 접근 통제(MAC ; Mandatory Access Control) : 주체와 객체의 등급을 비교하여 접근 권한을 부여하는 접근 통제이며, 모든 객체는 기밀성을 지니고 있다고 보고 객체에 보안 레벨을 부여한다.

61 **다음에서 역할기반 접근통제(RBAC : Role Base Access Control)에 대한 설명을 모두 고른 것은?** 2014년 교육청 9급

> 가. 데이터 소유자가 자원에 대한 접근 권한을 갖는 사용자를 결정한다.
> 나. 조직 내에서 사용자의 담당 역할에 근거하여 자원에 대한 접근을 관리한다.
> 다. 사용자의 정보에 대한 접근을 중앙 집중적으로 통제하는 환경에 적합하다.
> 라. 가장 일반적인 RBAC 구현은 접근통제목록(Access Control List)을 통해 이루어진다.

① 나, 라　　② 나, 다
③ 가, 다　　④ 가, 라

해설
문제의 보기에서 가와 라는 DAC(임의적 접근 통제)에 대한 설명이다.

62 다음 역할기반 접근제어 모델(RBAC : Role-Based Access Control Model)에 관한 설명 중 가장 적절하지 않은 것은? 2012년 정보시스템감리사

① 권한을 역할과 연관시키고 사용자들이 적절한 역할을 할당받도록 하여 권한의 관리를 용이하게 한다.

② 권한은 사용자집합과 역할집합의 매개체 역할을 한다.

③ 사용자는 조직의 구성원이나 프로세스 등 조직의 자원에 대한 접근을 요청하는 모든 개체이다.

④ 역할은 조직의 직무나 책임 등을 반영하여 설정한 추상화 개체이다.

해설

역할은 사용자집합과 권한집합의 매개체라 할 수 있다.

63 정보시스템의 접근제어 보안 모델로 옳지 않은 것은? 2017년 지방직 9급

① Bell LaPadula 모델
② Biba 모델
③ Clark-Wilson 모델
④ Spiral 모델

해설

• 접근제어 보안 모델 : Bell LaPadula 모델, Biba 모델, Clark-Wilson 모델, Brewer and Nash 모델 등
• Spiral 모델은 나선형 모델로 소프트웨어 프로세스 모델 중의 하나이다.

64 다음 중 BLP 모델에 대한 설명으로 옳지 않은 것은?

① 기밀성에 중점을 둔 모델이며, 무결성을 보장할 수는 없다.

② 보안 레벨이 높은 주체는 레벨이 낮은 객체에 기록할 수 있다.

③ 가장 널리 알려진 모델로 미 국방부의 지원을 받아 개발되었다.

④ 보안 레벨이 낮은 주체는 레벨이 높은 객체를 읽지 못한다.

해설

* property : No Write Down(NWD)

정답 60. ② 61. ② 62. ② 63. ④ 64. ②

65 정보의 무결성에 중점을 둔 보안 모델은? 2023년 국가직 9급

① Biba
② Bell-LaPadula
③ Chinese Wall
④ Lattice

해설

- Biba Mode : 무결성을 강조한 모델로 BLP를 보완한 최초의 수학적 무결성 모델이다.
- Bell-LaPadula Model : 군사용 보안구조의 요구 사항을 충족하기 위해 설계된 모델이다. 가용성이나 무결성보다 비밀유출(Disclosure, 기밀성) 방지에 중점이 있다. MAC 기법이며, 최초의 수학적 모델이다.
- Brewer-Nash(Chinese Wall) Model : 여러 회사에 대한 자문서비스를 제공하는 환경에서 기업 분석가에 의해 이해가 충돌되는 회사 간에 정보의 흐름이 일어나지 않도록 접근 통제 기능을 제공한다. 직무 분리를 접근 통제에 반영한 개념이며, 상업적으로 기밀성 정책의 견해를 받아들였다. 이익 충돌을 회피하기 위해서 사용되고 이해 상충 금지가 필요하다.
- Lattice Model : D. E. Denning이 개발한 컴퓨터 보안 모델로 정보 흐름을 안전하게 통제하기 위한 보안 모델이다.

66 (가), (나)에 들어갈 접근통제 보안모델을 바르게 연결한 것은? 2022년 지방직 9급

> (가) 은 허가되지 않은 방식의 접근을 방지하는 모델로 정보 흐름 모델 최초의 수학적 보안모델이다.
> (나) 은 비즈니스 입장에서 직무분리 개념을 적용하고, 이해가 충돌되는 회사 간의 정보의 흐름이 일어나지 않도록 접근통제 기능을 제공하는 보안모델이다.

	(가)	(나)
①	Bell-LaPadula Model	Biba Integrity Model
②	Bell-LaPadula Model	Brewer-Nash Model
③	Clark-Wilson Model	Biba Integrity Model
④	Clark-Wilson Model	Brewer-Nash Model

해설

1. Bell-LaPadula Model
   - 군사용 보안구조의 요구 사항을 충족하기 위해 설계된 모델이다.
   - 가용성이나 무결성보다 비밀유출(Disclosure, 기밀성) 방지에 중점이 있다.
   - MAC 기법이며, 최초의 수학적 모델이다.
2. Brewer-Nash(Chinese Wall) Model
   - 여러 회사에 대한 자문서비스를 제공하는 환경에서 기업 분석가에 의해 이해가 충돌되는 회사 간에 정보의 흐름이 일어나지 않도록 접근통제 기능을 제공한다.
   - 직무 분리를 접근통제에 반영한 개념이며, 상업적으로 기밀성 정책의 견해를 받아들였다.
   - 이익 충돌을 회피하기 위해서 사용되고 이해 상충 금지가 필요하다.

67 **접근통제(access control) 모델에 대한 설명으로 옳지 않은 것은?** 2016년 지방직 9급

① 임의적 접근통제는 정보 소유자가 정보의 보안 레벨을 결정하고 이에 대한 정보의 접근제어를 설정하는 모델이다.

② 강제적 접근통제는 중앙에서 정보를 수집하고 분류하여, 각각의 보안 레벨을 붙이고 이에 대해 정책적으로 접근제어를 설정하는 모델이다.

③ 역할 기반 접근통제는 사용자가 아닌 역할이나 임무에 권한을 부여하기 때문에 사용자가 자주 변경되는 환경에서 유용한 모델이다.

④ Bell-LaPadula 접근통제는 비밀노출 방지보다는 데이터의 무결성 유지에 중점을 두고 있는 모델이다.

해설

Bell-LaPadula 접근통제는 가용성이나 무결성보다 비밀유출(기밀성) 방지에 중점을 두고 있다.

68 **Bell-LaPadula 보안 모델은 다음 중 어느 요소에 가장 많은 관심을 가지는 모델인가?**

2014년 국회사무처 9급

① 비밀성(Confidentiality)
② 무결성(Integrity)
③ 부인방지(Non-repudiation)
④ 가용성(Availability)
⑤ 인증(Authentication)

해설

Bell-LaPadula 보안 모델은 군사용 보안구조의 요구 사항을 충족하기 위해 설계된 모델이며, 가용성이나 무결성보다 비밀유출(기밀성) 방지에 중점이 있다.

정답 65. ① 66. ② 67. ④ 68. ①

69 **다중수준 보안(multi-level security) 시스템을 대상으로 다음 사항을 준수하는 보안 모델은?**

2016년 국가직 7급

- 주체는 자신과 같거나 자신보다 낮은 보안 수준의 객체만 읽을 수 있음(no read up)
- 주체는 자신과 같거나 자신보다 높은 보안 수준의 객체에만 쓸 수 있음(no write down)

① 벨라파둘라(Bell-Lapadula)
② 비바(Biba)
③ 클락윌슨(Clark-Wilson)
④ 중국인벽(Chinese wall)

해설

• 단순 보안 속성(Simple Security Property) : 주체가 객체를 읽기 위해서는 Clearance of Subject >= Classification of Object가 되어야 한다. 특정 분류 수준에 있는 주체는 그보다 상위 분류 수준을 가지는 데이터를 읽을 수 없다.(No Read Up(NRU))
• 스타 보안 속성(* Security Property) : 주체가 객체에 쓰기 위해서는 Clearance of Subject <= Classification of Object가 되어야 한다. 특정 분류 수준에 있는 주체는 하위분류 수준으로 데이터를 기록할 수 없다.(No Write Down(NWD))

70 **Bell-LaPadula 보안 모델의 *-속성(star property)이 규정하고 있는 것은?** 2016년 국가직 9급

① 자신과 같거나 낮은 보안 수준의 객체만 읽을 수 있다.
② 자신과 같거나 낮은 보안 수준의 객체에만 쓸 수 있다.
③ 자신과 같거나 높은 보안 수준의 객체만 읽을 수 있다.
④ 자신과 같거나 높은 보안 수준의 객체에만 쓸 수 있다.

해설

* 속성(star property) : 높은 레벨의 주체가 낮은 레벨의 보안등급에 있는 객체에 정보를 쓰는 상태는 허용되지 않는다.(No Write Down(NWD))

71 다음 중 접근 통제 모델(Access Control Model)에 대한 설명으로 옳지 않은 것은?

보안기사 문제 응용

① Bell-LaPadula 모델은 기밀성 유지에 초점을 두고 있는 모델이다.
② 클락 윌슨(Clark Wilson) 모델은 금융자산의 관리, 회계 등의 분야에서 주로 사용된다.
③ Biba 모델은 낮은 등급에서 비밀등급으로 Write를 하지 못하도록 함으로써 높은 무결성을 가진 데이터가 낮은 무결성을 가진 데이터와 합쳐져서 무결성이 낮아지는 것을 방지한다.
④ Access Matric 모델은 접근 허용 권한을 테이블로 나타낸 것으로 사용자가 많을 경우 더 효과적이라고 할 수 있다.

해설

Access Matric 모델은 접근허용 권한을 테이블로 나타낸 것으로 사용자가 많을 경우 더 적용하기 어렵다.

72 다음 중 Clack-Wilson 모델에 대한 설명으로 옳지 않은 것은? 정보시스템감리사 문제 응용

① 금융자산의 관리, 회계 등의 분야에 주로 적용된다.
② BLP 모델에서 불법 수정방지 내용을 추가로 정의한 무결성 모델이다.
③ Well-Formed Transactions 정책은 여러 사람이 각 부문별로 나누어 처리 운영하는 정책이다.
④ Restricted Interface Model이라고도 한다.

해설

- 효율적으로 구성된 업무처리(Well-Formed Transactions) : 모든 거래 사실을 기록하여 불법거래를 방지하는 완전하게 관리되는 자료처리 정책
- 임무 분리의 원칙(Separation of Duties) : 모든 운영과정에서 어느 한 사람만이 정보를 입력, 처리하게 하지 않고 여러 사람이 각 부문별로 나누어 처리하게 하는 정책

73 다음 중 상위 등급의 주체가 하위 등급의 객체에 정보를 쓰기를 수행할 수 없도록 하는 속성(no-write-down 속성)을 가진 보안 모델은? 2012년 정보시스템감리사

① Take-Grant 모델　② Biba 모델
③ Clark Wilson 모델　④ Bell-LaPadula 모델

해설

Bell-LaPadula 보안 모델의 * 속성(star property) : 높은 레벨의 주체가 낮은 레벨의 보안등급에 있는 객체에 정보를 쓰는 상태는 허용되지 않는다.(No Write Down(NWD))

정답 69. ① 70. ④ 71. ④ 72. ③ 73. ④

74 컴퓨터 보안의 형식 모델에 대한 설명으로 옳은 것은? 2017년 국가직 9급 추가

① Clark-Wilson 모델은 강력한 기밀성 모델을 제안하며, 데이터 및 데이터를 조작하는 트랜잭션에 높은 수준의 기밀성을 제공한다.

② Bell-LaPadular 모델은 이해 충돌이 발생할 수 있는 상업용 응용프로그램을 위해 개발되었으며, 강제적 접근 개념을 배제하고 임의적 접근 개념을 이용한 것이다.

③ Biba 모델은 데이터 무결성을 위한 것으로, 사용자 자신과 같거나 자신보다 낮은 무결성 수준의 데이터에만 쓸 수 있고, 자신과 같거나 자신보다 높은 무결성 수준의 데이터만 읽을 수 있도록 한 것이다.

④ Bell-LaPadular 모델은 다중 수준 보안에서 높은 수준의 주체가 낮은 수준의 주체에게 정보를 전달하는 것을 다루기 위한 것이다.

해설

- Clack and Wilson 모델: 무결성을 강조한 모델로 상업적 모델에 염두를 둔 모델이다.
- 중국인벽(Chinese wall) 모델: 여러 회사에 대한 자문서비스를 제공하는 환경에서 기업 분석가에 의해 이해가 충돌되는 회사 간에 정보의 흐름이 일어나지 않도록 접근 통제 기능을 제공한다.

75 다음 내용에 해당하는 접근제어 모델을 바르게 나열한 것은? 2015년 국가직 7급

ㄱ. 권한을 직접 사용자에게 부여하는 대신 역할에 권한을 부여하고, 사용자들에게 적절한 역할을 할당하는 접근제어 모델
ㄴ. 한 사람이 모든 권한을 가지는 것을 방지하는 것으로서 정보의 입력·처리·확인 등을 여러 사람이 나누어 각 부분별로 관리하도록 하여 자료의 무결성을 보장하는 접근제어 모델
ㄷ. 군대의 보안등급처럼 그 정보의 기밀성에 따라 상하 관계가 구분된 정보를 보호하기 위한 접근제어 모델

	ㄱ	ㄴ	ㄷ
①	역할기반 접근제어 모델	클락 윌슨 모델	벨-라파듈라 모델
②	임의적 접근제어 모델	클락 윌슨 모델	비바 모델
③	역할기반 접근제어 모델	만리장성 모델	비바 모델
④	임의적 접근제어 모델	만리장성 모델	벨-라파듈라 모델

해설

- 역할기반 접근제어 모델: 권한을 직접 사용자에게 부여하는 대신 역할에 권한을 부여하고, 사용자들에게 적절한 역할을 할당하는 접근제어 모델
- 클락 윌슨 모델: 한 사람이 모든 권한을 가지는 것을 방지하는 것으로서 정보의 입력·처리·확인 등을 여러 사람이 나누어 각 부분별로 관리하도록 하여 자료의 무결성을 보장하는 접근제어 모델
- 벨-라파듈라 모델: 군대의 보안등급처럼 그 정보의 기밀성에 따라 상하 관계가 구분된 정보를 보호하기 위한 접근제어 모델

76 **다음 중 역할 기반 접근 통제(RBAC)에 대한 설명으로 옳은 것은?** 보안기사 문제 응용

① IBP의 변형으로 생각할 수 있으며, 접근통제정책을 정형화하는 구문 의미적 측면에서 역할(role)이 그룹에 대응된다.

② 권한을 그룹단위로 부여하고, 그룹이 수행하여야 할 역할에 따라 사용자를 그룹으로 분류한다.

③ 해당 사용자가 수행하여야 할 역할에 따라 권한을 사용자에게 직접적으로 부여한다.

④ 객체에 포함된 정보의 비밀성과 이러한 비밀성의 접근 정보에 대하여 주체가 갖는 권한에 근거하여 객체에 대한 접근을 제한하는 방법이다.

해 설

- RBAC는 권한을 사용자에게 직접 부여하지 않고 그룹에 부여하고, 사용자를 그룹별로 구분하며 그룹이 수행하여야 할 역할을 정의하는 것이다.
- 객체에 포함된 정보의 비밀성과 이러한 비밀성의 접근 정보에 대하여 주체가 갖는 권한에 근거하여 객체에 대한 접근을 제한하는 방법을 MAC라고 한다.
- RBAC는 GBP의 변형으로 생각할 수 있으며, 접근통제정책을 정형화하는 구문 의미적 측면에서 역할(role)이 그룹에 대응된다.

정답 74. ③ 75. ① 76. ②

MEMO

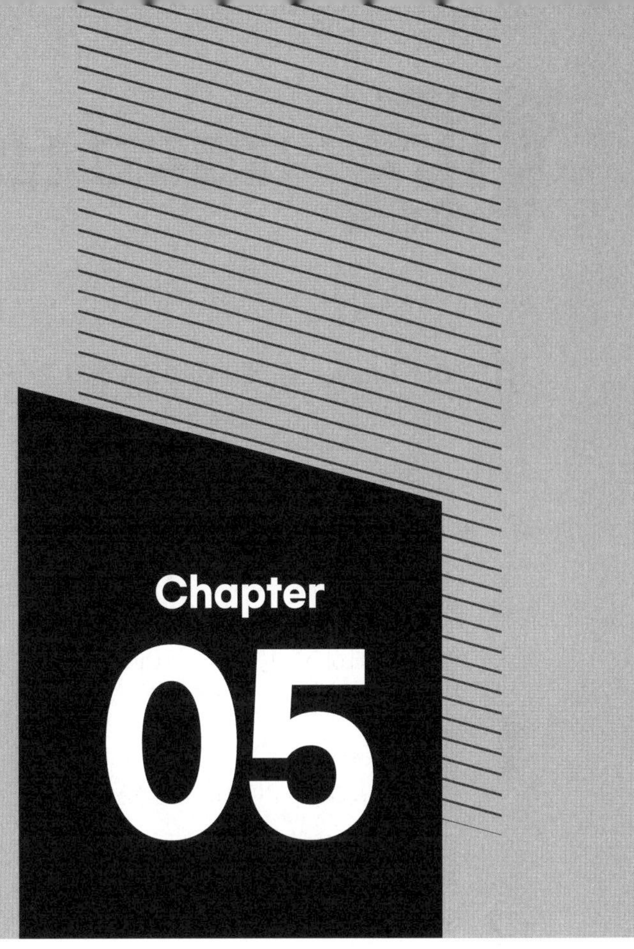

Chapter 05 네트워크 보안

네트워크 보안

01 **OSI 7 Layer 중 계층별 프로토콜의 연결이 옳지 않은 것은?** 2021년 국회사무처 9급

OSI 모델	프로토콜
① 응용계층	HTTP, FTP
② 표현계층	MPEG, Telnet
③ 전송계층	TCP, UDP
④ 네트워크계층	IP, ICMP
⑤ 데이터링크계층	Ethernet

해설

Telnet은 표현계층이 아니고, 응용계층에 해당된다.

02 **네트워크 각 계층별 보안 프로토콜로 옳지 않은 것은?** 2014년 국가직 9급

① 네트워크 계층(network layer) : IPSec
② 네트워크 계층(network layer) : FTP
③ 응용 프로그램 계층(application layer) : SSH
④ 응용 프로그램 계층(application layer) : S/MIME

해설

FTP는 파일전송 프로토콜로 보안 프로토콜에 해당되지 않으며, 응용계층에 해당된다.

03 **IPv6에 대한 설명으로 옳지 않은 것은?** 2022년 국가직 9급

① IP주소 부족 문제를 해결하기 위하여 등장하였다.
② 128bit 주소공간을 제공한다.
③ 유니캐스트는 단일 인터페이스를 정의한다.
④ 목적지 주소는 유니캐스트, 애니캐스트, 브로드캐스트 주소로 구분된다.

해설

IPv6는 유니캐스트, 애니캐스트, 멀티캐스트 방식을 사용한다.

04 **IP주소에 대한 설명으로 옳지 않은 것은?** 2021년 국회사무처 9급

① IP주소는 TCP/IP 프로토콜로 접속된 네트워크에서 각 컴퓨터를 식별하는 데 사용하는 숫자이다.
② InterNIC에서 관리하는 IP주소는 네트워크와 호스트(노드)로 구성되어 있다.
③ IPv6는 IP주소 공간의 부족, 12개 필드로 구성된 IPv4 헤더 영역의 비효율적인 사용, 네트워크 프래그멘테이션 증가로 인한 스위칭의 비효율성 문제를 해결하기 위해 개발되었다.
④ IPv4 주소는 상위 4비트 값을 기초로 다섯 개의 클래스로 분류된다.
⑤ 클래스 D는 멀티캐스트용 주소이다.

해설

IPv4의 헤더 영역은 12개의 필드로 구성된 것이 아니라, 13개의 필드로 구성된다.

05 **TCP에 대한 설명으로 옳지 않은 것은?** 2022년 국가직 9급

① 비연결 지향 프로토콜이다.
② 3-Way Handshaking을 통해 서비스를 연결 설정한다.
③ 포트 번호를 이용하여 서비스들을 구별하여 제공할 수 있다.
④ SYN Flooding 공격은 TCP 취약점에 대한 공격이다.

해설

TCP(Transport Control Protocol) : 연결형(connection oriented) 프로토콜이며, 이는 실제로 데이터를 전송하기 전에 먼저 TCP 세션을 맺는 과정이 필요함을 의미한다.(TCP3-way handshaking)

06 **소켓은 통신의 한 종점을 추상화한 것으로, 통신 상대를 식별하기 위한 것이다. TCP 연결을 위한 소켓 정의에 사용되는 것은?** 2024년 지방직 9급

① MAC 주소, IP 주소
② IP 주소, Port 번호
③ Port 번호, URL
④ URL, MAC 주소

해설

- TCP 연결을 위한 소켓 정의에 사용되는 것은 IP 주소와 Port 번호이다.
- 소켓은 네트워크 통신에서 프로세스 간의 통신을 가능하게 하는 개념으로, TCP/IP 프로토콜 스택에서 사용된다. TCP 연결을 위해서는 각각의 네트워크 인터페이스는 IP 주소와 Port 번호를 할당받는다. TCP 연결을 위한 소켓은 IP 주소와 Port 번호를 함께 사용하여 특정 호스트의 특정 프로세스와 연결할 수 있다.

정답 01. ② 02. ② 03. ④ 04. ③ 05. ① 06. ②

07 **UDP 헤더 포맷의 구성 요소가 아닌 것은?** 2023년 지방직 9급

① 순서 번호 ② 발신지 포트 번호

③ 목적지 포트 번호 ④ 체크섬

해설

UDP(User Datagram Protocol)

- 비연결 지향(connectionless) 프로토콜이며, TCP와는 달리 패킷이나 흐름제어, 단편화 및 전송 보장 등의 기능을 제공하지 않는다.
- UDP 헤더는 TCP 헤더에 비해 간단하므로 상대적으로 통신 과부하가 적다.
- UDP 패킷의 구조

source port(16)	destination port(16)
total length(16)	checksum(16)
data	

08 **응용 계층 프로토콜에서 동작하는 서비스에 대한 설명으로 옳지 않은 것은?** 2016년 지방직 9급

① FTP : 파일전송 서비스를 제공한다.

② DNS : 도메인 이름과 IP 주소 간 변환 서비스를 제공한다.

③ POP3 : 메일 서버로 전송된 메일을 확인하는 서비스를 제공한다.

④ SNMP : 메일전송 서비스를 제공한다.

해설

SNMP는 TCP/IP 기반의 네트워크에서 네트워크상의 각 호스트에서 정기적으로 여러 가지 정보를 자동적으로 수집하여 네트워크 관리를 하기 위한 프로토콜이다.

09 다음은 FTP에서 데이터 연결을 생성하는 과정을 순서대로 설명한 것이다. 괄호 안에 들어갈 용어를 바르게 나열한 것은? 2020년 국가직 7급

> – (㉠)가 임시 포트로 (㉡) 연결 설정을 시도한다.
> – (㉠)는 이 포트 번호를 PORT 명령어를 사용하여 (㉢)에 전송한다.
> – (㉢)는 포트 번호를 수신한 후, 잘 알려진 포트 20과 임시 포트 번호를 사용하여 (㉣) 연결 설정을 시도한다.

	㉠	㉡	㉢	㉣
①	클라이언트	수동적	서버	능동적
②	클라이언트	능동적	서버	수동적
③	서버	수동적	클라이언트	능동적
④	서버	능동적	클라이언트	수동적

해설

FTP에서 데이터 연결을 생성하는 과정

1. 클라이언트가 임시 포트로 수동적 연결 설정을 시도한다.
2. 클라이언트는 이 포트 번호를 PORT 명령어를 사용하여 서버에 전송한다.
3. 서버는 포트 번호를 수신한 후, 잘 알려진 포트 20과 임시 포트 번호를 사용하여 능동적 연결 설정을 시도한다.

10 HTTP Request Methods 중 GET 방식에 대한 설명으로 가장 적절한 것은? 2024년 군무원 9급

① GET 방식은 각 이름과 값을 '&'로 결합하고 URL의 글자수를 제한하고 있지 않다.
② GET 방식은 데이터가 주소 입력란에 표시되기 때문에 보안에 매우 취약한 방식이다.
③ GET 방식은 URL에 요청 데이터를 기록하지 않고 HTTP 헤더에 데이터를 전송하는 방식이다.
④ GET 방식의 요청은 브라우저 히스토리에 남지 않는다.

해설

- GET 요청으로 전송된 데이터는 URL에 포함되어 브라우저의 주소 입력란에 표시되기 때문에 보안에 취약하므로 민감한 정보는 GET 방식으로 전송하는 것이 권장되지 않는다.
- GET 방식은 요청 데이터를 URL에 쿼리 문자열로 추가하며, 이때 각 이름과 값은 &로 결합되지만, URL의 길이는 웹 서버와 브라우저에 따라 제한이 있다.
- GET 방식은 요청 데이터를 URL에 기록하며, HTTP 헤더에는 추가적인 정보를 전송할 수 있다.
- GET 방식의 요청은 브라우저 히스토리에 남는다. 사용자가 URL을 입력했거나 링크를 클릭하면 URL이 히스토리에 기록된다.

정답 07. ① 08. ④ 09. ① 10. ②

11 **Router상에서 발생되는 보안 위협의 요소로는 도청(Eavesdropping), 세션 재전송(Session Reply), 재라우팅(Rerouting), 위장(Masquerade) 등 다양한 방법이 있을 수 있다. 다음 중 그 용어의 설명이 옳지 않은 것은?** 보안기사 문제 응용

① Router 자체에서 제공되는 서비스, 즉 SNMP, finger 등을 통해서도 공격자가 도청을 할 수 있으며 정보를 수집할 수 있다.
② 세션 재전송 공격은 재전송할 수 있는 패킷이나 애플리케이션 명령어를 순차적으로 사용하여 비인가된 행위나 접근을 말하는 것이다.
③ 재라우팅 공격은 IP 스푸핑, 일련번호 예측 및 변경, 그 외 다른 방법들을 이용하여 네트워크 세션을 가로채는 것을 말한다.
④ 위장 공격은 비인가된 접속 혹은 가짜 데이터를 네트워크에 투입하는 경우에 IP 패킷을 조작하여 근원지 주소(IP)를 거짓으로 조작하는 공격이다.

해설
보기 3번의 IP 스푸핑, 일련번호 예측 및 변경, 그 외 다른 방법들을 이용하여 네트워크 세션을 가로채는 공격은 세션 하이재킹(Session hijacking) 공격기법이다. 재라우팅 공격(Rerouting Attack)은 비인가된 목적지로 트래픽이 전송될 수 있도록 라우팅 경로를 조작하는 공격기법이다.

12 **SMTP 클라이언트가 SMTP 서버의 특정 사용자를 확인함으로써 계정 존재 여부를 파악하는 데 악용될 수 있는 명령어는?** 2020년 지방직 9급

① HELO
② MAIL FROM
③ RCPT TO
④ VRFY

해설
• HELO : SMTP 송신자가 SMTP 세션을 초기화하기 위하여 SMTP 수신자에게 보내는 전통적인 명령
• MAIL FROM : 송신자의 메일 주소를 통지
• RCPT TO : 수신자의 메일 주소를 통지
• VRFY : SMTP 수신자에게 편지함 사용이 가능한지를 확인하도록 요청

13 **다음 중 네트워크 보안에서 전송선로상의 보안공격에 해당하지 않는 것은?** 보안기사 문제 응용

① 불법변조
② 전송방해
③ 트랩도어
④ 도청

해설
트랩도어는 원격지에서 프로그램의 동작을 모니터링하기 위해 프로그램 개발자에 의해 설치된 것으로 공격자의 침입 경로로 사용될 수 있다.

14 **다음 아래의 내용에서 괄호 안에 들어갈 용어로 옳은 것은?** 2014년 3회 보안기사

(　　)라우팅은 라우팅 테이블을 구성하기 위해 Dijkstra algorithm을 사용한다.

① 외부 상태　② 거리 벡터
③ 링크 상태　④ 경로 벡터

해설
Link State Routing : 모든 노드가 전체 네트워크에 대한 구성도를 만들어서 경로를 구한다. 최적경로 계산을 위해서 Dijkstra's 알고리즘을 이용한다.

15 **다음 중 Reverse Backdoor가 이용하는 보안 기반 모델의 일반적인 취약성으로 가장 옳은 것은?**

① 침입차단시스템의 외부 관리의 취약성
② OS 기반의 취약성
③ 침입차단시스템의 자체 시스템 취약성
④ Outgoing Packet Filtering 부재

해설
역백도어(Reverse Backdoor) : 공격 대상이 침입차단시스템이나 기타 보안장치로 인해 접근이 어려울 경우 내부망에서 역으로 공격자에게 연결을 시도하는 방법을 말한다. 일반적으로 침입차단시스템은 inbound 정책만 수립하고, 밖으로 나가는 트래픽인 outbound는 검사를 하지 않는 점을 이용한 방법이다.

16 **ICMP(Internet Control Message Protocol)은 인터넷에 연결된 컴퓨터나 게이트웨이의 문제가 있는지 확인하기 위한 프로토콜이다. 다음 중 ICMP의 중요 항목(필드)으로 옳지 않은 것은?**

보안기사 문제 응용

① Checksum　② Code
③ Port　④ Type

해설
Port는 TCP 헤더의 항목이다.

정답　11. ③　12. ④　13. ③　14. ③　15. ④　16. ③

PART 05

17 다음 아래의 내용에서 괄호 안에 들어갈 용어로 옳은 것은? 2014년 3회 보안기사

> 거리 벡터 라우팅에서 각 노드는 변경 사항이 있을 때 주기적으로 ( )와/과 자신의 라우팅 테이블을 공유한다.

① 자신과 직접 이웃한 노드
② 연결이 가장 많은 노드
③ 가장 가까운 이웃 노드
④ 모든 다른 노드들

해설

거리 벡터 라우팅에서 주의할 점은 자신과 가까운 이웃 노드가 아니고, 자신과 직접 이웃한 노드이다.

18 다음 중 ( )에 들어갈 말로 적절한 것은? 보안기사 문제 응용

> ICMP는 두 호스트 간에 또는 하나의 호스트와 라우터 같은 네트워크 장비 사이에서 에러 메시지를 주고받을 때 사용된다. ICMP에서 악성으로 사용되어지는 ICMP 메시지의 타입 중에 한 가지는 "ICMP redirect"이다. ICMP Redirect 메시지는 호스트가 목적지 주소로 연결하고자 할 때, 해당 라우터가 최적의 경로임을 호스트에게 알려주기 위하여 ( )로부터 ( )로 보내어지는데 이를 이용하여 해커는 시스템의 정보를 획득할 수 있다.

① 호스트 – 호스트
② 라우터 – 라우터
③ 호스트 – 라우터
④ 라우터 – 호스트

해설

5개의 ICMP 에러 메시지

구분	설명
근원지 억제 (Source Quench)	라우터가 더 이상 유효한 버퍼공간이 없을 만큼 많은 데이터그램을 받을 때마다 근원지 억제 메시지 전송 ⇒ 근원지 억제를 받으면 호스트는 전송률 감소를 요구받는다.
시간초과 (Time Exceeded)	라우터가 데이터그램에 있는 TIME TO LIVE 필드를 0으로 감소시킬 때마다 라우터는 데이터그램을 버리고 시간초과 메시지를 전송한다. 주어진 데이터그램으로부터 모든 단편들이 도착하기 전에 재조립 타이머가 끝날 경우 호스트에 의해 보내진다.
목적지 도착 불가 (Destination Unreachable)	라우터가 데이터그램이 최종 목적지에 전달될 수 없다는 것을 결정할 때마다 데이터그램을 생성한 호스트에게 전송된다. 목적지 도착 불가 메시지에는 지정 목적지 호스트(특정 호스트의 일시적 Offline) 또는 목적지가 부착된 Net(전체 Net이 일시적으로 인터넷에 연결되지 않은 경우)인지가 명시된다.
방향 재설정 (Redirect)	라우터가 호스트에게 경로를 바꾸게 하는 메시지로 지정 호스트 변경/네트워크 변경을 명시한다.
단편화 요청 (Fragmentation Required)	라우터가 단편화가 허락되지 않은 데이터그램(Header에 Set함으로써 명시)의 크기가 전송될 Net의 MTU보다 큰 경우 송신자에게 전송하는 메시지이다. 라우터는 그 데이터그램을 버린다.

19 **공격자가 인터넷을 통해 전송되는 데이터의 TCP Header에서 검출할 수 없는 정보는 무엇인가?**

2016년 서울시 9급

① 수신 시스템이 처리할 수 있는 윈도우 크기
② 패킷을 송신하고 수신하는 프로세스의 포트 번호
③ 수신측에서 앞으로 받고자 하는 바이트의 순서 번호
④ 송신 시스템의 TCP 패킷의 생성 시간

해설

TCP Header의 구성요소 : 송신지/수신지 포트, 순서 번호, 확인응답 번호, 윈도우 크기, 검사합 등

20 **HTTP 응답 메시지 상태코드의 의미가 옳지 않은 것은?** 2020년 국가직 7급

① 201 – Created
② 301 – Moved Permanently
③ 401 – Unauthorized
④ 501 – Bad Request

해설

201 : created	PUT 메소드에 의해 원격지 서버에 파일이 정상적으로 생성됨
301 : moved permanently	브라우저의 요청을 다른 URL로 항시 전달한다는 것을 의미함. 다른 URL에 대한 정보는 location 헤더에 나타남
401 : unauthorized	요청 메시지에 적합한 인증 부족
501 : not implemented	요청된 메소드를 수행할 수 없음
400 : bad request	요청 메시지의 문법 오류
404 : not found	클라이언트가 서버에 요청한 자료가 없음

정답 17. ① 18. ④ 19. ④ 20. ④

21 **포트 스캔 방식 중에서 포트가 열린 서버로부터 SYN+ACK 패킷을 받으면 로그를 남기지 않기 위하여 RST 패킷을 보내 즉시 연결을 끊는 스캔 방식은?** 2024년 지방직 9급

① TCP Half Open 스캔
② UDP 스캔
③ NULL 스캔
④ X-MAS 스캔

해설

✓ TCP Half Open 스캔

- 대상 시스템의 포트가 열린 경우 공격자가 SYN 세그먼트를 보내면 대상 시스템이 SYN+ACK 세그먼트로 응답하고 공격자는 즉시 RST 세그먼트를 보내 연결을 끊는다.
- TWH 과정을 정당화시키지 않고 목표 호스트로부터 연결 확인 프래그인 Ack flag를 받는 순간 Reset flag를 목표 호스트에 송신하여 연결을 단절시키는 스캔 공격이다.

22 **다음에서 설명하는 스캔방법은?** 2019년 국가직 9급

> 공격자가 모든 플래그가 세트되지 않은 TCP 패킷을 보내고, 대상 호스트는 해당 포트가 닫혀 있을 경우 RST 패킷을 보내고, 열려 있을 경우 응답을 하지 않는다.

① TCP Half Open 스캔
② NULL 스캔
③ FIN 패킷을 이용한 스캔
④ 시간차를 이용한 스캔

해설

Stealth scan : FIN 스캔, XMAS 스캔, NULL 스캔 등으로 구성된다. FIN 스캔은 FIN 플래그를, XMAS 스캔은 모든 플래그를 활성화하며, NULL 스캔은 이와 반대로 모든 플래그를 비활성화한 값을 사용한다. 이 세 가지 스캔 방식은 공통적으로 대상 포트가 열려 있으면 아무런 응답이 없으며, 닫혀 있으면 해당 호스트는 공격자에게 RST 패킷을 전송한다.

23 **TCP 포트의 개방 여부를 확인하기 위한 스텔스 스캔으로 옳지 않은 것은?** 2022년 네트워크 보안

① FIN 스캔
② NULL 스캔
③ XMAS 스캔
④ TCP Open 스캔

해설

- Open Scan –Tcp Connect : 전형적인 tcp port scan 공격으로 TCP/IP 3-way handshake을 이용하여 목표시스템의 생존 여부와 제공하는 서비스를 식별할 수 있다.
- Stealth scan : FIN 스캔, XMAS 스캔, NULL 스캔 등으로 구성된다. FIN 스캔은 FIN 플래그를, XMAS 스캔은 모든 플래그를 활성화하며, NULL 스캔은 이와 반대로 모든 플래그를 비활성화한 값을 사용한다.

24 **다음 중 UDP(User Datagram Protocol) 스캔의 설명으로 옳지 않은 것은?** 보안기사 문제 응용

① ICMP로 응답이 있으면 포트가 닫힌 것이다.
② 핸드셰이킹을 이용하여 스캔한다.
③ 포트를 스캔하는 방법이라 할 수 있다.
④ 공격 대상의 컴퓨터 시스템 포트에 UDP 패킷을 전송한다.

해 설

- UDP(User Datagram Protocol) : 인터넷상에서 서로 정보를 송수신할 때 정보를 전송한다는 신호나 수신한다는 신호 절차를 거치지 않는다.(비연결성 프로토콜) 송신측에서 일방적으로 데이터를 전달하는 통신 프로토콜이다. 송신측에서는 수신측이 데이터를 수신했는지 안 했는지 확인할 수 없고, 또 확인할 필요도 없도록 만들어진 프로토콜이다.
- UDP 스캔 : 공격자는 공격 대상의 컴퓨터 시스템 포트에 UDP 패킷을 전송한다. 포트가 열려 있는 경우, 공격 대상의 컴퓨터 시스템은 아무런 응답을 하지 않는다. 포트가 닫혀 있는 경우, 공격 대상의 컴퓨터 시스템에서는 ICMP Unreachable 패킷으로 응답한다. 응답이 없을 경우, 포트가 열려서인지, 네트워크상에 문제인지 알 수 없으므로 신뢰성이 없는 방식이다.

25 **다음과 같은 특징을 가진 주소는 OSI 7계층 중 어디에 해당하는가?** 보안기사 문제 응용

– 6바이트로 구성 – 앞의 3바이트는 벤더 코드, 뒤의 3바이트는 벤더가 할당한 코드 – 표기 예) 00:20:AF:21:3C:80

① 전송 계층
② 네트워크 계층
③ 데이터링크 계층
④ 물리 계층

해 설

6바이트로 구성되며, 앞의 3바이트는 벤더 코드, 뒤의 3바이트는 벤더에서 할당한 코드라는 것은 MAC 어드레스에 대한 설명이다. MAC은 OSI의 2계층인 데이터링크 계층에서 동작한다.

정 답 21. ① 22. ② 23. ④ 24. ② 25. ③

26 **TCP 표준을 준수하는 서버의 열린 포트와 닫힌 포트를 판별하기 위한 TCP FIN, TCP NULL, TCP Xmas 포트 스캔 공격 시, 대상 포트가 닫힌 경우 세 가지 공격에 대하여 동일하게 서버가 응답하는 것은?** 2017년 국가직 9급 추가

① SYN/ACK
② RST/ACK
③ RST
④ 응답 없음

해설

Stealth scan : FIN 스캔, XMAS 스캔, NULL 스캔 등으로 구성된다. FIN 스캔은 FIN 플래그를, XMAS 스캔은 모든 플래그를 활성화하며, NULL 스캔은 이와 반대로 모든 플래그를 비활성화한 값을 사용한다. 이 세 가지 스캔 방식은 공통적으로 대상 포트가 열려 있으면 아무런 응답이 없으며, 닫혀 있으면 해당 호스트는 공격자에게 RST 패킷을 전송한다.

27 **다음 중 OSI 7계층 모델에서 동작하는 계층이 다른 것은?** 2019년 지방직 9급

① L2TP
② SYN 플러딩
③ PPTP
④ ARP 스푸핑

해설

SYN 플러딩는 DoS 공격의 일종으로 동작하는 계층은 전송 계층에 해당된다.

28 **TCP 플래그들을 이용하여 많은 공격들이 이루어짐으로써 침입차단시스템(Firewall)이나 침입탐지시스템(IDS)에 의한 패킷탐지를 어렵도록 한다. 또한 각각의 플래그는 TCP 헤더에 비트 단위로 설정되는데 TCP 플래그에 대한 설명으로 옳지 않은 것은?** 보안기사 문제 응용

① SYN, SYN ACK, ACK 플래그는 정상적인 TCP 연결에 사용된다.
② 초기 SYN 패킷을 제외하면, 연결을 맺은 대부분의 패킷들은 ACK 비트가 설정되어야만 한다.
③ FIN ACK, ACK는 연결을 정상적으로 종료할 때 사용된다.
④ RST 플래그는 접속 종료를 위한 것으로 정상 종료를 나타낸다.

해설

TCP 프로토콜의 명령어 역할을 하는 플래그는 총 6개로 구성된다.

SYN	TCP connection의 최초접속 시 연결의 확립을 요구하는 동기 요구 플래그
ACK	응답 확인 플래그
PSH	데이터를 버퍼링하지 않고, 즉석에서 수신자에게 송신하는 것을 요구하는 플래그
URG	긴급 포인터 플래그
FIN	접속 종료 플래그(정상 종료)
RIST	접속 종료를 위한 리셋트 플래그(비정상 종료)

29 다음 중 ping을 사용하여 네트워크 상태를 검증할 때 조건에 맞게 작성된 명령으로 옳은 것은?

보안기사 문제 응용

- 목적지 시스템 IP: 169.254.17.2
- 요청 패킷의 크기: 100byte
- 중지명령을 받을 때까지 지속
- 패킷 전송경로 기록

① ping -i -w 100 169.254.17.2
② ping -t -l 100 -r 169.254.17.2
③ ping -l -s 100 169.254.17.2
④ ping -t -i 100 -r 169.254.17.2

해설

-t	중지명령을 받을 때까지 계속 Echo Request 전달
-s	출발지 IP 지정
-l size	Echo Request의 크기 지정
-n count	전달할 Echo Request의 개수 지정
-i	TTL 값 조정
-r	목적지까지 전달되는 경로 기록

30 다음 중 IPSEC에서 제공되는 보안 서비스가 아닌 것은? 보안기사 문제 응용

① 접근 통제
② 내부 네트워크 접근 제어
③ 데이터 근원 인증
④ 재전송 공격 방지

해설

IPSEC의 보안 기능은 AH(Authentication Header)와 ESP(Encapsulating Security Payload) 확장 헤더를 기반으로 한다. AH 프로토콜은 IP 데이터그램에 대해 무결성(Integrity), 인증(Data Origin Authentication), 재전송 공격(Replay Attack) 방지 등과 같은 보안 서비스를 제공하기 위해 사용되며 MD5, SHA-1 등의 알고리즘을 사용한다. ESP 프로토콜은 IP 데이터그램에 3DES, AES 등의 알고리즘을 적용하여 기밀성(Confidentiality), 무결성(Integrity), 인증(Data Origin Authentication), 재전송 공격(Replay Attack) 방지 등과 같은 보안 서비스를 제공하기 위해 사용된다.

정답 26. ③ 27. ② 28. ④ 29. ② 30. ②

31 괄호 안에 들어갈 용어를 바르게 연결한 것은? 2020년 국가직 7급

> IPSec의 (㉠)는 발신지 인증과 데이터 무결성 그리고 데이터 기밀성을 제공한다. 두 호스트 사이의 논리적 관계인 SA(Security Association)를 생성하기 위하여 (㉡) 프로토콜을 사용하여 보안상 안전한 채널을 확보한다.

	㉠	㉡
①	AH	OSPF
②	AH	IKE
③	ESP	IKE
④	ESP	OSPF

해설

- AH(Authentication Header): 데이터가 전송 도중에 변조되었는지를 확인할 수 있도록 데이터의 무결성에 대해 검사한다. 그리고 데이터를 스니핑한 뒤 해당 데이터를 다시 보내는 재생공격(Replay Attack)을 막을 수 있다.
- ESP(Encapsulating Security Payload): 메시지의 암호화를 제공한다. 사용하는 암호화 알고리즘으로는 DES-CBC, 3DES, RC5, IDEA, 3IDEA, CAST, blowfish가 있다.
- IKE(Internet Key Exchange): ISAKMP(Internet Security Association and Key Management Protocol), SKEME, Oakley 알고리즘의 조합으로, 두 컴퓨터 간의 보안 연결(SA; Security Association)을 설정한다. IPSec에서는 IKE를 이용하여 연결이 성공하면 8시간 동안 유지하므로, 8시간이 넘으면 SA를 다시 설정해야 한다.

32 IPv4 패킷에 대하여 터널 모드의 IPSec AH(Authentication Header) 프로토콜을 적용하여 산출된 인증 헤더가 들어갈 위치로 옳은 것은? 2021년 국가직 9급

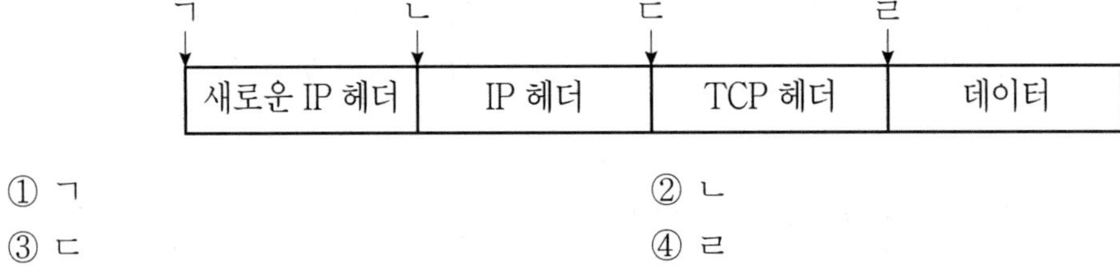

① ㄱ ② ㄴ
③ ㄷ ④ ㄹ

해설

AH(Authentication Header): 데이터가 전송 도중에 변조되었는지를 확인할 수 있도록 데이터의 무결성에 대해 검사하는 인증 방식

0비트 8비트 16비트 31비트

다음 패킷의 헤더	페이로드의 길이	현재는 사용되지 않음
SPI(Security Parameter Index)		
Sequence Number		
인증 데이터(가변)		

모드(Mode)

• 전송 모드(Transport Mode)

최초 IP 헤더	AH	TCP Data	전송 데이터

• 터널 모드(Tunnel Mode)

새로운 IP 헤더	AH	최초 IP 헤더	TCP Data	전송 데이터

33 IPSec에 대한 설명으로 옳지 않은 것은? 2020년 지방직 9급

① 전송(transport) 모드에서는 전송 계층에서 온 데이터만을 보호하고 IP 헤더는 보호하지 않는다.
② 인증 헤더(Authentication Header) 프로토콜은 발신지 호스트를 인증하고 IP 패킷으로 전달되는 페이로드의 무결성을 보장하기 위해 설계되었다.
③ 보안상 안전한 채널을 만들기 위한 보안 연관(Security Association)은 양방향으로 통신하는 호스트 쌍에 하나만 존재한다.
④ 일반적으로 호스트는 보안 연관 매개변수들을 보안 연관 데이터베이스에 저장하여 사용한다.

해설

보안 연관(Security Association)은 애플리케이션마다 독립적으로 생성되고 관리되며, 양방향으로 통신하는 호스트 쌍에 여러 개가 존재할 수 있다.

34 IPSec의 터널 모드를 이용한 VPN에 대한 설명으로 옳지 않은 것은? 2023년 지방직 9급

① 인터넷상에서 양측 호스트의 IP 주소를 숨기고 새로운 IP 헤더에 VPN 라우터 또는 IPSec 게이트웨이의 IP 주소를 넣는다.
② IPSec의 터널 모드는 새로운 IP 헤더를 추가하기 때문에 전송 모드 대비 전체 패킷이 길어진다.
③ ESP는 원래 IP 패킷 전부와 원래 IP 패킷 앞뒤로 붙는 ESP 헤더와 트레일러를 모두 암호화한다.
④ ESP 인증 데이터는 패킷의 끝에 추가되며, ESP 터널 모드의 경우 인증은 목적지 VPN 라우터 또는 IPSec 게이트웨이에서 이루어진다.

해설

IPSec의 터널 모드를 이용한 VPN에서 ESP 헤더는 암호화된 부분에 포함되지 않는다.

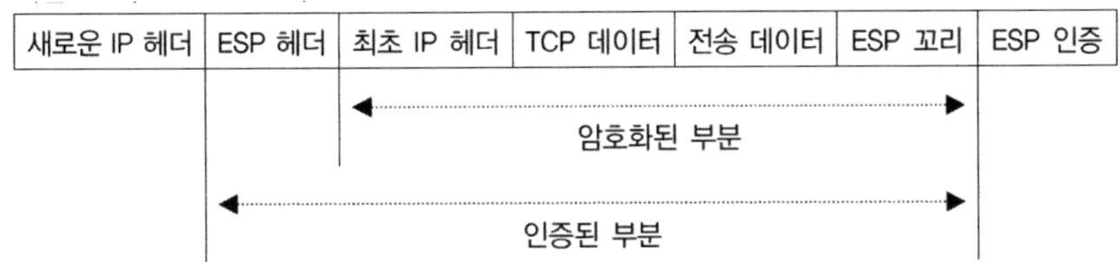

정답 31. ③ 32. ② 33. ③ 34. ③

35 IPsec의 ESP(Encapsulating Security Payload)에 대한 설명으로 옳지 않은 것은?

2020년 국가직 9급

① 인증 기능을 포함한다.
② ESP는 암호화를 통해 기밀성을 제공한다.
③ 전송 모드의 ESP는 IP 헤더를 보호하지 않으며, 전송계층으로부터 전달된 정보만을 보호한다.
④ 터널 모드의 ESP는 Authentication Data를 생성하기 위해 해시 함수와 공개키를 사용한다.

해설

- ESP(Encapsulating Security Payload) : 메시지의 암호화를 제공한다. 사용하는 암호화 알고리즘으로는 DES-CBC, 3DES, RC5, IDEA, 3IDEA, CAST, blowfish가 있다.
- 터널 모드의 ESP는 Authentication Data를 생성하기 위해 해시 함수와 대칭키를 사용한다.

36 IPSec에 대한 설명으로 옳지 않은 것은? 2022년 지방직 9급

① AH는 인증 기능을 제공한다.
② ESP는 암호화 기능을 제공한다.
③ 전송 모드는 IP 헤더를 포함한 전체 IP 패킷을 보호한다.
④ IKE는 Diffie-Hellman 키 교환 알고리즘을 기반으로 한다.

해설

ESP의 전송 모드

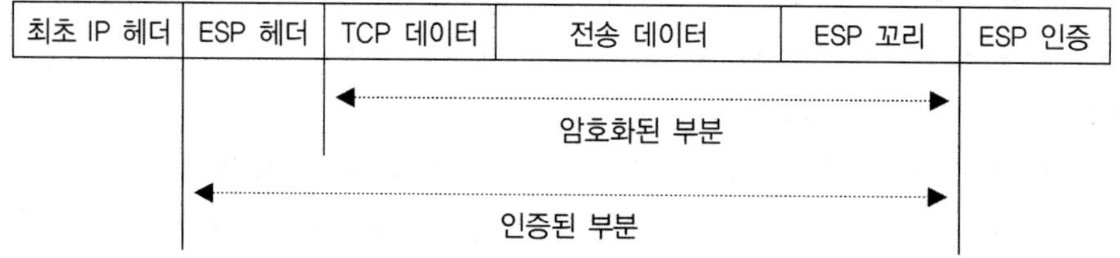

37 다음은 IPSec 터널모드에서 IP 패킷을 암호화하고 인증 기능을 수행하는 그림이다. ㉠과 ㉡에 추가되는 헤더 정보를 바르게 연결한 것은? 2016년 네트워크 보안

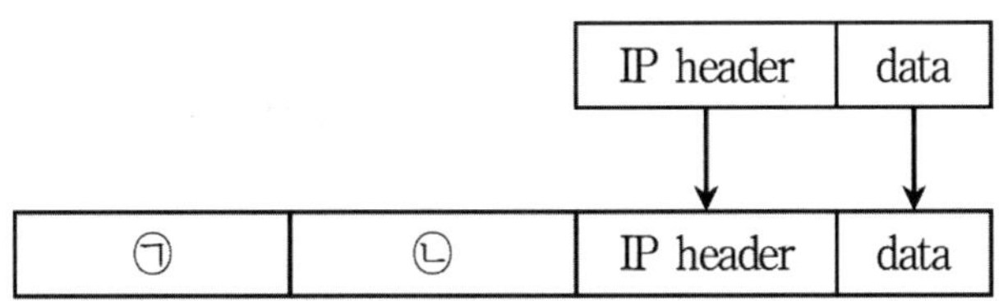

	㉠	㉡
①	new IP header	ESP/AH
②	ESP/AH	new IP header
③	IKE header	new IP header
④	new IP header	IKE header

해설

ESP의 터널 모드

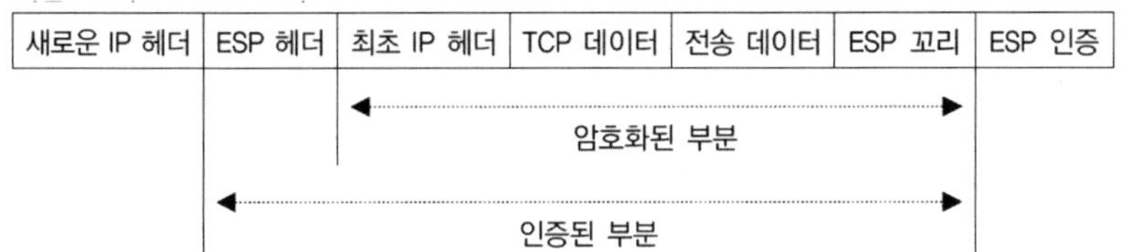

38 인터넷 보안 프로토콜에 해당하지 않는 것은? 2015년 지방직 9급

① SSL ② HTTPS
③ S/MIME ④ TCSEC

해설

TCSEC은 미 국방부가 컴퓨터 보안 제품을 평가하기 위해 채택한 컴퓨터 보안 평가지침서이다. 정보가 안전한 정도를 객관적으로 판단하기 위하여 보안의 정도를 판별하는 기준을 제시한 것이다.

정답 35. ④ 36. ③ 37. ① 38. ④

39 **인터넷과 같은 공중망에 터널을 형성하고 이를 통해 패킷을 캡슐화해서 전달함으로써 사설망과 같은 전용 회선처럼 사용할 수 있게 하는 기술로 적절한 것은?** 2021년 군무원 9급

① 가상 사설망 ② 접근 제어
③ 회선 관리 ④ 세션 관리

해설

가상사설망(VPN ; Virtual Private Network) : 인터넷(Internet)과 같은 공중망을 이용하여 사설망과 같은 효과를 얻기 위한 기술로 기존의 전용선을 이용한 사설망에 비해 훨씬 저렴한 비용으로 보다 연결성이 뛰어나면서도 안전한 망을 구성할 수 있다.

40 **가상사설망의 터널링 기능을 제공하는 프로토콜에 대한 설명으로 옳은 것은?** 2014년 지방직 9급

① IPSec은 OSI 3계층에서 동작하는 터널링 기술이다.
② PPTP는 OSI 1계층에서 동작하는 터널링 기술이다.
③ L2F는 OSI 3계층에서 동작하는 터널링 기술이다.
④ L2TP는 OSI 1계층에서 동작하는 터널링 기술이다.

해설

PPTP, L2F, L2TP는 OSI 2계층에서 동작하는 암호화 프로토콜이다.

41 **가상사설망에서 사용되는 프로토콜이 아닌 것은?** 2017년 국가직 9급

① L2TP ② TFTP
③ PPTP ④ L2F

해설

- OSI 각 계층의 암호화 프로토콜은 전송 계층4(SSL), 네트워크 계층3(IPSec), 데이터 링크 계층2(PPTP, L2TP, L2F)가 있다.
- TFTP(Trivial File Transfer Protocol) : FTP와 마찬가지로 파일을 전송하기 위한 프로토콜이지만, FTP보다 더 단순한 방식으로 파일을 전송한다. 따라서 데이터 전송 과정에서 데이터가 손실될 수 있는 등 불안정하다는 단점을 가지고 있다. 하지만 FTP처럼 복잡한 프로토콜을 사용하지 않기 때문에 구현이 간단하다. 임베디드 시스템에서 운영 체제 업로드로 주로 사용된다.

42 **가상사설망(VPN)에 대한 설명으로 옳지 않은 것은?** 2016년 국가직 9급

① 공중망을 이용하여 사설망과 같은 효과를 얻기 위한 기술로서, 별도의 전용선을 사용하는 사설망에 비해 구축비용이 저렴하다.

② 사용자들 간의 안전한 통신을 위하여 기밀성, 무결성, 사용자 인증의 보안 기능을 제공한다.

③ 네트워크 종단점 사이에 가상터널이 형성되도록 하는 터널링 기능은 SSH와 같은 OSI 모델 4계층의 보안 프로토콜로 구현해야 한다.

④ 인터넷과 같은 공공 네트워크를 통해서 기업의 재택근무자나 이동 중인 직원이 안전하게 회사 시스템에 접근할 수 있도록 해준다.

해설

- 터널링 기술은 VPN의 기본이 되는 기술로서 터미널이 형성되는 양 호스트 사이에 전송되는 패킷을 추가 헤더 값으로 인캡슐화(Encapsulation)하는 기술이다.
- L2TP 터널링은 2계층 터널링 기술이기 때문에 데이터링크층 상위에서 L2TP 헤더를 덧붙이고 IPSec 터널링은 3계층 터널링 기술이기 때문에 인터넷층 상위에서 IPSec(AH, ESP) 헤더를 덧붙인다.

43 **다음은 인터넷망에서 안전하게 정보를 전송하기 위하여 사용되고 있는 네트워크 계층 보안 프로토콜인 IPSec에 대한 설명이다. 이들 중 옳지 않은 것은?** 2017년 서울시 9급

① DES-CBC, RC5, Blowfish 등을 이용한 메시지 암호화를 지원

② 방화벽이나 게이트웨이 등에 구현

③ IP 기반의 네트워크에서만 동작

④ 암호화/인증방식이 지정되어 있어 신규 알고리즘 적용이 불가능함

해설

IPSec의 AH와 ESP는 암호화 방법을 지정하지 않아 필요에 따라 다양한 알고리즘을 사용할 수 있는 유연성을 제공한다.

정답 39. ① 40. ① 41. ② 42. ③ 43. ④

44 **보안 프로토콜인 IPSec(IP Security)의 프로토콜 구조로 옳지 않은 것은?** 2014년 국가직 9급

① Change Cipher Spec
② Encapsulating Security Payload
③ Security Association
④ Authentication Header

해설
Change Cipher Spec protocol은 SSL 프로토콜 중 하나로, 협상된 Cipher 규격과 암호키를 이용하여 추후 레코드의 메시지를 보호할 것을 명령한다.

45 **IPSec 표준은 네트워크상의 패킷을 보호하기 위하여 AH(Authentication Header)와 ESP (Encapsulating Security Payload)로 구성된다. AH와 ESP 프로토콜에 대한 설명으로 옳지 않은 것은?** 2017년 지방직 9급 추가

① AH 프로토콜의 페이로드 데이터와 패딩 내용은 기밀성 범위에 속한다.
② AH 프로토콜은 메시지의 무결성을 검사하고 재연(Replay) 공격 방지 서비스를 제공한다.
③ ESP 프로토콜은 메시지 인증 및 암호화를 제공한다.
④ ESP는 전송 및 터널 모드를 지원한다.

해설
- AH(Authentication Header) : 데이터가 전송 도중에 변조되었는지를 확인할 수 있도록 데이터의 무결성에 대해 검사한다. 그리고 데이터를 스니핑한 뒤 해당 데이터를 다시 보내는 재생공격(Replay Attack)을 막을 수 있다.
- ESP(Encapsulating Security Payload) : 메시지의 암호화를 제공한다. 사용하는 암호화 알고리즘으로는 DES-CBC, 3DES, RC5, IDEA, 3IDEA, CAST, blowfish가 있다.

46 **다음 〈보기〉에서 설명하는 것은 무엇인가?** 2015년 서울시 9급

보기
IP 데이터그램에서 제공하는 선택적 인증과 무결성, 기밀성 그리고 재전송 공격 방지 기능을 한다. 터널 종단 간에 협상된 키와 암호화 알고리즘으로 데이터그램을 암호화한다.

① AH(Authentication Header)
② ESP(Encapsulation Security Payload)
③ MAC(Message Authentication Code)
④ ISAKMP(Internet Security Association & Key Management Protocol)

해 설

IKE(Internet Key Exchange) : ISAKMP(Internet Security Association and Key Management Protocol), SKEME, Oakley 알고리즘의 조합으로, 두 컴퓨터 간의 보안 연결(SA ; Security Association)을 설정한다. IPSec에서는 IKE를 이용하여 연결이 성공하면 8시간 동안 유지하므로, 8시간이 넘으면 SA를 다시 설정해야 한다.

47 **IPsec의 캡슐화 보안 페이로드(ESP) 헤더에서 암호화되는 필드가 아닌 것은?** 2019년 지방직 9급

① SPI(Security Parameter Index)
② Payload Data
③ Padding
④ Next Header

해 설

IPsec의 캡슐화 보안 페이로드(ESP) 헤더에서 암호화되는 필드는 Payload Data와 Padding(Pad length, Next Header)이다.

48 **IPSec 프로토콜과 이를 이용한 두 가지 운용 모드에 대한 설명으로 옳지 않은 것은?** 2016년 국가직 7급

① AH(Authentication Header) 프로토콜은 발신지 호스트를 인증하고 IP 패킷의 페이로드의 무결성을 제공한다.
② 전송 모드에서 IPSec은 본래의 IPv4 패킷 헤더를 암호화하지 않는다.
③ ESP(Encapsulating Security Payload) 프로토콜은 발신지 인증과 페이로드의 무결성 및 기밀성을 제공한다.
④ 터널 모드는 송신자와 수신자가 모두 호스트인 경우에 사용되어 네트워크 전 구간에서 전체 IP 패킷을 암호화한다.

해 설

• 트랜스포트 모드는 단대단 보안이 요구될 경우에 사용한다.
• 터널 모드 IPSec은 일반적으로 패킷의 궁극적인 목적지와 보안 터널의 종단이 다를 때 사용한다. 따라서 터널의 종단이 보안 게이트웨이일 경우에는 항상 터널 모드를 사용해야 한다. 그러나 두 호스트 사이에서도 터널 모드 IPSec이 구성될 수 있다.

정 답 44. ① 45. ① 46. ② 47. ① 48. ④

49 IPSec 프로토콜과 이를 이용한 두 가지 운용 모드에 대한 설명으로 옳지 않은 것은?

보안기사 문제 응용

① 터널 모드는 라우터 단에서 동작되어 네트워크의 ESP 헤더부터 암호화한다.
② 전송 모드에서 IPSec은 본래의 IPv4 패킷 헤더를 암호화하지 않는다.
③ ESP(Encapsulating Security Payload) 프로토콜은 발신지 인증과 페이로드의 무결성 및 기밀성을 제공한다.
④ AH(Authentication Header) 프로토콜의 전송 모드는 최초 IP 헤더부터 전송 데이터까지 인증영역에 해당된다.

해설

- 터널 모드는 라우터 단에서 동작되어 네트워크의 TCP부터 암호화한다.
- 트랜스포트 모드는 단대단 보안이 요구될 경우에 사용한다.
- 터널 모드 IPSec은 일반적으로 패킷의 궁극적인 목적지와 보안 터널의 종단이 다를 때 사용한다. 따라서 터널의 종단이 보안 게이트웨이일 경우에는 항상 터널 모드를 사용해야 한다. 그러나 두 호스트 사이에서도 터널 모드 IPSec이 구성될 수 있다.

IPSec의 운영 모드

- 트랜스포트 모드에서의 AH와 ESP

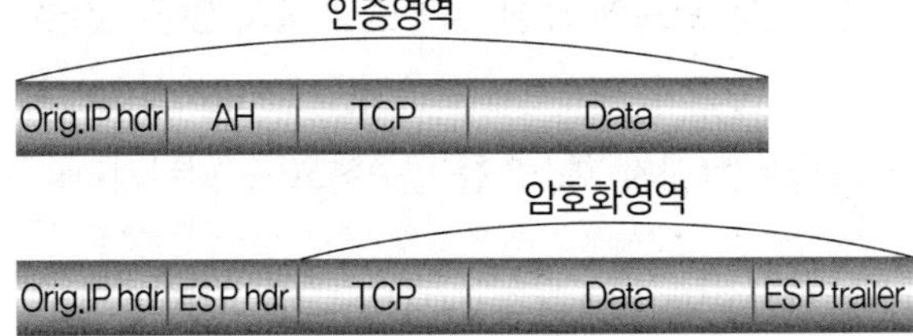

- 터널 모드에서의 AH와 ESP

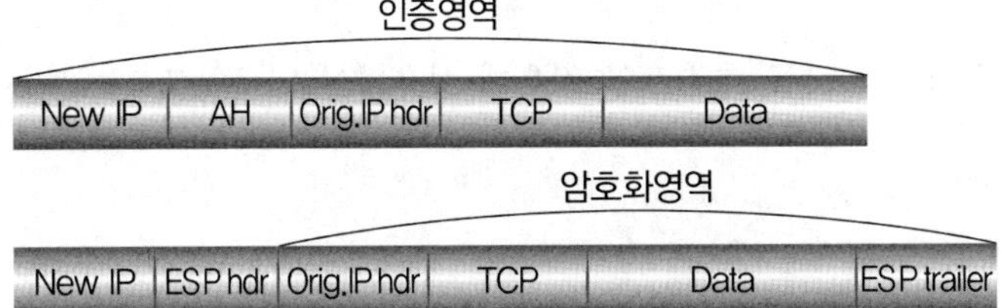

50 IPSec의 ESP 터널 모드에서 암호화 범위로 옳은 것은? 2022년 네트워크 보안

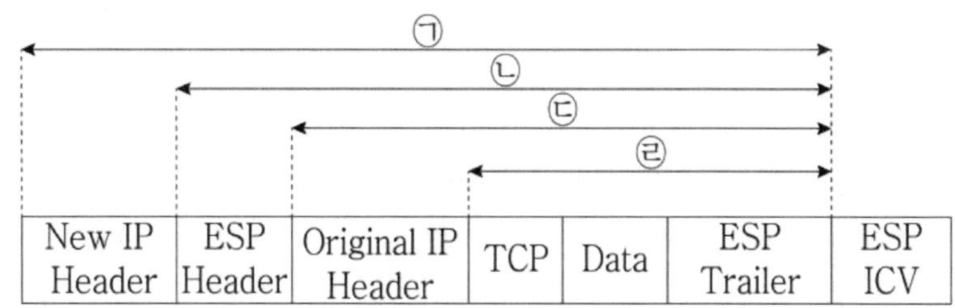

① ㉠ ② ㉡
③ ㉢ ④ ㉣

해설

✓ ESP의 터널 모드

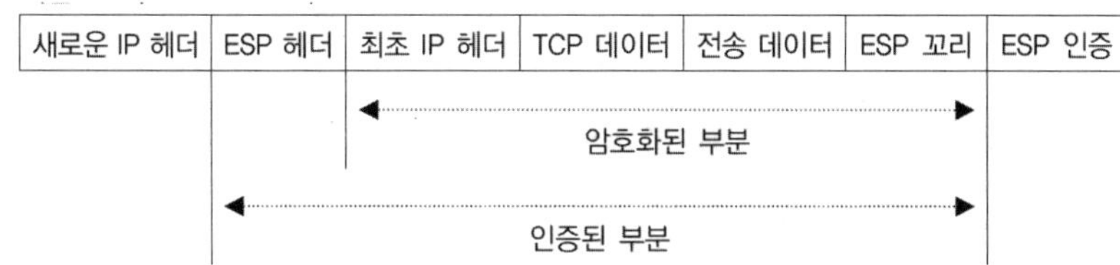

51 인터넷 환경에서 많이 사용 중인 보안 프로토콜에 대한 설명으로 옳지 않은 것은? 2021년 국회사무처 9급

① ISAKMP 프로토콜은 IPsec에서 보안 연관을 생성하기 위해 사용된다.
② IPsec은 IPv4와 IPv6에서 사용할 수 있는 보안 프로토콜이므로 상위계층 보안이 필요한 VPN을 제공하지 못한다.
③ IPsec에서 제공하는 Transport 모드는 두 엔드포인트 장치 간에 Point-to-point 연결을 제공한다.
④ IPsec은 데이터 보호를 위해 AH와 ESP 보안 프로토콜을 제공한다.
⑤ IPsec는 상호간 안전한 키 분배를 위해 Diffie-Hellman 키 분배 프로토콜을 사용할 수 있다.

해설

VPN에서 암호화를 위해 IPsec을 사용할 수 있다.

정답 49. ① 50. ③ 51. ②

52 **IPsec에 대한 설명으로 옳지 않은 것은?** 2018년 정보보호직

① AH(Authentication Header) – IP 패킷에 대한 인증과 무결성을 제공하지만, 기밀성은 제공하지 않는다.
② ESP(Encapsulating Security Payload) – IP 패킷에 대한 기밀성, 인증, 무결성을 제공하며 IPsec의 전송 모드와 터널 모드에서 모두 동작 가능하다.
③ IKE(Internet Key Exchange) – IPsec의 보안 연관(security association)을 수립하고 필요한 보안키 교환 기능을 제공하지만, 인증서를 통한 개체 인증은 제공하지 않는다.
④ MIB(Management Information Base) – IPsec의 보안 정책이나 관리 정보를 저장하는 데 사용될 수 있는 자료구조이다.

해설

IKE : 보안 협상, 키 관리, 개체 인증을 제공한다.

53 **IPSec에서 두 컴퓨터 간의 보안 연결 설정을 위해 사용되는 것은?** 2017년 국가직 9급

① Extensible Authentication Protocol
② Internet Key Exchange
③ Encapsulating Security Payload
④ Authentication Header

해설

- IKE(Internet Key Exchange)를 이용한 비밀키 교환 : ISAKMP(Internet Security Association and Key Management Protocol), SKEME, Oakley 알고리즘의 조합이다. 두 컴퓨터 간의 보안 연결(SA ; Security Association)을 설정한다.
- AH(Authentication Header) : 데이터가 전송 도중에 변조되었는지를 확인할 수 있도록 데이터의 무결성에 대해 검사한다. 그리고 데이터를 스니핑한 뒤 해당 데이터를 다시 보내는 재생공격(Replay Attack)을 막을 수 있다.
- ESP(Encapsulating Security Payload) : 메시지의 암호화를 제공한다. 사용하는 암호화 알고리즘으로는 DES-CBC, 3DES, RC5, IDEA, 3IDEA, CAST, blowfish가 있다.

54 **IPSec의 헤더에서 재전송 공격(Replay Attack)을 방어하기 위한 목적으로 사용되는 필드는 무엇인가?** 감리사 8회

① 보안 매개변수 색인(Security Parameter Index) 필드
② 순서 번호(Sequence Number) 필드
③ 다음 헤더(Next Header) 필드
④ 인증 데이터(Authentication Data) 필드

해설
IPSec은 순서번호를 통해서 동일한 패킷 전송 시에 순서번호 중복으로 인하여 재전송 공격을 식별할 수 있다.

55 **다음 중 분석대상 네트워크에 현재 열려 있는 포트를 확인하여 어떤 서비스가 운영 중인지를 파악하기 위한 것으로 가장 적절한 것은?** 2016년 감리사

① iptable ② snort
③ nmap ④ tripwire

해설
- iptable(접근제어 도구): 방화벽 프로그램으로 상태추적 기능을 이용하여 고급화된 공격도 차단 가능
- snort(네트워크/패킷 모니터링 도구): 실시간 트래픽 분석과 IP 네트워크상에서 패킷 로깅이 가능한 침입 탐지 도구
- nmap(취약점 점검 도구): 대규모 네트워크를 고속 스캔하는 도구
- tripwire: 파일 무결성 검사도구로 가장 많이 사용되고 있으나, 크기가 크고 설정이 복잡해 중대형 서버에서 많이 사용

56 **RIP(Routing Information Protocol)는 Distance Vector 라우팅 알고리즘을 사용하고, 매 30초마다 전체 라우팅 테이블을 Active Interface로 전송한다. 다음 중 원격 네트워크에서 RIP에 의해 사용되는 최적의 경로 결정 방법은 무엇인가?** 보안기사 문제 응용

① TTL(Time To Live) ② Routed Information
③ Count to information ④ Hop count

해설
RIP은 Distance Vector 방식을 사용하는 라우팅 프로토콜이고, 최적의 경로를 결정하기 위해 Hop Count를 사용한다.

정답 52. ③ 53. ② 54. ② 55. ③ 56. ④

57 UDP 포트 스캐닝을 수행할 때 해당 포트에 서비스가 없을 경우 되돌아오는 메시지는 무엇인가?

2018년 해경

① ICMP Unreachable
② UDP Unreachable
③ Reset
④ SYN+ACK

해설

UDP scan

- UDP 프로토콜은 TCP와 다르게 핸드셰이킹 과정이 존재하지 않고, 따라서 일반적으로는 포트가 열려 있다고 하더라도 서버에서 아무런 응답을 하지 않을 수도 있다.
- 하지만 많은 시스템에서는 보낸 패킷에 대한 응답이 없을 때 ICMP unreachable 메시지를 보낸다. 많은 UCP 스캐너는 이 메시지를 탐지하는 방향으로 동작한다. 이 방식은 서버에서 ICMP 메시지를 보내지 않는 경우 닫혀 있는 포트를 열려 있다고 판단하는 경우가 존재한다.
- 신뢰하기 어려운 방식이다(UDP 패킷이 네트워크를 통해 전달되는 동안 라우터나 방화벽에 의해 손실될 수 있다).

58 포트 스캔 공격에 대한 설명으로 옳지 않은 것은? 2018년 네트워크 보안

① TCP Full Open 스캔에서 대상 시스템의 포트가 열린 경우 공격자는 TCP Three-way handshaking의 모든 과정을 거친다.

② TCP Half Open 스캔에서 대상 시스템의 포트가 열린 경우 공격자가 SYN 세그먼트를 보내면 대상 시스템이 SYN+ACK 세그먼트로 응답하고 공격자는 즉시 RST 세그먼트를 보내 연결을 끊는다.

③ NULL, FIN, XMAS 스캔에서 대상 시스템의 포트가 열린 경우에만 공격자에게 RST 세그먼트가 되돌아오고, 닫힌 경우에는 아무런 응답이 없다.

④ UDP 스캔에서 대상 시스템의 포트가 닫힌 경우 대상 시스템은 공격자에게 ICMP unreachable 패킷을 보내지만, 열린 경우에는 아무런 응답이 없다.

해설

Stealth scan

- FIN 스캔, XMAS 스캔, NULL 스캔 등으로 구성된다.
- 공통적으로 TCP 헤더의 각 flag 값을 인위적으로 조작한다. 대다수 시스템에서는 이런 접속에 대해 로그를 남기지 않으므로 발견될 확률이 매우 낮은 스캔 방법이다.
- FIN 스캔은 FIN 플래그를, XMAS 스캔은 모든 플래그를 활성화하며, NULL 스캔은 이와 반대로 모든 플래그를 비활성화한 값을 사용한다.
- 이 세 가지 스캔 방식은 공통적으로 대상 포트가 열려 있으면 아무런 응답이 없으며, 닫혀 있으면 해당 호스트는 공격자에게 RST 패킷을 전송한다.

59 **백도어를 사용하여 접근하는 경우 정상적인 인증을 거치지 않고 관리자의 권한을 얻을 수 있다. 이에 대한 대응책으로 옳지 않은 것은?** 보안기사 8회

① 주기적으로 파일의 해쉬값을 생성하여 무결성 검사를 수행한다.
② 불필요한 서비스 포트가 열려있는지 확인한다.
③ promiscuous로 변경되어 있는지를 주기적으로 검사한다.
④ 윈도우의 작업관리자나 리눅스시스템의 ps 명령어를 통해 비정상적인 프로세스가 있는지 확인한다.

해설

보기 3번은 스니핑에 관련된 내용이다.

60 **설치된 백도어를 탐지하는 방법의 하나는 현재 동작 중인 프로세스를 확인하는 것이다. 다음 설명에 해당하는 윈도우 프로세스를 바르게 나열한 것은?** 2020년 국가직 7급

ㄱ. 시스템에 대한 백업이나 업데이트에 관련된 작업의 스케줄러 프로세스
ㄴ. DLL(Dynamic Link Libraries)에 의해 실행되는 프로세스의 기본 프로세스
ㄷ. 윈도우 콘솔을 관장하고, 스레드를 생성·삭제하며, 32비트 가상 MS-DOS 모드를 지원하는 프로세스

	ㄱ	ㄴ	ㄷ
①	smss.exe	svchost.exe	csrss.exe
②	smss.exe	csrss.exe	svchost.exe
③	mstask.exe	svchost.exe	csrss.exe
④	mstask.exe	csrss.exe	svchost.exe

해설

- mstask.exe : mstask는 작업 스케줄러 서비스이며, 시스템에 대한 백업이나 업데이트에 관련된 작업의 스케줄러 프로세스이다.
- svchost.exe : svchost는 DLL로부터 실행되는 다른 프로세스들의 host 역할을 한다. DLL(Dynamic Link Libraries)에 의해 실행되는 프로세스의 기본 프로세스이다.
- csrss.exe : csrss는 client/server runtime subsystem의 약자이며, 윈도우 콘솔을 관장하고, 스레드를 생성·삭제하며, 32비트 가상 MS-DOS 모드를 지원하는 프로세스이다.

PART 05

정답 57. ① 58. ③ 59. ③ 60. ③

61 ㉠~㉣에 들어갈 윈도우 명령어를 바르게 연결한 것은? 2018년 네트워크 보안

- (㉠)은(는) 도메인 네임을 얻거나 IP주소 매핑을 확인하기 위해 DNS에 질의할 때 사용하는 명령
- (㉡)은(는) 지정한 IP주소의 통신 장비 접속성을 확인하기 위한 명령
- (㉢)은(는) 패킷이 목적지까지 도달하는 동안 거쳐 가는 라우터의 IP주소를 확인하는 명령
- (㉣)은(는) 전송 프로토콜, 라우팅 테이블, 네트워크 인터페이스, 네트워크 프로토콜 통계를 위한 네트워크 연결 상태를 보여주는 명령

	㉠	㉡	㉢	㉣
①	ping	tracert	netstat	nslookup
②	nslookup	ping	netstat	tracert
③	ping	nslookup	tracert	netstat
④	nslookup	ping	tracert	netstat

해설

- nslookup : 도메인 네임을 얻거나 IP주소 매핑을 확인하기 위해 DNS에 질의할 때 사용하는 명령
- ping : 지정한 IP주소의 통신 장비 접속성을 확인하기 위한 명령
- tracert : 패킷이 목적지까지 도달하는 동안 거쳐 가는 라우터의 IP주소를 확인하는 명령
- netstat : 전송 프로토콜, 라우팅 테이블, 네트워크 인터페이스, 네트워크 프로토콜 통계를 위한 네트워크 연결 상태를 보여주는 명령

62 윈도우 운영체제의 계정 관리에 대한 설명으로 옳은 것은? 2020년 국가직 9급

① 'net accounts guest /active:no' 명령은 guest 계정을 비활성화한다.

② 'net user' 명령은 시스템 내 사용자 계정정보를 나열한다.

③ 'net usergroup' 명령은 시스템 내 사용자 그룹정보를 표시한다.

④ 컴퓨터/도메인에 모든 접근권한을 가진 관리자 그룹인 'Admin'이 기본적으로 존재한다.

해설

- 'net user guest /active:no' 명령은 guest 계정을 비활성화한다.
- 'net group' 명령은 서버에서 글로벌 그룹을 추가, 표시 또는 수정한다.
- 컴퓨터/도메인에 모든 접근 권한을 가진 관리자 그룹인 'Administrators'이 기본적으로 존재한다.

63 **네트워크 명령어에 대한 설명으로 옳지 않은 것은?** 2022년 네트워크 보안

① hostname : 컴퓨터 이름을 확인한다.
② nslookup : DNS를 통해 도메인 이름을 검색한다.
③ ipconfig : 인터페이스에 설정된 라우팅 테이블을 검색한다.
④ ping : 컴퓨터의 네트워크 상태를 점검한다.

해설
ipconfig : 네트워크 인터페이스를 설정할 때 사용하는 명령어이다.

64 **웹 브라우저와 웹 서버 간에 안전한 정보 전송을 위해 사용되는 암호화 방법은?** 2014년 지방직 9급

① PGP
② SSH
③ SSL
④ S/MIME

해설
SSH(Secure SHell) : PGP와 마찬가지로 공개키 방식의 암호 방식을 사용하여 원격지 시스템에 접근하여 암호화된 메시지를 전송할 수 있는 시스템이다. 따라서 LAN상에서 다른 시스템에 로그인할 때 스니퍼에 의해서 도청당하는 것을 막을 수 있다.

65 **SSL 프로토콜에 대한 설명으로 옳지 않은 것은?** 2018년 지방직 9급

① 전송계층과 네트워크계층 사이에서 동작한다.
② 인증, 기밀성, 무결성 서비스를 제공한다.
③ Handshake Protocol은 보안 속성 협상을 담당한다.
④ Record Protocol은 메시지 압축 및 암호화를 담당한다.

해설
SSL 프로토콜은 전송계층에서 동작하며, IPSec이 네트워크 계층에서 동작한다.

정답 61. ④ 62. ② 63. ③ 64. ③ 65. ①

66 **SSL에서 기밀성과 메시지 무결성을 제공하기 위해 단편화, 압축, MAC 첨부, 암호화를 수행하는 프로토콜은?** 2024년 국가직 9급

① 경고 프로토콜
② 레코드 프로토콜
③ 핸드셰이크 프로토콜
④ 암호 명세 변경 프로토콜

해설

Record 프로토콜은 상위계층으로부터 오는 메시지를 전달한다. 메시지는 단편화되거나 선택적으로 압축, 암호화된다.

67 **SSL 프로토콜에 대한 설명으로 옳지 않은 것은?** 2019년 지방직 9급

① 서버와 클라이언트 간 양방향 통신에 동일한 암호화 키를 사용한다.
② 웹 서비스 이외에 다른 응용 프로그램에도 적용할 수 있다.
③ 단편화, 압축, MAC 추가, 암호화, SSL 레코드 헤더 추가의 과정으로 이루어진다.
④ 암호화 기능을 사용하면 주고받는 데이터가 인터넷상에서 도청되는 위험성을 줄일 수 있다.

해설

SSL은 여러 암호화 알고리즘을 지원하고 있다. HandShake Protocol에서는 RSA 공개키 암호 체제를 사용하고 있으며, HandShake가 끝난 후에는 여러 해독 체계가 사용된다. 그 해독 체계 중에는 RC2, RC4, IDEA, DES, TDES, MD5 등의 알고리즘이 있다.

68 **SSL(Secure Socket Layer)의 레코드 프로토콜에서 응용 메시지를 처리하는 동작 순서를 바르게 나열한 것은? (※ MAC : Message Authentication Code)** 2016년 네트워크 보안

① 압축 → 단편화 → 암호화 → MAC 첨부 → SSL 레코드 헤더 붙이기
② 압축 → 단편화 → MAC 첨부 → 암호화 → SSL 레코드 헤더 붙이기
③ 단편화 → MAC 첨부 → 압축 → 암호화 → SSL 레코드 헤더 붙이기
④ 단편화 → 압축 → MAC 첨부 → 암호화 → SSL 레코드 헤더 붙이기

해설

SSL Record 프로토콜의 절차 : 단편화 → 압축 → 인증(MAC 코드 삽입) → 암호화

69 SSL(Secure Socket Layer)의 Handshake 프로토콜에서 클라이언트와 서버 간에 논리적 연결 수립을 위해 클라이언트가 최초로 전송하는 ClientHello 메시지에 포함되는 정보가 아닌 것은?

2020년 국가직 9급

① 세션 ID ② 클라이언트 난수

③ 압축 방법 목록 ④ 인증서 목록

해설

Client Hello : 클라이언트는 서버에 처음으로 연결을 시도할 때, Client Hello 메시지를 통해 클라이언트 SSL 버전, 클라이언트에서 생성한 임의의 난수, 세션 식별자(ID), Cipher Suit 리스트, 클라이언트가 지원하는 압축 방법 리스트 등의 정보를 서버에 전송한다.

70 HTTPS에 대한 설명으로 옳지 않은 것은? 2016년 네트워크 보안

① HTTPS 연결로 명시되면 포트 번호 443번이 사용되어 SSL을 호출한다.

② HTTPS는 웹 브라우저와 웹 서버 간의 안전한 통신을 구현하기 위한 것이다.

③ HTTPS는 HTTP over TLS 표준 문서에 기술되어 있다.

④ HTTPS 사용 시 요청된 문서의 URL은 암호화할 수 없다.

해설

HTTPS를 사용하면 문서 내용, 요청된 문서의 URL, 쿠키 정보, HTTP 헤더 등이 암호화된다.

71 SSL Record 프로토콜의 처리 순서가 올바른 것은? 2021년 국회사무처 9급

① 압축 → 단편화 → 암호화 → MAC → 전송

② 압축 → 단편화 → MAC → 암호화 → 전송

③ MAC → 암호화 → 압축 → 단편화 → 전송

④ 암호화 → MAC → 단편화 → 압축 → 전송

⑤ 단편화 → 압축 → MAC → 암호화 → 전송

해설

SSL Record 프로토콜의 절차 : 단편화 → 압축 → 인증(MAC 코드 삽입) → 암호화

정답 66. ② 67. ① 68. ④ 69. ④ 70. ④ 71. ⑤

72 SSL을 구성하는 프로토콜에 대한 설명으로 옳은 것은? 2023년 국가직 9급

① Handshake는 두 단계로 이루어진 메시지 교환 프로토콜로서 클라이언트와 서버 사이의 암호학적 비밀 확립에 필요한 정보를 교환하기 위한 것이다.

② 클라이언트와 서버는 각각 상대방에게 ChangeCipherSpec 메시지를 전달함으로써 메시지의 서명 및 암호화에 필요한 매개변수가 대기 상태에서 활성화되어 비로소 사용할 수 있게 된다.

③ 송신 측의 Record 프로토콜은 응용 계층 또는 상위 프로토콜의 메시지를 단편화, 암호화, 압축, 서명, 헤더 추가의 순서로 처리하여 전송 프로토콜에 전달한다.

④ Alert 프로토콜은 Record 프로토콜의 하위 프로토콜로서 처리 과정의 오류를 알리는 메시지를 전달한다.

해설

- Handshake는 4단계로 이루어진 메시지 교환 프로토콜이다.
- Change Cipher Spec protocol은 SSL 프로토콜 중 하나로, 협상된 Cipher 규격과 암호키를 이용하여 추후 레코드의 메시지를 보호할 것을 명령한다.
- SSL Record 프로토콜의 절차 : 단편화 → 압축 → 인증(MAC 코드 삽입) → 암호화
- Alert 프로토콜은 Record 프로토콜의 상위 프로토콜로서 처리 과정의 오류를 알리는 메시지를 전달한다.
- SSL Architecture

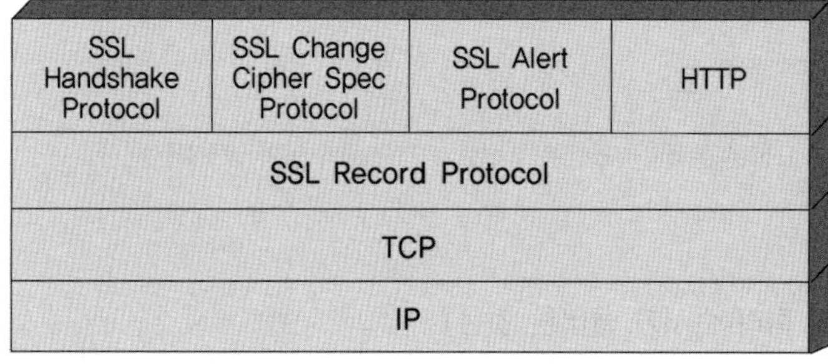

73 SSL(Secure Socket Layer)에서 메시지에 대한 기밀성을 제공하기 위해 사용되는 것은?

2018년 국가직 9급

① MAC(Message Authentication Code)

② 대칭키 암호 알고리즘

③ 해시 함수

④ 전자서명

해설

SSL(Secure Socket Layer)에서 메시지에 대한 기밀성을 제공하기 위해 대칭키 암호 알고리즘을 사용한다.

74 **전송계층 보안 프로토콜인 TLS(Transport Layer Security)가 제공하는 보안 서비스에 해당하지 않는 것은?** 2015년 국가직 9급

① 메시지 부인 방지
② 클라이언트와 서버 간의 상호 인증
③ 메시지 무결성
④ 메시지 기밀성

해설

- 상호 인증: 클라이언트와 서버 간의 상호 인증(RSA, DSS, X.509)
- 기밀성: 대칭키 암호화 알고리즘을 통한 데이터의 암호화(DES, 3DES, RC4 등)
- 데이터 무결성: MAC 기법을 이용해 데이터 변조 여부 확인(HMAC-md5, HMAC-SHA-1)

PART 05

75 **SSL을 구성하는 프로토콜 중에서 상위계층에서 수신된 메시지를 전달하는 역할을 담당하며 클라이언트와 서버 간 약속된 절차에 따라 메시지에 대한 단편화, 압축, 메시지 인증 코드 생성 및 암호화 과정 등을 수행하는 프로토콜은?** 2015년 국가직 7급

① Handshake Protocol
② Alert Protocol
③ Record Protocol
④ Change Cipher Spec Protocol

해설

SSL 프로토콜

프로토콜	내용
HandShake Protocol	클라이언트와 서버의 상호 인증, 암호 알고리즘, 암호키, MAC 알고리즘 등의 속성을 사전합의(사용할 알고리즘 결정 및 키 분배 수행)
Change Cipher Spec protocol	협상된 Cipher 규격과 암호키를 이용하여 추후 레코드의 메시지를 보호할 것을 명령
Alert Protocol	다양한 에러 메시지를 전달
Record Protocol	트랜스포트 계층을 지나기 전에 애플리케이션 데이터를 암호화

정답 72. ② 73. ② 74. ① 75. ③

76 **TLS 및 DTLS 보안 프로토콜에 대한 설명으로 가장 옳지 않은 것은?** 2019년 서울시 9급

① TLS 프로토콜에서는 인증서(Certificate)를 사용하여 인증을 수행할 수 있다.
② DTLS 프로토콜은 MQTT 응용 계층 프로토콜의 보안에 사용될 수 있다.
③ TLS 프로토콜은 Handshake · Change Cipher Spec · Alert 프로토콜과 Record 프로토콜 등으로 구성되어 있다.
④ TCP 계층 보안을 위해 TLS가 사용되며, UDP 계층 보안을 위해 DTLS가 사용된다.

해설

- MQTT(Message Queuing Telemetry Transport)는 TCP 기반의 프로토콜이고, CoAP(Constrained Application Protocol)은 IETF에서 표준화한 UDP 기반의 경량화 프로토콜이다. CoAP는 UDP를 기반으로 설계되었기 때문에 클라이언트와 서버는 비연결형 서비스로 데이터그램 방식을 제공한다.
- UDP 기반 통신방식에서는 보안성을 추가하기 위해 DTLS(Datagram Transport Layer Security)가 사용된다.

77 **SSL(Secure Socket Layer) 핸드셰이크 프로토콜 처리에서 클라이언트와 서버 사이의 논리 연결을 설립하는 데 필요한 교환 단계를 순서대로 바르게 나열한 것은?** 2018년 시스템 보안

ㄱ. 서버는 인증서, 키 교환을 보내고 클라이언트에게 인증서를 요청한다.
ㄴ. 프로토콜 버전, 세션 ID, 암호 조합, 압축 방법 및 초기 난수를 포함하여 보안 능력을 수립한다.
ㄷ. 암호 조합을 변경한다.
ㄹ. 클라이언트는 인증서와 키 교환을 보낸다.

① ㄴ → ㄱ → ㄷ → ㄹ
② ㄴ → ㄱ → ㄹ → ㄷ
③ ㄹ → ㄷ → ㄱ → ㄴ
④ ㄹ → ㄷ → ㄴ → ㄱ

해설

ㄴ(초기 협상) → ㄱ(서버 인증) → ㄹ(클라이언트 인증) → ㄷ(종료)

78 **SSL(Secure Socket Layer) 프로토콜에 대한 설명으로 옳지 않은 것은?** 2019년 국가직 9급

① ChangeCipherSpec – Handshake 프로토콜에 의해 협상된 암호규격과 암호키를 이용하여 추후의 레코드 계층의 메시지를 보호할 것을 지시한다.
② Handshake – 서버와 클라이언트 간 상호인증 기능을 수행하고, 암호화 알고리즘과 이에 따른 키 교환 시 사용된다.
③ Alert – 내부적 및 외부적 보안 연관을 생성하기 위해 설계된 프로토콜이며, Peer가 IP 패킷을 송신할 필요가 있을 때, 트래픽의 유형에 해당하는 SA가 있는지를 알아보기 위해 보안 정책 데이터베이스를 조회한다.
④ Record – 상위계층으로부터(Handshake 프로토콜, ChangeCipherSpec 프로토콜, Alert 프로토콜 또는 응용층) 수신하는 메시지를 전달하며 메시지는 단편화되거나 선택적으로 압축된다.

해설

Alert Protocol : 다양한 에러 메시지를 전달한다. 메시지의 암호화 오류, 인증서 오류, 오류 조건 등을 전달하는 데 사용된다.

79 **그림은 SSL/TLS에서 상호인증을 요구하지 않는 경우의 핸드쉐이크(handshake) 과정이다. ㉠, ㉡에 들어갈 SSL/TLS 메시지를 바르게 짝지은 것은?** 2018년 교육청 9급

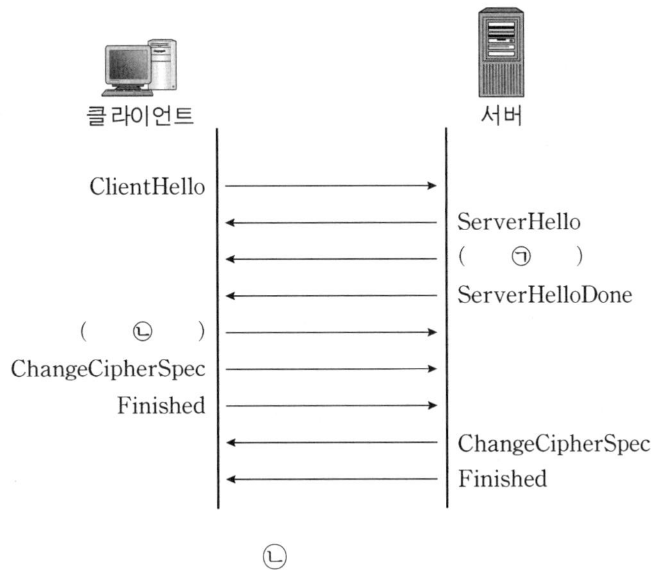

	㉠	㉡
①	ClientRequest	ClientHelloDone
②	ServerKeyExchange	ClientHelloDone
③	ClientKeyExchange	ServerKeyExchange
④	ServerKeyExchange	ClientKeyExchange

해설

- Server Certificate or Server Key Exchange : 서버 인증을 위한 자신의 공개키 인증서를 가지고 있다면, Server Certificate 메시지를 즉시 클라이언트에 전송한다. 일반적으로 X.509 버전 3 인증서를 사용하며, 이 단계에서 사용되는 인증서의 종류 또는 키 교환에 사용되는 알고리즘은 Server Hello 메시지의 Cipher Suit에 정의된 것을 사용한다.
- Client Key Exchange : 이 단계에서 클라이언트는 세션키를 생성하는 데 이용되는 임의의 비밀 정보인 48바이트 pre_master_secret을 생성한다. 그런 뒤 선택된 공개키 알고리즘에 따라 pre_master_secret 정보를 암호화하여 서버에 전송한다. 이때 RSA, Fortezza, Diffie-Hellman 중 하나를 이용하게 된다.

PART 05

정답 76. ② 77. ② 78. ③ 79. ④

80 SSH(Secure SHell)를 구성하고 있는 프로토콜 스택으로 옳지 않은 것은? 2016년 지방직 9급

① SSH User Authentication Protocol

② SSH Session Layer Protocol

③ SSH Connection Protocol

④ SSH Transport Layer Protocol

해설

- SSH User Authentication Protocol : 사용자를 서버에게 인증한다.
- SSH Connection Protocol : SSH 연결을 사용하여 하나의 채널상에서 여러 개의 논리적 통신 채널을 다중화한다.
- SSH Transport Layer Protocol : 전 방향성 완전 안정성(PFS ; Perfect Forward Secrecy)를 만족하는 서버 인증, 데이터 기밀성과 무결성을 제공한다.

81 SSH를 구성하는 프로토콜에 대한 설명으로 옳은 것은? 2022년 국가직 9급

① SSH는 보통 TCP상에서 수행되는 3개의 프로토콜로 구성된다.

② 연결 프로토콜은 서버에게 사용자를 인증한다.

③ 전송계층 프로토콜은 SSH 연결을 사용하여 한 개의 논리적 통신 채널을 다중화한다.

④ 사용자 인증 프로토콜은 전방향 안전성을 만족하는 서버인증만을 제공한다.

해설

- SSH는 보통 TCP상에서 수행되는 3개의 프로토콜로 구성된다.
- SSH 사용자 인증 프로토콜(User Authentication Protocol) : 클라이언트 측 사용자를 서버에게 인증
- SSH 연결 프로토콜(Connection Protocol) : 암호화된 터널을 여러 개의 논리적 채널로 다중화
- SSH 전송 계층 프로토콜(Transport Layer Protocol) : 서버 인증, 기밀성과 무결성을 제공하고, 옵션으로 압축을 제공

82 SSH(Secure Shell)의 전송 계층 프로토콜에 의해 제공되는 서비스가 아닌 것은? 2023년 지방직 9급

① 서버 인증

② 데이터 기밀성

③ 데이터 무결성

④ 논리 채널 다중화

해설

- SSH User Authentication Protocol : 사용자를 서버에게 인증한다.
- SSH Connection Protocol : SSH 연결을 사용하여 하나의 채널상에서 여러 개의 논리적 통신 채널을 다중화한다.
- SSH Transport Layer Protocol : 전 방향성 완전 안정성(PFS ; Perfect Forward Secrecy)를 만족하는 서버 인증, 데이터 기밀성과 무결성을 제공한다.

83 동일 LAN상에서 서버와 클라이언트의 IP 주소에 대한 2계층 MAC 주소를 공격자의 MAC 주소로 속임으로써, 공격자가 서버와 클라이언트 간의 통신을 엿듣거나 통신 내용 또는 흐름을 왜곡시킬 수 있다. 이러한 상황에서 발생한 공격과 거리가 먼 것은? 2017년 국가직 9급 추가

① MITM(Man-In-The-Middle)
② 스니핑(sniffing)
③ ARP 스푸핑(spoofing)
④ IP 스푸핑(spoofing)

해설
IP 스푸핑은 IP 주소를 속여서 권한을 상승시킬 수 있는 공격이다.

84 (가)와 (나)에 들어갈 용어를 바르게 연결한 것은? 2024년 지방직 9급

traceroute 명령어는 (가) 시스템에서 사용되며 (나) 기반으로 구현된다.

	(가)	(나)
①	Windows	IGMP
②	Windows	TCP
③	Linux	HTTP
④	Linux	ICMP

해설
- traceroute 명령어는 Unix/Linux 시스템에서 사용되며 ICMP 기반으로 구현된다.
- traceroute 명령어를 사용하여 IP 패킷이 목적지에 도달하기 위해 거치는 네트워크 경로를 추적할 수 있다. ICMP를 사용하여 경로를 확인해주는 역할을 한다.
- traceroute
  ㉠ 최종 목적지 컴퓨터(서버)까지 중간에 거치는 여러 개의 라우터에 대한 경로 및 응답 속도를 표시해 준다.
  ㉡ 갑자기 특정 사이트나 서버와 접속이 늦어진 경우에 traceroute 명령으로 내부 네트워크가 느린지, 회선 구간이 느린지, 사이트 서버에서 느린지를 확인해볼 수 있다.

PART 05

정답 80. ② 81. ① 82. ④ 83. ④ 84. ④

85 〈보기〉의 설명에 해당되는 공격 유형으로 가장 적합한 것은? 2019년 서울시 9급

보기

SYN 패킷을 조작하여 출발지 IP 주소와 목적지 IP 주소를 일치시켜서 공격 대상에 보낸다. 이때 조작된 IP 주소는 공격 대상의 주소이다.

① Smurf Attack
② Land Attack
③ Teardrop Attack
④ Ping of Death Attack

해설

- Land Attack : 소스 IP와 목적지 IP, 소스포트와 목적지포트가 같도록 위조한 패킷을 전송하는 공격형태이다.
- Smurf Attack : Ping of Death처럼 ICMP 패킷을 이용한다. ICMP Request를 받은 네트워크는 ICMP Request 패킷의 위조된 시작 IP 주소로 ICMP Reply를 다시 보낸다. 결국 공격 대상은 수많은 ICMP Reply를 받게 되고 Ping of Death 처럼 수많은 패킷이 시스템을 과부하 상태로 만든다.
- Ping of death : 네트워크의 연결 상태를 점검하기 위한 ping 명령을 보낼 때, 패킷을 최대한 길게 하여(최대 65,500바이트) 공격 대상에게 보내면 패킷은 네트워크에서 수백 개의 패킷으로 잘게 쪼개져 보내진다. 네트워크의 특성에 따라 한 번 나뉜 패킷이 다시 합쳐서 전송되는 일은 거의 없으며, 공격 대상 시스템은 결과적으로 대량의 작은 패킷을 수신하게 되어 네트워크가 마비된다.

86 다음에서 설명하는 네트워크 공격방식으로 가장 적절한 것은? 2024년 군무원 9급

- 네트워크 공격방식의 일종으로 source ip와 destination ip를 똑같게 해서, 공격 대상이 자기 자신에게 응답하도록 하는 공격방식이다.
- 대응방법으로 출발지와 목적지 IP가 동일한 패킷을 방화벽 등에서 차단한다.

① Land Attack
② SMURF Attack
③ PING OF DEATH
④ SYN Flooding

해설

- Land Attack는 소스 IP와 목적지 IP, 소스포트와 목적지포트가 같도록 위조한 패킷을 전송하는 공격형태이다.
- SYN Flooding 공격은 각 서버의 동시 가용자 수를 SYN 패킷만 보내 점유하여 다른 사용자가 서버를 사용할 수 없게 만드는 공격이다.

87 **보안 공격에 대한 설명으로 옳지 않은 것은?** 2022년 지방직 9급

① Land 공격은 패킷을 전송할 때 출발지와 목적지 IP를 동일하게 만들어서 공격 대상에게 전송한다.
② UDP Flooding 공격은 다수의 UDP 패킷을 전송하여 공격 대상 시스템을 마비시킨다.
③ ICMP Flooding 공격은 ICMP 프로토콜의 echo 패킷에 대한 응답인 reply 패킷의 폭주를 통해 공격 대상 시스템을 마비시킨다.
④ Teardrop 공격은 공격자가 자신이 전송하는 패킷을 다른 호스트의 IP 주소로 변조하여 수신자의 패킷 조립을 방해한다.

해설

TearDrop 공격

- TearDrop은 IP 패킷 전송이 잘게 나누어졌다가 다시 재조합하는 과정의 약점을 악용한 공격이다. 보통 IP 패킷은 하나의 큰 자료를 잘게 나누어서 보내게 되는데, 이때 offset을 이용하여 나누었다 도착지에서 offset을 이용하여 재조합하게 된다. 이때 동일한 offset을 겹치게 만들면 시스템은 교착되거나 충돌을 일으키거나 재시동되기도 한다.
- 시스템의 패킷 재전송과 재조합에 과부하가 걸리도록 시퀀스 넘버를 속인다.

PART 05

88 **DoS(Denial of Service)의 공격유형이 아닌 것은?** 2021년 지방직 9급

① Race Condition
② TearDrop
③ SYN Flooding
④ Land Attack

해설

- DoS(Denial of Service)의 공격유형 : Ping of death, TearDrop, SYN Flooding, Land Attack, Smurf Attack
- Race Condition은 한정된 자원을 동시에 이용하려는 여러 프로세스가 자원의 이용을 위해 경쟁을 벌이는 현상이다. 레이스 컨디션을 이용하여 루트 권한을 얻는 공격을 Race Condition 공격이라 한다.

정답 85. ② 86. ① 87. ④ 88. ①

89 다음은 어떤 공격에 대한 패킷로그를 검출한 것을 보여주고 있다. 어떠한 공격인가?

보안기사 문제 응용

> Source : 85.85.85.85
> Destination : 85.85.85.85
> Protocol : 6
> Src Port : 21845
> DST Port : 21845

① Land Attack
② Syn Flooding Attack
③ Smurf Attack
④ Ping of Death Attack

해설

Land Attack는 소스 IP와 목적지 IP, 소스포트와 목적지포트가 같도록 위조한 패킷을 전송하는 공격형태이다. 따라서 답은 Land Attack이다.

90 네트워크나 컴퓨터 시스템의 자원 고갈을 통해 시스템 성능을 저하시키는 공격에 해당하는 것만을 모두 고르면? 2020년 국가직 9급

> ㄱ. Ping of Death 공격
> ㄴ. Smurf 공격
> ㄷ. Heartbleed 공격
> ㄹ. Sniffing 공격

① ㄱ, ㄴ
② ㄱ, ㄷ
③ ㄴ, ㄷ
④ ㄴ, ㄹ

해설

- 서비스 거부공격(DoS attack) : DoS 공격은 인터넷을 통하여 장비나 네트워크를 목표로 공격한다. DoS 공격의 목적은 정보를 훔치는 것이 아니라 장비나 네트워크를 무력화시켜서 사용자가 더 이상 네트워크 자원을 접근할 수 없게 만든다.
- Ping of death : 네트워크의 연결 상태를 점검하기 위한 ping 명령을 보낼 때, 패킷을 최대한 길게 하여(최대 65,500바이트) 공격 대상에게 보내면 패킷은 네트워크에서 수백 개의 패킷으로 잘게 쪼개져 보내진다. 네트워크의 특성에 따라 한 번 나뉜 패킷이 다시 합쳐서 전송되는 일은 거의 없으며, 공격 대상 시스템은 결과적으로 대량의 작은 패킷을 수신하게 되어 네트워크가 마비된다.
- Smurf 공격 : Ping of Death처럼 ICMP 패킷을 이용한다. ICMP Request를 받은 네트워크는 ICMP Request 패킷의 위조된 시작 IP 주소로 ICMP Reply를 다시 보낸다. 결국 공격 대상은 수많은 ICMP Reply를 받게 되고, Ping of Death처럼 수많은 패킷이 시스템을 과부하 상태로 만든다.

91 **(가)와 (나)에 들어갈 내용을 바르게 연결한 것은?** 2024년 지방직 9급

> 하트블리드(Heartbleed)는 (가) 를 구현한 공개 소프트웨어인 OpenSSL의 심각한 보안 취약점으로, 수신한 요청 메시지의 실제 (나) 을/를 제대로 확인하지 않은 것에 기인한 것이다.

	(가)	(나)
①	SSH	길이
②	SSH	유형
③	TLS	길이
④	TLS	유형

해설

- 하트블리드(Heartbleed)는 TLS를 구현한 공개 소프트웨어인 OpenSSL의 심각한 보안 취약점으로, 수신한 요청 메시지의 실제 길이를 제대로 확인하지 않은 것에 기인한 것이다.
- TLS(Transport Layer Security)는 인터넷에서 데이터를 안전하게 전송하기 위한 프로토콜로, SSL(Secure Sockets Layer)의 후속 버전이라 할 수 있다.
- 하트블리드는 OpenSSL에서 TLS 연결을 설정할 때 전송되는 하트비트(Heartbeat) 메시지를 이용하여 메모리에 저장된 데이터를 유출할 수 있는 취약점이다. 하트블리드 취약점을 악용할 경우 공격자는 서버 메모리의 임의 위치에 접근할 수 있다.

92 **서비스 거부 공격(DoS)에 대한 설명으로 가장 옳지 않은 것은?** 2019년 서울시 9급

① 공격자가 임의로 자신의 IP 주소를 속여서 다량으로 서버에 보낸다.
② 대상 포트 번호를 확인하여 17, 135, 137번, UDP 포트 스캔이 아니면, UDP Flooding 공격으로 간주한다.
③ 헤더가 조작된 일련의 IP 패킷 조각들을 전송한다.
④ 신뢰 관계에 있는 두 시스템 사이에 공격자의 호스트를 마치 하나의 신뢰 관계에 있는 호스트인 것처럼 속인다.

해설

보기 4번의 설명은 IP spoofing에 해당된다.

정답 89. ① 90. ① 91. ③ 92. ④

93 **서비스 거부(Denial of Service) 공격기법으로 옳지 않은 것은?** 2017년 지방직 9급

① Ping Flooding 공격
② Zero Day 공격
③ Teardrop 공격
④ SYN Flooding 공격

해설
Zero Day 공격은 보안 취약점이 발견되었을 때 그 문제의 존재 자체가 널리 공표되기 전에 해당 취약점을 악용하여 이루어지는 보안 공격이다.

94 **서비스 거부 공격에 해당하는 것은?** 2023년 지방직 9급

① 발신지 IP 주소와 목적지 IP 주소의 값을 똑같이 만든 패킷을 공격 대상에게 전송한다.
② 공격 대상에게 실제 DNS 서버보다 빨리 응답 패킷을 보내 공격 대상이 잘못된 IP 주소로 웹 접속을 하도록 유도한다.
③ LAN상에서 서버와 클라이언트의 IP 주소에 대한 MAC 주소를 위조하여 둘 사이의 패킷이 공격자에게 전달되도록 한다.
④ 네트워크 계층에서 공격 시스템을 네트워크에 존재하는 또 다른 라우터라고 속임으로써 트래픽이 공격 시스템을 거쳐가도록 흐름을 바꾼다.

해설
- 보기 1번은 서비스 거부공격(DoS attack)의 하나인 Land 공격에 해당된다.
- 보기 2번은 DNS Spoofing 공격, 보기 3번은 ARP Spoofing 공격, 보기 4번은 ICMP 리다이렉트 공격에 대한 내용이다.

95 **보안 공격에 대한 설명으로 옳지 않은 것은?** 2014년 지방직 9급

① Land 공격 : UDP와 TCP 패킷의 순서번호를 조작하여 공격 시스템에 과부하가 발생한다.
② DDoS(Distributed Denial of Service) 공격 : 공격자, 마스터, 에이전트, 공격 대상으로 구성된 메커니즘을 통해 DoS 공격을 다수의 PC에서 대규모로 수행한다.
③ Trinoo 공격 : 1999년 미네소타대학교 사고의 주범이며 기본적으로 UDP 공격을 실시한다.
④ SYN Flooding 공격 : 각 서버의 동시 가용자 수를 SYN 패킷만 보내 점유하여 다른 사용자가 서버를 사용할 수 없게 만드는 공격이다.

해설
Land 공격은 출발지 주소와 목적지 주소를 모두 공격 대상의 주소로 써서 보내어, 공격 대상은 자기 자신에게 무한히 응답하는 현상을 만드는 공격이다.

96 다음 중 정보보호 기본목표에 대한 설명으로 가장 적절한 것은? 2024년 군무원 9급

> – 최근 사회적 혼란을 야기하기 위해 국내 정부부처 웹사이트를 대상으로 (가) 공격이 증가하고 있다.
> –(가) 공격은 대상 웹서비스 중단을 목적으로 서버, 서비스 또는 네트워크에 인터넷 트래픽을 대량으로 보내는 악의적인 사이버 공격으로 정보보호의 기본목표인 (나)을/를 훼손하기 위한 목적으로 시도되는 공격이다.

	(가)	(나)
①	세션 하이재킹(Session Hijacking)	기밀성
②	SQL 인젝션(SQL injection)	무결성
③	분산서비스 공격(Distributed Denial of Service)	가용성
④	제로데이 공격(ZeroDay Attack)	책임추적성

PART 05

해설

- 최근 사회적 혼란을 야기하기 위해 국내 정부부처 웹사이트를 대상으로 분산서비스 공격이 증가하고 있다. 분산서비스 공격은 대상 웹서비스 중단을 목적으로 서버, 서비스 또는 네트워크에 인터넷 트래픽을 대량으로 보내는 악의적인 사이버 공격으로 정보보호의 기본목표인 가용성을 훼손하기 위한 목적으로 시도되는 공격이다.
- DDoS(Distributed Denial of Service) 공격 : 공격자, 마스터 에이전트, 공격 대상으로 구성된 메커니즘을 통해 DoS 공격을 다수의 PC에서 대규모로 수행한다.

97 TCP SYN flood 공격에 대해 가장 바르게 설명한 것은? 2014년 국회사무처 9급

① 브로드캐스트 주소를 대상으로 공격
② TCP 프로토콜의 초기 연결설정 단계를 공격
③ TCP 패킷의 내용을 엿보는 공격
④ 통신과정에서 사용자의 권한 탈취를 위한 공격
⑤ TCP 패킷의 무결성을 깨뜨리는 공격

해설

TCP SYN flood 공격은 대상 시스템에 연속적인 SYN 패킷을 보내서 넘치게 만들어 버리는 공격이며, 이는 TCP 프로토콜의 초기 연결설정 단계를 공격하는 것이다.

정답 93. ② 94. ① 95. ① 96. ③ 97. ②

98 DoS(Denial of Service) 공격의 대응 방법에 대한 설명으로 ㉠, ㉡에 들어갈 용어는?

2018년 지방직 9급

> – 다른 네트워크로부터 들어오는 IP broadcast 패킷을 허용하지 않으면 자신의 네트워크가 (㉠) 공격의 중간 매개지로 쓰이는 것을 막을 수 있다.
> – 다른 네트워크로부터 들어오는 패킷 중에 출발지 주소가 내부 IP 주소인 패킷을 차단하면 (㉡) 공격을 막을 수 있다.

	㉠	㉡
①	Smurf	Land
②	Smurf	Ping of Death
③	Ping of Death	Land
④	Ping of Death	Smurf

해설

- Smurf 공격은 DoS 공격 중에서 가장 피해가 크며, IP 위장과 ICMP 특징을 이용한 공격이다.
- Land 공격은 패킷을 전송할 때 출발지 IP 주소와 목적지 IP 주소값을 똑같이 만들어서 공격 대상에게 보내는 공격이다. 이때 조작된 IP 주소값은 공격 대상의 IP 주소여야 한다. 방화벽 등과 같은 보안 솔루션에서 패킷의 출발지 주소와 목적지 주소의 적절성을 검증하는 기능을 이용하여 필터링할 수 있다.

99 다음 중 SYN Flooding Attack에 대한 설명으로 옳지 않은 것은? 보안기사 문제 응용

① 대응책으로 SYN_RCVD의 대기시간을 줄인다.
② 보안설정으로 Backlog Queue의 대기시간을 늘려야 한다.
③ 공격자는 IP를 변조하여 다량의 연결요청을 전송한다.
④ 시스템의 Backlog Queue를 가득 채우는 공격이다.

해설

공격자가 많은 양의 SYN을 생성 · 전달하여 Backlog Queue의 저장공간을 가득 채워 정상 사용자에 대한 서비스 장애를 유발한다.

100 **위조된 출발지 주소에서 과도한 양의 TCP SYN 패킷을 공격 대상 시스템으로 전송하는 서비스 거부 공격에 대응하기 위한 방안의 하나인, SYN 쿠키 기법에 대한 설명으로 옳은 것은?**

2020년 지방직 9급

① SYN 패킷이 오면 세부 정보를 TCP 연결 테이블에 기록한다.
② 요청된 연결의 중요 정보를 암호화하고 이를 SYN-ACK 패킷의 응답(acknowledgment) 번호로 하여 클라이언트에게 전송한다.
③ 클라이언트가 SYN 쿠키가 포함된 ACK 패킷을 보내오면 서버는 세션을 다시 열고 통신을 시작한다.
④ TCP 연결 테이블에서 연결이 완성되지 않은 엔트리를 삭제하는 데까지의 대기 시간을 결정한다.

해설

- SYN COOKIE를 사용하게 되면 세션이 이루어지기 전에는 해당 세션에 대한 정보를 backlog queue에 저장하지 않으므로 SYN Flooding 공격을 방어할 수 있다.
- SYN 쿠키 기법은 SYN 패킷을 수신한 서버가 시간정보, 클라이언트 시작 순서번호, 클라이언트 IP 주소, 비밀번호 등을 입력값으로 해시값을 쿠키로 구한다.
- SYN 쿠키가 포함된 ACK 패킷을 보내오면 TCP 연결 테이블에 기록한다.

PART 05

101 **발신지 IP 주소가 공격대상의 IP 주소로 위조된 ICMP 패킷을 특정 브로드캐스트 주소로 보내어 공격대상이 다량의 ICMP reply 패킷을 받도록 하는 공격기법은?** 2016년 국가직 7급

① SYN flooding ② Smurf attack
③ Land attack ④ Teardrop

해설

Smurf 공격은 DoS 공격 중에서 가장 피해가 크며, IP 위장과 ICMP 특징을 이용한 공격이다.

정답 98. ① 99. ② 100. ③ 101. ②

102 **다음은 신문기사의 일부이다. 빈칸 ㉠에 공통으로 들어갈 용어로 옳은 것은?** 2018년 교육청 9급

> [㉠]은(는) 하나의 PC로 제어되는 대규모 온라인 기기 모음이며, 악성 소프트웨어를 이용해 빼앗은 다수의 좀비 컴퓨터로 구성되는 네트워크라고 볼 수 있다. 일반적으로 PC, 공유기, 스마트폰, 웹캠, 태블릿 등을 악성코드에 감염시켜 사용한다.
> [㉠]은(는) 특정 온라인 서버를 표적으로 다운시키거나 대규모 스팸 캠페인을 전달하는 DDoS 공격에 사용할 수 있다. 또한 사용자는 자신의 기기에 있는 악성코드를 인식하지 못하기 때문에 사생활 침해 사기에 개인 정보를 쉽게 도용당할 수 있다.
> －2017년 ○월 ○일자－

① 웜(worm)
② 봇넷(botnet)
③ 루트킷(rootkit)
④ 랜섬웨어(ransomware)

해설

봇넷(Botnets)은 악의적인 코드에 감염된 컴퓨터들이다. 즉, 좀비(Zombie) 시스템의 집합이며, 이 좀비 시스템은 좀비 마스터에 의해 제어된다.

103 **㉠, ㉡에 들어갈 네트워크 보안 공격을 바르게 연결한 것은?** 2018년 국가직 7급

> －(㉠)은(는) TCP 연결 설정을 위한 3-way handshaking 과정에서 half-open 연결 시도가 가능하다는 취약성을 이용하는 공격 방식이다.
> －(㉡)은(는) 서버와 클라이언트가 TCP 통신을 하고 있을 때, RST 패킷을 보내고 시퀀스 넘버 등을 조작하여 연결을 가로채는 공격 방식이다.

	㉠	㉡
①	SYN 플러딩	IP 스푸핑
②	SYN 플러딩	세션 하이재킹
③	ARP 스푸핑	IP 스푸핑
④	ARP 스푸핑	세션 하이재킹

해설

• SYN 플러딩 공격은 대상 시스템에 연속적인 SYN 패킷을 보내서 넘치게 만들어 버리는 공격이다.
• TCP 세션 하이재킹은 TCP가 가지는 고유한 취약점을 이용해 정상적인 접속을 빼앗는 방법이다.

104 **다음에서 설명하는 서비스 거부(denial of service) 공격은?** 2022년 네트워크 보안

> – ICMP 패킷과 네트워크에 존재하는 임의의 시스템을 이용해 패킷을 확장함으로써 서비스 거부 공격 수행
> – 다이렉트 브로드캐스트(direct broadcast) 악용

① 티어드롭 공격(teardrop attack)
② 스머프 공격(smurf attack)
③ 죽음의 핑 공격(ping of death attack)
④ SYN 플러딩 공격(SYN flooding attack

해설

Smurf Attack : Ping of Death처럼 ICMP 패킷을 이용한다. ICMP Request를 받은 네트워크는 ICMP Request 패킷의 위조된 시작 IP 주소로 ICMP Reply를 다시 보낸다. 결국 공격 대상은 수많은 ICMP Reply를 받게 되고 Ping of Death처럼 수많은 패킷이 시스템을 과부하 상태로 만든다.

PART 05

105 **공격자가 TCP 세션 하이재킹(session hijacking)을 위해 대상 호스트에 첫 번째로 보내는 TCP 패킷 플래그(flag)는?** 2022년 네트워크 보안

① RST　　② FIN
③ ACK　　④ SYN

해설

TCP 세션 하이재킹 과정

1. 클라이언트와 서버 사이의 패킷을 통제한다. ARP 스푸핑 등을 통해 클라이언트와 서버 사이의 통신 패킷이 모두 공격자를 지나가게 하도록 하면 된다.
2. 서버에 클라이언트 주소로 연결을 재설정하기 위한 RST(Reset) 패킷을 보낸다. 서버는 해당 패킷을 받고, 클라이언트의 시퀀스 넘버가 재설정된 것으로 판단하고, 다시 TCP 쓰리웨이 핸드셰이킹을 수행한다.
3. 공격자는 클라이언트 대신 연결되어 있던 TCP 연결을 그대로 물려받는다.

정답 102. ② 103. ② 104. ② 105. ①

106 TCP 세션 하이재킹에 대한 설명으로 옳은 것은? 2022년 국가직 9급

① 서버와 클라이언트가 통신할 때 TCP의 시퀀스 넘버를 제어하는 데 문제점이 있음을 알고 이를 이용한 공격이다.
② 공격 대상이 반복적인 요구와 수정을 계속하여 시스템 자원을 고갈시킨다.
③ 데이터의 길이에 대한 불명확한 정의를 악용한 덮어쓰기로 인해 발생한다.
④ 사용자의 동의 없이 컴퓨터에 불법적으로 설치되어 문서나 그림 파일 등을 암호화한다.

해설

TCP 세션 하이재킹

- TCP가 가지는 고유한 취약점을 이용해 정상적인 접속을 빼앗는 방법이다.
- TCP는 클라이언트와 서버 간 통신을 할 때 패킷의 연속성을 보장하기 위해 클라이언트와 서버는 각각 시퀀스 넘버를 사용한다. 이 시퀀스 넘버가 잘못되면 이를 바로 잡기 위한 작업을 하는데, TCP 세션 하이재킹은 서버와 클라이언트에 각각 잘못된 시퀀스 넘버를 위조해서 연결된 세션에 잠시 혼란을 준 뒤 자신이 끼어 들어가는 방식이다.

107 다음에서 설명하는 보안 공격은? 2022년 지방직 9급

> – 정상적인 HTTP GET 패킷의 헤더 부분의 마지막에 입력되는 2개의 개행 문자(\r\n\r\n) 중 하나(\r\n)를 제거한 패킷을 웹 서버에 전송할 경우, 웹 서버는 아직 HTTP 헤더 정보가 전달되지 않은 것으로 판단하여 계속 연결을 유지하게 된다.
> – 제한된 연결 수를 모두 소진하게 되어 결국 다른 클라이언트가 해당 웹 서버에 접속할 수 없게 된다.

① HTTP Cache Control ② Smurf
③ Slowloris ④ Replay

해설

- SLOWLORIS 공격: 비정상 HTTP 헤더(완료되지 않은 헤더)를 전송함으로써 웹 서버 단의 커넥션 자원을 고갈시키는 공격이다.
- HTTP Cache Control 공격: 서버에 전달되는 HTTP Get 패킷에 캐싱 장비가 응답하지 않도록 설정하여 서버의 부하를 증가시켜서 다른 클라이언트 시스템이 해당 서버의 서비스를 받을 수 없도록 하는 공격이다.

108 **분산반사 서비스 거부(DRDoS) 공격의 특징으로 가장 옳지 않은 것은?** 2018년 서울시 7급

① TCP 프로토콜 및 라우팅 테이블 운영상의 취약성을 이용한다.
② 공격자의 추적이 매우 어려운 공격이다.
③ 악성 봇의 감염을 통한 공격이다.
④ 출발지 IP 주소를 위조하는 공격이다.

해설

DRDoS(분산반사 서비스 거부) 공격은 DDoS 공격의 에이전트 설치상의 어려움을 보완한 공격기법으로 악성 봇의 감염을 필요로 하지 않으며, TCP 프로토콜 및 라우팅 테이블 운영상의 취약성을 이용한 공격이다. 일반적으로 정상적인 서비스가 작동 중인 서버를 활용하는 공격기법이다.

109 **중간 시스템(reflector)을 이용해서 서비스 거부(DoS)를 발생시키는 반사(reflection) DDoS 공격에 대한 설명으로 옳지 않은 것은?** 2018년 국가직 7급

① 공격 대상의 주소를 시작 주소로 갖는 패킷을 중간 시스템에 보낸다.
② 중간 시스템으로 네트워크 연결이 좋은 고용량의 네트워크 서버나 라우터가 이용될 수도 있다.
③ 사전에 중간 시스템 내부에 공격자의 명령 수행을 위한 비정상 프로그램이 작동하도록 해야 한다.
④ 중간 시스템이 요청 메시지에 대해서 큰 응답 메시지를 생성하는 서비스를 이용하면 공격 대상 시스템에 더 많은 피해를 줄 수 있다.

해설

• 108번 문제 해설 참조

110 **다음에서 설명하는 스니퍼 탐지 방법에 이용되는 것은?** 2015년 국가직 9급

> – 스니핑 공격을 하는 공격자의 주요 목적은 사용자 ID와 패스워드의 획득에 있다.
> – 보안 관리자는 이 점을 이용해 가짜 ID와 패스워드를 네트워크에 계속 보내고, 공격자가 이 ID와 패스워드를 이용하여 접속을 시도할 때 스니퍼를 탐지한다.

① ARP ② DNS ③ Decoy ④ ARP watch

해설

유인(Decoy)을 이용한 스니퍼 탐지 : 스니핑 공격을 하는 공격자의 주요 목적은 ID와 패스워드의 획득에 있다. 가짜 ID와 패스워드를 네트워크에 계속 뿌려 공격자가 이 ID와 패스워드를 이용하여 접속을 시도할 때 공격자를 탐지할 수 있다.

정답 106. ① 107. ③ 108. ③ 109. ③ 110. ③

111 스니핑 공격의 탐지 방법으로 옳지 않은 것은? 2022년 지방직 9급

① ping을 이용한 방법
② ARP를 이용한 방법
③ DNS를 이용한 방법
④ SSID를 이용한 방법

해설

스니핑 공격 탐지 방법

Ping을 이용한 스니퍼 탐지	대부분의 스니퍼는 일반 TCP/IP에서 동작하기 때문에 Request를 받으면 Response를 전달한다. 이를 이용해 의심이 가는 호스트에 ping을 보내면 되는데, 네트워크에 존재하지 않는 MAC 주소를 위장하여 보낸다(만약 ICMP Echo Reply를 받으면 해당 호스트가 스니핑을 하고 있는 것이다).
ARP를 이용한 스니퍼 탐지	ping과 유사한 방법으로, 위조된 ARP Request를 보냈을 때 ARP Response가 오면 프러미스큐어스 모드로 설정되어 있는 것이다.
DNS를 이용한 스니퍼 탐지	• 일반적으로 스니핑 프로그램은 사용자의 편의를 위하여 스니핑한 시스템의 IP 주소에 DNS에 대한 이름 해석 과정(Inverse-DNS lookup)을 수행한다. • 테스트 대상 네트워크로 Ping Sweep을 보내고 들어오는 Inverse-DNS lookup을 감시하여 스니퍼를 탐지한다.
유인(Decoy)을 이용한 스니퍼 탐지	• 스니핑 공격을 하는 공격자의 주요 목적은 ID와 패스워드의 획득에 있다. • 가짜 ID와 패스워드를 네트워크에 계속 뿌려 공격자가 이 ID와 패스워드를 이용하여 접속을 시도할 때 공격자를 탐지할 수 있다.
ARP watch를 이용한 스니퍼 탐지	• ARP watch는 MAC 주소와 IP 주소의 매칭 값을 초기에 저장하고 ARP 트래픽을 모니터링하여 이를 변하게 하는 패킷이 탐지되면 관리자에게 메일로 알려주는 툴이다. • 대부분의 공격 기법이 위조된 ARP를 사용하기 때문에 이를 쉽게 탐지할 수 있다.

112 다음 중 성격이 다른 공격 유형은? 2016년 서울시 9급

① Session Hijacking Attack
② Targa Attack
③ Ping of Death Attack
④ Smurf Attack

해설

- TCP 세션 하이재킹은 TCP가 가지는 고유한 취약점을 이용해 정상적인 접속을 빼앗는 방법이다.
- Targa Attack: 여러 종류의 서비스 DoS 공격을 실행할 수 있도록 만든 공격 도구로 Mixter에 의해 만들어졌다. 이미 존재하는 여러 DoS 공격 소스들을 사용해 통합된 공격도구를 만든 것이다.

113 **서비스 거부 공격(DoS : Denial of Service)에 대한 설명으로 옳지 않은 것은?** 2014년 국가직 7급

① Smurf 공격은 공격 대상의 IP 주소를 근원지로 대량의 ICMP 응답 패킷을 전송하여, 서비스 거부를 유발시키는 공격이다.

② Syn Flooding 공격은 TCP 3-Way Handshaking 과정에서 Half-Open 연결 시도가 가능하다는 취약성을 이용한 공격이다.

③ Land 공격은 출발지와 목적지의 IP 주소를 상이하게 설정하여, IP 프로토콜 스택에 장애를 유발하는 공격이다.

④ Ping of Death 공격은 비정상적인 ICMP 패킷을 전송하여, 시스템의 성능을 저하시키는 공격이다.

해설

Land 공격은 패킷을 전송할 때 출발지 IP 주소와 목적지 IP 주소값을 똑같이 만들어서 공격 대상에게 보내는 공격이다. 이때 조작된 IP 주소값은 공격 대상의 IP 주소여야 한다. 방화벽 등과 같은 보안 솔루션에서 패킷의 출발지 주소와 목적지 주소의 적절성을 검증하는 기능을 이용하여 필터링할 수 있다.

114 **서비스 거부 공격에 해당하지 않는 것은?** 2024년 지방직 9급

① Smurf 공격
② Slowloris 공격
③ Pharming 공격
④ HTTP GET 플러딩 공격

해설

- 파밍(pharming)은 서비스 거부 공격에 해당되지 않고, 신종 인터넷 사기 수법으로 해당 사이트가 공식적으로 운영하고 있던 도메인 자체를 탈취하는 공격 기법이다.
- Smurf 공격 : Ping of Death처럼 ICMP 패킷을 이용한다. ICMP Request를 받은 네트워크는 ICMP Request 패킷의 위조된 시작 IP 주소로 ICMP Reply를 다시 보낸다. 결국 공격 대상은 수많은 ICMP Reply를 받게 되고 Ping of Death 처럼 수많은 패킷이 시스템을 과부하 상태로 만든다.
- SLOWLORIS 공격 : 비정상 HTTP 헤더(완료되지 않은 헤더)를 전송함으로써 웹 서버 단의 커넥션 자원을 고갈시키는 공격이다.
- HTTP GET 플러딩 : 많은 수의 HTTP GET 요청으로 웹 서버를 압도하여 웹 서버를 대상으로 하는 일종의 DDoS 공격이다. HTTP GET 요청에서 클라이언트는 URL 및 기타 매개변수를 포함하는 요청 메시지를 전송하여 웹 서버에서 리소스를 요청한다.

정답 111. ④ 112. ① 113. ③ 114. ③

115 **네트워크 공격에 대한 설명으로 옳지 않은 것은?** 2016년 지방직 9급

① Spoofing : 네트워크에서 송·수신되는 트래픽을 도청하는 공격이다.
② Session hijacking : 현재 연결 중인 세션을 가로채는 공격이다.
③ Teardrop : 네트워크 프로토콜 스택의 취약점을 이용한 공격방법으로 시스템에서 패킷을 재조립할 때, 비정상 패킷이 정상 패킷의 재조립을 방해함으로써 네트워크를 마비시키는 공격이다.
④ Denial of Service : 시스템 및 네트워크의 취약점을 이용하여 사용 가능한 자원을 소비함으로써, 실제 해당 서비스를 사용하려고 요청하는 사용자들이 자원을 사용할 수 없도록 하는 공격이다.

해설

Spoofing은 속임을 이용한 공격에 해당되며, 네트워크에서 스푸핑 대상은 MAC 주소, IP 주소, 포트 등 네트워크 통신과 관련된 모든 것이 될 수 있다.

116 **다음 중 Spoofing 공격에 대한 설명으로 옳지 않은 것은?** 2016년 서울시 9급

① ARP Spoofing : MAC주소를 속임으로써 통신 흐름을 왜곡시킨다.
② IP Spoofing : 다른이가 쓰는 IP를 강탈해 특정 권한을 획득한다.
③ DNS Spoofing : 공격대상이 잘못된 IP주소로 웹 접속을 하도록 유도하는 공격이다.
④ ICMP Redirect : 공격자가 클라이언트의 IP주소를 확보하여 실제 클라이언트처럼 패스워드 없이 서버에 접근한다.

해설

ICMP 리다이렉트 공격은 공격자가 라우터 행세를 하며 ICMP 리다이렉트 패킷도 공격 대상에게 보낸 후 라우터 A에게 다시 릴레이 시켜주면 모든 패킷을 스니핑할 수 있다.

117 **ARP(Address Resolution Protocol) 스푸핑(spoofing) 기법을 이용한 스니핑(sniffing) 공격의 대응책으로 적절하지 않은 것은?** 2016년 국가직 7급

① 데이터를 암호화하여 전송한다.
② 라우터에 패킷 필터를 설정하여 서로 다른 LAN 간에 전송되는 패킷들을 검열하고 차단한다.
③ ARP 테이블 내의 MAC 주소 값을 정적(static)으로 설정한다.
④ 주기적으로 프러미스큐어스(promiscuous) 모드에서 동작하는 기기들이 존재하는지 검사함으로써 스니핑 중인 공격자를 탐지한다.

해설

ARP Spoofing은 스위칭 환경의 랜상에서 패킷의 흐름을 바꾸는 공격 방법이므로 라우터에 패킷 필터를 설정하여 검열하더라도 방어할 수 없다.

118 ARP Spoofing 공격에 대한 설명으로 옳지 않은 것은? 2021년 군무원 9급

① ARP(Address Resolution Protocol)이 인증을 하지 않기 때문에 발생한다.
② 근거리 네트워크 환경에서 발생한다.
③ ARP 테이블 변경을 동적으로 관리함으로 예방할 수 있다.
④ 중간자 공격 기법을 통해 이루어진다.

해설

- ARP Spoofing은 스위칭 환경의 랜상에서 패킷의 흐름을 바꾸는 공격 방법이다.
- ARP 스푸핑에 대한 대응책은 ARP 테이블이 변경되지 않도록 arp -s [IP 주소][MAC 주소] 명령으로 MAC 주소값을 고정시키는 것이다.

119 그림은 DNS보다 우선 적용되는 파일로, 해커는 이 파일을 변조하여 파밍(pharming)에 사용할 수 있다. 이 파일명으로 옳은 것은? 2018년 교육청 9급

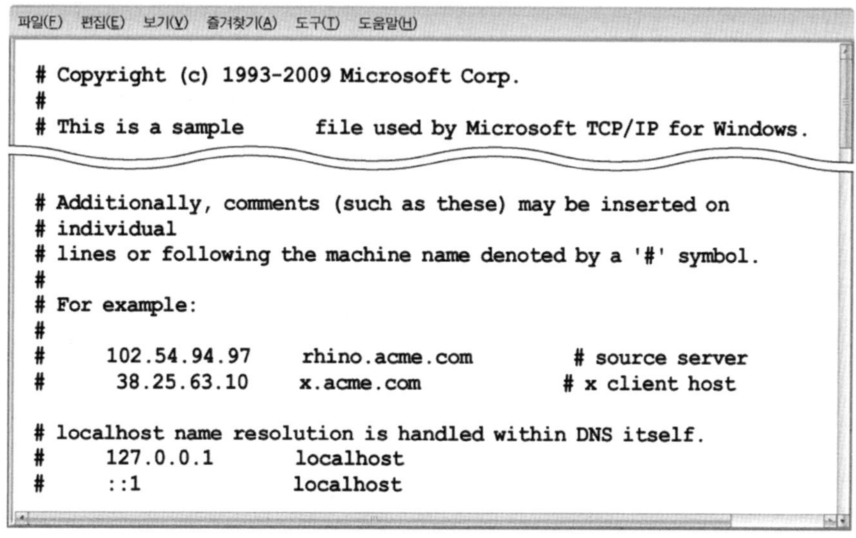
파일(F) 편집(E) 보기(V) 즐겨찾기(A) 도구(T) 도움말(H)

```
# Copyright (c) 1993-2009 Microsoft Corp.
#
# This is a sample      file used by Microsoft TCP/IP for Windows.

# Additionally, comments (such as these) may be inserted on
# individual
# lines or following the machine name denoted by a '#' symbol.
#
# For example:
#
#     102.54.94.97     rhino.acme.com          # source server
#      38.25.63.10     x.acme.com              # x client host

# localhost name resolution is handled within DNS itself.
#     127.0.0.1       localhost
#     ::1             localhost
```

① hosts
② networks
③ protocol
④ services

해설

hosts 파일은 운영 체제가 호스트 이름을 IP 주소에 매핑할 때 사용하는 컴퓨터 파일로 DNS 보다 우선 적용되는 파일이다.

정답 115. ① 116. ④ 117. ② 118. ③ 119. ①

120 공격자가 자신이 전송하는 패킷에 다른 호스트의 IP 주소를 담아서 전송하는 공격은?

2014년 국가직 9급

① 패킷 스니핑(Packet Sniffing)
② 스미싱(Smishing)
③ 버퍼 오버플로우(Buffer Overflow)
④ 스푸핑(Spoofing)

해설
- Spoofing은 속임을 이용한 공격에 해당되며, 네트워크에서 스푸핑 대상은 MAC 주소, IP 주소, 포트 등 네트워크 통신과 관련된 모든 것이 될 수 있다.
- IP Spoofing은 IP 주소를 속여서 권한을 상승시킬 수 있는 공격이다.

121 다음 스푸핑(spoofing) 공격에 대한 설명 (가)~(다)를 바르게 짝지은 것은? 2018년 교육청 9급

(가) 공격 대상이 잘못된 IP 주소로 웹 접속 유도
(나) 권한 획득을 위하여 다른 사용자의 IP 주소 강탈
(다) MAC 주소를 속여 클라이언트에서 서버로 가는 패킷이나 그 반대 패킷의 흐름을 왜곡

	(가)	(나)	(다)
①	IP 스푸핑	ARP 스푸핑	DNS 스푸핑
②	ARP 스푸핑	IP 스푸핑	DNS 스푸핑
③	ARP 스푸핑	DNS 스푸핑	IP 스푸핑
④	DNS 스푸핑	IP 스푸핑	ARP 스푸핑

해설
- DNS 스푸핑은 공격 대상이 잘못된 IP 주소로 웹 접속을 유도한다.
- IP 스푸핑은 IP 주소를 속여서 권한을 상승시킬 수 있는 공격이다.
- ARP 스푸핑은 스위칭 환경의 랜상에서 패킷의 흐름을 바꾸는 공격 방법이다.

122 **DDoS(Distributed Denial of Service)에 대한 설명으로 옳지 않은 것은?** 2014년 서울시 9급

① '좀비PC'가 되지 않기 위해서는 신뢰할 수 없는 기관의 프로그램은 설치하지 않는 것이 좋다.
② DDoS공격은 특정 서버에 침입하여 자료를 훔쳐가거나 위조시키기 위한 것이다.
③ '좀비PC'가 되면 자신도 모르게 특정사이트를 공격하는 수단으로 이용될 수 있다.
④ 공격을 당하는 서버에는 서비스가 중지될 수 있는 큰 문제가 발생한다.
⑤ '좀비PC'는 악성코드의 흔적을 지우기 위해 스스로 하드디스크를 손상시킬 수도 있다.

해설

DDos 공격은 서비스를 거부하게 하는 공격이지, 자료를 훔치거나 위조시키는 공격이 아니다.

123 **다음 설명에 해당하는 DoS 공격을 옳게 짝지은 것은?** 2019년 국가직 9급

ㄱ. 공격자가 공격 대상의 IP 주소로 위장하여 중계 네트워크에 다량의 ICMP Echo Request 패킷을 전송하며, 중계 네트워크에 있는 모든 호스트는 많은 양의 ICMP Echo Reply 패킷을 공격 대상으로 전송하여 목표시스템을 다운시키는 공격
ㄴ. 공격자가 송신자 IP 주소를 존재하지 않거나 다른 시스템의 IP 주소로 위장하여 목적 시스템으로 SYN 패킷을 연속해서 보내는 공격
ㄷ. 송신자 IP 주소와 수신자 IP 주소, 송신자 포트와 수신자 포트가 동일하게 조작된 SYN 패킷을 공격 대상에 전송하는 공격

	ㄱ	ㄴ	ㄷ
①	Smurf Attack	Land Attack	SYN Flooding Attack
②	Smurf Attack	SYN Flooding Attack	Land Attack
③	SYN Flooding Attack	Smurf Attack	Land Attack
④	Land Attack	Smurf Attack	SYN Flooding Attack

해설

- Smurf Attack : 발신지 IP 주소가 공격 대상의 IP 주소로 위조된 ICMP 패킷을 특정 브로드캐스트 주소로 보내어 공격 대상이 다량의 ICMP reply 패킷을 받도록 하는 공격기법이다.
- SYN Flooding Attack : 공격자가 송신자 IP 주소를 존재하지 않거나 다른 시스템의 IP 주소로 위장하여 목적 시스템으로 SYN 패킷을 연속해서 보내는 공격이다.
- Land Attack : 송신자 IP 주소와 수신자 IP 주소, 송신자 포트와 수신자 포트가 동일하게 조작된 SYN 패킷을 공격 대상에 전송하는 공격이다.

정답 120. ④ 121. ④ 122. ② 123. ②

124 **다음 중 분산 서비스 거부(DDoS) 공격에 대한 설명으로 가장 옳지 않은 것은?** 2010년 감리사

① DDoS 공격은 공격에 가담할 좀비 컴퓨터를 필요로 한다.

② 공격 대상 시스템에 대해 성능 저하 및 시스템 마비를 일으킨다.

③ 인터넷 이용 시 설치하는 Active X 프로그램도 분산 서비스 거부(DDoS) 공격에 이용될 수 있다.

④ DDoS 공격은 네트워크를 이용하기 때문에 백신 프로그램으로는 막을 수 없다.

해설

백신 프로그램으로 DDoS 좀비 PC를 치료함으로써 DDoS 공격을 막을 수도 있다.

125 **스위칭 환경에서 스니핑(Sniffing)을 수행하기 위한 공격으로 옳지 않은 것은?** 2017년 서울시 9급

① ARP 스푸핑(Spoofing)

② ICMP 리다이렉트(Redirect)

③ 메일 봄(Mail Bomb)

④ 스위치 재밍(Switch Jamming)

해설

- 스위칭 환경에서 스니핑(Sniffing)을 수행하기 위한 공격: ARP 스푸핑(Spoofing), ICMP 리다이렉트(Redirect), 스위치 재밍(Switch Jamming)
- 메일 봄(Mail Bomb): 특정한 사람이나 특정한 시스템에 피해를 줄 목적으로 한꺼번에 또는 지속적으로 대용량의 전자우편을 보내는 것이다.

126 **서비스 거부 공격 방법이 아닌 것은?** 2015년 지방직 9급

① ARP spoofing ② Smurf

③ SYN flooding ④ UDP flooding

해설

ARP Spoofing 공격은 스위칭 환경의 랜상에서 패킷의 흐름을 바꾸는 공격 방법이다. 대응책으로는 ARP 테이블이 변경되지 않도록 arp -s [IP 주소][MAC 주소] 명령으로 MAC 주소값을 고정시키는 것이다.

127 **다음 중 Sniffing 공격에 이용되는 Promiscuous Mode에 대한 설명으로 옳지 않은 것은?**

보안기사 문제 응용

① 자신의 IP 주소가 아닌 패킷은 삭제한다.
② 자신에게 전달된 패킷을 수신한다.
③ 윈도우즈에서는 Promiscuous Mode가 존재하지 않는다.
④ 자신의 MAC 주소가 아닌 패킷은 수신한다.

해설

Promiscuous Mode는 자신의 IP 주소, MAC 주소가 아닌 패킷이 전달되어도 무조건 수신한다.

128 **SYN flooding을 기반으로 하는 DoS 공격에 대한 설명으로 옳지 않은 것은?** 2015년 서울시 9급

① 향후 연결요청에 대한 피해 서버에서 대응 능력을 무력화시키는 공격이다.
② 공격 패킷의 소스 주소로 인터넷상에서 사용되지 않는 주소를 주로 사용한다.
③ 운영체제에서 수신할 수 있는 SYN 패킷의 수를 제한하지 않은 것이 원인이다.
④ 다른 DoS 공격에 비해서 작은 수의 패킷으로 공격이 가능하다.

해설

SYN flooding 공격은 TCP 연결의 3 way handshake 3단계 통신의 Syn 플래그를 악용한 공격이며, 운영체제의 원인이라고 볼 수는 없다.

129 **네트워크 스캐닝 기법 중 TCP 패킷에 FIN, PSH, URG 플래그를 설정해서 패킷을 전송하는 것은?**

2014년 국가직 7급

① TCP SYN 스캐닝
② UDP 스캐닝
③ NULL 스캐닝
④ X-MAS tree 스캐닝

해설

- XMAS 스캐닝은 모든 플래그를 활성화하여 전송한다.
- Stealth scan : FIN 스캔, XMAS 스캔, NULL 스캔 등으로 구성된다. FIN 스캔은 FIN 플래그를, XMAS 스캔은 모든 플래그를 활성화하며, NULL 스캔은 이와 반대로 모든 플래그를 비활성화한 값을 사용한다. 이 세 가지 스캔 방식은 공통적으로 대상 포트가 열려 있으면 아무런 응답이 없으며, 닫혀 있으면 해당 호스트는 공격자에게 RST 패킷을 전송한다.

PART 05

정답 124. ④ 125. ③ 126. ① 127. ① 128. ③ 129. ④

130 **네트워크의 OSI 3계층 주소(IP 주소)와 연관된 2계층 주소(MAC 주소)를 틀리게 알려주어서 정보를 가로채는 데에 활용되는 공격 기법은?** 2014년 국회사무처 9급

① Smurf 공격
② Teardrop 공격
③ DDoS 공격
④ ARP Spoofing 공격
⑤ Phishing 공격

해설

ARP Spoofing 공격은 스위칭 환경의 랜상에서 패킷의 흐름을 바꾸는 공격 방법이다. 대응책으로는 ARP 테이블이 변경되지 않도록 arp -s [IP 주소][MAC 주소] 명령으로 MAC 주소값을 고정시키는 것이다.

131 **다음의 내부에서 외부 네트워크 망으로 가는 방화벽 패킷 필터링 규칙에 대한 〈보기〉의 설명으로 옳은 것으로만 묶은 것은? (단, 방화벽을 기준으로 192.168.1.11은 내부 네트워크에 위치한 서버이고, 10.10.10.21은 외부 네트워크에 위치한 서버이다)** 2017년 지방직 9급

No.	From	Service	To	Action
1	192.168.1.11	25	10.10.10.21	Allow
2	Any	21	10.10.10.21	Allow
3	Any	80	Any	Allow
4	192.168.1.11	143	10.10.10.21	Allow

보기

ㄱ. 내부 서버(192.168.1.11)에서 외부 서버(10.10.10.21)로 가는 Telnet 패킷을 허용한다.
ㄴ. 내부 Any IP대역에서 외부 서버(10.10.10.21)로 가는 FTP 패킷을 허용한다.
ㄷ. 내부 Any IP대역에서 외부 Any IP대역으로 가는 패킷 중 80번 포트를 목적지로 하는 패킷을 허용한다.
ㄹ. 내부 서버(192.168.1.11)에서 외부 서버(10.10.10.21)로 가는 POP3 패킷을 허용한다.

① ㄱ, ㄴ
② ㄴ, ㄷ
③ ㄷ, ㄹ
④ ㄱ, ㄹ

해설

- Telnet은 23번 포트를 사용하며, POP3는 110번 포트를 사용한다.
- FTP : 20/21, SMTP : 25, HTTP : 80, IMAP : 143

132 다음의 결과에 대한 명령어로 옳은 것은? 2019년 국가직 9급

```
Thu Feb 7 20:33:56 2019 1 198.188.2.2 861486 /tmp/12-67-ftp1.bmp
b _ o r freeexam ftp 0 * c 861486 0
```

① cat /var/adm/messages
② cat /var/log/xferlog
③ cat /var/adm/loginlog
④ cat /etc/security/audit_event

해설

- xferlog : FTP 서버의 데이터 전송관련 로그
- messages : 부트 메시지 등 시스템의 콘솔에서 출력된 결과를 기록하고 syslog에 의하여 생성된 메시지도 기록
- loginlog : 5번 이상 로그인에 실패한 정보 기록
- audit_event : 미리 정의된 audit event를 기록

PART 05

133 침입차단시스템이 제공하는 주요 보안 서비스가 아닌 것은? 2018년 국가직 7급

① 접근 통제
② 최대 권한 부여
③ 사용자 인증
④ 감사 및 로그 기능

해설

침입차단시스템(Firewall)은 외부로부터 내부망을 보호하기 위한 네트워크 구성요소 중의 하나로써 외부의 불법 침입으로부터 내부의 정보자산을 보호하고 유해정보 유입을 차단하기 위한 정책과 이를 지원하는 H/W 및 S/W를 말한다.

134 방화벽(firewall)에 대한 설명으로 옳지 않은 것은? 2014년 국가직 9급

① 패킷 필터링 방화벽은 패킷의 출발지 및 목적지 IP 주소, 서비스의 포트 번호 등을 이용한 접속 제어를 수행한다.
② 패킷 필터링 기법은 응용 계층(application layer)에서 동작하며, WWW와 같은 서비스를 보호한다.
③ NAT 기능을 이용하여 IP 주소 자원을 효율적으로 사용함과 동시에 보안성을 높일 수 있다.
④ 방화벽 하드웨어 및 소프트웨어 자체의 결함에 의해 보안상 취약점을 가질 수 있다.

해설

패킷 필터링(packet filtering) 기법은 방화벽의 가장 기본적인 형태의 기능을 수행하는 방식이다. 패킷 필터링 방식의 방화벽은 OSI 모델에서 네트워크층(IP 프로토콜)과 전송층(TCP 프로토콜)에서 패킷의 출발지 및 목적지 IP 주소 정보, 각 서비스에 port 번호, TCP Sync 비트를 이용한 접속제어를 한다.

정답 130. ④ 131. ② 132. ② 133. ② 134. ②

135 (가), (나)에 해당하는 침입차단시스템 동작 방식에 따른 분류를 바르게 연결한 것은?

2022년 지방직 9급

> (가) 각 서비스별로 클라이언트와 서버 사이에 프록시가 존재하며 내부 네트워크와 외부 네트워크가 직접 연결되는 것을 허용하지 않는다.
> (나) 서비스마다 개별 프록시를 둘 필요가 없고 프록시와 연결을 위한 전용 클라이언트 소프트웨어가 필요하다.

	(가)	(나)
①	응용 계층 게이트웨이 (application level gateway)	회선 계층 게이트웨이 (circuit level gateway)
②	응용 계층 게이트웨이 (application level gateway)	상태 검사 (stateful inspection)
③	네트워크 계층 패킷 필터링 (network level packet filtering)	상태 검사 (stateful inspection)
④	네트워크 계층 패킷 필터링 (network level packet filtering)	회선 계층 게이트웨이 (circuit level gateway)

해설

Application Level 방화벽

- 패킷을 응용 계층까지 검사해서 패킷을 허용하거나 Drop하는 방식이다.
- 애플리케이션 계층에서 각 서비스별로 프록시가 있어서 Application Level Gateway라고도 한다.
- 클라이언트는 프록시를 통해서만 데이터를 주고받을 수 있으며 프록시는 클라이언트가 실제서버와 직접 연결하는 것을 방지한다.

회로레벨 프록시(서킷게이트웨이, Circuit Gateway) 방화벽

- OSI 모델의 세션층에서 작동하는 방화벽이다.
- 각 서비스별로 프록시가 존재하는 애플리케이션 방식과 달리 어느 애플리케이션도 사용할 수 있는 프록시를 사용한다.
- 대표적으로 SOCKS(Socket Secure)가 있다.

136 **다음에 해당하는 방화벽의 구축 형태로 옳은 것은?** 2016년 지방직 9급

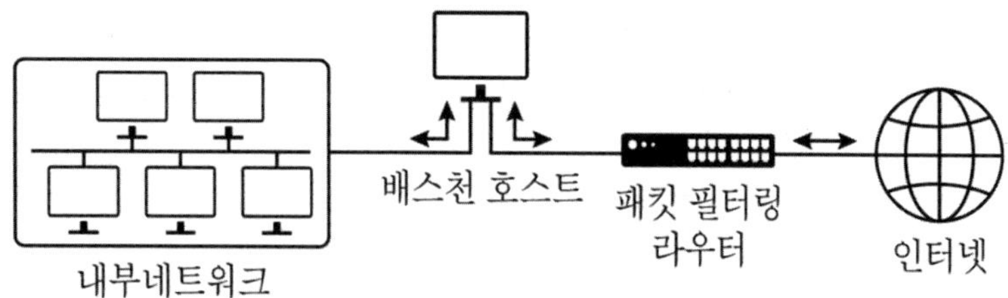

> – 인터넷에서 내부네트워크로 전송되는 패킷을 패킷 필터링 라우터에서 필터링함으로써 1차 방어를 수행한다.
> – 배스천 호스트에서는 필터링 된 패킷을 프록시와 같은 서비스를 통해 2차 방어 후 내부네트워크로 전달한다.

① 응용 레벨 게이트웨이(Application-level gateway)
② 회로 레벨 게이트웨이(Circuit-level gateway)
③ 듀얼 홈드 게이트웨이(Dual-homed gateway)
④ 스크린 호스트 게이트웨이(Screened host gateway)

해설

스크린 호스트 게이트웨이(Screened host gateway) : 듀얼 홈드 게이트웨이와 스크리닝 라우터를 혼합하여 구축된 방화벽 시스템이다. 스크리닝 라우터에서 패킷 필터 규칙에 따라 1차 방어를 하고, 스크리닝 라우터를 통과한 트래픽은 배스천 호스트에서 2차로 점검하는 방식이다.

PART 05

정답 135. ① 136. ④

137 다음에서 설명하는 방화벽 구축 형태는? 2021년 지방직 9급

> – 배스천(Bastion) 호스트와 스크린 라우터를 혼합하여 사용한 방화벽
> – 외부 네트워크와 내부 네트워크 사이에 스크린 라우터를 설치하고 스크린 라우터와 내부 네트워크 사이에 배스천 호스트를 설치

① Bastion Host

② Dual Homed Gateway

③ Screened Subnet Gateway

④ Screened Host Gateway

해설

✓ 스크린드 호스트 게이트웨이(Screened Host Gateway)

- 듀얼 홈드 게이트웨이와 스크리닝 라우터를 혼합하여 구축된 방화벽 시스템이다.
- 스크리닝 라우터에서 패킷 필터 규칙에 따라 1차 방어를 하고, 스크리닝 라우터를 통과한 트래픽은 배스천 호스트에서 2차로 점검하는 방식이다.
- 스크린드 호스트 게이트웨이의 장점은 네트워크 계층과 응용 계층에서 2단계로 방어하기 때문에 안전하다는 점이다.
- 단점은 해커에 의해 스크리닝 라우터의 라우터 테이블이 공격받아 변경될 수 있다는 점과 방화벽 시스템 구축 비용이 많이 소요된다는 점이다.

138 방화벽의 보안 기능에 대한 설명으로 옳은 것은? 2017년 국가직 7급

① 방화벽은 내부의 불만이 있는 사용자 또는 외부 공격자와 무의식적으로 협력하는 사용자를 완벽히 차단할 수 있다.

② 방화벽을 설치하게 되면 외부로부터의 모든 무선랜 통신을 안전하게 보호할 수 있다.

③ 랩톱, PDA와 같은 이동형 저장장치가 감염되는 경우에도 방화벽을 설치하여 내부 네트워크를 안전하게 보호할 수 있다.

④ 내부 보안 정책을 만족하는 트래픽만이 방화벽을 통과할 수 있다.

해설

방화벽이란 외부로부터 내부망을 보호하기 위한 네트워크 구성요소 중의 하나로써 외부의 불법 침입으로부터 내부의 정보자산을 보호하고 외부로부터 유해정보 유입을 차단하기 위한 정책과 이를 지원하는 H/W 및 S/W를 말한다.

139 DMZ(demilitarized zone)에 대한 설명으로 옳은 것만을 고른 것은? 2016년 국가직 9급

ㄱ. 외부 네트워크에서는 DMZ에 접근할 수 없다.
ㄴ. DMZ 내에는 웹 서버, DNS 서버, 메일 서버 등이 위치할 수 있다.
ㄷ. 내부 사용자가 DMZ에 접속하기 위해서는 외부 방화벽을 거쳐야 한다.
ㄹ. DMZ는 보안 조치가 취해진 네트워크 영역으로, 내부 방화벽과 외부 방화벽 사이에 위치할 수 있다.

① ㄱ, ㄷ
② ㄴ, ㄷ
③ ㄴ, ㄹ
④ ㄱ, ㄹ

해설

DMZ는 방화벽을 구성함에 있어 외부와 내부 모두가 접근 가능한 영역이며, 내부 사용자가 DMZ에 접속하기 위해서는 내부 방화벽을 거쳐야 한다.

140 방화벽은 검사 대상이나 동작 방식에 따라 패킷 필터링, 상태 검사(stateful inspection), 응용 레벨 게이트웨이, 회선 레벨 게이트웨이로 분류할 수 있다. 상태 검사 방화벽에 대한 설명으로 옳은 것은? 2018년 국가직 7급

① 트래픽 정보 수집이 어렵고, IP 스푸핑 공격에 대응하기 어렵다.
② 서비스별로 프록시 서버 데몬을 두어 사용자 인증과 접근 제어를 수행한다.
③ 패킷 필터링 기능을 사용하며 현재 연결 세션의 트래픽 상태와 미리 저장된 상태와의 비교를 통하여 접근을 제어한다.
④ 송·수신자 간의 직접적인 연결을 허용하지 않고, 송신자와 수신자 사이에서 프록시가 어떤 연결을 허용할지를 판단한다.

해설

상태 검사(stateful inspection) 방화벽: 패킷 필터링 방식에 비해 한 차원 높은 패킷 필터링 기능을 제공하며, 애플리케이션 레벨 방화벽과 같은 성능감소가 발생하지 않으며, 모든 통신 채널을 추적하는 상태 정보가 존재한다.

정답 137. ④ 138. ④ 139. ③ 140. ③

141 **침입탐지시스템의 비정상행위 탐지 방법에 대한 설명으로 가장 옳지 않은 것은?** 2018년 서울시 9급

① 정상적인 행동을 기준으로 하여 여기서 벗어나는 것을 비정상으로 판단한다.
② 정량적인 분석, 통계적인 분석 등을 사용한다.
③ 오탐률이 높으며 수집된 다양한 정보를 분석하는 데 많은 학습 시간이 소요된다.
④ 알려진 공격에 대한 정보 수집이 어려우며, 새로운 취약성 정보를 패턴화하여 지식데이터베이스로 유지 및 관리하기가 쉽지 않다.

해설

알려진 공격에 대한 정보 수집이 어려우며, 새로운 취약성 정보를 패턴화하여 지식데이터베이스로 유지 및 관리하기가 쉽지 않은 것은 오용 탐지 방법이다.

142 **다음 중 IDS(Intrusion Detection System)의 구성 단계가 아닌 것은?** 보안기사 문제 응용

① 침입 차단
② 추적
③ 필터링
④ 데이터 수집

해설

IDS의 구성 단계 : 데이터 수집, 데이터 가공(필터링) 및 축약, 분석 및 침입 탐지, 추적과 대응보고

143 **침입탐지시스템(IDS)에 대한 설명으로 옳지 않은 것은?** 2020년 지방직 9급

① 호스트 기반 IDS와 네트워크 기반 IDS로 구분한다.
② 오용 탐지 방법은 알려진 공격 행위의 실행 절차 및 특징 정보를 이용하여 침입 여부를 판단한다.
③ 비정상 행위 탐지 방법은 일정 기간 동안 사용자, 그룹, 프로토콜, 시스템 등을 관찰하여 생성한 프로파일이나 통계적 임계치를 이용하여 침입 여부를 판단한다.
④ IDS는 방화벽처럼 내부와 외부 네트워크 경계에 위치해야 한다.

해설

침입탐지시스템(IDS)에서 네트워크 기반 IDS는 외부 네트워크 경계에 위치되지만, 호스트 기반 IDS는 시스템 내부에 설치될 수 있다.

144 **침입탐지시스템의 비정상(anomaly) 탐지 기법에 대한 설명으로 옳지 않은 것은?** 2021년 국가직 9급

① 상대적으로 급격한 변화나 발생 확률이 낮은 행위를 탐지한다.
② 정상 행위를 예측하기 어렵고 오탐률이 높지만 알려지지 않은 공격에도 대응할 수 있다.
③ 수집된 다양한 정보로부터 생성한 프로파일이나 통계적 임계치를 이용한다.
④ 상태전이 분석과 패턴 매칭 방식이 주로 사용된다.

해설

오용 탐지(Misuse Detection)

오용 탐지는 알려진 취약성을 통한 공격에 대한 정보를 가지고 실제적인 공격이 시도될 때 이를 탐지하는 방식이다. 비정상 행위 탐지가 침입으로 여겨지는 행위를 탐지한다면 오용 탐지는 명백한 침입을 탐지하게 된다.

- 전문가 시스템(Expert system)
- 키 모니터링(Keystroke monitoring)
- 상태 전이 분석(State transition analysis)
- 패턴 매칭(Pattern matching)

비정상 행위 탐지(Anomaly Detection)

비정상 행위 탐지는 알려지지 않은 새로운 공격 기법도 탐지가 가능하다는 장점이 있지만 그에 앞서 정상적인 행위에 대한 프로파일을 구축해둬야 하기 때문에 많은 데이터의 분석이 필요하게 된다. 때문에 상대적으로 구현 비용이 큰 편이고 그만큼 어렵기 때문에 상용 제품에서는 오용 탐지를 주로 사용하고 비정상 행위 탐지는 보조하는 측면에서 사용되고 있다.

- 통계적 접근(Statistical approaches)
- 예측 가능 패턴 생성(Predictive pattern generation)
- 신경망(Neural networks)

PART 05

정답 141. ④ 142. ① 143. ④ 144. ④

145 **침입탐지 시스템은 탐지모델에 따라 오용 침입탐지와 비정상적 행위탐지로 나눌 수 있다. 다음 설명 중 비정상적 행위탐지 방법을 묶은 것으로 가장 적절한 것은?** 2012년 감리사

가. 전문가 시스템: 침입 또는 오용의 패턴을 실시간으로 입력되는 감사정보와 비교하여 침입을 탐지하는 방법
나. 통계적 분석 방법: 사용자 또는 시스템 행위들에 대한 이전 정보들을 기반으로 정상행위로 판단되는 통계적인 프로파일을 생성하고 프로파일과 실제 사용자 및 시스템 행위들을 산출한 통계 정보와 비교하여 임계치 이상의 차이를 보이는 행위를 탐지하는 방법
다. 상태전이 모델: 공격 패턴에 따라 시스템의 상태 변화를 미리 상태전이도로 표현하고 실시간으로 발생하는 사건에 의해 시스템의 상태 변화를 계속 추적하여 침입상태로 전이하는지를 탐지하는 방법
라. 신경망 모델: 사용자 행위정보를 학습하고 입력된 사건 정보를 학습된 사용자 행위정보와 비교하여 탐지하는 방법

① 가, 나
② 가, 다
③ 나, 다
④ 나, 라

해설

- 오용 탐지: 조건부 확률 이용, 전문가 시스템, 상태전이 모델, 키스트로크 관찰 방법, 모델에 근거한 방법
- 이상 탐지: 통계적인 자료 근거, 특징 추출에 의존, 예측 가능한 패턴 생성

146 **침입탐지시스템(intrusion detection system)에 대한 설명으로 옳지 않은 것은?** 2022년 네트워크 보안

① 침입탐지 유형에는 비정상행위 탐지(anomaly detection)와 오용 탐지(misuse detection) 등으로 구분된다.
② 비정상행위 탐지는 알려지지 않은 공격을 탐지하기에 효과적이지만 False Positive가 높아질 수 있다.
③ 오용 탐지는 알려진 공격 패턴을 기반으로 공격을 탐지하므로 알려지지 않은 공격 탐지에는 효과적이지 못하다.
④ 전문가 시스템 모델은 비정상행위 탐지에 널리 사용되는 기법이다.

해설

- 145번 문제 해설 참조

147 네트워크 기반 침입탐지시스템(Intrusion Detection System)의 특징에 대한 설명으로 〈보기〉에서 옳은 것만을 모두 고른 것은? 2018년 교육청 9급

> 보기
> ㄱ. 어플리케이션 서버에 설치되어 관리가 간단하다.
> ㄴ. 네트워크상의 패킷을 분석하여 침입을 탐지한다.
> ㄷ. 방화벽 내부의 내부 네트워크와 방화벽 외부의 DMZ에 모두 배치 가능하다.

① ㄱ
② ㄴ
③ ㄱ, ㄷ
④ ㄴ, ㄷ

해설

- Host 기반 IDS : 단일 호스트로부터 수집된 감사 자료를 침입 판정에 사용하며, 하나의 호스트만을 탐지 영역으로 하기 때문에 호스트에 설치한다.
- Network 기반 IDS : 네트워크의 패킷 자료를 침입 판정에 사용하며 네트워크 영역 전체를 탐지 영역으로 하기 때문에 스위치 등 네트워크 장비에 연결하여 설치한다.
- 애플리케이션 서버에 설치되는 것은 H-IDS이다.

PART 05

148 방화벽(Firewall)에 대한 설명으로 옳지 않은 것은? 2014년 서울시 9급

① 허가되지 않은 외부의 공격에 대비해 시스템을 보호하기 위한 하드웨어와 소프트웨어를 말한다.
② IP 필터링을 통하여 내부 네트워크로 들어오는 IP를 차단할 수 있다.
③ 방화벽을 구축해도 내부에서 일어나는 정보유출은 막을 수 없다.
④ 방화벽을 구축하면 침입자의 모든 공격을 완벽하게 대처할 수 있다.
⑤ 방화벽은 일반적으로 라우터 또는 컴퓨터가 된다.

해설

방화벽을 구축한다 하더라도 침입자의 모든 공격을 완벽하게 대처할 수는 없다.

정답 145. ④ 146. ④ 147. ④ 148. ④

149 **다음에서 설명하는 방화벽 구성 방법은?** 2018년 네트워크 보안

> 네트워크로 들어오는 트래픽에 대해서 스크리닝 라우터는 패킷 필터링으로 1차 방어를 하고, 베스천 호스트로 단일 홈 게이트웨이에서 프록시 등으로 2차 방어를 한다. 또한, 베스천 호스트는 스크리닝 라우터를 거치지 않은 모든 접속을 거부하며, 스크리닝 라우터도 베스천 호스트를 거치지 않은 모든 접속을 거부하도록 설정한다.

① 스크린된 호스트 게이트웨이

② 스크리닝 라우터

③ 단일 홈 게이트웨이

④ 이중 홈 게이트웨이

해설

스크린드 호스트 게이트웨이(Screened Host Gateway)

- 듀얼 홈드 게이트웨이와 스크리닝 라우터를 혼합하여 구축된 방화벽 시스템이다.
- 스크리닝 라우터에서 패킷 필터 규칙에 따라 1차 방어를 하고, 스크리닝 라우터를 통과한 트래픽은 베스천 호스트에서 2차로 점검하는 방식이다.
- 스크린드 호스트 게이트웨이의 장점은 네트워크 계층과 응용 계층에서 2단계로 방어하기 때문에 안전하다는 점이다.
- 단점은 해커에 의해 스크리닝 라우터의 라우터 테이블이 공격받아 변경될 수 있다는 점과 방화벽 시스템 구축 비용이 많이 소요된다는 점이다.

150 **OSI 참조 모델의 제7계층의 트래픽을 감시하여 안전한 데이터만을 네트워크 중간에서 릴레이하는 유형의 방화벽은?** 2015년 지방직 9급

① 패킷 필터링(packet filtering) 방화벽

② 응용 계층 게이트웨이(application level gateway)

③ 스테이트풀 인스펙션(stateful inspection) 방화벽

④ 서킷 레벨 게이트웨이(circuit level gateway)

해설

응용 계층 게이트웨이(application level gateway) : 패킷을 응용 계층까지 검사해서 패킷을 허용하거나 Drop하는 방식이다. 애플리케이션 계층에서 각 서비스별로 프록시가 있어서 Application Level Gateway라고도 한다.

151 다음에서 설명하는 침입차단시스템(Firewall)의 유형은? 2015년 국가직 7급

> – 종단－대－종단 TCP 연결을 허용하지 않는다.
> – 두 개(자신과 내부 호스트 사용자 간, 자신과 외부 호스트 TCP 사용자 간)의 TCP 연결을 설정한다.
> – 시스템 관리자가 내부 사용자를 신뢰할 경우 일반적으로 사용한다.
> – 이와 같은 유형의 구현 예로는 SOCKS가 있다.

① 회로 레벨 프록시(circuit–level proxy) 침입차단시스템
② 스테이트풀 패킷 검사(stateful packet inspection) 침입차단시스템
③ 응용 프록시(application proxy gateway) 침입차단시스템
④ 패킷 필터링(packet filtering) 침입차단시스템

해설
회로 레벨 프록시(circuit–level proxy) 침입차단시스템 : OSI 모델의 세션층에서 작동하는 방화벽이다. 각 서비스별로 프록시가 존재하는 애플리케이션 방식과 달리 어느 애플리케이션도 사용할 수 있는 프록시를 사용한다. 대표적으로 SOCKS(Socket Secure)가 있다.

152 기존에 알려진 취약성에 대한 공격 패턴 정보를 미리 입력해 두었다가 이에 해당하는 패턴을 탐지하는 기법의 시스템은? 2015년 국가직 7급

① 이상 탐지 기반의 침입탐지시스템
② 오용 탐지 기반의 침입탐지시스템
③ 비특성 통계 분석 기반의 침입탐지시스템
④ 허니팟 기반의 침입탐지시스템

해설
기존에 알려진 취약성에 대한 공격 패턴 정보를 미리 입력해 두었다가 이에 해당하는 패턴을 탐지하는 기법의 시스템은 오용 탐지 기반의 침입탐지시스템이다.

정답 149. ① 150. ② 151. ① 152. ②

153 **IDS에 관한 다음의 설명 중 옳지 않은 것은?** 2014년 서울시 9급

① IDS를 이용하면 공격 시도를 사전에 차단할 수 있다.
② 기존 공격의 패턴을 이용해 공격을 감지하기 위해 signature 기반 감지 방식을 사용한다.
③ 알려지지 않았지만 비정상적인 공격 행위를 감지해서 경고하기 위해 anomaly 기반 감지 방식을 사용한다.
④ DoS 공격, 패킷 조작 등의 공격을 감지하기 위해서는 network IDS를 사용한다.
⑤ IDS는 방화벽과 상호보완적으로 사용될 수 있다.

해설

공격 시도 차단을 성공적으로 한다면, 사전에 차단할 수 있는 것은 방화벽으로 볼 수 있다.

154 **다음 〈보기〉에서 침입탐지시스템(Intrusion Detection System)의 기능에 대한 설명을 모두 고른 것은?** 2014년 교육청 9급

보기

가. 외부에서 내부로 유입되는 트랙을 차단하고 내부에서 외부로 유출되는 트래픽은 모두 오픈한다.
나. 탐지 결과에 대한 로깅 및 통제 분석 기능을 수행한다.
다. 실시간 탐지 및 경보기능을 수행한다.
라. 알려진 공격에 대한 행위 패턴 인식을 수행한다.
마. 비정상적 행위 패턴에 대한 통계적 분석을 수행할 수 없다.

① 가, 나, 라
② 가, 라,마
③ 나, 다, 라
④ 나, 라, 마

해설

- 공격 시도 차단을 성공적으로 한다면, 사전에 차단할 수 있는 것은 방화벽으로 볼 수 있다.
- 비정상적 행위 패턴에 대한 통계적 분석을 수행할 수 있다.

155 다음은 침입 탐지 시스템의 탐지분석 기법에 대한 설명이다. ㉠~㉣에 들어갈 내용이 바르게 연결된 것은? 2017년 지방직 9급 추가

> 침입 탐지 시스템에서 (㉠)은 이미 발견되고 정립된 공격 패턴을 미리 입력해 두었다가 해당하는 패턴이 탐지되면 알려주는 것이다. 상대적으로 (㉡)가 높고, 새로운 공격을 탐지하기에는 부적합하다는 단점이 있다. (㉢)은 정상적이고 평균적인 상태를 기준으로 하여, 상대적으로 급격한 변화를 일으키거나 확률이 낮은 일이 발생하면 침입 탐지로 알려주는 것이다. 정량적인 분석, 통계적인 분석 등이 포함되며, 상대적으로 (㉣)가 높다.

	㉠	㉡	㉢	㉣
①	이상탐지기법	False Positive	오용탐지기법	False Negative
②	이상탐지기법	False Negative	오용탐지기법	False Positive
③	오용탐지기법	False Negative	이상탐지기법	False Positive
④	오용탐지기법	False Positive	이상탐지기법	False Negative

PART 05

해설

- 오용탐지기법 : 과거의 침입 행위들로부터 얻어진 지식으로부터 이와 유사하거나 동일한 행위를 분석하는 기법이다.
- 이상탐지기법 : 감시되는 정보 시스템의 일반적인 행위들에 대한 프로파일을 생성하고 이로부터 벗어나는 행위를 분석하는 기법이다.

156 침입탐지시스템(IDS)에서 알려지지 않은 공격을 탐지하는 데 적합한 기법은? 2016년 국가직 9급

① 규칙 기반의 오용 탐지
② 통계적 분석에 의한 이상(anomaly) 탐지
③ 전문가 시스템을 이용한 오용 탐지
④ 시그니처 기반(signature based) 탐지

해설

침입탐지시스템(IDS)에서 알려지지 않은 공격을 탐지할 수 있는 탐지는 이상 탐지이다.

정답 153. ① 154. ③ 155. ③ 156. ②

157 **침입탐지시스템(IDS)의 탐지 기법 중 하나인 비정상행위(anomaly) 탐지 기법의 설명으로 옳지 않은 것은?** 2015년 지방직 9급

① 이전에 알려지지 않은 방식의 공격도 탐지가 가능하다.
② 통계적 분석 방법, 예측 가능한 패턴 생성 방법, 신경망 모델을 이용하는 방법 등이 있다.
③ 새로운 공격 유형이 발견될 때마다 지속적으로 해당 시그니처(signature)를 갱신해 주어야 한다.
④ 정상행위를 가려내기 위한 명확한 기준을 설정하기 어렵다.

해설

오용 탐지 기법은 방법이 간단하고 효율적이어서 상용제품에 널리 이용되지만 조금만 변형된 공격에도 Signature가 달라 침입을 탐지하지 못하는 경우가 있다.

158 **다음은 오용탐지(misuse detection)와 이상탐지(anomaly detection)에 대한 설명이다. 이상탐지에 해당되는 것을 모두 고르면?** 2015년 서울시 9급

> ㉠ 통계적 분석 방법 등을 활용하여 급격한 변화를 발견하면 침입으로 판단한다.
> ㉡ 미리 축적한 시그너처와 일치하면 침입으로 판단한다.
> ㉢ 제로데이 공격을 탐지하기에 적합하다.
> ㉣ 임계값을 설정하기 쉽기 때문에 오탐률이 낮다.

① ㉠, ㉢　　② ㉠, ㉣
③ ㉡, ㉢　　④ ㉡, ㉣

해설

- 오용 탐지는 알려진 공격법이나 보안정책을 위반하는 행위에 대한 패턴을 지식 데이터베이스로부터 찾아서 특정 공격들과 시스템 취약점에 기초한 계산된 지식을 적용하여 탐지해 내는 방법으로 지식 기반(Knowledge-Base)탐지라고도 한다. 문제의 보기에서는 ㉡과 ㉣이 여기에 해당된다.
- 비정상적인 행위(이상) 탐지는 시스템 사용자가 정상적이거나 예상된 행동으로부터 이탈하는지의 여부를 조사함으로써 탐지하는 방법을 말한다. 통계적인 자료를 근거로 하거나 특징 추출에 의존한다. 정상적인 행위에서 이탈하는 것을 탐지하기 때문에 제로데이 공격도 탐지할 수 있다.

159 다음에서 설명하는 보안시스템은? 2015년 국가직 7급

> – 패킷을 버리거나 또는 의심이 가는 트래픽을 감지함으로써 공격 트래픽을 방어하는 기능을 갖고 있다.
> – 모든 트래픽을 수신하는 스위치의 포트들을 모니터하고 특정 트래픽을 막기 위해 적합한 명령어를 라우터(Router)나 침입차단시스템(Firewall)에 보낼 수 있다.
> – 호스트(Host) 기반의 이 보안시스템은 공격을 감지하기 위해 서명이나 비정상 감지기술을 사용한다.

① IDS(Intrusion Detection System)
② IPS(Intrusion Prevention System)
③ DNS(Domain Name System)
④ VPN(Virtual Private Network)

해설

IPS(Intrusion Prevention System)
- 잠재적 위협을 인지한 후 이에 즉각적인 대응을 하기 위한 네트워크 보안 기술 중 예방적 차원의 접근방식에 해당한다.
- IPS 역시 침입탐지시스템인 IDS와 마찬가지로 네트워크 트래픽을 감시한다.
- IDS의 탐지 기능에 차단 기능을 추가하였다.

160 가설사설망(VPN)이 제공하는 보안 서비스에 해당하지 않는 것은? 2015년 서울시 9급

① 패킷 필터링 ② 데이터 암호화
③ 접근제어 ④ 터널링

해설

- 가설사설망(VPN)에서는 암호화 혹은 인증 터널을 통해 전송되는 데이터의 기밀성, 무결성, 인증과 같은 보안 서비스가 보장된다.
- 보기 1번의 패킷 필터링은 방화벽에 관련된 내용이다.

정답 157. ③ 158. ① 159. ② 160. ①

161 **VPN의 터널링 기능을 제공하는 L2TP(Layer 2 Tunneling Protocol)에 대한 설명으로 옳지 않은 것은?** 2018년 국가직 7급

① 데이터 링크 계층에서 터널링을 지원한다.
② PPTP(Point-to-Point Tunneling Protocol)와 L2F(Layer 2 Forwarding Protocol) 기능을 결합한 프로토콜이다.
③ 데이터의 보안성을 높이기 위하여 IPsec과 결합하여 사용할 수 있다.
④ 패킷 인증, 암호화, 키 관리 기능을 제공한다.

해설

L2TP는 사용자 인증, 암호화, 키 관리 기능을 제공한다.

162 **다음의 OSI 7계층과 이에 대응하는 계층에서 동작하는 〈보기〉의 보안 프로토콜을 바르게 연결한 것은?** 2017년 지방직 9급

ㄱ. 2계층　　ㄴ. 3계층　　ㄷ. 4계층

보기
A. SSL/TLS　　B. L2TP　　C. IPSec

	ㄱ	ㄴ	ㄷ
①	A	B	C
②	A	C	B
③	B	C	A
④	B	A	C

해설

OSI 각 계층의 암호화 프로토콜은 전송 계층4(SSL), 네트워크 계층3(IPSec), 데이터 링크 계층2(PPTP, L2TP, L2F)가 있다.

163 정보시스템의 침입자를 속이는 기법의 하나로, 가상의 정보시스템을 만들어 놓고 실제로 공격을 당하는 것처럼 보이게 하여 해커나 스팸, 바이러스를 유인하여 침입자들의 정보를 수집하고 추적하는 역할을 수행하는 것은? 2020년 국가직 7급

① Honeypot ② IPS
③ ESM ④ DRM

해설

Honeypot : 컴퓨터 프로그램에 침입한 스팸과 컴퓨터바이러스, 크래커를 탐지하는 가상컴퓨터이다. 침입자를 속이는 최신 침입탐지기법으로 마치 실제로 공격을 당하는 것처럼 보이게 하여 크래커를 추적하고 정보를 수집하는 역할을 한다.

164 허니팟(Honeypot)에 대한 설명으로 옳지 않은 것은? 2015년 국가직 7급

① 공격자를 유인하기 위한 시스템이므로 쉽게 노출되지 않는 곳에 두어야 한다.
② 공격자를 중요한 시스템에 접근하지 못하게 유인한다.
③ 공격자의 행동패턴에 관한 정보를 수집한다.
④ 공격자가 가능한 오랫동안 허니팟에 머물도록 하고 그사이에 관리자는 필요한 대응을 준비한다.

해설

허니팟(Honeypot)은 공격자를 유인하기 위한 시스템이므로 쉽게 노출되는 곳에 두어야 한다.

PART 05

165 허니팟에 대한 설명으로 옳지 않은 것은? 2023년 국가직 9급

① 공격자가 중요한 시스템에 접근하지 못하도록 실제 시스템처럼 보이는 곳으로 유인한다.
② 공격자의 행동 패턴에 관한 정보를 수집한다.
③ 허니팟은 방화벽의 내부망에는 설치할 수 없다.
④ 공격자가 가능한 한 오랫동안 허니팟에서 시간을 보내도록 하고 그사이 관리자는 필요한 대응을 준비한다.

해설

- 허니팟은 방화벽의 내부망에도 설치 가능하다.
- 허니팟(Honeypot) : 컴퓨터 침입자를 속이는 침입탐지기법 중 하나로, 실제로 공격을 당하는 것처럼 보이게 하여 침입자를 추적하고 정보를 수집하는 역할을 한다. 침입자를 유인하는 함정을 꿀단지에 비유한 것에서 명칭이 유래했다.

정답 161. ④ 162. ③ 163. ① 164. ① 165. ③

166 **무선랜 해킹과 관련되어 해커가 무선 네트워크를 찾기 위해 무선 장치를 가지고 주위의 AP(Access Point)를 찾는 과정을 말하며, 무선랜 해킹과정의 초기 단계에 사용되는 방법을 나타내는 것은?** 보안기사 문제 응용

① War Driving ② Spoofing
③ War Dialing ④ Sniffing

해설
무선랜 탐지 해킹으로 알려진 War Driving은 모뎀 기반의 해킹 기술인 War Dialing의 이름을 본따서 만들어졌다. War Dialing은 임의로 번호를 추출해 원하는 모뎀을 찾아냄으로써 컴퓨터에 대한 해킹을 시도하는 것이다.

167 **무선 인터넷 보안을 위한 알고리즘이나 표준이 아닌 것은?** 2017년 지방직 9급 추가

① WEP ② WPA－PSK
③ 802.11i ④ X.509

해설
X.509는 암호학에서 공개키 인증서와 인증 알고리즘의 표준 가운데에서 공개키 기반(PKI)의 표준이다.

168 **다음 아래 보기에서 설명하고 있는 것으로 옳은 것은?** 2014년 보안기사

보기
IEEE 802.11i 표준으로서 이전의 IEEE 802.11 표준의 약점을 보완하고 있다. 그리고 RSN(Robust Security Network)으로도 불리우며, AES 블록 암호화를 사용하여 RC4 스트림 암호화를 사용하는 Wi-Fi Protected Access 표준과는 구별된다.

① WPA ② EAP-TLS
③ WPA2 ④ WEP

해설
WPA2는 AES에 기반을 둔 CCMP(Counter Mode with Cipher Block Chaining Message Authentication Code Protocol) 암호화 방식을 사용한다.

169 다음에서 설명하는 프로토콜은? 2018년 지방직 9급

> – 무선랜 통신을 암호화하는 프로토콜로서 IEEE 802.11 표준에 정의되었다.
> – 암호화를 위해 RC4 알고리즘을 사용한다.

① AH(Authentication Header)
② SSH(Secure SHell)
③ WAP(Wireless Application Protocol)
④ WEP(Wired Equivalent Privacy)

해설

WEP(Wired Equivalent Privacy) : 무선랜을 암호화하는 가장 기본적인 방법으로, WEP로 보호받는 AP에 접속하기 위해서는 다음과 같이 WEP 키를 입력해야 접속할 수 있다. 암호화를 위해 RC4 알고리즘을 사용한다.

PART 05

170 IEEE 802.11i에 대한 설명으로 옳지 않은 것은? 2018년 국가직 9급

① 단말과 AP(Access Point) 간의 쌍별(pairwise) 키와 멀티캐스팅을 위한 그룹 키가 정의되어 있다.
② 전송되는 데이터를 보호하기 위해 TKIP(Temporal Key Integrity Protocol)와 CCMP(Counter Mode with Cipher Block Chaining MAC Protocol) 방식을 지원한다.
③ 서로 다른 유무선랜 영역에 속한 단말들의 종단간(end-to-end) 보안 기법에 해당한다.
④ 802.1X 표준에서 정의된 방법을 이용하여 무선 단말과 인증 서버 간의 상호 인증을 할 수 있다.

해설

- IEEE 802.11i은 WEP의 취약성을 보완하기 위한 표준으로 WPA(RC4-TKIP), WPA2(AES-CCMP)가 있다.
- CCMP(Counter Mode with Cipher Block Chaining MAC Protocol) : 무선랜 제품용으로 설계된 암호화 프로토콜

정답 166. ① 167. ④ 168. ③ 169. ④ 170. ③

171 다음 〈보기〉에서 설명하고 있는 무선네트워크의 보안 프로토콜은 무엇인가? 2015년 서울시 9급

보기

AP와 통신해야 할 클라이언트에 암호화키를 기본으로 등록해 두고 있다. 그러나 암호화키를 이용해 128비트인 통신용 암호화키를 새로 생성하고, 이 암호화키를 10,000개 패킷마다 바꾼다. 기존보다 훨씬 더 강화된 암호화 세션을 제공한다.

① WEP(Wired Equivalent Privacy)

② TKIP(Temporal Key Integrity Protocol)

③ WPA-PSK(Wi-Fi Protected Access Pre Shared Key)

④ EAP(Extensible Authentication Protocol)

해설

- WEP : 암호화키는 64bit는 40bit RC4, 128bit는 104bit RC4에 무작위 24bit IV(Initial Vector)로 구성되어 있지만, IV의 길이가 짧아 반복되어 사용하기 때문에 짧은 시간에 해킹이 가능하다.
- WPA-PSK : TKIP(Temporal Key Integrity Protocol) 알고리즘 사용이 가능하다.
- EAP(Extensible Authentication Protocol) : 점대점 통신 규약(PPP)에서 규정된 인증 방식으로 확장이 용이하도록 고안된 프로토콜. RFC 2284에 규정되어 있으며, 스마트카드, Kerberos, 공개키, 1회용 패스워드(OTP), 전송 계층 보안(TLS) 등의 사용이 가능해진다.

172 무선 LAN 보안에 대한 설명으로 옳지 않은 것은? 2019년 국가직 9급

① WPA2는 RC4 알고리즘을 암호화에 사용하고, 고정 암호키를 사용한다.

② WPA는 EAP 인증 프로토콜(802.1x)과 WPA-PSK를 사용한다.

③ WEP는 64비트 WEP 키가 수분 내 노출되어 보안이 매우 취약하다.

④ WPA-PSK는 WEP보다 훨씬 더 강화된 암호화 세션을 제공한다.

해설

WPA2는 암호화에 AES 알고리즘을 사용하며, 가변길이 암호키를 사용한다.

173 **무선 LAN 보안에 관한 설명 중 ㉠~㉣에 들어갈 용어를 바르게 나열한 것은?** 2016년 국가직 7급

강도 높은 프라이버시 및 인증 기능을 포함하는 무선 LAN 보안 표준인 IEEE (㉠)가 진화하는 과정에서 Wi-Fi 연합이 WPA/WPA2를 공표하였다. WPA는 WEP 암호의 약점을 보완한 (㉡)를 사용한다. 위 표준과 유사한 WPA2는 (㉢)를 채택하여 보다 강력한 보안을 제공한다. (㉣)는 엄격한 보안이 요구되는 네트워크에서 확장된 인증 과정을 수행하는 인증 프로토콜이다.

	㉠	㉡	㉢	㉣
①	802.11i	TKIP	AES	EAP
②	802.11i	DES	TKIP	RADIUS
③	802.1x	DES	TKIP	EAP
④	802.1x	TKIP	AES	RADIUS

해설
- IEEE 802.11i은 WEP의 취약성을 보완하기 위한 표준으로 WPA(RC4-TKIP), WPA2(AES-CCMP)가 있다.
- EAP(Extensible Authentication Protocol) : 점대점 통신 규약(PPP)에서 규정된 인증 방식으로 확장이 용이하도록 고안된 프로토콜. RFC 2284에 규정되어 있으며, 스마트카드, Kerberos, 공개키, 1회용 패스워드(OTP), 전송 계층 보안(TLS) 등의 사용이 가능해진다.

174 **무선랜에서의 인증 방식에 대한 설명 중 옳지 않은 것은?** 2016년 서울시 9급

① WPA 방식은 48비트 길이의 초기벡터(IV)를 사용한다.
② WPA2 방식은 AES 암호화 알고리즘을 사용하여 좀 더 강력한 보안을 제공한다.
③ WEP 방식은 DES 암호화 방식을 이용한다.
④ WEP 방식은 공격에 취약하며 보안성이 약하다.

해설
- WPA(Wi-Fi Protected Access)는 기존 WEP에서 24bit였던 초기벡터를 48bit로 확장하였다.
- WEP 방식은 RC4을 사용한다.

정답 171. ③ 172. ① 173. ① 174. ③

175 IEEE 802.11i RSN(Robust Security Network)에 대한 설명으로 옳은 것은? 2020년 지방직 9급

① TKIP는 확장형 인증 프레임워크이다.

② CCMP는 데이터 기밀성 보장을 위해 AES를 CTR 블록 암호 운용 모드로 이용한다.

③ EAP는 WEP로 구현된 하드웨어의 펌웨어 업데이트를 위해 사용한다.

④ 802.1X는 무결성 보장을 위해 CBC-MAC를 이용한다.

해설

- IEEE 802.11i 태스크그룹은 2002년 RSN(Robust Security Network) 보안 구조를 표준에 반영함으로 무선구간에서의 데이터 보호기능을 더욱 강화하였다.
- EAP는 확장형 인증 프레임워크이며, WPA2에서 인증에 사용된다.
- CCMP는 무결성 보장을 위해 CBC-MAC을 이용한다.

176 무선 네트워크 보안에 대한 설명으로 옳은 것은? 2023년 국가직 9급

① 이전에 사용했던 WEP의 보안상 약점을 보강하기 위해서 IETF에서 WPA, WPA2, WPA3를 정의하였다.

② WPA는 TKIP 프로토콜을 채택하여 보안을 강화하였으나 여전히 WEP와 동일한 메시지 무결성 확인 방식을 사용하는 약점이 있다.

③ WPA2는 무선 LAN 보안 표준인 IEEE 802.1X의 보안 요건을 충족하기 위하여 CCM 모드의 AES 블록 암호 방식을 채택하고 있다.

④ WPA-개인 모드에서는 PSK로부터 유도된 암호화 키를 사용하는 반면에, WPA-엔터프라이즈 모드에서는 인증 및 암호화를 강화하기 위해 RADIUS 인증 서버를 두고 EAP 표준을 이용한다.

해설

- 이전에 사용했던 WEP의 보안상 약점을 보강하기 위해서 IEEE에서 WPA, WPA2, WPA3를 정의하였다.
- WPA는 MIC(메시지 무결성 코드)가 포함되며, 이는 CRC(Cyclic redundancy check)를 사용하는 WEP의 약한 패킷 보증을 개선하였다.
- WPA2는 기밀성과 데이터 출처인증을 위해 CCM 모드의 AES 블록 암호 방식을 채택하고 있다.

177 **사용자가 무선랜 보안을 위하여 취할 수 있는 방법이 아닌 것은?** 2017년 국가직 7급

① MAC 주소 필터링의 적용
② SSID(Service Set Identifier) 브로드캐스팅의 금지
③ 무선 장비 관련 패스워드의 주기적인 변경
④ WPA, WPA2, WEP 중에서 가장 안전한 보안 방법인 WEP를 이용한 무선랜의 통신 보호

해설

WPA, WPA2, WEP 중에서 WEP는 가장 안전하지 않은 보안 방법이다.

178 **무선랜의 보안 대응책으로 옳지 않은 것은?** 2017년 지방직 9급

① AP에 접근이 가능한 기기의 MAC 주소를 등록하고, 등록된 기기의 MAC 주소만 AP 접속을 허용한다.
② AP에 기본 계정의 패스워드를 재설정한다.
③ AP에 대한 DHCP를 활성화하여 AP 검색 시 SSID가 검색되도록 설정한다.
④ 802.1x와 RADIUS 서버를 이용해 무선 사용자를 인증한다.

해설

AP에 대한 설정 사항으로 DHCP를 비활성화시켜야 한다. AP를 검색하여 IP 주소를 자동 할당하게 되면, 사설 네트워크에 대한 정보 없이도 무선랜에 접속이 가능하기 때문에 보안상 매우 위험하다.

179 **무선랜을 보호하기 위한 기술이 아닌 것은?** 2017년 국가직 9급

① Wired Equivalent Privacy
② WiFi Protected Access
③ WiFi Rogue Access Points
④ WiFi Protected Access Enterprise

해설

- WiFi Rogue Access Points : 악의적인 WiFi 액세스 포인트를 말한다.
- Wired Equivalent Privacy : 무선 LAN에서 사용하는 암호화 기법으로 동일한 키(key)와 알고리즘을 사용해 데이터를 암호화하고 해독하는 대칭키 알고리즘 방식을 기본으로 하는 암호화 기법이다.
- WiFi Protected Access : 키 값이 쉽게 깨지는 WEP의 취약점을 보완하기 위해 개발되었다. 데이터 암호화를 강화하기 위해 TKIP(Temporal Key Integrity Protocol)라는 IEEE 802.11i 보안 표준을 사용한다. WPA 규격에는 WPA-Personal과 WPA-Enterprise가 있다.

정답 175. ② 176. ④ 177. ④ 178. ③ 179. ③

180 IEEE 802.11i 키 관리의 쌍별 키 계층을 바르게 나열한 것은? 2024년 국가직 9급

PSK
(가)
(나)
(다)

- TK(Temporal Key)
- PSK(Pre-Shared Key)
- PMK(Pairwise Master Key)
- PTK(Pairwise Transient Key)

	(가)	(나)	(다)
①	PMK	TK	PTK
②	PMK	PTK	TK
③	PTK	TK	PMK
④	PTK	PMK	TK

해설

- IEEE 802.11i 키 관리의 쌍별 키 계층 : PSK, MSK(AAAK) – PMK – PTK – KCK, KEK, TK
- 사전 공유 키(PSK) : AP와 STA가 미리 공유하는 키로, IEEE 802.11i 규정에 따라 사전에 두 장비에 설치되었다고 가정한다.
- 쌍별 마스터 키(PMK ; Pairwise Master Key) : 마스터 키로 생성하며, 마지막 인증 과정이 끝나면 AP와 STA는 PMK를 공유한다.
- 쌍별 임시 키(PTK ; Pairwise Transient Key) : PMK로 PTK(개인 통신 키)를 생성한다.
- 임시 키(TK ; Temporal Key) : 사용자 트래픽에 대한 실질적인 보호를 제공한다.

181 블루투스에 대한 설명으로 옳지 않은 것은? 2017년 국가직 7급

① 페어링 과정은 한 장치가 그 지역에 있는 다른 장치들을 찾아 BD_ADDR이나 논리적 이름에 근거해 파트너가 될 장치를 선택하는 것이다.
② 장치 간 종류를 식별하기 위해서 SDP(Service Discovery Protocol)를 보내고 받는다.
③ 블루투스의 취약점을 이용하여 장비의 임의 파일에 접근하는 공격은 BlueBug이다.
④ OPP(OBEX Push Profile)는 블루투스 장치끼리 인증 없이 정보를 간편하게 교환하기 위해 개발되었다.

해설

블루투스의 취약점을 이용하여 장비의 임의 파일에 접근하는 공격은 Bluesnarf이다. BlueBug는 공격자가 모바일 장비를 물리적으로 소유한 것처럼, 다른 사람의 모바일 장치가 전화를 걸거나 다른 기능들을 수행하도록 할 수 있다. 또한 해커들은 전화 대화 내용을 도청할 수 있다.

182 다음 설명에 해당하는 블루투스 공격 방법은? 2014년 지방직 9급

블루투스의 취약점을 이용하여 장비의 임의 파일에 접근하는 공격 방법이다. 이 공격 방법은 블루투스 장치끼리 인증 없이 정보를 간편하게 교환하기 위해 개발된 OPP(OBEX Push Profile) 기능을 사용하여 공격자가 블루투스 장치로부터 주소록 또는 달력 등의 내용을 요청해 이를 열람하거나 취약한 장치의 파일에 접근하는 공격 방법이다.

① 블루스나프(BlueSnarf)
② 블루프린팅(BluePrinting)
③ 블루버그(BlueBug)
④ 블루재킹(BlueJacking)

해설

- 블루프린팅(BluePrinting) : 서비스 발견 프로토콜(SDP)를 통하여 블루투스 장치들을 검색하고 모델을 확인
- 블루재킹(BlueJacking) : 사용자들은 블루투스를 통해서 메시지들을 전송(일반적으로 이들 메시지들은 피해가 없는 광고와 스팸들)
- 블루스나프(BlueSnarf) : OPP(OBEX Push Profile) 기능을 사용하여 공격자가 블루투스 장치로부터 주소록 또는 달력 등의 내용을 요청해 이를 열람하거나 취약한 장치의 파일에 접근하는 공격 방법
- 블루버그(BlueBug) : 모바일 장비를 물리적으로 소유한 것처럼 전화 걸기, SMS 보내기 등과 인터넷 사용도 가능

정답 180. ② 181. ③ 182. ①

MEMO

시스템 보안

시스템 보안

01 **다음 아래의 설명에 해당하는 것으로 옳은 것은?** 보안기사 문제 응용

컴퓨터 시스템을 보호하기 위해서 접근 제어, 사용자 인증, 감사 추적, 침입 탐지 기능을 추가하여 사용자의 접근을 제어하거나 커널 모니터를 통해 해킹을 탐지하는 시스템

① PKI
② Screen Router
③ Secure OS
④ IDS

해설
서버 보안(System security)을 Secure OS라 하며, 컴퓨터 시스템을 보호하기 위해서 접근 제어, 사용자 인증, 감사 추적, 침입 탐지 기능을 추가하여 사용자의 접근을 제어하거나 커널 모니터를 통해 해킹을 탐지하는 시스템이라 할 수 있다.

02 **Secure OS의 기능 중에는 자원 보호(Conservation of Resources) 기능이 있다. 다음 중 자원 보호 기법의 종류로 옳지 않은 것은?** 보안기사 문제 응용

① Capability List
② Access Control Matrix
③ Capability Matrix
④ Access Control List

해설
자원 보호 기법: 접근 제어 행렬(Access Control Matrix), 접근 제어 리스트(Access Control List), 자격 리스트(Capability List)

03 **Secure OS의 기능 중에는 시스템 감사(System Audit) 기능이 있다. 다음 중 시스템 감사에 대한 설명으로 옳지 않은 것은?** 보안기사 문제 응용

① 객체 액세스 감사는 사용자의 권한 상태, 권한 변경 상태, 자원 접근 현황 등의 작업 흔적을 분석한다.
② 신뢰성, 안전성, 효율성을 높이기 위한 작업이라 할 수 있다.
③ 시스템 보안과 무결성을 보장하기 위해서는 반드시 필요한 작업이다.
④ 사용자 로그인 정보, 파일 접근 정보, 컴퓨터 시스템의 환경 설정 변경 사항 등을 수집한다.

해설
보기 1번은 권한 사용 감사에 대한 설명이다. 개체 액세스 감사는 CPU, 메모리, 프린터, 네트워크, 파일, 폴더 등의 작업 흔적을 분석한다.

04 **시스템과 관련한 보안기능 중 적절한 권한을 가진 사용자를 식별하기 위한 인증 관리로 옳은 것은?** 2017년 국가직 9급

① 세션 관리
② 로그 관리
③ 취약점 관리
④ 계정 관리

해설

- 세션 관리 : 사용자와 시스템 또는 두 시스템 간의 활성화된 접속에 대한 관리로서, 일정 시간이 지난 경우 적절히 세션을 종료하고, 비인가자에 의한 세션 가로채기를 통제한다.
- 로그 관리 : 시스템 내부 혹은 네트워크를 통한 외부에서 시스템에 어떤 영향을 미칠 경우 해당 사항을 기록한다.
- 취약점 관리 : 시스템은 계정과 패스워드 관리, 세션 관리, 접근 제어, 권한 관리 등을 충분히 잘 갖추고도 보안적인 문제가 발생할 수 있는데, 이는 시스템 자체의 결함에 의한 것이다. 이 결함을 체계적으로 관리하는 것이 취약점 관리이다.
- 계정과 패스워드 관리 : 적절한 권한을 가진 사용자를 식별하기 위한 가장 기본적인 인증 수단으로, 시스템에서는 계정과 패스워드 관리가 보안의 시작이다.

05 **버퍼 오버플로우에 대한 설명으로 옳지 않은 것은?** 2016년 국가직 9급

① 프로세스 간의 자원 경쟁을 유발하여 권한을 획득하는 기법으로 활용된다.
② C 프로그래밍 언어에서 배열에 기록되는 입력 데이터의 크기를 검사하지 않으면 발생할 수 있다.
③ 버퍼에 할당된 메모리의 경계를 침범해서 데이터 오류가 발생하게 되는 상황이다.
④ 버퍼 오버플로우 공격의 대응책 중 하나는 스택이나 힙에 삽입된 코드가 실행되지 않도록 하는 것이다.

해설

프로세스 간의 자원 경쟁을 유발하여 권한을 획득하는 기법으로 활용되는 것은 레이스 컨디션(Race Condition)이다.

PART 06

정답 01. ③ 02. ③ 03. ① 04. ④ 05. ①

06 다음에서 설명하는 보안 공격 기법은? 2017년 지방직 9급

- 두 프로세스가 자원을 서로 사용하려고 하는 것을 이용한 공격이다.
- 시스템 프로그램과 공격 프로그램이 서로 자원을 차지하기 위한 상태에 이르게 하여 시스템 프로그램이 갖는 권한으로 파일에 접근을 가능하게 하는 공격방법을 말한다.

① Buffer Overflow 공격
② Format String 공격
③ MITB(Man-In-The-Browser) 공격
④ Race Condition 공격

해설

Race Condition은 한정된 자원을 동시에 이용하려는 여러 프로세스가 자원의 이용을 위해 경쟁을 벌이는 현상이다. 레이스 컨디션을 이용하여 루트 권한을 얻는 공격을 Race Condition 공격이라 한다.

07 운영체제/보안에서 레이스 컨디션(race condition)에 대한 설명으로 가장 적절한 것은? 2024년 군무원 9급

① 경쟁 상대를 물리치기 위한 공격
② 네트워크 경쟁자의 성능을 측정하는 과정
③ 컴퓨터의 처리 속도를 최적화하기 위한 테크닉
④ 비동기적으로 실행되는 프로세스들 사이의 동기화에서 문제 발생

해설

프로세스 간의 자원 경쟁을 유발하여 권한을 획득하는 기법으로 활용되는 것은 레이스 컨디션(Race Condition)이다. 여러 프로세스가 동시에 자원에 접근할 때, 자원의 상태나 결과가 프로세스의 실행 순서에 따라 달라질 수 있는 상황을 의미한다. 이는 동기화 문제가 발생할 때 주로 발생하며, 결과적으로 예기치 않은 동작이나 보안 취약점을 초래할 수 있다.

08 스택 버퍼 오버플로우 공격의 수행 절차를 순서대로 바르게 나열한 것은? 2016년 지방직 9급

ㄱ. 특정 함수의 호출이 완료되면 조작된 반환 주소인 공격 쉘 코드의 주소가 반환된다.
ㄴ. 루트 권한으로 실행되는 프로그램상에서 특정 함수의 스택 버퍼를 오버플로우시켜서 공격 쉘 코드가 저장되어 있는 버퍼의 주소로 반환 주소를 변경한다.
ㄷ. 공격 쉘 코드를 버퍼에 저장한다.
ㄹ. 공격 쉘 코드가 실행되어 루트 권한을 획득하게 된다.

① ㄱ → ㄴ → ㄷ → ㄹ
② ㄱ → ㄷ → ㄴ → ㄹ
③ ㄷ → ㄴ → ㄱ → ㄹ
④ ㄷ → ㄱ → ㄴ → ㄹ

해설

스택 버퍼 오버플로우 공격의 수행 절차

1. 공격 쉘 코드를 버퍼에 저장한다.
2. 루트 권한으로 실행되는 프로그램상에서 특정 함수의 스택 버퍼를 오버플로우시켜서 공격 쉘 코드가 저장되어 있는 버퍼의 주소로 반환 주소를 변경한다.
3. 특정 함수의 호출이 완료되면 조작된 반환 주소인 공격 쉘 코드의 주소가 반환된다.
4. 공격 쉘 코드가 실행되어 루트 권한을 획득하게 된다.

09 버퍼 오버플로우 공격에 대한 설명으로 옳지 않은 것은? 2020년 국가직 7급

① 스택 오버플로우와 힙 오버플로우 공격 등이 있다.

② 버퍼에 일정한 크기 이상의 데이터를 입력하여 프로그램을 공격한다.

③ 취약한 C함수로는 strcpy(), strcat(), gets() 등이 있다.

④ 대응 방법의 하나인 스택 가드는 스택에서 권한을 제거해 스택에 로드된 공격자의 공격 코드가 실행될 수 없도록 한다.

해설

- 버퍼 오버플로우 공격에 대한 대응 방법 : 스택 가드(Stack Guard), Non-Executable 스택, DEP(Data Execution Prevention), ASLR(Address Space Layout Randomization), 안전한 함수 사용 등
- 스택 가드(Stack Guard) : 메모리상에서 프로그램의 복귀주소와 변수 사이에 Canary Word를 저장해 두었다가 그 값이 변경되었을 경우 오버플로우 상태로 가정하여 프로그램 실행을 중단하는 방법이다.

PART 06

10 버퍼 오버플로우 공격의 대응수단으로 적절하지 않은 것은? 2016년 국가직 7급

① 스택상에 있는 공격자의 코드가 실행되지 못하도록 한다.

② 프로세스 주소 공간에 있는 중요 데이터 구조의 위치가 변경되지 않도록 적재 주소를 고정시킨다.

③ 함수의 진입(entry)과 종료(exit) 코드를 조사하고 함수의 스택 프레임에 대해 손상이 있는지를 검사한다.

④ 변수 타입과 그 타입에 허용되는 연산들에 대해 강력한 표기법을 제공하는 고급수준의 프로그래밍 언어를 사용한다.

해설

버퍼 오버플로우를 대응하기 위한 방법으로는 DEP, ASLR 등이 있다. DEP(Data Execution Prevention)는 실행되지 말아야 하는 메모리 영역에서 코드의 실행을 방지하여 임의의 코드가 실행되는 것을 방지하는 방어 기법이다. Windows에서 사용되며 Linux의 NX-bit와 같은 것이다. 그리고 ASLR(Address Space Layout Randomization)은 PE 파일(exe, dll 등)이 실행될 때마다, 즉 메모리에 로딩될 때마다 Image Base 값을 계속 변경해주는 기법이다.

정답 06. ④ 07. ④ 08. ③ 09. ④ 10. ②

11 **버퍼 오버플로우 공격을 예방하는 방법 중 프로그래머가 코딩 시 입력버퍼의 경계값을 검사하는 안전한 함수를 사용하는 방법이 있다. 다음 중 버퍼 오버플로우 공격에 취약하지 않은 함수는?** 보안기사 문제 응용

① strcat() ② sprintf()
③ fgets() ④ strcpy()

해설

strcat() --- strncat()
sprintf() --- snprintf()
gets() --- fgets()
strcpy() --- strncpy()

12 **Stack에 할당된 Buffer overflow Attack에 대응할 수 있는 안전한 코딩(Secure Coding) 기술의 설명으로 옳지 않은 것은?** 2016년 서울시 9급

① 프로그램이 버퍼가 저장할 수 있는 것보다 많은 데이터를 입력하지 않는다.
② 프로그램은 할당된 버퍼 경계 밖의 메모리 영역은 참조하지 않으므로 버퍼 경계 안에서 발생될 수 있는 에러를 수정해 주면 된다.
③ gets()나 strcpy()와 같이 버퍼 오버플로우에 취약한 라이브러리 함수는 사용하지 않는다.
④ 입력에 대해서 경계 검사(Bounds Checking)를 수행해준다.

해설

프로그램은 할당된 버퍼 경계 밖의 메모리 영역은 참조하므로 Buffer overflow Attack에 안전하지 않다.

13 **스택 버퍼 오버플로(overflow) 공격에 대응하기 위한 방어 수단에 해당하지 않는 것은?** 2015년 지방직 9급

① 문자열 조작 루틴과 같은 불안전한 표준 라이브러리 루틴을 안전한 것으로 교체한다.
② 함수의 진입과 종료 코드를 조사하고 함수의 스택 프레임에 손상이 있는지를 검사한다.
③ 한 사용자가 프로그램에 제공한 입력이 다른 사용자에게 출력될 수 있도록 한다.
④ 매 실행 시마다 각 프로세스 안의 스택이 다른 곳에 위치하도록 한다.

해설

한 사용자가 프로그램에 제공한 입력이 다른 사용자에게 출력될 수 없도록 한다.

14 다음 중 버퍼 오버플로우를 막기 위해 사용하는 방법이 아닌 것은? 보안기사 문제 응용

① Non-executable 스택
② ASLR(Address Space Layout Randomization)
③ rtl(return to libc)
④ 스택 가드(Stack Guard)

해설
- Non-executable 스택(NX-bit) : 스택에서 코드 실행 불가
- rtl(return to libc) : NX-bit를 우회하기 위해 사용하는 공격기법

15 함수 P에서 호출한 함수 Q가 자신의 작업을 마치고 다시 함수 P로 돌아가는 과정에서의 스택 버퍼 운용 과정을 순서대로 바르게 나열한 것은? 2023년 국가직 9급

(가) 스택에 저장되어 있는 복귀 주소(return address)를 pop한다.
(나) 스택 포인터를 프레임 포인터의 값으로 복원시킨다.
(다) 이전 프레임 포인터 값을 pop하여 스택 프레임 포인터를 P의 스택 프레임으로 설정한다.
(라) P가 실행했던 함수 호출(function call) 인스트럭션 다음의 인스트럭션을 실행한다.

① (가) → (나) → (다) → (라)
② (가) → (다) → (라) → (나)
③ (나) → (가) → (라) → (다)
④ (나) → (다) → (가) → (라)

해설
- 함수 P에서 함수 Q가 호출되어 작업을 마치면 스택 버퍼를 관리하는 특정 프로세스를 따라 함수 P로 복귀한다.
- 스택 포인터(Stack Pointer) : 스택의 가장 상단 위치를 가리키며, 함수 호출이 발생하면 스택 포인터가 높은 주소에서 낮은 주소로 이동하면서 스택 프레임을 할당한다. 함수가 종료되고 반환할 때 스택 포인터는 다시 높은 주소로 이동하여 이전 스택 프레임을 해제한다. 스택 포인터는 새로운 데이터를 스택에 넣거나 스택에서 데이터를 제거할 때 사용된다.
- 프레임 포인터(Frame Pointer) : 현재 활성화된 함수의 스택 프레임 베이스를 가리킨다. 프레임 포인터는 호출된 함수의 지역변수와 매개변수에 접근하는 데 사용되며, 스택 프레임에 대한 참조를 단순화한다. 함수 호출 시 프레임 포인터는 이전 프레임 포인터 값을 저장하고, 새로운 스택 프레임의 베이스 주소로 업데이트된다. 함수 반환 시 프레임 포인터는 이전 프레임 포인터 값으로 복원되어 호출자의 스택 프레임에 대한 참조를 유지한다.
- 스택 프레임(Stack Frame)은 활성화 레코드를 말한다.

PART 06

정답 11. ③ 12. ② 13. ③ 14. ③ 15. ④

16 다음 NTFS 파일시스템에 대한 설명 중 옳지 않은 것은? 2014년 국회사무처 9급

① 파티션에 대한 접근 권한 설정이 가능함
② 사용자별 디스크 사용공간 제어 가능
③ 기본 NTFS 보안 변경 시 사용자별 NTFS 보안 적용 가능
④ 미러(Mirror)와 파일로그가 유지되어 비상시 파일 복구 가능
⑤ 파일에 대한 압축과 암호화를 지원하지 않음

해설

- NTFS는 Hot Fixing이라는 하드디스크 결함을 교정하는 기법을 제공하여 데이터를 저장하다가 에러가 발생하여도 안전하게 데이터를 보호할 수 있고 파일 압축 기능이 파일 시스템의 고유한 기능으로 구현되어 있다.
- NTFS 5.0 파일 시스템에서는 디스크 상의 파일 시스템을 읽고 쓸 때 자동으로 암호화하고 복호화가 가능하다.

17 다음 중 리눅스(LINUX)의 특징에 대한 설명으로 가장 적절한 것은? 2024년 군무원 9급

① 리눅스는 싱글유저 환경을 지원하는 시스템이다.
② 리눅스는 사용자가 쉘(Shell) 없이 직접 커널에 접속하여 명령을 수행하는 구조이다.
③ 리눅스는 다양한 쉘(Shell)을 제공하며, 쉘은 리눅스에서 명령어와 프로그래밍을 실행할 때 사용되는 인터페이스 역할을 한다.
④ 리눅스는 보안성을 강화하기 위해 프로그램 소스코드를 외부에 공개하지 않고 있다.

해설

- 리눅스는 여러 가지 쉘을 제공하며, 사용자는 이를 통해 시스템과 상호작용하고 명령을 실행할 수 있다.
- 리눅스는 멀티유저 환경을 지원하며, 여러 사용자가 동시에 시스템에 접근할 수 있다.
- 사용자는 일반적으로 쉘을 통해 커널과 상호작용하며, 쉘 없이 직접 커널에 접속할 수 없다.
- 리눅스는 오픈 소스 소프트웨어로, 소스코드가 공개되어 있다.

18 다음 중 시스템 로그 파일과 그 역할이 잘못 연결된 것은? 군무원 문제 응용

① acct – 사용자가 실행한 응용 프로그램 관리 기록
② wtmp – 5번 이상 로그인 실패한 정보를 기록
③ utmp – 현재 사용자의 정보를 기록
④ syslog – 운영체제와 응용 프로그램의 실행 내용을 기록

해설

- wtmp : 로그인, 리부팅한 정보를 기록
- btmp : 5번 이상 로그인 실패한 정보를 기록

19 유닉스/리눅스 시스템의 로그 파일에 기록되는 정보에 대한 설명으로 옳지 않은 것은?

2018년 국가직 9급

① utmp – 로그인, 로그아웃 등 현재 시스템 사용자의 계정 정보
② loginlog – 성공한 로그인에 대한 내용
③ pacct – 시스템에 로그인한 모든 사용자가 수행한 프로그램 정보
④ btmp – 실패한 로그인 시도

해설

loginlog : 5번 이상 로그인 실패한 정보를 기록

20 유닉스(Unix)의 로그 파일과 기록되는 내용을 바르게 연결한 것은? 2015년 국가직 9급

ㄱ. history – 명령창에 실행했던 명령 내역
ㄴ. sulog – su 명령어 사용 내역
ㄷ. xferlog – 실패한 로그인 시도 내역
ㄹ. loginlog – FTP 파일 전송 내역

① ㄱ, ㄴ
② ㄱ, ㄷ
③ ㄴ, ㄷ
④ ㄷ, ㄹ

해설

- xferlog : FTP 서버의 데이터 전송관련 로그
- loginlog : 5번 이상 로그인에 실패한 정보 기록

21 시스템 내 하드웨어의 구동, 서비스의 동작, 에러 등의 다양한 이벤트를 선택 · 수집하여 로그로 저장하고 이를 다른 시스템에 전송할 수 있도록 해 주는 유닉스의 범용 로깅 메커니즘은?

2021년 국가직 9급

① utmp
② syslog
③ history
④ pacct

해설

- syslog : 운영체제와 응용 프로그램의 실행 내용을 기록
- utmp : 현재 사용자의 정보를 기록
- history : 명령창에 실행했던 명령 내역
- pacct : 시스템에 로그인한 모든 사용자가 수행한 프로그램 정보

정답 16. ⑤ 17. ③ 18. ② 19. ② 20. ① 21. ②

22 **Linux system의 바이너리 로그파일인 btmp(솔라리스의 경우는 loginlog 파일)를 통해 확인할 수 있는 공격은?** 2016년 서울시 9급

① Password Dictionary Attack
② SQL Injection Attack
③ Zero Day Attack
④ SYN Flooding Attack

해설

Password Dictionary Attack : 패스워드를 알아내기 위한 공격으로 사전에 있는 단어를 순차적으로 입력하는 것이다. 단어를 그대로 입력할 뿐 아니라, 대문자와 소문자를 뒤섞기도 하고, 단어에 숫자를 첨부하기도 하는 등의 처리도 병행하면서 공격을 할 수 있다.

23 **유닉스 시스템 명령어에 대한 설명으로 옳지 않은 것은?** 2018년 국가직 7급

① grep – 파일 내 정규 표현식을 포함한 모든 행을 검색 · 출력하는 명령
② mesg – 모든 로그인 사용자에게 메시지를 전송하는 명령
③ chmod – 파일이나 디렉토리의 접근 권한을 변경하는 명령
④ man – 각종 명령의 사용법을 출력하는 명령

해설

- mesg : 메시지 수신 허용/거부 설정 명령어
- wall : 모든 로그인 사용자에게 메시지를 전송하는 명령

24 **리눅스 파일의 접근 제어에 대한 설명으로 옳지 않은 것은?** 2017년 국가직 7급

① 모든 종류의 파일은 inode라는 파일 관리 수단으로 운영체제에 의해서 관리된다.
② passwd 명령으로 패스워드를 설정하면, 패스워드에 대한 암호화나 해시된 값이 /etc/passwd에 저장된다.
③ superuser 계정은 시스템의 모든 권한이 가능하므로 외부에 노출되지 않도록 주의해야 한다.
④ 어떤 권한을 가지고 있는가에 대한 UID, GID가 별도로 존재한다.

해설

패스워드에 대한 암호화나 해시된 값이 /etc/shadow에 저장된다.

25 **다음 /etc/passwd 파일 내용에 대한 설명으로 옳지 않은 것은?** 2024년 국가직 9급

root : x : 0 : 0 : root : /root : /bin/bash
㉠ root, ㉡ 0, ㉢ /root, ㉣ /bin/bash

① ㉠은 사용자 ID이다.
② ㉡은 UID 정보이다.
③ ㉢은 사용자 홈 디렉터리 경로이다.
④ ㉣은 패스워드가 암호화되어 /bin/bash 경로에 저장되어 있음을 의미한다.

해 설

/bin/bash은 사용자가 기본적으로 사용하는 쉘이다.

passwd 파일의 구조

Login-ID	:	x	:	UID	:	GID	:	comment	:	Home Directory	:	login-shell
ⓐ		ⓑ		ⓒ		ⓓ		ⓔ		ⓕ		ⓖ

ⓐ Login name : 사용자 계정
ⓑ x : 사용자 암호가 들어가는 자리(실질적으로는 x 기재)
ⓒ User ID : 사용자 ID (Root는 0)
ⓓ User Group ID : 사용자가 속한 그룹 ID (Root는 0)
ⓔ Comments : 사용자 정보
ⓕ Home Directory : 사용자 홈 디렉터리
ⓖ Shell : 사용자가 기본적으로 사용하는 쉘

26 **다음 중 로그 설정 파일의 서비스 이름과 메시지 내용의 연결이 옳지 않은 것은?** 보안기사 문제 응용

① cron – 개인별 보안 및 인증 관련 메시지
② user – 일반 사용자 레벨의 메시지
③ auth – 보안 및 인증 관련 메시지로 패스워드 변경, 세션의 연결 정보에 관한 내용
④ uucp – 유닉스와 유닉스 시스템 사이에서 발생하는 통신 메시지

해 설

- cron : 정해진 시간에 맞춰 실행되는 프로그램의 정보가 기록
- authpriv : 개인별 보안 및 인증 관련 메시지

정답 22. ① 23. ② 24. ② 25. ④ 26. ①

27 UNIX 명령어에 대한 설명으로 옳지 않은 것은 모두 몇 개인가? 2018년 해경 컴일

ㄱ. ls : 현재 디렉터리의 파일 목록을 표시한다.
ㄴ. fork : 현재의 프로세스를 복제하여 새로운 자식 프로세스를 생성한다.
ㄷ. chmod : 파일에 대한 개인, 그룹, 타인에 대한 접근 권한을 변경한다.
ㄹ. finger : 파일의 차이를 비교하여 출력한다.
ㅁ. lp : 현재 운영체제의 버전 정보를 출력한다.
ㅂ. mount : 기존 파일 시스템에 새로운 파일 시스템을 서브 디렉터리에 연결한다.

① 1개 ② 2개 ③ 3개 ④ 4개

해설

ㄹ. finger : 사용자 정보 표시
ㅁ. lp : line printer 특정 파일 및 정보를 프린터로 출력하는 명령어

28 리눅스 배시 셸(Bash shell) 특수 문자와 그 기능에 대한 설명이 옳지 않은 것은? 2023년 지방직 9급

	특수 문자	기능
①	~	작업 중인 사용자의 홈 디렉터리를 나타냄
②	" "	문자(" ") 안에 있는 모든 셸 특수 문자의 기능을 무시
③	;	한 행의 여러 개 명령을 구분하고 왼쪽부터 차례로 실행
④	|	왼쪽 명령의 결과를 오른쪽 명령의 입력으로 전달

해설

- ' '와 " " : 문자를 감싸서 문자열로 만들어주고, 문자열 안에서 사용된 특수 기호의 기능을 없애준다. 특수 문자를 화면에 메시지로 출력할 때 사용한다. 다만, ' '는 모든 특수 기호를, " "는 $, `(백 쿼터), ₩를 제외한 모든 특수 기호를 일반 문자로 간주하여 처리한다.
- 리눅스 배시 셸(Bash shell) 특수 문자와 사전 정의

특수 문자	사전 정의
~	홈 디렉터리
.	현재 디렉터리
..	상위 디렉터리
#	주석
$	셸 변수
&	백그라운드 작업
*	문자열 와일드 카드
?	한 문자 와일드 카드
[ ]	문자의 범위를 지정
;	셸 명령 구분자

29 괄호 안에 들어갈 접근 권한을 바르게 연결한 것은? 2020년 국가직 7급

> 리눅스 시스템에서 umask 값을 027로 설정할 경우, 이후 생성되는 일반 파일의 접근 권한은 (㉠)이고, 디렉터리 접근 권한은 (㉡)이다.

	㉠	㉡
①	640	750
②	750	640
③	644	755
④	755	644

해설

umask 값은 새로이 생성되는 파일과 디렉터리의 기본 퍼미션을 결정하며, 새로운 파일 및 디렉터리를 생성하는 동안 해당되는 퍼미션이 할당되어 적용된다. 디렉터리 기본권한 : 777, 파일 기본권한 : 666이다. 기본권한에서 umask의 값만큼을 제외한다.

30 다음 중 유닉스 시스템에서 아래와 같이 명령어를 실행했을 때 (　)에 나오는 결과로 옳은 것은? 보안기사 문제 응용

```
$ umask 022
$ touch hello
$ ls -l hello
( ) 1 kisa other 0 Jul 24 14:40 hello
```

① -rw-------　　② -r-x--x--x

③ -rw-rw-rw-　　④ -rw-r--r--

해설

• 29번 문제 해설 참조

정답 27. ② 28. ② 29. ① 30. ④

31 리눅스에서 설정된 umask 값이 027일 때, 생성된 디렉터리의 기본 접근 권한으로 옳은 것은?

2024년 국가직 9급

① drw-r-----
② d---r--rw-
③ drwxr-x---
④ d---r-xrwx

해설

디렉터리의 기본권한인 777에서 설정된 umask 값이 027로 제한되면, 750이 된다. 이는 drwxr-x---로 표현할 수 있다.

umask를 이용한 파일권한 설정

- 새롭게 생성되는 파일이나 디렉터리는 디폴트 권한으로 생성된다. 이러한 디폴트 권한은 umask 값에 의해서 결정되어진다.
- 파일이나 디렉터리 생성 시에 기본권한을 설정해준다. 각 기본권한에서 umask 값만큼 권한이 제한된다.(디렉터리 기본권한: 777, 파일 기본권한: 666)
- 시스템의 기본값으로 umask는 시스템 환경파일인 /etc/profile 파일에 022로 설정되어 있다.
- 보안을 강화하기 위하여 시스템 환경파일(/etc/profile)과 각 사용자별 홈 디렉터리 내 환경파일($HOME/.profile)에 umask 값을 027 또는 077로 변경하는 것을 권장한다.

32 리눅스 시스템에서 umask값에 따라 새로 생성된 디렉터리의 접근 권한이 'drwxr-xr-x'일 때 기본 접근 권한을 설정하는 umask의 값은? 2022년 지방직 9급

① 002
② 020
③ 022
④ 026

해설

- 31번 문제 해설 참조

33 syslog의 위험 수준을 나타내는 severity level을 위험한 순서대로 나열했다. 다음 중 즉시 조치를 요하는 심각한 에러가 발생하는 경우는 어떤 수준부터인가? 보안기사 문제 응용

emerg > alert > crit > err > warn > notice > info > debug

① emerg
② alert
③ crit
④ err

해설

syslog의 위험 수준을 나타내는 심각성(severity) 레벨에 대한 설명으로 즉각적인 대처가 필요한 위험 순위는 alert 이상인 alert와 emerg level이다.

34 **다음 중 보안 운영체제에 대한 설명으로 옳지 않은 것은?** 보안기사 문제 응용

① 보호방법에서 물리적 분리는 사용자별로 별도의 장비만 사용하도록 제한하는 방법이다.
② 기존의 운영체제 내에 보안기능을 통합시킨 보안커널을 추가로 이식한 운영체제이다.
③ 보호방법에서 시간적 분리 방법은 암호적 분리 방법보다 구현 복잡도가 증가한다.
④ 보호대상에는 메모리, 메모리상에서 실행중인 프로그램, 자료구조, 명령어 등이 있다.

해설

1. 물리적 분리 : 강한 형태의 분리이지만, 실용성이지 못하다.
2. 시간적 분리 : 프로세스가 동일 시간에 하나씩만 실행되도록 하는 방법이다.
3. 논리적 분리 : 각 프로세스가 논리적인 구역을 갖도록 하는 방법이다.
4. 암호적 분리 : 내부에서 사용되는 정보를 외부에서는 알 수 없도록 암호화하는 방법이다.
• 위의 1.부터 4.는 구현 복잡도가 증가하는 순서로 기술되어 있다.

35 **다음 보안 운영체제에 대한 설명에서 괄호 안에 들어갈 용어는?** 2018년 시스템 보안

> 보안커널의 중요한 부분으로 객체에 대한 접근 통제 기능을 수행하고 감사, 식별 및 인증, 보안 매개변수 설정 등과 같은 다른 보안 메커니즘과 데이터를 교환하면서 상호작용을 한다. 주체와 객체 사이에서 비인가된 접속이나 불법적인 자료 변조를 막기 위해 (　　　　)은(는) DB로부터 주체의 접근 권한을 확인하기 위해 사용된다.

① 참조 모니터(Reference Monitor)
② 신뢰 컴퓨팅 베이스(Trusted Computing Base)
③ 로컬 프로시저 호출 관리자(Local Procedure Call Manager)
④ 코어(Core)

해설

• 로컬 프로시저 호출 관리자(Local Procedure Call Manager) : 프로세스 간 통신을 가능하게 해주는 장치(윈도우 관리자 중 하나)이다.
• 코어 프로그램은 대형 응용프로그램을 위한 필수적인 주요 루틴들을 지칭하는 말이다. 어떤 것의 핵심적이고 중심적인 부분을 일컫는 말이다.

PART 06

정답 31. ③ 32. ③ 33. ② 34. ③ 35. ①

36 〈보기 1〉은 리눅스에서 일반 사용자(hello)가 'ls -al'을 수행한 결과의 일부분이다. 〈보기 2〉의 설명에서 옳은 것만을 모두 고른 것은? 2018년 국가직 9급

보기 1

<u>-rwxr-xr-x</u>	1	<u>hello</u>	world	4096	Nov	21	15:12	abc.txt
ⓐ		ⓑ						

보기 2

ㄱ. ⓐ는 파일의 소유자, 그룹, 이외 사용자 모두가 파일을 읽고 실행할 수 있지만, 파일의 소유자만이 파일을 수정할 수 있음을 나타낸다.

ㄴ. ⓑ가 모든 사용자(파일 소유자, 그룹, 이외 사용자)에게 읽기, 쓰기, 실행 권한을 부여하려면 'chmod 777 abc.txt'의 명령을 입력하면 된다.

ㄷ. ⓑ가 해당 파일의 소유자를 root로 변경하려면 'chown root abc.txt'의 명령을 입력하면 된다.

① ㄱ
② ㄱ, ㄴ
③ ㄴ, ㄷ
④ ㄱ, ㄴ, ㄷ

해설

chown은 루트계정이나 관리자계정으로 실행 가능하므로 위의 보기에서는 sudo가 명령 앞으로 추가되어야 한다.

37 그림은 리눅스에서 ls -l 명령을 실행한 결과이다. change 파일에 대한 설명으로 옳은 것은? 2018년 교육청 9급

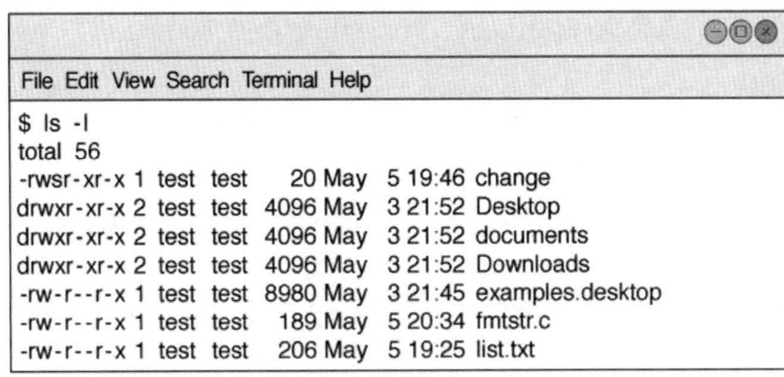

① change 파일은 setGID 비트가 설정되어 있다.
② change 파일의 접근 권한을 8진수로 표현하면 754이다.
③ test 외의 사용자는 change 파일에 대해 쓰기 권한을 가진다.
④ change 파일은 test 외의 사용자가 실행할 때 유효 사용자 ID(effective UID)는 test가 된다.

해 설

- change 파일은 setUID 비트가 설정되어 있다.
- change 파일의 접근 권한을 8진수로 표현하면 7550이다.
- test 외의 사용자는 change 파일에 대해 쓰기 권한을 갖지 않는다.

38 다음은 공격자가 남긴 C 프로그램 파일과 실행 파일에 관한 정보이다. 제시된 정보로부터 유추할 수 있는 공격으로 가장 적합한 것은? 2014년 국회사무처 9급

```
$ ls -l
total 20
-rwsr-xr-x 1 root root 12123 Sep 11 11:11 util
-rw-rw-r-- 1 root root    70 Sep 11 11:11 util.c
$ cat util.c
#include<stdlib.h>
Void main()
{
    setuid(0);
    setgid(0);
    system("/bin/bash");
}
```

① Eavesdropping 공격
② Brute Force 공격
③ Scanning 공격
④ Backdoor 공격
⑤ 패스워드 유추 공격

해 설

- 시스템 해킹의 첫 번째 목표는 시스템 관리자의 권한을 획득하는 것이다. 네트워크나 시스템의 취약점을 이용하거나 패스워드를 크랙하는 등 다양한 방법을 통해 관리자의 권한을 얻을 수 있지만, 리눅스/유닉스에서는 SetUID를 통해 관리자의 권한을 얻을 수 있는 방법이 있다.
- 파일에 SetUID가 설정되어 있으면 이 파일을 실행하는 동안에는 잠시 동안은 그 파일의 소유자 권한으로 파일이 실행된다.
- 위 문제의 보기에서 util 파일의 권한을 보면 rwsr-xr-x로 설정되어 있으며, 사용자 권한을 보면 s가 있고 이것이 SetUID가 설정되었음을 나타낸다. 파일의 소유자가 root이므로 파일이 실행되는 동안에는 파일의 소유자인 root의 권한으로 실행이 되는 것이다.
- setuid(0); : 현재 프로세스의 uid를 0, 즉 root의 uid로 설정한다.
- setgid(0); : 현재 프로세스의 gid를 0, 즉 root의 gid로 설정한다.
- system("/bin/bash"); : /bin/bash 셸을 실행한다.

정답 36. ② 37. ④ 38. ④

39 **UNIX 시스템의 특수 접근 권한에 대한 설명으로 옳은 것은?** 2017년 국가직 9급 추가

① getuid는 접근 권한을 출력하거나 변경한다.
② setgid는 파일 소유자의 권한을 지속적으로 사용자에게 부여한다.
③ setuid가 설정된 파일은 파일 사용자의 권한으로 실행된다.
④ sticky bit가 설정된 디렉터리에 있는 파일은 소유자 외 다른 일반 사용자에 의해 삭제되지 않는다.

해설

getuid()는 현재 프로세스의 실제 유저 아이디를 얻어온다.

40 **유닉스의 특수권한인 setuid, setgid, sticky bit에 대한 설명으로 가장 적절한 것은?** 2024년 군무원 9급

① setgid가 붙은 프로그램은 실행 시 소유자의 권한으로 전환된다.
② setuid를 설정하려면 root 권한으로 'chmod 2755 filename'와 같이 설정하면 된다.
③ sticky bit가 설정된 디렉터리는, 누구나 파일을 만들 수 있지만 자신의 소유가 아닌 파일은 삭제할 수 없다.
④ sticky bit는 파일과 디렉터리에 모두 설정할 수 있다.

해설

- sticky bit가 설정된 디렉터리에서는 사용자가 그 디렉터리 내에서 파일을 생성할 수 있지만, 다른 사용자가 만든 파일은 삭제할 수 없다.
- setgid는 프로그램이 실행될 때 그 프로그램의 그룹 권한으로 전환되도록 한다.
- setuid를 설정하려면 root 권한으로 'chmod 4755 filename'와 같이 설정하면 된다.
- sticky bit는 일반적으로 디렉터리에 설정할 수 있다.

41 **리눅스에서 제공하는 특수 권한에 대한 설명으로 옳지 않은 것은?** 2022년 정보시스템 보안

① 숫자로 나타내면 접근 권한의 맨 앞자리에 Set-UID는 4, Set-GID는 2, Sticky-Bit는 1로 표현된다.
② Set-UID를 설정하면 소유자 실행 권한 자리에, Set-GID를 설정하면 그룹 실행 권한 자리에 s 혹은 S가 표시된다.
③ Sticky-Bit는 공유를 목적으로 파일에 설정하는 특수 권한으로, 설정 시 소유자 실행 권한 자리에 t 혹은 T가 표시된다.
④ Set-UID가 설정된 파일이 실행되는 동안에는 파일을 실행한 사용자의 권한이 아니라 파일 소유자의 권한이 적용된다.

해설

Sticky-Bit는 공유를 목적으로 파일에 설정하는 특수 권한으로, 설정 시 기타 사용자 실행 권한 자리에 t 혹은 T가 표시된다.

42 유닉스나 리눅스 파일 설정 권한 중에서 일반 사용자가 실행 시 일시적으로 관리자(root)의 권한으로 실행되도록 함으로써 시스템의 보안에 허점을 초래할 수 있는 것으로 옳은 것은?

2021년 군무원 9급

① SetGID
② SetUID
③ Sticky Bit
④ touch

해설

SetUID : 일반 사용자가 소유자의 권한으로 실행 가능하도록 한다. 보안상 취약한 부분이 존재한다.

43 리눅스 시스템의 /etc/shadow 파일 내용에서 패스워드의 최종 변경일에 해당하는 것은?

2022년 정보시스템 보안

root : 6L9~중략~ruKuT0 : 15917 : 0 : 99999 : 7 : 5 : 16070 :

① 15917
② 99999
③ 7
④ 16070

해설

Login-ID	password	lastchg	min	max	warn	inactive	expire
ⓐ	ⓑ	ⓒ	ⓓ	ⓔ	ⓕ	ⓖ	ⓗ

ⓐ Login name : 사용자 계정
ⓑ Password : 사용자 암호가 들어가는 자리(암호화된 패스워드)
ⓒ lastchg : 최종 암호 변경일(최근 패스워드 바꾼 날 1970/1/1 기준)
ⓓ min : 암호 변경 최소 일수
ⓔ max : 암호 변경 유예기간
ⓕ warn : 암호 변경 경고 일수
ⓖ inactive : 계정 사용 불가 날짜
ⓗ expire : 계정 만료일

정답 39. ④ 40. ③ 41. ③ 42. ② 43. ①

44 **유닉스/리눅스의 파일 접근 제어에 대한 설명으로 옳지 않은 것은?** 2020년 지방직 9급

① 접근 권한 유형으로 읽기, 쓰기, 실행이 있다.
② 파일에 대한 접근 권한은 소유자, 그룹, 다른 모든 사용자에 대해 각각 지정할 수 있다.
③ 파일 접근 권한 변경은 파일에 대한 쓰기 권한이 있으면 가능하다.
④ SetUID가 설정된 파일은 실행 시간 동안 그 파일의 소유자의 권한으로 실행된다.

해설

파일 접근 권한 변경은 파일 소유자나 슈퍼 유저만이 chmod를 이용하여 가능하다.

45 **유닉스 시스템에서 파일의 접근모드 변경에 사용되는 심볼릭 모드 명령어에 대한 설명으로 옳은 것은?** 2018년 지방직 9급

① chmod u-w : 소유자에게 쓰기 권한 추가
② chmod g+wx : 그룹, 기타 사용자에게 쓰기와 실행 권한 추가
③ chmod a+r : 소유자, 그룹, 기타 사용자에게 읽기 권한 추가
④ chmod o-w : 기타 사용자에게 쓰기 권한 추가

해설

- chmod u-w : 소유자에게 쓰기 권한 제거
- chmod g+wx : 그룹에게 쓰기와 실행 권한 추가
- chmod o-w : 기타 사용자에게 쓰기 권한 제거

46 **솔라리스 10에서 FTP 파일전송 시 발생되는 /var/log/xferlog 기록 내용에 대한 설명으로 옳지 않은 것은?** 2017년 국가직 7급

```
                                                   ㉠            ㉡          ㉢
Thu  Feb  2  16:41:30   2017  1  192.168.10.1  2870  /tmp/12-ftp.bmp  b  _

                      ㉣
o  r  wish  ftp 0 *  c 2870  0
```

① ㉠ – 응답 포트 번호
② ㉡ – 전송된 파일의 이름
③ ㉢ – 바이너리 파일 전송
④ ㉣ – 인증 서버를 사용하지 않음

해설

- ㉠ 2870은 전송 파일 크기이다.
- ㉢의 b는 바이너리 파일 전송을 말하며, a는 아스키 모드를 말한다.

ex) /var/log/xferlog 기록 내용 설명

```
Mon Aug 18 10:24:13 2014 1 192.168.119.1. 0 /pub/a.html a _ I a ? ftp 0 * c
            ①             ②       ③       ④     ⑤          ⑥⑦⑧⑨⑩  ⑪  ⑫⑬⑭
```

① client가 접근한 시간
② 파일 전송시간(초)
③ client host 정보
④ 전송한 파일 크기
⑤ 전송한 파일명
⑥ 전송모드 (a-ascii mode 일반파일, b-binary mode 실행파일)
⑦ 전송 시 취해진 행동
⑧ incoming(upload), outsourcing(download), delete(삭제)
⑨ 접속계정 (a-anonymous, r-local)
⑩ 접속한 계정명 (anonymous니까 ?로 출력)
⑪ 사용한 service
⑫ 사용한 인증방식 (0-none, 1-rfc931)
⑬ 인증된 계정명
⑭ 성공 여부 (c-성공, i - 실패)

PART 06

47 MS Windows 운영체제 및 Internet Explorer의 보안 기능에 대한 설명으로 옳은 것은?

2014년 지방직 9급

① Windows 7의 각 파일과 폴더는 사용자에 따라 권한이 부여되는데, 파일과 폴더에 공통적으로 부여할 수 있는 사용 권한은 모든 권한 · 수정 · 읽기 · 쓰기의 총 4가지이며, 폴더에는 폴더 내용 보기라는 권한을 더 추가할 수 있다.

② BitLocker 기능은 디스크 볼륨 전체를 암호화하여 데이터를 안전하게 보호하는 기능으로 Windows XP부터 탑재되었다.

③ Internet Explorer 10의 인터넷 옵션에서 개인정보 수준을 '낮음'으로 설정하는 것은 모든 쿠키를 허용함을 의미한다.

④ Windows 7 운영체제의 고급 보안이 포함된 Windows 방화벽은 인바운드 규칙과 아웃바운드 규칙을 모두 설정할 수 있다.

해설

- 파일과 폴더에 공통적으로 부여할 수 있는 사용 권한은 모든 권한 · 수정 · 읽기 · 쓰기 · 읽기 및 실행의 총 5가지이며, 폴더에는 폴더 내용 보기라는 권한을 더 추가할 수 있다.
- BitLocker 기능은 Windows Vista부터 탑재되었다.
- 개인정보 수준: 모든쿠키차단, 높음, 약간높음, 보통, 낮음, 모든쿠키허용

정답 44. ③ 45. ③ 46. ① 47. ④

48 운영체제에 대한 설명으로 옳지 않은 것은? 2022년 국가직 9급

① 윈도 시스템에는 FAT, FAT32, NTFS가 있다.
② 메모리 관리는 프로그램이 메모리를 요청하면 적합성을 점검하고 적합하다면 메모리를 할당한다.
③ 인터럽트는 작동 중인 컴퓨터에 예기치 않은 문제가 발생한 것이다.
④ 파일 관리는 명령어들을 체계적이고 효율적으로 실행할 수 있도록 작업스케줄링하고 사용자의 작업 요청을 수용하거나 거부한다.

해설

- 프로세스 관리자: 프로세스 생성 및 삭제, 중앙처리장치 할당을 위한 스케줄링 결정
- 파일 관리자: 컴퓨터 시스템의 모든 파일 관리, 파일의 접근 제한 관리

49 다음에서 설명하는 윈도우 인증 구성요소는? 2015년 국가직 9급

> – 사용자의 계정과 패스워드가 일치하는 사용자에게 고유의 SID(Security Identifier)를 부여한다.
> – SID에 기반을 두어 파일이나 디렉터리에 대한 접근의 허용 여부를 결정하고 이에 대한 감사 메시지를 생성한다.

① LSA(Local Security Authority)
② SRM(Security Reference Monitor)
③ SAM(Security Account Manager)
④ IPSec(IP Security)

해설

- SRM(Security Reference Monitor): SAM이 사용자의 계정과 패스워드가 일치하는지를 확인하여 SRM(Security Reference Monitor)에게 알려주면, SRM은 사용자에게 고유의 SID(Security Identifier)를 부여한다. SRM은 SID에 기반하여 파일이나 디렉터리에 접근(access) 제어를 하게 되고, 이에 대한 감사 메시지를 생성한다(실질적으로 SAM에서 인증을 거치고 나서 권한을 부여하는 모듈이라고 생각하면 된다).
- LSA(Local security Authority): 모든 계정의 로그인에 대한 검증, 시스템 자원 및 파일 등에 대한 접근 권한을 검사한다. SRM이 생성한 감사 로그를 기록하는 역할을 한다(즉, NT 보안의 중심 요소, 보안 서브 시스템(Security subsystem)이라고 부르기도 한다).
- SAM(Security Account Manager): 사용자/그룹 계정 정보에 대한 데이터베이스를 관리한다. 사용자의 로그인 입력 정보와 SAM 데이터베이스 정보를 비교하여 인증 여부를 결정하도록 해주는 것이다.

50 다음 중 윈도우(Windows) 인증에 대한 설명으로 가장 적절하지 않은 것은? 2024년 군무원 9급

① LSA(Local Security Authority)는 모든 계정의 로그인을 검증하고 시스템 자원(파일 등)에 대한 접근 권한을 검사한다.
② SAM(Security Account Manager)은 인증된 사용자에게 SID(Security ID)를 부여한다.
③ SRM(Security Reference Monitor)은 SID를 기반으로 파일이나 디렉터리에 접근을 허용할지 결정하고 이에 대한 감사 메시지를 생성하는 역할을 수행한다.
④ 윈도우 인증과정에서 사용되는 주요 서비스로 LSA, SAM, SRM이 있다.

해설

윈도우 인증의 구성요소

- 윈도우의 인증 과정에서 가장 중요한 구성요소는 LSA, SAM, SRM이다.
- LSA(Local security Authority) : 모든 계정의 로그인에 대한 검증을 하며, 시스템 자원 및 파일 등에 대한 접근 권한을 검사한다.
- SRM(Security Reference Monitor) : SAM이 사용자의 계정과 패스워드가 일치하는지를 확인하여 SRM(Security Refenrnce Monitor)에게 알려주면, SRM은 사용자에게 고유의 SID(Security Identifier)를 부여한다. SRM은 SID에 기반하여 파일이나 디렉터리에 접근(access) 제어를 하게 되고, 이에 대한 감사 메시지를 생성한다.
- SAM(Security Account Manager) : 사용자/그룹 계정 정보에 대한 데이터베이스를 관리한다. 사용자의 로그인 입력 정보와 SAM 데이터베이스 정보를 비교하여 인증 여부를 결정하도록 해주는 것이다.

PART 06

51 윈도우즈용 네트워크 및 시스템 관리 명령어에 대한 설명으로 옳은 것은? 2018년 지방직 9급

① ping – 원격 시스템에 대한 경로 및 물리 주소 정보를 제공한다.
② arp – IP 주소에서 물리 주소로의 변환 정보를 제공한다.
③ tracert – IP 주소, 물리 주소 및 네트워크 인터페이스 정보를 제공한다.
④ ipconfig – 원격 시스템의 동작 여부 및 RTT(Round Trip Time) 정보를 제공한다.

해설

- ping : 다른 호스트 IP데이터그램 도달 여부를 조사하기 위한 명령
- tracert : 지정된 호스트에 도달할 때까지 통과하는 경로의 정보와 각 경로에서의 지연시간을 추정하는 명령
- ipconfig : IP 주소, 물리 주소 및 네트워크 인터페이스 정보를 제공

정답 48. ④ 49. ② 50. ② 51. ②

52 **다음 중 악성코드를 구동하는 데 자주 사용되는 레지스트리로 옳은 것은?** 보안기사 문제 응용

① HKEY_USERS
② HKEY_CURRENT_USER
③ HKEY_CURRENT_CONFIG
④ HKEY_LOCAL_MACHINE

해설

- HKEY_USERS: 사용자 프로필을 만들 때 적용한 기본 설정과 사용자별로 정의한 그룹 정책이 들어 있으며, HKEY_CURRENT_USER와 비슷한 내용이 들어 있다.
- HKEY_CURRENT_USER: 현재 로그온되어 있는 사용자에 따라 달리 적용되는 제어판 설정, 네트워크 연결, 응용 프로그램 등을 저장한다.
- HKEY_CURRENT_CONFIG: 현재의 하드웨어 프로필 설정이 들어 있다.
- HKEY_LOCAL_MACHINE: 개별 사용자 단위가 아닌 시스템 전체에 적용되는 하드웨어와 응용 프로그램의 설정 데이터를 저장한다. 각종 소프트웨어를 설치하면 등록되는 레지스트리이며, 악성코드로 감염되면 이 레지스트리를 수정하여 공격자가 원하는 작업을 할 수 있게 한다.

53 **윈도우 최상위 레지스트리에 대한 설명으로 옳지 않은 것은?** 2023년 지방직 9급

① HKEY_LOCAL_MACHINE은 로컬 컴퓨터의 하드웨어와 소프트웨어의 설정을 저장한다.
② HKEY_CLASSES_ROOT는 파일 타입 정보와 관련된 속성을 저장하는 데 사용된다.
③ HKEY_CURRENT_USER는 현재 로그인한 사용자의 설정을 저장한다.
④ HKEY_CURRENT_CONFIG는 커널, 실행 중인 드라이버 또는 프로그램과 서비스에 의해 제공되는 성능 데이터를 실시간으로 제공한다.

해설

HKEY_CURRENT_CONFIG: 현재의 하드웨어 프로필 설정이 들어 있다.

정답 52. ④ 53. ④

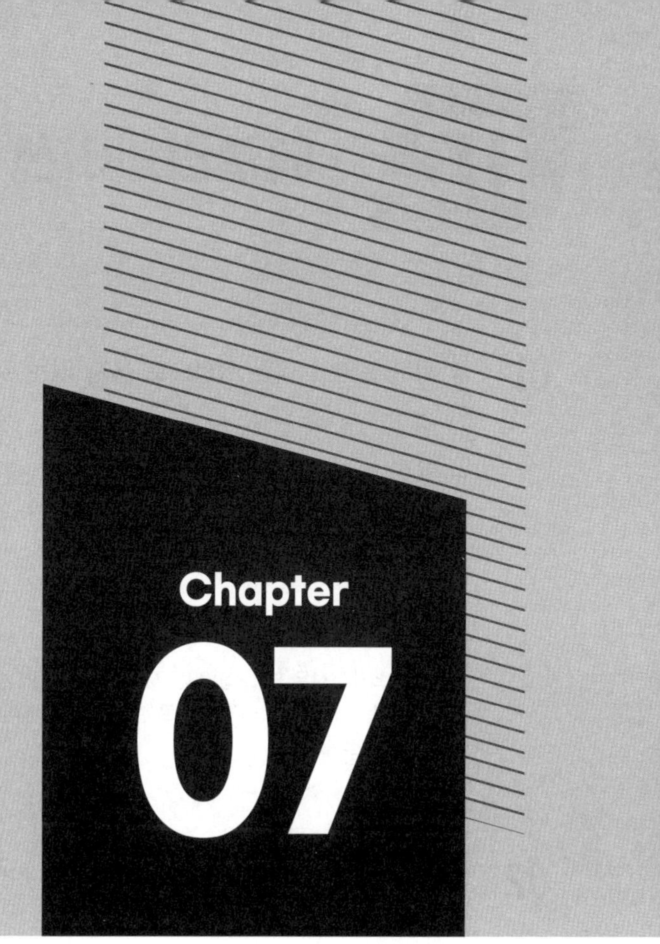

애플리케이션 보안

애플리케이션 보안

www.pmg.co.kr

01 웹 서버 보안에 대한 설명으로 옳지 않은 것은? 2014년 국가직 9급

① 웹 애플리케이션은 SQL 삽입공격에 안전하다.
② 악성 파일 업로드를 방지하기 위하여 필요한 파일 확장자만 업로드를 허용한다.
③ 웹 애플리케이션의 취약점을 방지하기 위하여 사용자의 입력 값을 검증한다.
④ 공격자에게 정보 노출을 막기 위하여 웹 사이트의 맞춤형 오류 페이지를 생성한다.

해설

- 웹 애플리케이션은 SQL 삽입공격에 안전하지 않다.
- 삽입공격은 입력검증과정의 부재로 발생 가능하기 때문에 웹 애플리케이션의 취약점을 방지하기 위하여 사용자의 입력 값을 검증한다.

02 웹 애플리케이션의 대표적인 보안 위협의 하나인 인젝션 공격에 대한 대비책으로 옳지 않은 것은?

2018년 국가직 9급

① 보안 프로토콜 및 암호 키 사용 여부 확인
② 매개변수화된 인터페이스를 제공하는 안전한 API 사용
③ 입력 값에 대한 적극적인 유효성 검증
④ 인터프리터에 대한 특수 문자 필터링 처리

해설

인젝션 공격에 대한 대비책으로는 입력값의 검증이 필요하며, 가장 중요한 것은 입력값에 대한 적극적인 유효성 검증이다.

03 SSS(Server Side Script) 언어에 해당하지 않는 것은? 2023년 국가직 9급

① IIS ② PHP
③ ASP ④ JSP

해설

- JSP, ASP, PHP는 서버 사이드 실행이며, Javascript는 클라이언트 사이드 실행이다.
- IIS(Internet Information Services) : 마이크로소프트 윈도우에서 사용 가능한 웹서버 소프트웨어이다.

04 취약한 웹 사이트에 로그인한 사용자가 자신의 의지와는 무관하게 공격자가 의도한 행위(수정, 삭제, 등록 등)를 일으키도록 위조된 HTTP 요청을 웹 응용 프로그램에 전송하는 공격은?

2019년 지방직 9급

① DoS 공격
② 취약한 인증 및 세션 공격
③ SQL 삽입 공격
④ CSRF 공격

해설

크로스 사이트 요청 변조(Cross-Site Request Forgecy)

- CSRF 공격은 로그인한 사용자 브라우저로 하여금 사용자의 세션 쿠키와 기타 인증 정보를 포함하는 위조된 HTTP 요청을 취약한 웹 애플리케이션에 전송하는 공격이다.
- 데이터를 등록, 변경의 기능이 있는 페이지에서 동일 요청(Request)으로 매회 등록 및 변경 기능이 정상적으로 수행이 되면 CSRF 공격에 취약한 가능성을 가지게 된다.
- 악의적인 사용자 또는 제3자는 사용자의 브라우저 내에서 서버가 유지하고 있는 신뢰를 이용해서 웹 서버를 공격할 수 있다.

05 CSRF 공격에 대한 설명으로 옳지 않은 것은? 2023년 지방직 9급

① 사용자가 자신의 의지와는 무관하게 공격자가 의도한 행위를 특정 웹사이트에 요청하게 하는 공격이다.
② 특정 웹사이트가 사용자의 웹 브라우저를 신뢰하는 점을 노리고 사용자의 권한을 도용하려는 것이다.
③ 사용자에게 전달된 데이터의 악성 스크립트가 사용자 브라우저에서 실행되면서 해킹을 하는 것으로, 이 악성 스크립트는 공격자가 웹 서버에 구현된 애플리케이션의 취약점을 이용하여 서버 측 또는 URL에 미리 삽입해 놓은 것이다.
④ 웹 애플리케이션의 요청 내에 세션별·사용자별로 구별 가능한 임의의 토큰을 추가하도록 하여 서버가 정상적인 요청과 비정상적인 요청을 판별하는 방법으로 공격에 대응할 수 있다.

해설

CSRF 공격은 악성 스크립트가 사용자 브라우저에서 실행되는 것이 아니라, 다른 사람의 권한을 이용하여 서버에 부정 요청을 일으키는 공격이다.

PART 07

정답 01. ① 02. ① 03. ① 04. ④ 05. ③

06 웹 서버와 클라이언트 간의 쿠키 처리 과정으로 옳지 않은 것은? 2023년 국가직 9급

① HTTP 요청 메시지의 헤더 라인을 통한 쿠키 전달
② HTTP 응답 메시지의 상태 라인을 통한 쿠키 전달
③ 클라이언트 브라우저의 쿠키 디렉터리에 쿠키 저장
④ 웹 서버가 클라이언트에 관해 수집한 정보로부터 쿠키를 생성

해설

쿠키는 HTTP 요청 메시지와 응답 메시지를 헤더(header)에 포함하여 전달한다.

✓ 쿠키의 동작 순서

1. 클라이언트가 페이지를 요청한다.(사용자가 웹사이트 접근)
2. 웹 서버는 쿠키를 생성한다.
3. 생성한 쿠키에 정보를 담아 HTTP 화면을 돌려줄 때, 같이 클라이언트에게 돌려준다.
4. 받은 쿠키는 클라이언트가 저장하고 있다가, 서버에 요청할 때 다시 요청과 함께 쿠키를 전송한다.
5. 동일 사이트를 재방문할 때, 클라이언트의 PC에 해당 쿠키가 있는 경우는 요청 페이지와 함께 쿠키를 전송한다.

07 쿠키(cookie)에 대한 설명으로 옳지 않은 것은? 2017년 시스템 보안

① 쿠키에 저장되는 내용은 각각의 웹사이트 별로 다를 수 있다.
② 쇼핑몰 사이트에서 장바구니 시스템을 이용할 때 쿠키 정보를 이용한다.
③ 쿠키는 바이러스를 스스로 전파한다.
④ 쿠키를 이용하면 사용자들의 특정 사이트 방문 여부 확인이 가능하다.

해설

쿠키도 다른 파일과 마찬가지로 바이러스에 감염될 수 있지만, 쿠키 스스로 바이러스를 전파하지는 않는다.

08 ㉠, ㉡에 들어갈 웹 공격 기법을 바르게 연결한 것은? 2018년 국가직 7급

- (㉠)은(는) 웹 해킹으로 서버 권한을 획득한 후, 해당 서버에서 공격자의 PC로 연결하고 공격자가 직접 명령을 입력하여 개인정보 전송 등의 악의적인 행위를 하는 공격이다. 이 기법은 방화벽의 내부에서 외부로 나가는 패킷에 대한 아웃바운드 필터링을 수행하지 않는 허점을 이용한다.
- (㉡)은(는) 공격자가 웹 서버의 게시판 등에 악성 스크립트를 삽입한 후, 사용자의 쿠키와 같은 개인정보를 특정 사이트로 전송하게 하거나 악성파일을 다운로드하여 실행하도록 유도하는 공격이다.

	㉠	㉡
①	디렉토리 리스팅	포맷 스트링
②	디렉토리 리스팅	XSS
③	리버스 텔넷	포맷 스트링
④	리버스 텔넷	XSS

해설

- 리버스 텔넷: 공격자가 서버로 접속을 시도하면 방화벽으로 차단이 되므로 서버가 공격자에게 접속하도록 유도하는 것이다.
- XSS: 악성 스크립트를 웹 페이지의 파라미터 값에 추가하거나, 웹 게시판에 악성 스크립트를 포함시킨 글을 등록하여 이를 사용자의 웹 브라우저 내에서 적절한 검증 없이 실행되도록 한다.

09 다음에서 설명하는 웹 공격 기술 유형은? 2018년 시스템 보안

방화벽이 존재하는 시스템을 공격할 때 자주 사용된다. 일반적으로 웹 서버는 방화벽 내부에 존재하고, 80번 포트를 이용한 웹 서비스만을 제공하면 되기 때문에 방화벽에서의 인바운드 정책은 80번 포트와 필요한 포트만 빼고 다 막아 놓고, 아웃바운드 정책은 별다른 필터링을 수행하지 않는 경우가 많다. 이 웹 공격 기술은 바로 이런 허점을 이용한다.

① 인증 우회
② 리버스 텔넷
③ 패킷 변조
④ LAND

해설

리버스 텔넷: 공격자가 서버로 접속을 시도하면 방화벽으로 차단이 되므로 서버가 공격자에게 접속하도록 유도하는 것이다.

정답 06. ② 07. ③ 08. ④ 09. ②

10 **웹 애플리케이션에 대한 보안 취약점을 이용한 공격으로 옳지 않은 것은?** 2017년 시스템 보안

① Shoulder Surfing
② Cross Site Scripting
③ SQL Injection
④ Cross Site Request Forgery

해설

Shoulder Surfing은 사회 공학 공격이며, 시스템에 접근하는 비밀번호나 암호화 키, 패스워드 정보, 사용 방식 등을 사용자의 어깨 뒤에서 훔쳐보는 전통적인 스니핑 공격법이다.

11 **TFTP는 라우터와 같이 자료저장장치가 달려 있지 않은 장치를 부팅하는 데 많이 쓰인다. 하지만 보안상 취약하기 때문에 보안조치가 필요하다. 다음 중 적절한 보안조치로 옳지 않은 것은?** 보안기사 문제 응용

① TCP Wrapper를 설치하여 허용된 IP에서만 접근하도록 한다.
② TFTP 데몬을 보안 모드로 동작하게 설정한다.
③ 패스워드 정책에 복잡도와 길이를 적용하여 안전한 패스워드를 사용하도록 한다.
④ Chroot를 사용하여 접근이 가능한 디렉터리를 제한한다.

해설

TFTP는 인증절차를 요구하지 않는다. TFTP를 사용할 필요가 없는 경우에는 관련 파일에서 TFTP를 위한 부분을 제거하여 서비스를 중지시키는 것이 보안상 좋다. 만약 TFTP를 반드시 사용해야 한다면 TFTP 데몬을 보안 모드로 작동하게 설정하여 보안성을 높여준다. 인증절차가 없는 TFTP의 보안성과 패스워드 정책은 무관하다고 볼 수 있다.

12 **클라이언트와 서버 간의 파일 전송을 위한 FTP(File Transfer Protocol)에 대한 설명으로 옳지 않은 것은?** 2017년 국가직 9급 추가

① TCP 포트 21은 제어 연결을 위해, TCP 포트 20은 데이터 연결을 위해 사용된다.
② 공개 파일 접근을 허용하는 사이트에서는 익명(anonymous) 로그인을 사용할 수 있으나, 익명 사용자에게는 보안상 제한적인 명령어만 사용하도록 한다.
③ 로그인 시 사용자 아이디와 패스워드를 사용하더라도 로그인 정보 도청이 가능하다.
④ FTP 대신에 TELNET를 사용함으로써 인증과 무결성의 보안 문제를 해결할 수 있다.

해설

TELNET은 원격접속 프로토콜이며, 전송 시 암호화와 같은 보안에 관련된 행위를 하지 않기 때문에 보안성이 매우 낮다.

13 전자우편 보안 기술이 목표로 하는 보안 특성이 아닌 것은? 2018년 국가직 9급

① 익명성
② 기밀성
③ 인증성
④ 무결성

해설

전자우편 보안 기술의 목표는 인증성, 무결성, 기밀성이다.

14 전자우편 보안을 위한 PGP(Pretty Good Privacy)에 대한 설명으로 옳지 않은 것은?

2018년 국가직 7급

① 전자우편 메시지의 인증과 기밀성 제공을 위한 것으로 필 짐머만(Phil Zimmermann)이 고안하였다.
② 메시지 발송 시 메시지에 대한 서명, 압축, 암호화 순으로 처리할 수 있다.
③ 임의의 사용자는 여러 개의 공개・개인키 쌍을 가질 수 있도록 하고 있다.
④ 메시지 암호화를 위한 일회용 세션키를 사용하지 않기 때문에 공유 비밀키를 교환하기 위한 절차가 필요하다.

해설

PGP는 일반적으로 IDEA를 이용하여 전송메시지의 암호화에 사용한다.

PART 07

15 메일 보안 기술에 대한 설명으로 옳지 않은 것은? 2022년 지방직 9급

① PGP는 중앙 집중화된 키 인증 방식이고, PEM은 분산화된 키 인증 방식이다.
② PGP를 이용하면 수신자가 이메일을 받고서도 받지 않았다고 발뺌할 수 없다.
③ PGP는 인터넷으로 전송하는 이메일을 암호화 또는 복호화하여 제3자가 알아볼 수 없게 하는 보안 프로그램이다.
④ PEM에는 메시지를 암호화하여 통신 내용을 보호하는 기능, 메시지 위・변조, 검증 및 메시지 작성자를 인증하는 보안 기능이 있다.

해설

- PEM은 중앙 집중화된 키 인증 방식이고, PGP는 분산화된 키 인증 방식이다.
- PGP는 송신부인방지는 지원하지만, 수신부인방지는 지원하지 않는다.
- 본 문제는 시행처에서 처음에는 보기 1번이 정답으로 발표되었지만, 문제오류로 인한 이의제기가 받아들여져 보기 1번과 2번이 모두 정답으로 인정되었다.

정답 10. ① 11. ③ 12. ④ 13. ① 14. ④ 15. ①, ② (복수 정답)

16 **PGP(Pretty Good Privacy)에 대한 설명으로 옳지 않은 것은?** 2021년 지방직 9급

① RSA를 이용하여 메시지 다이제스트를 서명한다.
② 세션 키는 여러 번 사용된다.
③ 수신자는 자신의 개인키를 이용하여 세션 키를 복호화한다.
④ 세션 키를 이용하여 메시지를 암・복호화한다.

해설

세션 키를 이용하여 메시지를 암・복호화하며, 세션 키는 임시키이므로 여러 번 사용되지 않는다.

PGP(Pretty Good Privacy)

- 필 짐머만이 독자적으로 개발하고 무료배포한 기술로, 인터넷 전자우편을 암・복호화하는 데 사용할 수 있다.
- 송신자의 신원을 확인함으로써 메시지가 전달 도중 변경되지 않았음을 확인할 수 있는 전자서명을 보내는 데 사용된다.
- PEM보다 보안성은 낮지만, 대중적으로 사용된다.
- 인증, 기밀성, 무결성, 부인방지가 가능하다.

17 **이메일의 보안을 강화하기 위한 기술이 아닌 것은?** 2021년 국가직 9급

① IMAP ② S/MIME
③ PEM ④ PGP

해설

- IMAP(Internet Messaging Access Protocol) : 요약인터넷 메일 서버에서, 메일을 읽기 위한 인터넷 표준 통신 규약의 하나이다. 메일을 가져와서 관리하는 방식이 아닌 서버에 직접 접근하여 관리하며, 메일을 가져와도 Server에는 원본이 남아 있다.
- S/MIME, PEM, PGP은 이메일의 보안을 강화하기 위한 기술이다.

18 **XSS 공격에 대한 설명으로 옳은 것은?** 2017년 지방직 9급 추가

① 자료실에 올라간 파일을 다운로드할 때 전용 다운로드 프로그램이 파일을 가져오는데, 이때 파일 이름을 필터링하지 않아서 취약점이 발생한다.
② 악성 스크립트를 웹 페이지의 파라미터 값에 추가하거나, 웹 게시판에 악성 스크립트를 포함시킨 글을 등록하여 이를 사용자의 웹 브라우저 내에서 적절한 검증 없이 실행되도록 한다.
③ 네트워크 통신을 조작하여 통신 내용을 도청하거나 조작하는 공격 기법이다.
④ 데이터베이스를 조작할 수 있는 스크립트를 웹 서버를 이용하여 데이터베이스로 전송한 후 데이터베이스의 반응을 이용하여 기밀 정보를 취득하는 공격 기법이다.

해설

- 자료실에 올라간 파일을 다운로드할 때 전용 다운로드 프로그램이 파일을 가져오는데, 이때 파일 이름을 필터링하지 않아서 취약점이 발생한다. ➡ 직접 객체 참조 취약성
- 네트워크 통신을 조작하여 통신 내용을 도청하거나 조작하는 공격 기법이다. ➡ 중간자 공격
- 데이터베이스를 조작할 수 있는 스크립트를 웹 서버를 이용하여 데이터베이스로 전송한 후 데이터베이스의 반응을 이용하여 기밀 정보를 취득하는 공격 기법이다. ➡ SQL 인젝션 공격

19 **다음에서 설명하는 크로스사이트 스크립팅(XSS) 공격의 유형은?** 2021년 국가직 9급

> 공격자는 XSS 코드를 포함한 URL을 사용자에게 보낸다. 사용자가 그 URL을 요청하고 해당 웹 서버가 사용자 요청에 응답한다. 이때 XSS 코드를 포함한 스크립트가 웹 서버로부터 사용자에게 전달되고 사용자 측에서 스크립트가 실행된다.

① 세컨드 오더 XSS
② DOM 기반 XSS
③ 저장 XSS
④ 반사 XSS

해설

- XSS(Cross Site Scripting) : 신뢰할 수 없는 외부 값을 적절한 검증 없이 웹 브라우저로 전송하는 경우 발생하는 취약점. 사용자 세션을 가로채거나 홈페이지 변조, 악의적인 사이트 이동 등의 공격 수행
- Stored XSS : 악성 Script를 서버에 직접 올려서 공격하는 방법
- Reflective XSS : 악성 Script가 저장되어 있는 페이지의 링크를 이용하는 방법

PART 07

20 **인터넷 뱅킹 등에서 숫자를 화면에 무작위로 배치하여 마우스나 터치로 비밀번호를 입력하게 하는 가상 키보드의 사용목적으로 가장 적절한 것은?** 2014년 국회사무처 9급

① 키보드 오동작 방지
② 키보드 입력 탈취에 대한 대응
③ 데이터 입력 속도 개선
④ 비밀번호의 무결성 보장
⑤ 해당 서비스의 사용성 보장

해설

- 키로거 공격(Key Logger Attack) : 컴퓨터 사용자의 키보드 움직임을 탐지해 ID나 패스워드, 계좌번호, 카드번호 등과 같은 개인의 중요한 정보를 몰래 빼가는 해킹 공격
- 보안 강화(키보드 입력 탈취에 대한 대응)를 위한 마우스 이용 비밀번호 입력 기술이 필요하다.

정답 16. ② 17. ① 18. ② 19. ④ 20. ②

21 다음에서 설명하는 웹 서비스 공격은? 2015년 국가직 9급

> 공격자가 사용자의 명령어나 질의어에 특정한 코드를 삽입하여 DB 인증을 우회하거나 데이터를 조작한다.

① 직접 객체 참조
② Cross Site Request Forgery
③ Cross Site Scripting
④ SQL Injection

해설

SQL Injection: 응용프로그램 보안상의 허점을 의도적으로 이용해 개발자가 생각지 못한 SQL문을 실행되게 함으로써 데이터베이스를 비정상적으로 조작하는 공격 방법이다.

22 다음에서 설명하는 보안 공격은? 2024년 지방직 9급

> 사용자 요청이 웹 서버의 애플리케이션을 거쳐 데이터베이스에 전달되고 그 결과가 반환되는 구조에서 주로 발생하는 것으로, 공격자가 악의적으로 질의에 포함시킨 특수 문자를 제대로 필터링하지 않으면 데이터베이스 자료가 무단으로 유출·변조될 수 있다.

① 버퍼 오버플로우
② SQL 삽입
③ XSS
④ CSRF

해설

- SQL Injection: 응용프로그램 보안상의 허점을 의도적으로 이용해 개발자가 생각지 못한 SQL문을 실행되게 함으로써 데이터베이스를 비정상적으로 조작하는 공격 방법이다.
- 버퍼 오버플로우: 버퍼에 일정한 크기 이상의 데이터를 입력하여 프로그램을 공격한다. 버퍼에 할당된 메모리의 경계를 침범해서 데이터 오류가 발생하게 되는 상황이다.
- XSS: 악성 스크립트를 웹 페이지의 파라미터 값에 추가하거나, 웹 게시판에 악성 스크립트를 포함시킨 글을 등록하여 이를 사용자의 웹 브라우저 내에서 적절한 검증 없이 실행되도록 한다.
- CSRF 공격은 로그인한 사용자 브라우저로 하여금 사용자의 세션 쿠키와 기타 인증 정보를 포함하는 위조된 HTTP 요청을 취약한 웹 애플리케이션에 전송하는 취약점이다.

23 다음은 SQL 삽입(injection) 공격을 위한 SQL 명령문이다. 빈칸 ㉠에 들어갈 명령어로 옳은 것은? 2017년 교육청 9급

```
( ㉠ ) user_id FROM member WHERE
(user_id=' ' OR '1'='1') AND
(user_pw=' ' OR '1'='1');
```

- member : 테이블명
- user_id : 필드명
- user_pw : 필드명

① DROP
② CREATE
③ INSERT
④ SELECT

해설
user_id=' '은 거짓이지만, '1'='1'가 참이기 때문에 전체 조건이 참이 된다. 패스워드도 마찬가지의 조건을 만들어 select 문의 where절의 조건이 참이 되게 한다.

24 SQL 삽입 공격에 대한 설명으로 옳지 않은 것은? 2020년 지방직 9급

① 사용자 요청이 웹 서버의 애플리케이션을 거쳐 데이터베이스에 전달되고 그 결과가 반환되는 구조에서 주로 발생한다.
② 공격이 성공하면 데이터베이스에 무단 접근하여 자료를 유출하거나 변조시키는 결과가 초래될 수 있다.
③ 사용자의 입력값으로 웹 사이트의 SQL 질의가 완성되는 약점을 이용한 것이다.
④ 자바스크립트와 같은 CSS(Client Side Script) 기반 언어로 사용자 입력을 필터링하는 방법으로 공격에 대응하는 것이 바람직하다.

해설
- 자바스크립트와 같은 CSS(Client Side Script) 기반 언어로 사용자 입력을 필터링하는 것은 변조의 위험이 있기 때문에 SSS(Server Side Script) 기반 언어로 필터링하는 방법으로 공격에 대응하는 것이 바람직하다.
- SQL 삽입 공격은 웹에서 사용자가 입력하는 값이 DB 질의어와 연동이 되는 경우에는 클라이언트 측과 서버 측에서도 입력값을 검증해야 한다.

정답 21. ④ 22. ② 23. ④ 24. ④

25 **응용 수준 취약점에 대한 설명으로 옳지 않은 것은?** 2021년 군무원 9급

① 버퍼오버플로우는 메모리나 버퍼의 블록 크기보다 더 많은 데이터를 넣음으로써 결함을 발생시키는 취약점이다.

② 크로스 사이트 스크립팅은 웹사이트 관리자가 아닌 이가 웹 페이지에 악성 스크립트를 삽입할 수 있는 취약점이다. 주로 전자 게시판에 악성 스크립트가 담긴 글을 올리는 형태로 이루어진다.

③ SSI인젝션은 조작된 XPath(XML Path) 쿼리를 보냄으로써 비정상적인 데이터를 쿼리해 올 수 있는 취약점이다.

④ SQL인젝션은 SQL문으로 해석될 수 있는 입력을 시도하여 데이터베이스에 접근할 수 있는 취약점이다.

해설

- SSI 인젝션: HTML 문서에 입력받은 변수값을 서버측에서 처리할 때 부적절한 명령문이 포함 및 실행되어 서버의 데이터가 유출되는 취약점이다.
- SSI(Server-Side Includes): HTML 페이지의 전체 코드를 수정하지 않고 공통 모듈 파일로 관리하면서 동적인 내용을 추가하기 위하여 만들어진 기능이며, 주로 홈페이지 로고를 수정하거나 방문자 수를 확인할 수 있는 기능이다.
- XPath(XML Path) 인젝션: 조작된 XPath(XML Path) 쿼리를 보냄으로써 비정상적인 데이터를 쿼리해 올 수 있는 취약점이다. 조작된 XPath 쿼리를 서버에 요청하여 로그인 우회/데이터 추출 등이 가능하다.

26 **프로그램 입력 값에 대한 검증 누락, 부적절한 검증 또는 데이터의 잘못된 형식 지정으로 인해 발생할 수 있는 보안 공격이 아닌 것은?** 2023년 국가직 9급

① HTTP GET 플러딩 ② SQL 삽입
③ 크로스사이트 스크립트 ④ 버퍼 오버플로우

해설

HTTP GET 플러딩: 많은 수의 HTTP GET 요청으로 웹 서버를 압도하여 웹 서버를 대상으로 하는 일종의 DDoS 공격이다. HTTP GET 요청에서 클라이언트는 URL 및 기타 매개변수를 포함하는 요청 메시지를 전송하여 웹 서버에서 리소스를 요청한다.

27 **다음 중 PGP에 적용되어 있는 암호화 알고리즘이 옳지 않은 것은?** 보안기사 문제 응용

① 송신 부인 – RSA ② 메시지 압축 – ZIP
③ 메시지 기밀성 – 3DES ④ 메시지 무결성 – Diffie-Hellman

해설

- 송신 부인: 비대칭키 암호화 알고리즘 RSA
- 메시지 압축: ZIP
- 메시지 기밀성; 대칭키 암호화 알고리즘 3DES
- 메시지 무결성: 해시 함수 MD5

28 **안드로이드 보안에 대한 설명으로 옳지 않은 것은?** 2015년 국가직 9급

① 리눅스 운영체제와 유사한 보안 취약점을 갖는다.
② 개방형 운영체제로서의 보안정책을 적용한다.
③ 응용프로그램에 대한 서명은 개발자가 한다.
④ 응용프로그램 간 데이터 통신을 엄격하게 통제한다.

해설
안드로이드 환경은 앱의 파일 복제가 자유롭고 마켓의 검증 과정이 철저하지 않으며, 개발과 배포가 자유로운 오픈 소스 플랫폼과 오픈 마켓의 특성으로 인해 보안에 대한 본질적인 문제는 극복하기가 쉽지 않다.

29 **안드로이드 보안 체계에 대한 설명으로 옳지 않은 것은?** 2021년 국가직 9급

① 모든 응용 프로그램은 일반 사용자 권한으로 실행된다.
② 기본적으로 안드로이드는 일반 계정으로 동작하는데 이를 루트로 바꾸면 일반 계정의 제한을 벗어나 기기에 대한 완전한 통제권을 가질 수 있다.
③ 응용 프로그램은 샌드박스 프로세스 내부에서 실행되며, 기본적으로 시스템과 다른 응용 프로그램으로의 접근이 통제된다.
④ 설치되는 응용 프로그램은 구글의 인증 기관에 의해 서명·배포된다.

해설
안드로이드 환경은 앱의 파일 복제가 자유롭고 마켓의 검증 과정이 철저하지 않으며, 애플리케이션에 대해 서명을 개발자가 하여 개발과 배포가 자유로운 오픈 소스 플랫폼과 오픈 마켓의 특성으로 인해 보안에 대한 본질적인 문제는 극복하기가 쉽지 않다.

PART 07

30 **다음 중 XSS(Cross-Site Scripting) 공격에서 불가능한 공격은?** 2017년 서울시 9급

① 서버에 대한 서비스 거부(Denial of Service) 공격
② 쿠키를 이용한 사용자 컴퓨터 파일 삭제
③ 공격대상에 대한 쿠키 정보 획득
④ 공격대상에 대한 피싱 공격

해설
XSS(Cross-Site Scripting) 공격은 과부하를 일으켜 서버를 다운시키거나 피싱공격으로도 사용 가능하고, 가장 일반적인 목적은 웹 사용자의 정보 추출이다.

정답 25. ③ 26. ① 27. ④ 28. ④ 29. ④ 30. ②

31 **다음 중 XSS(Cross Site Scripting) 취약점 페이지가 아닌 것은?** 보안기사 문제 응용

① TXT 형태만 지원하는 페이지
② 검색 페이지
③ HTML을 지원하는 게시판
④ 회원가입 페이지

해 설

XSS 공격은 HTML의 Tag를 이용한다. 텍스트 형태만 지원하는 페이지의 경우 Tag를 이용할 수 없으므로 XSS 공격으로부터 안전하다고 할 수 있다.

32 **다음 중 XSS 공격기법에서 서버에 직접 공격 Script를 저장하여 공격하는 기법으로 옳은 것은?** 보안기사 문제 응용

① Stored XSS
② Reflective XSS
③ TXT Access XSS
④ Brute XSS

해 설

- Stored XSS : 악성 Script를 서버에 직접 올려서 공격하는 방법
- Reflective XSS : 악성 Script가 저장되어 있는 페이지의 링크를 이용하는 방법

33 **완성된 바이너리 형태의 소프트웨어를 역으로 분석하여 원래 소스 코드의 구조를 파악하는 리버스 엔지니어링의 목적으로 옳지 않은 것은?** 2021년 군무원 9급

① 취약점 분석
② 악성코드 분석
③ 디지털 포렌식
④ 컴파일 및 링킹

해 설

컴파일 및 링킹은 원시코드를 번역하여 실행하기 위하여 필요한 과정이다.

34 **데이터베이스 보안 요구사항 중 비기밀 데이터에서 기밀 데이터를 얻어내는 것을 방지하는 요구사항은?** 2014년 지방직 9급

① 암호화 ② 추론 방지
③ 무결성 보장 ④ 접근통제

해설
추론 방지: 기밀이 아닌 데이터로부터 기밀 정보를 얻어내는 가능성(추론)이다. 데이터베이스 내의 데이터 간 상호연관의 가능성이 있으므로 통계적 데이터 값으로부터 개별적 데이터 항목에 대한 정보를 추적하지 못하도록 하는 것을 의미한다.

35 **데이터베이스 접근 권한 관리를 위한 DCL(Data Control Language)에 속하는 명령으로 그 설명이 옳은 것은?** 2021년 국가직 9급

① GRANT: 사용자가 테이블이나 뷰의 내용을 읽고 선택한다.
② REVOKE: 이미 부여된 데이터베이스 객체의 권한을 취소한다.
③ DROP: 데이터베이스 객체를 삭제한다.
④ DENY: 기존 데이터베이스 객체를 다시 정의한다.

해설
- GRANT: 권한 부여
- DROP: 스키마, 도메인, 테이블, 뷰, 인덱스 제거 시 사용
- DENY: 권한 거부

36 **디지털 콘텐츠의 불법 복제와 유포를 막고 저작권 보유자의 이익과 권리를 보호해 주는 기술은?** 2024년 국가직 9급

① PGP(Pretty Good Privacy)
② IDS(Intrusion Detection System)
③ DRM(Digital Rights Management)
④ PIMS(Personal Information Management System)

해설
디지털 저작권 관리(DRM; Digital Rights Management): 디지털 콘텐츠의 불법 복제에 따른 문제를 해결하고 적법한 사용자만이 콘텐츠를 사용하도록 사용에 대한 과금을 통해 저작권자의 권리 및 이익을 보호하는 기술이다. 디지털 콘텐츠의 생성과 이용까지 유통 전 과정에 걸쳐 디지털 콘텐츠를 안전하게 관리 및 보호하고, 부여된 권한정보에 따라 디지털 콘텐츠의 이용을 통제하는 기술이다.

정답 31. ① 32. ① 33. ④ 34. ② 35. ② 36. ③

37 **BYOD(Bring Your Own Device) 업무 환경에서 필요한 사항으로 가장 적절하지 않은 것은?**

2024년 군무원 9급

① 다양한 애플리케이션의 지원
② 디바이스 암호화
③ 네트워크 접속에 대한 보안
④ 역할기반 인증

해설

BYOD 환경에서는 각 직원들이 자신의 개인 장비를 사용하여 업무를 수행하므로 보안 및 관리가 중요하다. 다양한 애플리케이션의 지원은 BYOD 업무 환경에서 필요한 사항이지만, 보안 측면에서는 취약할 수 있다. 애플리케이션의 보안 취약점으로 인해 회사의 정보가 유출될 수 있기 때문에 애플리케이션의 보안성을 강화해야 한다.

38 **SET(Secure Electronic Transaction)의 설명으로 옳은 것은?** 2015년 서울시 9급

① SET 참여자들이 신원을 확인하지 않고 인증서를 발급한다.
② 오프라인상에서 금융거래 안전성을 보장하기 위한 시스템이다.
③ 신용카드 사용을 위해 상점에서 소프트웨어를 요구하지 않는다.
④ SET는 신용카드 트랜잭션을 보호하기 위해 인증, 기밀성 및 메시지 무결성 등의 서비스를 제공한다.

해설

① SET 참여자들이 신원을 확인하고 인증서를 발급한다.
② 온라인상에서 금융거래 안전성을 보장하기 위한 시스템이다.
③ 신용카드 사용을 위해 상점에서 소프트웨어를 요구한다.

39 **SET에 대한 설명으로 옳지 않은 것은?** 2022년 국가직 9급

① 인터넷에서 신용카드를 지불수단으로 이용하기 위한 기술이다.
② 인증기관은 SET에 참여하는 모든 구성원의 정당성을 보장한다.
③ 고객등록에서는 지불 게이트웨이를 통하여 고객의 등록과 인증서의 처리가 이루어진다.
④ 상점등록에서는 인증 허가 기관에 등록하여 자신의 인증서를 만들어야 한다.

해설

고객등록에서는 인증기관을 통하여 고객의 등록과 인증서의 생성이 이루어진다.

40 **전자상거래에서 소비자의 주문 정보와 지불 정보를 보호하기 위한 SET의 이중 서명은 소비자에서 상점으로 그리고 상점에서 금융기관으로 전달된다. 금융기관에서 이중 서명을 검증하는 데 필요하지 않은 것은?** 2023년 지방직 9급

① 소비자의 공개키
② 주문 정보의 해시
③ 상점의 공개키
④ 지불 정보

해설

이중 서명(Dual Signature) : 구매요구 거래 시에 상점은 주문 정보만 알아야 하고, 지불중계기관(Payment Gateway)은 지불 정보만 알아야 하기 때문에 이중 서명이 필요하다. 즉, 상점의 주문 정보와 금융기관의 결제 정보를 분리할 수 있도록 하므로 금융기관에서 이중 서명을 검증하는데 상점의 공개키는 필요하지 않다.

41 **안전한 소프트웨어 개발 방법론의 하나인 MS사의 SDL(Secure Development Lifecycle)의 소프트웨어 개발 프로세스 중 위협 모델링을 수행해야 하는 단계는?** 2020년 국가직 7급

① 계획 · 분석
② 설계
③ 구현
④ 시험 · 검증

해설

설계 단계 : 보안 설계 검토, 방화벽 정책 준수, 위협 모델링, 위협모델 품질 보증, 위협모델 검토 및 승인

✓ MS-SDL(Microsoft Secure Development Lifecycle)의 단계

1. 교육(Pre-SDL Requirements, Security Training)
2. 계획/분석(Phase One, Requirements)
3. 설계(Phase Three, Implementation)
4. 시험/검증(Phase Four, Verification)
5. 배포/운영(Phase Five, Release)
6. 대응

PART 07

정답 37. ① 38. ④ 39. ③ 40. ③ 41. ②

42 **가상화 시스템을 보호하는 방법으로 옳지 않은 것은?** 2017년 국가직 7급

① 게스트 운영체제 사용자들에게 하이퍼바이저에 접근하는 관리권한을 부여해야 한다.
② 원격 감독 기능을 사용할 때에는 적절한 인증과 암호화 메커니즘을 사용해야 한다.
③ 게스트 운영체제와 응용프로그램을 보호하는 것 외에도 가상화 환경과 하이퍼바이저도 보호해야 한다.
④ 하이퍼바이저가 게스트의 활동을 투명하게 감시해야 한다.

해설
하이퍼바이저: 다수의 OS를 하나의 시스템에서 가동할 수 있게 하는 소프트웨어. 다양한 컴퓨터 자원에 서로 다른 OS의 접근 방법을 통제

43 **해킹 수단과 그 공격 방법에 대한 설명으로 옳지 않은 것은?** 2017년 국가직 7급

① Ransomware – 파일을 암호화한 후 복호화를 조건으로 금전을 요구함
② Rootkit – 스택에 할당된 버퍼보다 큰 코드를 삽입하여 오동작을 일으킴
③ SQL Injection – 데이터베이스에 질의어를 변조하여 공격함
④ Cross-site Scripting – 웹 페이지에 악성 스크립트를 삽입하여 정보를 획득함

해설
Rootkit: 상대방이 자신의 신분을 알 수 없도록 하는 것으로 익명화 기술이라고도 한다. 컴퓨터 소프트웨어 중에서 악의적인 것들의 모음으로, 자신의 또는 다른 소프트웨어의 존재를 가림과 동시에 허가되지 않은 컴퓨터나 소프트웨어의 영역에 접근할 수 있게 하는 용도로 설계된다.

44 **다음 중 공격과 이에 대한 대응 방안의 연결 중 가장 적절하지 않은 것은?** 2024년 군무원 9급

① sniffing – encryption
② spoofing – authentication
③ insecure defaults – reconfiguration
④ code injection – masquerading

해설
- code injection은 악의적인 코드를 삽입하여 시스템을 공격하는 행위이며, 대응 방안은 masquerading(위장)이 아닌 IDS(침입탐지시스템)나 firewall(방화벽) 등을 활용해야 한다.
- sniffing은 네트워크상에서 전송되는 데이터를 도청하는 공격으로, 이에 대한 대응 방안은 encryption(암호화)이다.
- spoofing은 IP 주소나 DNS 주소를 위장하여 공격하는 행위로, 대응 방안은 authentication(인증)이다.
- insecure defaults는 기본 설정이 보안에 취약한 경우를 뜻하며, 대응 방안은 reconfiguration(재설정)이다.

45 임의로 발생시킨 데이터를 프로그램의 입력으로 사용하여 소프트웨어의 안전성 및 취약성 등을 검사하는 방법은? 2017년 국가직 9급

① Reverse Engineering ② Canonicalization
③ Fuzzing ④ Software Prototyping

해설

- Fuzzing(Fuzzing Testing) : 결함을 찾기 위하여 프로그램이나 단말, 시스템에 비정상적인 입력 데이터를 보내는 테스팅 방법이다. 소프트웨어에 무작위의 데이터를 반복하여 입력하여 소프트웨어의 조직적인 실패를 유발함으로써 소프트웨어의 보안상의 취약점을 찾아내는 것을 의미한다.
- Reverse Engineering(역공학) : 이미 만들어진 시스템을 역으로 추적하여 처음의 문서나 설계기법 등의 자료를 얻어내는 일을 말한다. 이것은 시스템을 이해하여 적절히 변경하는 소프트웨어 유지보수 과정의 일부이다.
- Canonicalization(정규화) : 정보 기술에서 규격에 맞도록 만드는 과정이다. 데이터의 규정 일치와 검증된 형식을 확인하고, 비정규 데이터를 정규 데이터로 만드는 것이다.
- Software Prototyping : 소프트웨어의 개발 방법으로 프로토타입 시스템에는 여러 종류의 프로그램들, 온라인 수행에 관한 사항, 오류 수정에 관한 사항이 포함된다.

46 무의미한 코드를 삽입하고 프로그램 실행 순서를 섞는 등 악성코드 분석가의 작업을 방해하는 기술은? 2018년 지방직 9급

① 디스어셈블(Disassemble) ② 난독화(Obfuscation)
③ 디버깅(Debugging) ④ 언패킹(Unpacking)

해설

난독화는 주로 소스 코드를 대상으로 하며, 메소드나 변수명 등을 변형하는 기법, 제어 흐름을 복잡하게 만드는 기법 등이 사용된다. 앱을 디컴파일하더라도 원본 프로그램의 소스 코드의 의미와 제어 흐름을 알아볼 수 없도록 변형하는 것이 목적이다. 대표적인 예는 ProGuard로, 안드로이드 앱 개발 환경에서 apk 패키징 시에 난독화 기술을 적용하는 데 보편적으로 사용되고 있다.

47 역공학을 위해 로우레벨 언어에서 하이레벨 언어로 변환할 목적을 가진 도구는? 2024년 국가직 9급

① 디버거(Debugger) ② 디컴파일러(Decompiler)
③ 패커(Packer) ④ 어셈블러(Assembler)

해설

디컴파일러(Decompiler) : 기계어(로우레벨 언어, 저급언어)로부터 소스코드(하이레벨 언어, 고급언어, 원시코드)를 복원하는 도구이다.

정답 42. ① 43. ② 44. ④ 45. ③ 46. ② 47. ②

PART 07

48 **(가)와 (나)에 들어갈 용어를 바르게 연결한 것은?** 2023년 국가직 9급

> 악성 코드의 정적 분석은 파일을 [(가)]하여 상세한 동작을 분석하는 단계로 악성 코드 파일을 역공학 분석하여 그 구조, 핵심이 되는 명령 부분, 동작 방식 등을 알아내는 것을 목표로 한다. 이를 위하여 역공학 분석을 위한 [(나)]와/과 같은 도구를 활용한다.

	(가)	(나)
①	패킹	OllyDbg
②	패킹	Regshot
③	디스어셈블링	Regshot
④	디스어셈블링	OllyDbg

해설

- 디스어셈블리는 컴파일된 프로그램 또는 이진 파일의 실행 코드를 사람이 읽을 수 있는 어셈블리 언어 명령으로 변환하는 프로세스이다. 일반적으로 컴파일된 코드를 분석하여 프로그램 작동 방식을 이해하려고 시도하는 리버스 엔지니어링에서 사용될 수 있다. 또한 프로그램의 성능과 메모리 사용량을 분석하여 개선할 영역을 식별하는 디버깅 및 최적화에도 사용될 수 있다.
- OllyDbg : 디버깅 프로그램 중 하나이며, 디스어셈블리와 디버그가 모두 가능한 도구이므로 리버싱에 기본적으로 사용한다.

49 **데이터베이스 서버와 어플리케이션 서버로 분리하여 운용할 경우, 데이터베이스 암호화 방식 중 암·복호화가 데이터베이스 서버에서 수행되는 방식으로 〈보기〉에서 옳은 것만을 모두 고른 것은?** 2018년 교육청 9급

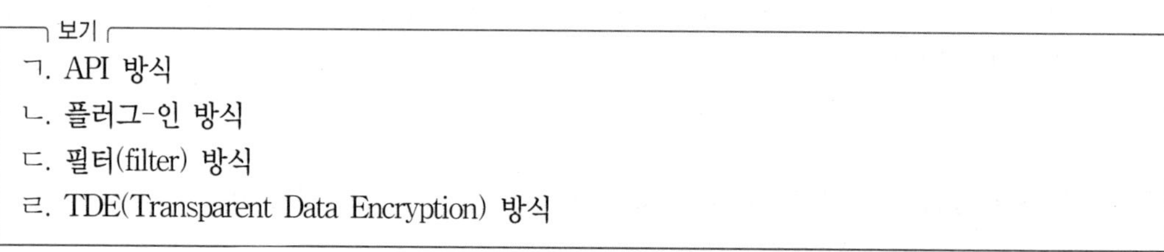
보기

ㄱ. API 방식
ㄴ. 플러그-인 방식
ㄷ. 필터(filter) 방식
ㄹ. TDE(Transparent Data Encryption) 방식

① ㄱ, ㄴ
② ㄱ, ㄷ
③ ㄴ, ㄹ
④ ㄴ, ㄷ, ㄹ

해설

- API 방식 : 애플리케이션 단에서 암·복호화. 소스코드 수정 필요
- 플러그-인 방식 : 데이터베이스 단에서 암·복호화. 소스코드 수정 불필요
- 필터(filter) 방식 : 독립된 프로세스로 구동. 애플리케이션과 DB 중간에서 암·복호화
- TDE(Transparent Data Encryption) 방식 : 암·복호화 키를 DB 서버에 파일 형태로 저장

50 **정보 기술 분야에서 클라우드 서비스 모델에 포함되지 않는 것은?** 2024년 군무원 9급

① PaaS(Platform as a Service)
② SaaS(Software as a Service)
③ RaaS(Role as a Service)
④ IaaS(Infrastructure as a Service)

해 설

클라우드 컴퓨팅에서 제공하는 서비스는 제한적인 것은 아니지만 SaaS, PaaS, IaaS 세 가지를 가장 대표적인 서비스로 분류한다.

1. SaaS(Software as a Service) : 애플리케이션을 서비스 대상으로 하는 SaaS는 클라우드 컴퓨팅 서비스 사업자가 인터넷을 통해 소프트웨어를 제공하고, 사용자가 인터넷상에서 이에 원격 접속해 해당 소프트웨어를 활용하는 모델이다.
2. PaaS(Platform as a Service) : 사용자가 소프트웨어를 개발할 수 있는 토대를 제공해주는 서비스이다. 클라우드 서비스 사업자는 PaaS를 통해 서비스 구성 컴포넌트 및 호환성 제공 서비스를 지원한다.
3. IaaS(Infrastructure as a Service) : 서버 인프라를 서비스로 제공하는 것으로 클라우드를 통하여 저장 장치 또는 컴퓨팅 능력을 인터넷을 통한 서비스 형태로 제공하는 서비스이다.

PART 07

정답 48. ④ 49. ③ 50. ③

MEMO

정보보호 관리 및 대책

정보보호 관리 및 대책

01 **다음 중 자산의 취약성을 식별하고 존재하는 위협을 분석하여 이들의 발생 가능성 및 위협이 미칠 수 있는 영향을 파악해서 보안 위험의 내용과 정도를 결정하는 과정으로 옳은 것은?**

정보시스템감리사 문제 응용

① 위험분석
② 정책분석
③ 보안관리
④ 정보시스템분석

해설

위험분석: 위험 식별, 잠재적 위협의 충격 측정 그리고 위험의 충격과 그 대책에 대한 비용 간의 경제적 균형 제공이라는 세 가지 주요 목표를 가진다. 위험분석의 절차는 자산분석, 위협평가, 취약성 평가, 기존 정보보호 대책의 평가를 통해 잔여 위험을 평가하는 단계로 나눌 수 있다.

02 **다음 중 정보보호 관리체계 구축 및 운영의 문제점으로 옳지 않은 것은?** 보안기사 문제 응용

① 관리체계의 구축 및 운영은 기술적인 문제가 아니고, 프로세스와 사람이 연계된 문제이다.
② 정보보호와 관련된 조직·책임·역할·권한이 불분명하고 협조체계가 미흡하기 때문이다.
③ 경영층의 지속적인 의지, 강력한 추진요인이 없다면 중도에 포기되어 유지되기 어렵다.
④ 관리체계에 대한 주기적인 감사와 측정이 많기 때문에 업무가 복잡해진다.

해설

정보보호 관리체계 구축 및 운영의 문제점은 관리체계에 대한 주기적인 감사와 측정이 부족하기 때문이며, 측정 없이는 개선이 어렵다.

03 **조직의 정보자산을 보호하기 위하여 정보자산에 대한 위협과 취약성을 분석하여 비용 대비 적절한 보호 대책을 마련함으로써 위험을 감수할 수 있는 수준으로 유지하는 일련의 과정은?**

2017년 지방직 9급 추가

① 업무 연속성 계획
② 위험관리
③ 정책과 절차
④ 탐지 및 복구 통제

해설

위험관리는 위험을 식별하고, 평가하고, 그리고 이 위험을 수용할 수 있는 수준으로 감소시키고, 그 수준을 유지하기 위한 올바른 메커니즘을 구현하는 것이다.

04 **정보보호 위험관리에 대한 설명으로 옳지 않은 것은?** 2020년 국가직 9급

① 자산은 조직이 보호해야 할 대상으로 정보, 하드웨어, 소프트웨어, 시설 등이 해당한다.
② 위험은 자산에 손실이 발생할 가능성과 관련되어 있으나 이로 인한 부정적인 영향을 미칠 가능성과는 무관하다.
③ 취약점은 자산이 잠재적으로 가진 약점을 의미한다.
④ 정보보호대책은 위협에 대응하여 자산을 보호하기 위한 관리적, 기술적, 물리적 대책을 의미한다.

해설
위험은 조직 내에서 존재하는 취약점을 이용하는 다양한 보안 위협이나 외부적 요인에 의해 발생할 수 있는 재해, 사고 등으로 볼 수 있으며, 이로 인한 손실 또는 부정적인 영향을 미칠 가능성을 말한다.

05 **발생 가능한 모든 유형의 오류나 악의적 행위를 예측하고 예방책을 마련한다 하더라도 예방통제만으로는 완전히 막을 수 없다. 따라서 예방통제를 우회하여 발생하는 문제점들을 찾아내는 통제가 필요하다. 이런 정보보호 대책의 통제 방법으로 옳은 것은?** 보안기사 문제 응용

① 교정통제 ② 잔여위험통제
③ 대응통제 ④ 탐지통제

해설
탐지통제는 패리티 체크, 해시 체크, 접근 로그 등이 있다.

PART 08

06 **식별된 위험에 대처하기 위한 정보보안 위험 관리의 위험 처리 방안 중, 불편이나 기능 저하를 감수하고라도, 위험을 발생시키는 행위나 시스템 사용을 하지 않도록 조치하는 방안은?** 2016년 국가직 9급

① 위험 회피 ② 위험 감소
③ 위험 수용 ④ 위험 전가

해설
• 위험 회피 : 위험이 존재하는 프로세스나 사업을 수행하지 않고 포기하는 것이다.
• 위험 감소 : 위험을 감소시킬 수 있는 대책을 채택하여 구현하는 것이다.
• 위험 수용 : 현재의 위험을 받아들이고 잠재적 손실 비용을 감수하는 것이다.
• 위험 전가 : 보험이나 외주 등으로 잠재적 비용을 제3자에게 이전하거나 할당하는 것이다.

정답 01. ① 02. ④ 03. ② 04. ② 05. ④ 06. ①

07 위험 관리 과정에 대한 설명으로 ㉠, ㉡에 들어갈 용어로 옳은 것은? 2017년 지방직 9급

(가) (㉠)단계는 조직의 업무와 연관된 정보, 정보시스템을 포함한 정보자산을 식별하고, 해당 자산의 보안성이 상실되었을 때의 결과가 조직에 미칠 수 있는 영향을 고려하여 가치를 평가한다.

(나) (㉡)단계는 식별된 자산, 위협 및 취약점을 기준으로 위험도를 산출하여 기존의 보호대책을 파악하고, 자산별 위협, 취약점 및 위험도를 정리하여 위험을 평가한다.

	㉠	㉡
①	자산식별 및 평가	위험 평가
②	자산식별 및 평가	취약점 분석 및 평가
③	위험 평가	가치평가 및 분석
④	가치평가 및 분석	취약점 분석 및 평가

해설

- 자산식별 및 평가: 조직의 업무와 연관된 정보, 정보시스템을 포함한 정보자산을 식별하고, 해당 자산의 보안성이 상실되었을 때의 결과가 조직에 미칠 수 있는 영향을 고려하여 가치를 평가
- 위험 평가: 식별된 자산, 위협 및 취약점을 기준으로 위험도를 산출하여 기존의 보호대책을 파악하고, 자산별 위협, 취약점 및 위험도를 정리하여 위험을 평가

08 위험관리 요소에 대한 설명으로 옳지 않은 것은? 2014년 국가직 9급

① 위험은 위협 정도, 취약성 정도, 자산 가치 등의 함수관계로 산정할 수 있다.
② 취약성은 자산의 약점(weakness) 또는 보호대책의 결핍으로 정의할 수 있다.
③ 위험 회피로 조직은 편리한 기능이나 유용한 기능 등을 상실할 수 있다.
④ 위험관리는 위협 식별, 취약점 식별, 자산 식별 등의 순서로 이루어진다.

해설

위험 분석의 절차는 자산분석, 위협평가, 취약성 평가, 기존 정보보호대책의 평가를 통해 잔여 위험을 평가하는 단계로 나눌 수 있다.

09 **다음 중 위험관리에 관련된 용어와 그 의미의 연결이 가장 거리가 먼 것은?** 2014년 정보시스템감리사

① 통제 – 위험을 변경시키기 위한 대책
② 위험 수준 – 결과와 가능성을 조합으로 표현되는 위험의 크기
③ 잔여 위험 – 위험 처리를 수행하기 이전에 잔여하는 위험
④ 위험 분석 – 위험의 본질을 이해하고 위험 수준을 결정하는 과정

해설
잔여 위험은 위험관리 수립 및 대응방안을 구현한 후에도 계속 남아있는 위험이다.

10 **자산의 위협과 취약성을 분석하여, 보안 위험의 내용과 정도를 결정하는 과정은?** 2014년 국가직 7급

① 위험 분석
② 보안 관리
③ 위험 관리
④ 보안 분석

해설
위험 분석은 위험 식별, 잠재적 위협의 충격 측정 그리고 위험의 충격과 그 대책에 대한 비용 간의 경제적 균형 제공이라는 세 가지 주요 목표를 가진다.

11 **위험 분석에 대한 설명으로 옳지 않은 것은?** 2015년 국가직 9급

① 자산의 식별된 위험을 처리하는 방안으로는 위험 수용, 위험 회피, 위험 전가 등이 있다.
② 자산의 가치 평가를 위해 자산구입비용, 자산유지보수비용 등을 고려할 수 있다.
③ 자산의 적절한 보호를 위해 소유자와 책임소재를 지정함으로써 자산의 책임추적성을 보장받을 수 있다.
④ 자산의 가치 평가 범위에 데이터베이스, 계약서, 시스템 유지 보수 인력 등은 제외된다.

해설
자산의 가치 평가 범위에는 서버시스템, 네트워크, 정보시스템, 보안시스템, 데이터베이스, 문서, 소프트웨어, 물리적 환경 등이 포함된다.

PART 08

정답 07. ① 08. ④ 09. ③ 10. ① 11. ④

12 **㉠, ㉡에 들어갈 정보보안 위험의 처리 방식을 바르게 연결한 것은?** 2018년 국가직 7급

> – (㉠)은(는) 사업 목적상 위험을 처리하는 데 들어가는 과도한 비용 또는 시간 때문에 일정 수준의 위험을 받아들이는 것으로, 그 위험이 조직에 발생시키는 결과에 대한 책임을 관리층이 지는 방식이다.
> – (㉡)은(는) 위험에 대한 책임을 제3자와 공유하는 것으로, 보험을 들거나 다른 기관과의 계약을 통하여 잠재적 손실을 제3자에게 이전하거나 할당하는 방식이다.

	㉠	㉡
①	위험 회피	위험 전가
②	위험 회피	위험 감소
③	위험 수용	위험 전가
④	위험 수용	위험 감소

해설

- 위험 회피: 위험이 존재하는 프로세스나 사업을 수행하지 않고 포기하는 것이다.
- 위험 감소: 위험을 감소시킬 수 있는 대책을 채택하여 구현하는 것이다.
- 위험 수용: 현재의 위험을 받아들이고 잠재적 손실 비용을 감수하는 것이다.
- 위험 전가: 보험이나 외주 등으로 잠재적 비용을 제3자에게 이전하거나 할당하는 것이다.

13 **위험관리 과정에서 구현된 정보보호 대책의 적용 후에도 조직에 남아 있을 수 있는 잔여 위험(redidual risk)에 대한 설명으로 옳지 않은 것은?** 2013년 2회 보안기사

① 잔여위험은 위험 회피/이전/감소/수용 등으로 처리된다.
② 위험관리는 위험평가를 통하여 조직이 수용할 수 있는 수준을 유지하는 것이 목적이기 때문에 잔여위험이 존재할 수 있다.
③ 위험평가 및 보호대책의 적용 후에도 잔여위험이 존재할 경우 이를 완전히 제거하기 위하여 상세 위험분석을 수행하는 것이 일반적이다.
④ 적절한 위험평가를 통한 보호대책의 적용 후에도 남아 있는 위험이 있을 수 있다.

해설

위험평가 및 보호대책의 적용 후에도 잔여위험이 존재할 수 있으며, 이를 완전히 제거할 수는 없다.

14 **다음 중 RAID와 가장 관련 있는 것은?** 보안기사 문제 응용

① 책임추적성
② 기밀성
③ 무결성
④ 가용성

해설

RAID는 기본적으로 복수의 하드디스크를 이용하여 데이터 중복성과 오류 복구성을 가지고 있는 데이터 저장장치이며, 이를 통해 가용성을 보장할 수 있다.

15 **위험관리에서 자산가치가 100억원, 노출계수가 60%, 연간발생률이 3/10, 보안관리 인원수가 10명이라고 하면 연간예상손실(ALE)을 계산하면 얼마인가?** 2010년 정보시스템감리사

① 1.8억원
② 3억원
③ 6억원
④ 18억원

해설

- SLE(단일예상손실) = 자산가치(AV) * EF(노출계수), ARO : 연간발생률
- ALE(연간예상손실) = SLE * ARO

16 **위험분석 방법론은 위험분석결과의 성격에 따라 크게 정략적 분석과 정성적 분석으로 구분할 수 있다. 다음 중 정성적 위험 평가와 정량적 위험 평가의 주요 차이점으로 옳은 것은?**

정보시스템감리사 문제 응용

① 정성적 평가는 100명 이하의 직원으로 구성된 소규모 기업에 적용되는 기법이며, 정량적 평가는 100명 이상의 큰 규모의 기업에 적용된다.
② 정성적 평가는 고위 관리자에 의해 승인되어야 하며, 정량적 평가는 특정한 승인없이 부서 내에서 사용된다.
③ 정량적 평가는 엄격한 수치에 기반하며, 정성적 평가는 주관적인 순위에 기반한다.
④ 정량적 평가는 자산의 수치에 기반하며, 정성적 평가는 자산의 유형에 기반하고 있다.

해설

- 정량적 방법은 손실 및 위험의 크기를 금액으로 나타내는 정밀한 분석이 요구되는 방법으로 금전적으로 계산한 것으로서 엄격한 수치를 제공한다.
- 정성적 방법은 손실이나 위험을 개략적인 크기로 비교하는 방식으로 경험과 같은 주관적인 순위에 기반한다.

PART 08

정답 12. ③ 13. ③ 14. ④ 15. ④ 16. ③

17 **위험분석 및 평가방법론 중 성격이 다른 것은?** 2017년 국가직 9급

① 확률 분포법
② 시나리오법
③ 순위결정법
④ 델파이법

해설

정성적 위험분석과 정량적 위험분석

구분	정성적 위험분석	정량적 위험분석
기법	델파이 기법, 시나리오법, 순위 결정법, 질문서법, 브레인스토밍, 스토리보딩, 체크리스트	과거자료 분석법, 수학공식 접근법, 확률 분포법, 점수법
장단점	주관적 방법, 분석이 용이	보안 대책의 비용을 정당화, 위험 분석의 결과를 이해하기 용이, 일정한 객관적 결과를 산출, 복잡한 계산으로 인한 분석시간 소요

18 **위험 분석 방법 중 델파이법에 대한 설명으로 옳은 것은?** 2016년 국가직 7급

① 위협 발생 빈도를 추정하는 계산식을 통해 위험을 계량하여 분석한다.
② 미지의 사건을 추정하는 데 사용되는 방법으로 확률적 편차를 이용해 최저, 보통, 최고의 위험도를 분석한다.
③ 전문가 집단으로 구성된 위험 분석팀의 위험 분석 및 평가를 통해 여러 가능성을 전제로 위협과 취약성에 대한 의견수렴을 통한 분석 방법이다.
④ 어떤 사건이 예상대로 발생하지 않는다는 사실에 근거하여 주어진 조건하에 발생 가능한 위협에 따른 결과를 예측하는 방법이다.

해설

델파이법 : 시스템에 관한 전문적인 지식을 가진 전문가 집단을 구성하고 위험을 분석 및 평가하여 정보시스템이 직면한 다양한 위협과 취약성을 토론을 통해 분석하는 방법이다.

19 **위험 분석 방법 중 손실 크기를 화폐가치로 측정할 수 없어서 위험을 기술 변수로 표현하는 정성적 분석 방법이 아닌 것은?** 2017년 지방직 9급 추가

① 델파이법
② 퍼지 행렬법
③ 순위 결정법
④ 과거자료 접근법

해설

정량적 분석 방법 : 과거자료 분석법, 수학공식 접근법, 확률 분포법, 점수법

20 다음 설명에 해당하는 위험분석 및 평가 방법을 옳게 짝지은 것은? 2020년 국가직 9급

ㄱ. 전문가 집단의 토론을 통해 정보시스템의 취약성과 위협 요소를 추정하여 평가하기 때문에 시간과 비용을 절약할 수 있지만, 정확도가 낮다.
ㄴ. 이미 발생한 사건이 앞으로 발생한다는 가정하에 수집된 자료를 통해 위험 발생 가능성을 예측하며, 자료가 많을수록 분석의 정확도가 높아진다.
ㄷ. 어떤 사건도 기대하는 대로 발생하지 않는다는 사실에 근거하여 일정 조건에서 위협에 대해 발생 가능한 결과들을 예측하며, 적은 정보를 가지고 전반적인 가능성을 추론할 수 있다.

	ㄱ	ㄴ	ㄷ
①	순위 결정법	과거자료 분석법	기준선 접근법
②	순위 결정법	점수법	기준선 접근법
③	델파이법	과거자료 분석법	시나리오법
④	델파이법	점수법	시나리오법

해설

- 델파이법: 전문가 집단의 토론을 통해 정보시스템의 취약성과 위협 요소를 추정하여 평가하기 때문에 시간과 비용을 절약할 수 있지만, 정확도가 낮다.
- 과거자료 분석법: 이미 발생한 사건이 앞으로 발생한다는 가정하에 수집된 자료를 통해 위험 발생 가능성을 예측하며, 자료가 많을수록 분석의 정확도가 높아진다.
- 시나리오법: 어떤 사건도 기대하는 대로 발생하지 않는다는 사실에 근거하여 일정 조건에서 위협에 대해 발생 가능한 결과들을 예측하며, 적은 정보를 가지고 전반적인 가능성을 추론할 수 있다.

PART 08

21 다음 중 위험분석 방법 중에서 객관적인 평가기준을 적용할 수 있고, 위험관리 성능평가가 용이한 정량적 분석 방법으로 옳은 것은? 2014년 교육청 9급

① 순위결정법
② 확률분포법
③ 시나리오법
④ 델파이법

해설

- 정성적 분석 방법: 델파이 기법, 시나리오법, 순위 결정법, 질문서법, 브레인스토밍, 스토리보딩, 체크리스트
- 정량적 분석 방법: 과거자료 분석법, 수학공식 접근법, 확률 분포법, 점수법

정답 17. ① 18. ③ 19. ④ 20. ③ 21. ②

22 위험 평가 방법에 대한 설명으로 옳지 않은 것은? 2024년 국가직 9급

① 정성적 위험 평가는 자산에 대한 화폐가치 식별이 어려운 경우 이용한다.

② 정량적 분석법에는 델파이법, 시나리오법, 순위결정법, 브레인스토밍 등이 있다.

③ 정성적 분석법은 위험 평가 과정과 측정기준이 주관적이어서 사람에 따라 결과가 달라질 수 있다.

④ 정량적 위험 평가 방법에 의하면 연간 기대 손실은 위협이 성공했을 경우의 예상 손실액에 그 위협의 연간 발생률을 곱한 값이다.

해설

델파이법, 시나리오법, 순위결정법, 브레인스토밍 등은 정성적 분석법이다.

정성적 위험분석과 정량적 위험분석

구분	정성적 위험분석	정량적 위험분석
기법	델파이 기법, 시나리오법, 순위 결정법, 질문서법, 브레인스토밍, 스토리보딩, 체크리스트	과거자료 분석법, 수학공식 접근법, 확률 분포법, 점수법
장단점	주관적 방법, 분석이 용이	보안 대책의 비용을 정당화, 위험 분석의 결과를 이해하기 용이, 일정한 객관적 결과를 산출, 복잡한 계산으로 인한 분석시간 소요

23 다음에서 설명하는 위험 분석 접근 방법은? 2019년 국가직 7급

- 정형화되고 구조화된 프로세스를 사용하는 대신, 분석가 개인의 지식 및 경험을 활용한다.
- 비교적 비용대비 효과가 우수하며 중·소규모 조직에 적합하다.
- 개인적인 경험에 의존하므로 정당성이나 일관성이 부족할 수 있다.

① 기준선 접근(Baseline Approach)

② 상세 위험 분석(Detailed Risk Analysis)

③ 비형식적 접근(Informal Approach)

④ 복합 접근(Combined Approach)

해설

접근방식에 따른 방법

1. 기준선 접근법(Baseline Approach)
   - 모든 시스템에 대하여 보호의 기본수준을 정하고 이를 달성하기 위한 일련의 보호대책 선택
   - 시간과 비용이 많이 들지 않고, 모든 조직에서 기본적으로 필요한 보호대책 선택 가능
   - 조직 내에 부서별로 적정 보안수준보다도 높게 혹은 낮게 보안통제 적용

2. 전문가 판단법(Informal Approach)
   - 전문가의 지식과 경험에 따라 위험 분석
   - 작은 조직에서 비용 효과적
   - 위험을 제대로 평가하기가 어렵고 보호대책의 선택 및 소요비용을 합리적으로 도출하기 어려움
   - 계속적으로 반복되는 보안관리의 보안감사 및 사후관리가 제한됨
3. 상세 위험 접근법(Detailed Risk Approach)
   - 자산의 가치를 측정하고 자산에 대한 위협의 정도와 취약성을 분석하여 위협의 정도를 결정
   - 조직 내에 적절한 보안수준 마련 가능
   - 전문적인 지식, 시간, 노력이 많이 소요
4. 복합적 접근법(Combined Approach)
   - 먼저 조직 활용에 대한 필수적인 위험이 높은 시스템을 식별하고 이러한 시스템에는 '상세위험 접근법'을, 그렇지 않은 시스템에는 '기준선 접근법' 등을 각각 적용
   - 보안전략을 빠르게 구축할 수 있고, 시간과 노력을 효율적으로 활용 가능
   - 두 가지 방법의 적용대상을 명확하게 설정하지 못함으로써 자원의 낭비가 발생할 수 있음

24 **다음은 IT 보안 관리를 위한 국제 표준(ISO/IEC 13335)의 위험 분석 방법에 대한 설명이다. ㉠~㉢에 들어갈 용어를 바르게 연결한 것은?** 2021년 국가직 9급

> (㉠)은 가능한 빠른 시간 내에 적정 수준의 보호를 제공한 후 시간을 두고 중요 시스템에 대한 보호 수단을 조사하고 조정하는 것을 목표로 한다. 이 방법은 모든 시스템에 대하여 (㉡)에서 제시하는 권고 사항을 구현하는 것으로 시작한다. 중요 시스템을 대상으로 위험에 즉각적으로 대응하기 위하여 비정형 접근법이 적용될 수 있다. 그리고 (㉢)에 의한 단계별 프로세스를 적절하게 수행한다. 결과적으로 시간이 흐름에 따라 비용 대비 효과적인 보안 통제가 선택되도록 할 수 있다.

	㉠	㉡	㉢
①	상세 위험 분석	기준선 접근법	복합 접근법
②	상세 위험 분석	복합 접근법	기준선 접근법
③	복합 접근법	기준선 접근법	상세 위험 분석
④	복합 접근법	상세 위험 분석	기준선 접근법

해설

복합 접근법(Combined Approach) : 고위험 영역을 식별하여 상세 위험 분석을 수행하고, 다른 영역은 베이스라인을 사용하는 방식이다. 빠르고, 비용과 자원을 효과적으로 사용할 수 있지만, 잘못된 고위험 영역을 식별 시에는 낭비가 발생할 수 있다.

PART 08

정답 22. ② 23. ③ 24. ③

25 **상세 위험 분석 방법에 대한 설명으로 옳은 것은?** 2020년 국가직 7급

① 시스템에 대해 보호의 기준 수준을 정하고, 목표를 달성하기 위하여 일련의 보호 대책을 선택한다.

② 모든 시스템에 적절한 기준 보안 대책을 이행하고, 상위 수준의 위험 평가를 통하여 중요하고 위험이 높은 시스템을 식별하고 평가한다.

③ 숙달된 전문가의 경험에 따라서 효율적으로 위험 분석을 수행한다.

④ 정형화되고 구조화된 프로세스를 사용하여 모든 중요한 위험을 식별하고 그 영향을 고려한다.

해설

- 상세 위험 분석: 잘 정립된 모델에 기초하여 자산 분석, 위협 분석, 취약성 분석의 각 단계를 수행하여 위험을 평가하는 방식을 말한다.
- 베이스라인 접근법: 모든 시스템에 대하여 보호의 기본 수준을 정하고 이를 달성하기 위하여 일련의 보호대책을 선택하는 방식을 말한다.
- 비정형 접근법: 정형화된 방법을 사용하지 않고 전문가의 지식과 경험에 따라 위험을 분석하는 방식을 말한다.
- 복합 접근법: 고위험 영역을 식별하여 이 영역은 상세 위험 분석을 수행하고 다른 영역은 베이스라인 접근법을 사용하는 방식이다.

26 **다음에 설명하는 위험 분석 방법은?** 2023년 국가직 9급

> – 구조적인 방법론에 기반하지 않고 분석가의 경험이나 지식을 사용하여 위험 분석을 수행한다.
> – 중소 규모의 조직에는 적합할 수 있으나 분석가의 개인적 경험에 지나치게 의존한다는 단점이 있다.

① 기준선 접근법 ② 비정형 접근법

③ 상세 위험 분석 ④ 복합 접근법

해설

접근방식에 따른 방법

1. 기준선 접근법(Baseline Approach)
   - 모든 시스템에 대하여 보호의 기본수준을 정하고 이를 달성하기 위한 일련의 보호대책 선택
   - 시간과 비용이 많이 들지 않고, 모든 조직에서 기본적으로 필요한 보호대책 선택 가능
   - 조직 내에 부서별로 적정 보안수준보다도 높게 혹은 낮게 보안통제 적용
2. 전문가 판단법(Informal Approach)
   - 전문가의 지식과 경험에 따라 위험 분석
   - 작은 조직에서 비용 효과적
   - 위험을 제대로 평가하기가 어렵고 보호대책의 선택 및 소요비용을 합리적으로 도출하기 어려움
   - 계속적으로 반복되는 보안관리의 보안감사 및 사후관리가 제한됨

3. 상세 위험 접근법(Detailed Risk Approach)
   - 자산의 가치를 측정하고 자산에 대한 위협의 정도와 취약성을 분석하여 위협의 정도를 결정
   - 조직 내에 적절한 보안수준 마련 가능
   - 전문적인 지식, 시간, 노력이 많이 소요
4. 복합적 접근법(Combined Approach)
   - 먼저 조직 활용에 대한 필수적인 위험이 높은 시스템을 식별하고 이러한 시스템에는 '상세위험 접근법'을 그렇지 않은 시스템에는 '기준선 접근법' 등을 각각 적용
   - 보안전략을 빠르게 구축할 수 있고, 시간과 노력을 효율적으로 활용 가능
   - 두 가지 방법의 적용대상을 명확하게 설정하지 못함으로써 자원의 낭비가 발생할 수 있음

27 **위험 평가 접근방법에 대한 설명으로 옳지 않은 것은?** 2023년 지방직 9급

① 기준(baseline) 접근법은 기준 문서, 실무 규약, 업계 최신 실무를 이용하여 시스템에 대한 가장 기본적이고 일반적인 수준에서의 보안 통제 사항을 구현하는 것을 목표로 한다.

② 비정형(informal) 접근법은 구조적인 방법론에 기반하지 않고 전문가의 지식과 경험에 따라 위험을 분석하는 것으로, 비교적 신속하고 저비용으로 진행할 수 있으나 특정 전문가의 견해 및 편견에 따라 왜곡될 우려가 있다.

③ 상세(detailed) 위험 분석은 정형화되고 구조화된 프로세스를 사용하여 상세한 위험 평가를 수행하는 것으로, 많은 시간과 비용이 드는 단점이 있는 반면에 위험에 따른 손실과 보안 대책의 비용 간의 적절한 균형을 이룰 수 있는 장점이 있다.

④ 복합(combined) 접근법은 상세 위험 분석을 제외한 기준 접근법과 비정형 접근법 두 가지를 조합한 것으로 저비용으로 빠른 시간 내에 필요한 통제 수단을 선택해야 하는 상황에서 제한적으로 활용된다.

해설

- 26번 문제 해설 참조

PART 08

정답 25. ④ 26. ② 27. ④

28 **다음에서 설명하는 재해복구시스템의 복구 방식은?** 2015년 국가직 9급

> 재해복구센터에 주 센터와 동일한 수준의 시스템을 대기상태로 두어, 동기적 또는 비동기적 방식으로 실시간 복제를 통하여 최신의 데이터 상태를 유지하고 있다가, 재해 시 재해복구센터의 시스템을 활성화 상태로 전환하여 복구하는 방식이다.

① 핫 사이트(Hot Site)
② 미러 사이트(Mirror Site)
③ 웜 사이트(Warm Site)
④ 콜드 사이트(Cold Site)

해설

- 미러 사이트(Mirror Site) : 메인 센터와 동일한 수준의 정보 기술 자원을 원격지에 구축하고, 메인 센터와 재해 복구 센터 모두 액티브 상태로 실시간 동시 서비스를 하는 방식이다. RTO(복구 소요 시간)은 이론적으로 0이다.
- 핫 사이트(Hot Site) : 메인 센터와 동일한 수준의 정보 기술 자원을 대기 상태로 사이트에 보유하면서, 동기적 또는 비동기적 방식으로 실시간 미러링을 통하여 데이터를 최신 상태로 유지한다. RTO(복구 소요 시간)은 수 시간 이내이다.
- 웜 사이트(Warm Site) : 메인 센터와 동일한 수준의 정보 기술 자원을 보유하는 대신 중요성이 높은 기술 자원만 부분적으로 보유하는 방식이다. 실시간 미러링을 수행하지 않으며 데이터의 백업 주기가 수 시간~1일(RTO) 정도로 핫 사이트에 비해 다소 길다.
- 콜드 사이트(Cold Site) : 데이터만 원격지에 보관하고 서비스를 위한 정보 자원은 확보하지 않거나 최소한으로만 확보하는 유형이다. 메인 센터의 데이터는 주기적 수일~수주(RTO)로 원격지에 백업한다.

29 **재해복구시스템의 복구 수준별 유형에 대한 설명으로 옳은 것은?** 2017년 지방직 9급

① Warm site는 Mirror site에 비해 전체 데이터 복구 소요 시간이 빠르다.
② Cold site는 Mirror site에 비해 높은 구축 비용이 필요하다.
③ Hot site는 Cold site에 비해 구축 비용이 높고, 데이터의 업데이트가 많은 경우에 적합하다.
④ Mirror site는 Cold site에 비해 구축 비용이 저렴하고, 복구에 긴 시간이 소요된다.

해설

- Mirror site는 Cold site에 비해 구축 비용이 높고, 복구에 짧은 시간이 소요된다.
- Cold site는 Mirror site에 비해 낮은 구축 비용이 필요하다.
- Warm site는 Mirror site에 비해 전체 데이터 복구 소요 시간이 느리다.

30 **재해복구 시스템의 복구 수준별 유형에 대한 설명으로 옳지 않은 것은?** 2017년 국가직 7급

① Mirror Site – 주 센터와 동일한 수준의 정보기술 자원(하드웨어, 소프트웨어, 기타 부대 장비 등)을 원격지에 구축하여 모두 액티브 상태에서 실시간으로 동시에 서비스하는 방식

② Hot Site – 주 센터와 동일한 수준의 정보기술 자원을 대기상태(standby)로 원격지에 구축하여 동기적 혹은 비동기적 미러링을 통해 데이터의 최신을 유지하고 있다가 주 센터 재해 시 액티브로 전환하여 서비스하는 방식

③ Down Site – 웹 애플리케이션 서비스 등 데이터의 업데이트 빈도가 높은 정보시스템을 액티브로 전환하여 서비스하는 방식

④ Cold Site – 기계실, 전원 시설, 통신 설비, 공조 시설, 온도 조절 시스템 등을 갖추어 놓고, 주 센터 재해 시 정보기술 자원을 설치하여 서비스하는 방식

해설

Hot Site : 웹 애플리케이션 서비스 등 데이터의 업데이트 빈도가 높은 정보시스템을 액티브로 전환하여 서비스하는 방식

31 **침해사고가 발생하였을 경우 조직 내의 모든 사람들이 신속하게 대처하여 침해사고로 인한 손상을 최소화하고 추가적인 손상을 막기 위한 단계는?** 2014년 지방직 9급

① 보안탐지 단계 ② 대응 단계
③ 사후검토 단계 ④ 조사와 분석 단계

해설

대응 단계에서는 시스템의 침해사고 여부를 판정한 결과 침해로 판단된 경우 이에 대한 적절한 조치를 취하게 하여 신속하게 대처함으로써 손상의 최소화를 목적으로 한다.

PART 08

정답 28. ① 29. ③ 30. ③ 31. ②

32 다음 아래 보기의 보안 정책으로 가장 옳은 것은? 2010년 정보시스템감리사

보기

세금 고지 업무와 세금 수납 업무를 같은 사람에게 맡기지 않는다.

① 최소권한 정책
② 권한 분산
③ 임무분리(직무분리)
④ 권한 위임

해설

- 직무 분리(Separation of Duty) : 업무의 발생부터 승인, 수정, 확인, 완료 등이 처음부터 끝까지 한 사람에 의해 처리될 수 없게끔 하는 보안 정책
- 최소 권한(Least Privilege Policy) : 허가받은 일을 수행하기 위한 최소한의 권한만을 부여하여, 권한 남용으로 인한 피해를 최소화

33 업무연속성(BCP)에 대한 설명으로 옳지 않은 것은? 2019년 국가직 9급

① 업무연속성은 장애에 대한 예방을 통한 중단 없는 서비스 체계와 재난 발생 후에 경영 유지·복구 방법을 명시해야 한다.
② 재해복구시스템의 백업센터 중 미러 사이트(Mirror Site)는 백업센터 중 가장 짧은 시간 안에 시스템을 복구한다.
③ 콜드 사이트(Cold Site)는 주전산센터의 장비와 동일한 장비를 구비한 백업 사이트이다.
④ 재난복구서비스인 웜 사이트(Warm Site)는 구축 및 유지비용이 콜드 사이트(Cold Site)에 비해서 높다.

해설

콜드 사이트(Cold Site) : 데이터만 원격지에 보관하고, 이의 서비스를 위한 정보자원은 확보하지 않거나 장소 등 최소한으로만 확보하고 있다가, 재해 시에 데이터를 근간으로 필요한 정보자원을 조달하여 정보시스템의 복구를 개시하는 방식이다.

34 IT 재해복구체계 수립 시 업무영향분석(BIA ; Business Impact Analysis) 과정에서 고려하는 항목이 아닌 것은? 2019년 국가직 7급 응용

① MTD(Maximum Tolerable Downtime)

② MTU(Maximum Transfer Unit)

③ RTO(Recovery Time Objective)

④ RSO(Recovery Scope Objective)

해설

- MTD(Maximum Tolerable Downtime) = CRT(Critical Recovery Time) : 한계복구시간. 기업 생존에 치명적인 손상을 입히기 전에 이전의 업무를 재개해야 하는 목표시간이다.
- RTO(Recovery Time Objective, 목표복구시간) : 목표로 하는 업무별 복구시간으로 영향받은 업무의 중요도에 따라 결정된다.
- RSO(Recovery Scope Objective, 목표복구범위) : 재난복구에 적용된 업무 범위이다.

35 BCP(Business Continuity Planning)에 대한 설명으로 옳지 않은 것은? 2021년 지방직 9급

① BCP는 사업의 연속성을 유지하기 위한 업무지속성 계획과 절차이다.

② BCP는 비상시에 프로세스의 운영 재개에 필요한 조치를 정의한다.

③ BIA는 조직의 필요성에 의거하여 시스템의 중요성을 식별한다.

④ DRP(Disaster Recovery Plan)는 최대허용중단시간(Maximum Tolerable Downtime)을 산정한다.

해설

- BCP(Business Continuity Planning ; 업무 연속성 계획)는 최대허용중단시간(Maximum Tolerable Downtime)을 산정한다.
- 한계복구시간(CRT ; Critical Recovery Time), (MTD ; Maximum Tolerable Downtime)
  - ㉠ 기업 생존에 치명적인 손상을 입히기 전에 이전의 업무를 재개해야 하는 목표시간이다.
  - ㉡ 대상 업무의 민감도와 장애에 대한 내성(tolerance)으로 주요 업무의 복구 순서를 결정하는 요인이 되는 것을 의미한다.
- DRP(Disaster Recovery Planning ; 재난 복구 계획)
  - ㉠ 보관된 데이터들에 피해가 발생했을 때, 피해가 발생한 부분을 복구하여 피해를 최소화하여 업무에 지장이 없도록 하기 위한 계획을 사전에 준비하는 것이다.
  - ㉡ 재난이나 재해로 인해 장기간에 걸친 정상시설로의 접근거부와 같은 이벤트를 다룬 것을 말한다.
  - ㉢ 재해는 정상적인 업무 처리에 심각한 지장을 줄 수 있는 사건들을 말한다.

PART 08

정답 32. ③ 33. ③ 34. ② 35. ④

36 선택한 모든 파일을 백업하지만 백업이 완료된 파일의 Archive Bit를 해제하지 않으며, 스케줄링 된 백업 일정에 영향을 받지 않는 백업 방식으로 옳은 것은? 보안기사 문제 응용

① 복사(Copy) 백업
② 증분(Incremental) 백업
③ 차등(Differential) 백업
④ 일반(Normal) 백업

해설

- 복사(Copy) 백업 : 선택한 파일/폴더를 모두 백업하고, 백업이 완료된 후 Archive Bit를 해제하지 않는다.(특정 파일을 백업하는 데 유용) 전체 백업 스케줄링에 영향을 미치지 않는다.
- 증분(Incremental) 백업 : 선택한 파일 중에서 Archive Bit가 있는 파일만 백업하고, 백업 후 백업이 완료된 Archive Bit를 해제한다.
- 차등(Differential) 백업 : 선택한 파일 중에서 Archive Bit가 있는 파일만 백업하고, 백업 후 백업이 완료된 Archive Bit를 해제하지 않는다.
- 일반(Normal) 백업 : 선택한 파일/폴더를 모두 백업하고, 백업이 완료된 이후 Archive Bit를 해제한다. 아카이브 비트에 관계없이 모두 백업한다.
- Archive Bit : 백업 유틸리티 등이 파일의 백업 정보를 확인하기 위해 참조하는 비트이다.

37 선택된 폴더의 데이터를 완전 백업(Full Backup)한 후, 다음번 완전 백업(Full Backup)을 시행하기 전까지는 변경, 추가된 데이터만 백업하는 방식은? 2021년 국회사무처 9급

① 일반 백업(Normal Backup)
② 매일 백업(Daily Backup)
③ 복사본 백업(Copy Backup)
④ 차등 백업(Differential Backup)
⑤ 증분 백업(Incremental Backup)

해설

증분 백업(Incremental Backup)은 완전 백업 후에 다음번 완전 백업을 시행하기 전까지는 변경, 추가된 데이터만 백업하는 방식이다. 즉, 전일에 증가한 만큼만 백업한다.

정답 36. ① 37. ⑤

정보보호 관리체계 및 인증제

Part 09 정보보호 관리체계 및 인증제

01 「정보통신망 이용촉진 및 정보보호 등에 관한 법률」에 근거하여 정보통신망의 안정성 · 신뢰성 확보를 위하여 관리적 · 기술적 · 물리적 보호조치를 포함한 종합적 관리체계를 수립 · 운영하고 있는 자에 대하여 일정 기준에 적합한지에 관하여 인증하는 것은? 2016년 국가직 7급

① CC 인증
② ITSEC 인증
③ PIMS 인증
④ ISMS 인증

해설

「정보통신망 이용촉진 및 정보보호 등에 관한 법률」 제47조(정보보호 관리체계의 인증) ① 과학기술정보통신부장관은 정보통신망의 안정성 · 신뢰성 확보를 위하여 관리적 · 기술적 · 물리적 보호조치를 포함한 종합적 관리체계(이하 "정보보호 관리체계"라 한다)를 수립 · 운영하고 있는 자에 대하여 제3항에 따른 기준에 적합한지에 관하여 인증을 할 수 있다.

02 다음 중 국내의 ISMS(Information Security Management System)에 대한 설명으로 옳지 않은 것은? 정보시스템감리사 문제 응용

① 정보보호 관리 체계는 조직의 정보 자산을 평가하는 것으로 물리적 보안을 포함한다.
② 정보보호관리과정은 정보보호정책 수립 및 범위설정, 경영진 책임 및 조직구성, 위험관리, 정보보호대책 구현, 사후관리의 5단계 활동을 말한다.
③ 현재 국내의 ISMS 인증 체제는 한국인터넷진흥원(KISA)에서 인정기관의 역할을 수행하고 있다.
④ PDCA 모델을 기반으로 정보보호 관리 순환 주기를 개발하여 SPDCA로 5개 프로세스를 설계하였다.

해설

- 인정기관(Accreditation Body)이란 각 국가별로 국제 인증 및 규격에 대한 관리감독을 위해 설립된 정부산하의 기관을 말한다.
- 인증기관(Certification Body)은 각국의 인정기관의 승인을 받아 인증심사, 인증서 발행, 인증 유지 등을 실행하는 기업을 말하며, 인증기관의 모든 인증활동은 인정기관의 인정기준에 부합하며 이에 대한 정기적인 감사를 받아야 한다.
- 과학기술정보통신부가 인정기관 역할을 수행하였으나, 현재는 ISMS, PIMS, PIPL이 통합됨에 따라 협의체(과학기술정보통신부, 방송통신위원회, 행정안전부)가 인정기관의 역할을 수행한다.

03 현행 우리나라의 정보보호관리체계(ISMS) 인증에 대한 설명으로 옳지 않은 것은? 2016년 지방직 9급

① 「정보통신망 이용촉진 및 정보보호 등에 관한 법률」에 근거를 두고 있다.
② 인증심사의 종류에는 최초심사, 사후심사, 갱신심사가 있다.
③ 인증에 유효기간은 정해져 있지 않다.
④ 정보통신망의 안정성·신뢰성 확보를 위하여 관리적·기술적· 물리적 보호조치를 포함한 종합적 관리체계를 수립·운영하고 있는 자에 대하여 인증 기준에 적합한지에 관하여 인증을 부여하는 제도이다.

해설

ISMS 인증의 유효기간은 3년이며, 인증 획득 후 매년 1회 사후 심사를 받아야 한다.

04 국내 정보보호관리체계(ISMS)의 관리 과정 5단계 중 위험 관리 단계의 통제항목에 해당하지 않는 것은? 2016년 국가직 9급

① 위험 관리 방법 및 계획 수립
② 정보보호 대책 선정 및 이행 계획 수립
③ 정보보호 대책의 효과적 구현
④ 위험 식별 및 평가

해설

정보보호관리체계(ISMS)의 관리 과정 5단계에서 정보보호 대책의 효과적 구현은 정보보호 대책 구현 단계의 통제항목이다.

PART 09

정답 01. ④ 02. ③ 03. ③ 04. ③

05 **정보보호관리체계(ISMS)의 정보보호 관리과정에 대한 설명으로 옳지 않은 것은?** 2017년 국가직 7급

① 정보보호정책은 조직이 수행하는 모든 정보보호활동의 근거를 포함할 수 있도록 수립하고, 조직에 미치는 영향을 고려하여 중요한 업무, 서비스, 조직, 자산 등을 포함할 수 있도록 범위를 설정한다.
② 최고경영자는 조직의 규모, 업무 중요도 분석을 통해 정보보호 관리체계의 지속적인 운영이 가능하도록 정보보호 최고책임자, 실무조직 등 정보보호조직을 구성하고 정보보호 관리체계 운영 활동을 수행하는 데 필요한 자원을 확보하여야 한다.
③ 위험관리 방법 및 계획에 따라 정보보호 일부 영역에 대한 위험 식별 및 평가를 2년에 1회 수행하고 그 결과에 따라 조직에서 수용 가능한 위험수준도 설정하여 관리하여야 한다.
④ 정보보호대책 이행 계획에 따라 보호대책을 구현하고 경영진은 이행 결과의 정확성 및 효과성 여부를 확인하여 구현된 정보보호대책을 실제 운영 또는 시행할 부서 및 담당자를 파악하여 관련 내용을 공유하고 교육하여야 한다.

해설

위험 식별 및 평가를 연 1회 이상 수행하고, 그 결과에 따라 조직에서 수용 가능한 위험수준을 설정하여 관리하여야 한다.

06 **개인정보보호 관리체계(PIMS) 인증에 대한 설명으로 옳지 않은 것은?** 2017년 지방직 9급 추가

① 한국인터넷진흥원이 PIMS 인증기관으로 지정되어 있다.
② PIMS 인증 후, 2년간의 유효 기간이 있다.
③ PIMS 인증 신청은 민간 기업 자율에 맡긴다.
④ PIMS 인증 취득 기업은 개인정보 사고 발생 시 과징금 및 과태료를 경감받을 수 있다.

해설

인증 유효기간은 3년이며, 사후관리 심사주기는 매년 1회이다.

07 **「정보보호 관리체계 인증 등에 관한 고시」에 의거한 정보보호 관리체계(ISMS)에 대한 설명으로 옳지 않은 것은?** 2014년 국가직 9급

① 정보보호관리과정은 정보보호정책 수립 및 범위설정, 경영진 책임 및 조직구성, 위험관리, 정보보호대책 구현 등 4단계 활동을 말한다.
② 인증기관이 조직의 정보보호 활동을 객관적으로 심사하고, 인증한다.
③ 정보보호 관리체계는 조직의 정보 자산을 평가하는 것으로 물리적 보안을 포함한다.
④ 정보 자산의 기밀성, 무결성, 가용성을 실현하기 위하여 관리적·기술적 수단과 절차 및 과정을 관리, 운용하는 체계이다.

해설

정보보호관리과정은 정보보호정책 수립 및 범위설정, 경영진 책임 및 조직구성, 위험관리, 정보보호대책 구현, 사후관리의 5단계 활동을 말한다.

08 정보보호관리체계(ISMS) 인증과 관련하여 정보보호 관리과정 수행 절차를 순서대로 올바르게 나열한 것은? 2014년 국가직 7급

ㄱ. 관리체계 범위 설정	ㄴ. 위험 관리
ㄷ. 정보보호 정책 수립	ㄹ. 사후 관리
ㅁ. 구현	

① ㄱ → ㄴ → ㄷ → ㄹ → ㅁ

② ㄱ → ㄷ → ㄴ → ㄹ → ㅁ

③ ㄷ → ㄴ → ㅁ → ㄱ → ㄹ

④ ㄷ → ㄱ → ㄴ → ㅁ → ㄹ

해설

정보보호 관리과정 수행 절차 : 정보보호정책 수립 및 범위설정, 경영진 책임 및 조직구성, 위험관리, 정보보호대책 구현, 사후관리

09 정보보호 및 개인정보보호 관리체계 인증에 대한 설명으로 옳은 것은? 2021년 지방직 9급

① 인증기관 지정의 유효기간은 2년이다.

② 사후심사는 인증 후 매년 사후관리를 위해 실시된다.

③ 인증심사 기준은 12개 분야 92개 통제 사항이다.

④ 인증심사원은 2개 등급으로 구분된다.

해설

- 인증기관 지정의 유효기간은 3년이며, 사후심사는 인증 후 매년 사후관리를 위해 실시된다.
- 인증심사 기준은 21개 분야 102개 통제 사항이며, 인증심사원은 선임심사원, 심사원, 심사원보라는 3개 등급이 있다.

정답 05. ③ 06. ② 07. ① 08. ④ 09. ②

10 다음에서 설명하는 것은? 2017년 지방직 9급 추가

> 개인정보처리자의 자율적인 개인정보 보호활동을 촉진하고 지원하기 위한 인증 업무이며, 공공기관, 민간기업, 법인, 단체 및 개인 등 모든 공공기관 및 민간 개인정보처리자를 대상으로 개인정보 보호 관리체계 구축 및 개인정보 보호 조치 사항을 이행하고 일정한 보호 수준을 갖춘 경우 인증 마크를 부여하는 제도이다.

① SECU – STAR(Security Assessment for Readiness)
② PIPL(Personal Information Protection Level)
③ EAL(Evaluation Assurance Level)
④ ISMS(Information Security Management System)

해설
- 개인정보보호 인증제(PIPL ; Personal Information Protection Level) : 「개인정보 보호법」 제13조 제3호에 따라 개인정보처리자의 자율적인 개인정보 보호활동을 촉진하고 지원하기 위해 도입된 제도
- SECU – STAR(Security Assessment for Readiness) : 정보보호 준비도 평가

11 다음 중 정보보호 관리체계(ISMS) 인증에서 심사 기준(통제분야 대분류)에서 정보보호대책 요구사항의 통제분야에 대한 세부통제사항이 옳지 않은 것은? 보안기사 문제 응용

① 정보보호 정책 : 정책의 승인 및 공표, 정책의 체계, 정책의 유지관리
② 외부자 보안 : 비밀유지, 직원의 적격 심사, 주요직무 담당자 관리
③ 물리적 보안 : 물리적 보호구역, 물리적 접근통제, 데이터 센터 보안, 장비 보호, 사무실 보호
④ 검토/모니터링 및 감사 : 법적 요구사항 준수, 정보보호정책 및 대책 준수 검토, 모니터링, 보안감사

해설
- 외부자 보안 : 계약 및 서비스 수준 협약, 외부자 보안
- 인적보안 : 비밀유지, 직원의 적격 심사, 주요직무 담당자 관리

12 「정보보호 관리체계 인증 등에 관한 고시」에 의거한 정보보호 관리체계(ISMS)의 구축 절차에서 위험관리 단계에 해당하는 주요 내용이 옳지 않은 것은? 보안기사 문제 응용

① 관리체계 운영현황 관리
② 위험식별 및 평가
③ 정보보호대책 선정 및 이행계획 수립
④ 위험 관리 방법 및 계획 수립

해설
사후관리 : 법적 요구사항 준수검토, 관리체계 운영현황 관리, 내부감사

13 정보기술과 보안 평가를 위한 CC(Common Criteria)의 보안 기능적 요구 조건에 해당하지 않는 것은? 2022년 지방직 9급

① 암호 지원 ② 취약점 평가
③ 사용자 데이터 보호 ④ 식별과 인증

해설

CC의 구성

구성	세부설명
1부	• 소개 및 일반 모델: 용어 정의, 보안성 평가개념 정의, PP/ST 구조 정의
2부	• 보안 기능 요구사항 • 11개 기능 클래스: 보안감사, 통신, 암호지원, 사용자 데이터 보호, 식별 및 인증, 보안관리, 프라이버시, TSF 보호, 자원활용, ToE 접근, 안전한 경로/채널
3부	• 보증 요구사항 • 7개 보증 클래스: PP/ST 평가, 개발, 생명주기 지원, 설명서, 시험, 취약성 평가, 합성

14 국제 공통 평가기준(Common Criteria)에 대한 설명으로 옳지 않은 것은? 2021년 지방직 9급

① CC는 국제적으로 평가 결과를 상호 인정한다.
② CC는 보안기능수준에 따라 평가 등급이 구분된다.
③ 보안목표명세서는 평가 대상에 해당하는 정보보호 시스템의 보안 요구 사항, 보안 기능 명세 등을 서술한 문서이다.
④ 보호프로파일은 보안 문제를 해결하기 위해 작성한 제품군별 구현에 독립적인 보안요구사항 등을 서술한 문서이다.

해설

CC(Common Criteria, 공통 평가 기준)는 Part1(CC 소개 및 일반모델), Part2(보안기능 요구사항), Part3(보증 요구사항) 등 3개 부분으로 구성되었으며, Part3(보증 요구사항)이 필요한 보증등급을 결정하기 위한 지침으로 사용된다.

PART 09

정답 10. ② 11. ② 12. ① 13. ② 14. ②

15 CC(Common Criteria)의 보증 요구사항(Assurance Requirements)에 해당하는 것은?

2024년 국가직 9급

① 개발
② 암호 지원
③ 식별과 인증
④ 사용자 데이터 보호

해설

CC의 구성

구성	세부설명
1부	• 소개 및 일반 모델: 용어 정의, 보안성 평가개념 정의, PP/ST 구조 정의
2부	• 보안 기능 요구사항 • 11개 기능 클래스: 보안감사, 통신, 암호지원, 사용자 데이터 보호, 식별 및 인증, 보안관리, 프라이버시, TSF 보호, 자원활용, ToE 접근, 안전한 경로/채널
3부	• 보증 요구사항 • 7개 보증 클래스: PP/ST 평가, 개발, 생명주기 지원, 설명서, 시험, 취약성 평가, 합성

16 CC(Common Criteria) 인증 평가 단계를 순서대로 바르게 나열한 것은? 2020년 지방직 9급

가. PP(Protection Profile) 평가
나. ST(Security Target) 평가
다. TOE(Target Of Evaluation) 평가

① 가 → 나 → 다
② 가 → 다 → 나
③ 나 → 가 → 다
④ 다 → 나 → 가

해설

- PP(Protection Profile) 평가: PP의 완전성, 일치성, 기술성 평가
- ST(Security Target) 평가: ST가 PP의 요구사항을 충족하는지 평가
- TOE(Target Of Evaluation) 평가: TOE가 ST의 요구사항을 충족하는지 평가

17 **정보보호제품 평가인증제도에 대한 설명으로 옳지 않은 것은?** 2021년 군무원 9급

① 정보보호제품의 보증수준을 정하기 위한 공통평가기준에서 미리 정의된 보증등급으로, EAL1, EAL2, EAL3, EAL4, EAL5, EAL6의 6개의 보증 등급으로 구분된다. EAL1은 최고의 평가보증등급이고, EAL6은 최저의 평가보증등급이다.

② 정보보호시스템의 성능과 신뢰도에 관한 기준을 정하여 고시하고, 정보보호시스템을 제조하거나 수입하는 자에게 그 기준을 지킬 것을 권고할 수 있다.

③ 공통평가기준 1부는 정보보호시스템 보안성 평가의 원칙과 일반개념을 정의하고 평가의 일반적인 모델을 설명하는 소개부분으로, IT 보안목적을 표현하고 IT 보안요구사항을 선택·정의하며, 제품 및 시스템의 상위수준 명세를 작성하기 위한 구조를 소개한다.

④ "보호프로파일"이라 함은, 평가대상 범주를 위한 특정 소비자의 요구에 부합하는 구현에 독립적인 보안요구사항의 집합을 말하며, "보안목표명세서"라 함은 식별된 평가대상의 평가를 위한 근거로 사용되는 보안요구사항과 구현 명세의 집합을 말한다.

해설

CC(Common Criteria, 공통 평가 기준) : 1999년 10월 발표된 CC 버전 2.1은 Part1(CC 소개 및 일반모델), Part2(보안기능 요구사항), Part3(보증 요구사항) 등 3개 부분으로 구성되었으며, EAL1 ~ EAL7까지 7개 등급 체계로 되어 있다. EAL1은 최저의 평가보증등급이고, EAL7은 최고의 평가보증등급이다.

18 **정보보호제품 평가·인증제도에 대한 설명으로 옳지 않은 것은?** 2024년 지방직 9급

① 정보보호제품 평가·인증제도는 「지능정보화 기본법」 제58조(정보보호시스템에 관한 기준 고시 등)에 근거한다.

② 인증기관은 국가보안기술연구소이다.

③ 「정보보호시스템 공통평가기준」은 최고의 평가보증등급인 EAL 1부터 최저의 평가보증등급인 EAL 7까지 보증등급을 정의하고 있다.

④ 보호 프로파일은 정보보호시스템이 사용될 환경에서 필요한 보안기능 및 보증 요구사항을 공통평가기준에 근거하여 서술한 것이다.

해설

「정보보호시스템 공통평가기준」은 최고의 평가보증등급인 EAL 7부터 최저의 평가보증등급인 EAL 1까지 보증등급을 정의하고 있다.

PART 09

정답 15. ① 16. ① 17. ① 18. ③

19 **미국 국방부에 의해 개발된 컴퓨터 보안 평가 방법론인 TCSEC에 대한 설명으로 옳지 않은 것은?**

2021년 군무원 9급

① 가장 낮은 평가 수준은 D이고 가장 높은 수준은 A이다.
② 운영체제에 중점을 두어 평가하기 때문에 방화벽 등에 적용하기 어렵다.
③ 기밀성, 무결성, 가용성에 대한 요구 사항을 균형적으로 다루고 있다.
④ 평가 수준별로 기능 요구 사항과 보증 요구 사항을 포함한다.

해설

TCSEC(Trusted Computer System Evaluation Criteria) : Orange-book

- 미 국방부가 컴퓨터 보안 제품을 평가하기 위해 채택한 컴퓨터 보안 평가지침서이다.
- 정보가 안전한 정도를 객관적으로 판단하기 위하여 보안의 정도를 판별하는 기준을 제시한 것이다.
- 독립적인 시스템을 평가하며 BLP 모델에 기반하여 기밀성만을 강조한다.

20 **다음 중 TCSEC의 등급별 요구사항에서 보안 정책에 해당되지 않는 것은?** 보안기사 문제 응용

① 시스템 무결성
② 레이블 무결성
③ 레이블
④ 강제적 접근 통제

해설

- 보안 정책 : 임의적 접근 통제, 객체 재사용, 레이블, 레이블 무결성, 레이블된 정보의 전송, 다단계 보안 장치로의 전송, 강제적 접근 통제, 주체의 비밀레이블, 장치레이블
- 보증 : 시스템 구조, 시스템 무결성, 보안기능 시험, 보안관리, 형상관리, 비밀채널 분석, 설계 명세서 및 검증, 안전한 복구, 안전한 배포

21 **정보보호 시스템 평가 기준에 대한 설명으로 옳은 것은?** 2020년 국가직 9급

① ITSEC의 레인보우 시리즈에는 레드북으로 불리는 TNI(Trusted Network Interpretation)가 있다.
② ITSEC은 None부터 B2까지의 평가 등급으로 나눈다.
③ TCSEC의 EAL2 등급은 기능시험 결과를 의미한다.
④ TCSEC의 같은 등급에서는 뒤에 붙는 숫자가 클수록 보안 수준이 높다.

해설

- TCSEC의 레인보우 시리즈에는 레드북으로 불리는 TNI(Trusted Network Interpretation of the TCSEC, 네트워크용 정보보호 시스템 평가 기준)가 있다.
- ITSEC의 평가등급은 최하위 레벨의 신뢰도를 요구하는 E0(부적합판정)부터 최상위 레벨의 신뢰도를 요구하는 E6까지 7등급으로 구분한다.
- CC의 EAL2 등급은 구조적 시험을 의미한다.

22 유럽의 국가들에 의해 제안된 것으로 자국의 정보보호 시스템을 평가하기 위하여 제정된 기준은?

2022년 국가직 9급

① TCSEC
② ITSEC
③ PIMS
④ ISMS-P

해설

ITSEC(Information Technology Security Evaluation Criteria)

- 1991년 독일, 프랑스, 네덜란드, 영국 등 유럽 4개국이 평가제품의 상호 인정 및 평가기준이 상이함에 따른 불합리함을 보완하기 위하여 작성한 것이다.
- 평가등급은 최하위 레벨의 신뢰도를 요구하는 E0(부적합판정)부터 최상위 레벨의 신뢰도를 요구하는 E6까지 7등급으로 구분한다.

23 국제 공통기준(CC)에서 보안 기능 요구사항으로 옳지 않은 것은? 보안기사 문제 응용

① 가용성
② 취약성 평가
③ 기밀성
④ 전송 데이터 기밀성

해설

CC(Common Criteria)의 구성

구성	세부설명
1부	• 소개 및 일반 모델 : 용어 정의, 보안성 평가개념 정의, PP/ST 구조 정의
2부	• 보안 기능 요구사항 • 11개 기능 클래스 : 보안감사, 통신, 암호지원, 사용자 데이터 보호, 식별 및 인증, 보안관리, 프라이버시, TSF 보호, 자원활용, ToE 접근, 안전한 경로/채널
3부	• 보증 요구사항 • 7개 보증 클래스 : PP/ST 평가, 개발, 생명주기 지원, 설명서, 시험, 취약성 평가, 합성

PART 09

정답 19. ③ 20. ① 21. ④ 22. ② 23. ②

24 다음 중 CC의 보증에 대한 등급체계에서 부적합 판정을 나타내는 것으로 옳은 것은?

보안기사 문제 응용

① EAL0 ② EAL1
③ EAL3 ④ EAL6

해설

✓ CC 인증의 평가보증등급

EAL 1 기능 시험 (산출물: 기능명세서, 설명서): 기능적인 시험
EAL 2 구조 시험 (산출물: 기본설계서, 기능시험서): 구조적인 시험
EAL 3 체계적 시험 (산출물: 생명주기, 개발보안, 오용분석): 체계적인 시험 및 검사
EAL 4 설계 시험/검토 (산출물: 상세설계, 보안정책, 상세시험): 체계적인 설계, 시험 및 검토
EAL 5 준정형화 설계/시험 (산출물: 개발문서, 보안기능 전체코드): 준정형화된 설계 및 시험
EAL 6 준정형화 설계 검증 (산출물: 전체 소스 코드): 준정형화된 설계 검증 및 시험
EAL 7 정형화 설계 검증 (산출물: 개발 문서 정형화 기술): 정형화된 설계 검증 및 시험

25 다음 중 ISO/IEC 27001에서 요구하는 정보보호관리체계(ISMS)의 효과성을 평가하기 위한 측정 프레임워크를 다루고 있는 표준은? 2013년 감리사

① ISO/IEC 27002 ② ISO/IEC 27003
③ ISO/IEC 27004 ④ ISO/IEC 27005

해설

- ISO/IEC 27002(code of practice for ISMS): ISMS 수립, 구현 및 유지하기 위해 공통적으로 적용할 수 있는 실무적인 지침 및 일반적인 원칙
- ISO/IEC 27003(ISMS Implementation Guide): 보안범위 및 자산 정의, 정책시행, 모니터링과 검토, 지속적인 개선 등 ISMS 구현을 위한 프로젝트 수행 시 참고할 만한 구체적인 구현 권고사항을 규정한 규격으로, 문서구조를 프로젝트 관리 프로세스에 맞춰 작성
- ISO/IEC 27004(ISM Measurement): ISM에 구현된 정보보안통제의 유효성을 측정하기 위한 프로그램과 프로세스를 규정한 규격으로 무엇을, 어떻게, 언제 측정할 것인지를 제시하여 정보보안의 수준을 파악하고 지속적으로 개선시키기 위한 문서
- ISO/IEC 27005(ISM Risk Management): 위험관리과정을 환경설정, 위험평가, 위험처리, 위험수용, 위험소통, 위험모니터링 및 검토 등 6개의 프로세스로 구분하고, 각 프로세스별 활동을 input, action, implementation guidance, output으로 구분하여 기술한 문서

26 ISO 27001의 정보보호영역(통제분야)에 해당하지 않은 것은? 2021년 지방직 9급

① 소프트웨어 품질 보증(Software Quality Assurance)
② 접근통제(Access Control)
③ 암호화(Cryptography)
④ 정보보안 사고관리(Information Security Incident Management)

해설

ISO 27001 정보보호영역: 보안정책, 정보보안조직, 자산관리, 인적자원보안, 물리적 및 환경적 보안, 통신 및 운영관리, 접근통제, 정보시스템의 구축과 개발 및 운영, 정보보안 사고관리, 암호화, 운영보안, 공급자관계, 정보보호 측면 업무연속성 관리, 준거성

27 ISO/IEC 27001:2013 보안관리 항목을 PDCA 모델에 적용할 때, 점검(check)에 해당하는 항목은? 2020년 지방직 9급

① 성과평가(performance evaluation)
② 개선(improvement)
③ 운영(operation)
④ 지원(support)

해설

- 성과평가(performance evaluation): Check에 해당
- 개선(improvement): Act에 해당
- 운영(operation): Do에 해당
- 지원(support): Plan에 해당

28 ISO/IEC 27001의 통제영역에 해당하지 않은 것은? 2022년 국가직 9급

① 정보보호 조직
② IT 재해복구
③ 자산 관리
④ 통신 보안

해설

ISO/IEC 27001의 통제영역: 정보보호 정책, 준거성, 정보보호 조직, 인적자원 보호, 자산 관리, 정보시스템 도입·개발 및 유지보수, 업무연속성 관리, 접근 통제, 암호화, 물리적 정보보호, 운영관리, 통신 보안, 위탁관리, 정보보호 사고관리

정답 24. ① 25. ③ 26. ① 27. ① 28. ②

29 **국제 정보보호 표준(ISO 27001:2013 Annex)은 14개 통제 영역에 대하여 114개 통제 항목을 정의하고 있다. 통제 영역의 하나인 물리적 및 환경적 보안에 속하는 통제 항목에 대한 설명에 해당하지 않는 것은?** 2021년 국가직 9급

① 보안 구역은 인가된 인력만의 접근을 보장하기 위하여 적절한 출입 통제로 보호한다.
② 자연 재해, 악의적인 공격 또는 사고에 대비한 물리적 보호를 설계하고 적용한다.
③ 데이터를 전송하거나 정보 서비스를 지원하는 전력 및 통신 배선을 도청, 간섭, 파손으로부터 보호한다.
④ 정보보호에 영향을 주는 조직, 업무 프로세스, 정보 처리 시설, 시스템의 변경을 통제한다.

해설

물리적 및 환경적 보안
- 보안지역 : 물리적 보안 경계, 물리적 출입 통제, 사무실/공간/시설의 보안, 외부 및 환경적 위협, 보안구역에서의 업무, 공개적 접근/인도 및 선적 지역
- 장비보안 : 장비 도입과 보호, 설비지원, 케이블 보안, 장비 유지보수, 건물 외부의 장비 보안, 장비의 안전한 처분 또는 재사용, 자산의 반출

30 **다음 중 미국에서 다양한 정보보호 시스템을 평가하기 위하여 만든 세 가지 평가 기준으로 옳지 않은 것은?** 보안기사 문제 응용

① TNI　② TDI
③ CCTP　④ CSSI

해설

- TNI(Trusted Network Interpretation of the TCSEC) : 네트워크용 정보보호 시스템의 평가 기준
- TDI(Trusted DBMS Interpretation of the TCSEC) : 데이터베이스용 정보보호 시스템의 평가 기준
- CSSI(Computer Security Subsystem Interpretation of the TCSEC) : TCSEC의 평가 기준을 일부분만 만족시키는 서브 시스템을 위한 평가 기준
- CCTP(Common Criteria Testing Program) : CC 인증에 기반한 평가/인증 체계를 정립하기 위한 프로그램

31 **정보보안 관리 규격 중 IT 보호 및 통제부문의 모범적인 업무 수행 방법에 적용 가능한 ISACA(Information Systems Audit and Control Association)에서 개발된 프레임워크는?** 2017년 국가직 7급

① COBIT　② BS 7799
③ BSI　④ HIPAA

해설

- COBIT(Control Objectives for Information and related Technology) : 조직이 전사적으로 IT 거버넌스 구조를 실행할 수 있도록 하는 국제적이고 일반적으로 인정된 IT 통제 구조(IT Control Framework)를 말한다. COBIT은 IT 프로세스에서 어떤 정보기준이 가장 중요한가를 파악하고, 어떤 자원을 이용할 것인지 알려주며, IT 프로세스를 통제하는 데 가장 중요한 방법을 알려주는 각 프로세스에 대한 상위 통제 목적으로 구성되어 있다.
- HIPAA(Health Insurance Portability and Accountability Act) : 미국 건강보험 양도 및 책임에 관한 법이다.

32 **국내의 기관이나 기업이 정보 및 개인정보를 체계적으로 보호할 수 있도록 통합된 관리체계 인증 제도는?** 2019년 지방직 9급

① PIPL－P　② ISMS－I
③ PIMS－I　④ ISMS－P

해설

ISMS-P : ISMS, PIMS, PIPL을 통합하여 ISMS-P를 운영 중에 있으며, 국내의 기관이나 기업이 정보 및 개인정보를 체계적으로 보호할 수 있도록 통합된 관리체계 인증제도이다. ISMS(정보보호 관리체계 인증)와 ISMS-P(정보보호 및 개인정보보호 관리체계 인증)로 구분된다.

33 **ISMS-P에 대한 설명으로 옳지 않은 것은?** 2020년 국가직 7급

① 인증기준은 크게 3개 영역으로 나뉘며 총 102개의 인증기준으로 구성되어 있다.
② 관리체계 수립 및 운영 영역은 4개 분야 16개 인증기준으로 구성되어 있다.
③ 보호대책 요구사항 영역은 12개 분야 64개 인증기준으로 구성되어 있다.
④ 개인정보 처리단계별 요구사항 영역은 6개 분야 24개의 인증기준으로 구성되어 있다.

해설

ISMS-P 인증기준

<table>
<tr><th colspan="2">구분</th><th>통합인증</th><th colspan="2">분야(인증기준 개수)</th></tr>
<tr><td rowspan="3">ISMS-P</td><td rowspan="2">ISMS</td><td>1. 관리체계 수립 및 운영(16)</td><td>1.1 관리체계 기반 마련(6)
1.3 관리체계 운영(3)</td><td>1.2 위험관리(4)
1.4 관리체계 점검 및 개선(3)</td></tr>
<tr><td>2. 보호대책 요구사항(64)</td><td>2.1 정책, 조직, 자산 관리(3)
2.3 외부자 보안(4)
2.5 인증 및 권한 관리(6)
2.7 암호화 적용(2)
2.9 시스템 및 서비스 운영관리(7)
2.11 사고 예방 및 대응(5)</td><td>2.2 인적보안(6)
2.4 물리보안(7)
2.6 접근통제(7)
2.8 정보시스템 도입 및 개발 보안(6)
2.10 시스템 및 서비스 보안관리(9)
2.12 재해복구(2)</td></tr>
<tr><td>－</td><td>3. 개인정보 처리단계별 요구사항(22)</td><td>3.1 개인정보 수집 시 보호조치(7)
3.3 개인정보 제공 시 보호조치(3)
3.5 정보주체 권리보호(3)</td><td>3.2 개인정보 보유 및 이용 시 보호조치(5)
3.4 개인정보 파기 시 보호조치(4)</td></tr>
</table>

정답　29. ④　30. ③　31. ①　32. ④　33. ④

34 **다음 중 정보보호 및 개인정보보호 관리체계 인증체계(ISMS-P)에 대한 설명으로 가장 적절하지 않은 것은?** 2024년 군무원 9급

① 정보보호 관리체계(ISMS)와 개인정보보호 관리체계(PIMS)가 통합된 관리체계이다.

② 정보보호 및 개인정보보호를 위한 일련의 조치와 활동이 인증기준에 적합한지에 대해 한국인터넷진흥원 또는 인증기관이 증명하는 제도이다.

③ 「개인정보 보호법」에 따라 일정 규모의 개인정보처리자는 정보보호 및 개인정보보호 관리체계 인증을 의무적으로 신청해야 한다.

④ 인증기준은 관리체계 수립 및 운영, 보호대책 요구사항, 개인정보 처리단계별 요구사항 등으로 구분된다.

해설

「정보통신망 이용촉진 및 정보보호 등에 관한 법률」에 따라 일정 규모의 개인정보처리자는 정보보호 및 개인정보보호 관리체계 인증을 의무적으로 신청해야 한다.

「정보통신망 이용촉진 및 정보보호 등에 관한 법률」 제47조(정보보호 관리체계의 인증) ① 과학기술정보통신부장관은 정보통신망의 안정성 · 신뢰성 확보를 위하여 관리적 · 기술적 · 물리적 보호조치를 포함한 종합적 관리체계(이하 "정보보호 관리체계"라 한다)를 수립 · 운영하고 있는 자에 대하여 제4항에 따른 기준에 적합한지에 관하여 인증을 할 수 있다.

② 「전기통신사업법」 제2조 제8호에 따른 전기통신사업자와 전기통신사업자의 전기통신역무를 이용하여 정보를 제공하거나 정보의 제공을 매개하는 자로서 다음 각 호의 어느 하나에 해당하는 자는 제1항에 따른 인증을 받아야 한다.

1. 「전기통신사업법」 제6조 제1항에 따른 등록을 한 자로서 대통령령으로 정하는 바에 따라 정보통신망서비스를 제공하는 자(이하 "주요정보통신서비스 제공자"라 한다)
2. 집적정보통신시설 사업자
3. 전년도 매출액 또는 세입 등이 1,500억원 이상이거나 정보통신서비스 부문 전년도 매출액이 100억원 이상 또는 전년도 일일평균 이용자수 100만명 이상으로서, 대통령령으로 정하는 기준에 해당하는 자

35 다음에서 설명하는 국내 인증 제도는? 2023년 국가직 9급

> – 「정보통신망 이용촉진 및 정보보호 등에 관한 법률」에 의한 정보보호 관리체계 인증과 「개인정보 보호법」에 의한 개인정보보호 관리체계 인증에 관한 사항을 통합하여 한국인터넷진흥원과 금융보안원에서 인증하고 있다.
> – 한국정보통신진흥협회, 한국정보통신기술협회, 개인정보보호협회에서 인증심사를 수행하고 있다.

① CC ② BS7799 ③ TCSEC ④ ISMS-P

해설

✓ ISMS-P

1. 현재는 ISMS, PIMS, PIPL을 통합하여 ISMS-P를 운영 중에 있다.
2. ISMS(정보보호 관리체계 인증)와 ISMS-P(정보보호 및 개인정보보호 관리체계 인증)으로 구분된다.
3. 인증체계
   - 정책기관 : 과학기술정보통신부, 개인정보보호위원회
   - 인증기관 : 한국인터넷진흥원, 금융보안원
   - 심사기관 : 정보통신진흥협회, 정보통신기술협회, 개인정보보호협회

36 ISMS-P 인증 기준의 세 영역 중 하나인 관리체계 수립 및 운영에 해당하지 않는 것은?

2023년 지방직 9급

① 관리체계 기반 마련 ② 위험 관리
③ 관리체계 점검 및 개선 ④ 정책, 조직, 자산 관리

해설

✓ ISMS-P 인증기준

구분		통합인증	분야(인증기준 개수)	
ISMS-P	ISMS	1. 관리체계 수립 및 운영(16)	1.1 관리체계 기반 마련(6) 1.3 관리체계 운영(3)	1.2 위험관리(4) 1.4 관리체계 점검 및 개선(3)
		2. 보호대책 요구사항(64)	2.1 정책, 조직, 자산 관리(3) 2.3 외부자 보안(4) 2.5 인증 및 권한 관리(6) 2.7 암호화 적용(2) 2.9 시스템 및 서비스 운영관리(7) 2.11 사고 예방 및 대응(5)	2.2 인적보안(6) 2.4 물리보안(7) 2.6 접근통제(7) 2.8 정보시스템 도입 및 개발 보안(6) 2.10 시스템 및 서비스 보안관리(9) 2.12 재해복구(2)
	–	3. 개인정보 처리단계별 요구사항(22)	3.1 개인정보 수집 시 보호조치(7) 3.3 개인정보 제공 시 보호조치(3) 3.5 정보주체 권리보호(3)	3.2 개인정보 보유 및 이용 시 보호조치(5) 3.4 개인정보 파기 시 보호조치(4)

정답 34. ③ 35. ④ 36. ④

37 ISMS-P 인증 기준 중 사고 예방 및 대응 분야의 점검 항목만을 모두 고르면? 2023년 지방직 9급

ㄱ. 백업 및 복구 관리	ㄴ. 취약점 점검 및 조치
ㄷ. 이상행위 분석 및 모니터링	ㄹ. 재해 복구 시험 및 개선

① ㄱ, ㄴ
② ㄱ, ㄹ
③ ㄴ, ㄷ
④ ㄷ, ㄹ

해설

- 사고 예방 및 대응(2.11) : 사고 예방 및 대응체계 구축, 취약점 점검 및 조치, 이상행위 분석 및 모니터링, 사고 대응 훈련 및 개선, 사고 대응 및 복구
- 재해복구(2.12) : 재해 · 재난 대비 안전조치, 재해 복구 시험 및 개선
- 시스템 및 서비스 운영관리(2.9) : 변경관리, 성능 및 장애관리, 백업 및 복구관리, 로그 및 접속기록 관리, 로그 및 접속기록 점검, 시간 동기화, 정보자산의 재사용 및 폐기

38 다음에서 설명하는 ISMS-P의 단계는? 2024년 국가직 9급

> – 조직의 업무특성에 따라 정보자산 분류기준을 수립하여 관리체계 범위 내 모든 정보자산을 식별 · 분류하고, 중요도를 산정한 후 그 목록을 최신으로 관리하여야 한다.
> – 관리체계 전 영역에 대한 정보서비스 및 개인정보 처리 현황을 분석하고 업무 절차와 흐름을 파악하여 문서화하며, 이를 주기적으로 검토하여 최신성을 유지하여야 한다.
> – 위험 평가 결과에 따라 식별된 위험을 처리하기 위하여 조직에 적합한 보호대책을 선정하고, 보호대책의 우선순위와 일정 · 담당자 · 예산 등을 포함한 이행계획을 수립하여 경영진의 승인을 받아야 한다.

① 위험 관리
② 관리체계 운영
③ 관리체계 기반 마련
④ 관리체계 점검 및 개선

해설

1.2. 위험 관리

- 1.2.1 정보자산 식별 : 조직의 업무특성에 따라 정보자산 분류기준을 수립하여 관리체계 범위 내 모든 정보자산을 식별 · 분류하고, 중요도를 산정한 후 그 목록을 최신으로 관리하여야 한다.
- 1.2.2 현황 및 흐름분석 : 관리체계 전 영역에 대한 정보서비스 및 개인정보 처리 현황을 분석하고 업무 절차와 흐름을 파악하여 문서화하며, 이를 주기적으로 검토하여 최신성을 유지하여야 한다.
- 1.2.3 위험 평가 : 조직의 대내외 환경분석을 통하여 유형별 위협정보를 수집하고 조직에 적합한 위험 평가 방법을 선정하여 관리체계 전 영역에 대하여 연 1회 이상 위험을 평가하며, 수용할 수 있는 위험은 경영진의 승인을 받아 관리하여야 한다.
- 1.2.4 보호대책 선정 : 위험 평가 결과에 따라 식별된 위험을 처리하기 위하여 조직에 적합한 보호대책을 선정하고, 보호대책의 우선순위와 일정 · 담당자 · 예산 등을 포함한 이행계획을 수립하여 경영진의 승인을 받아야 한다.

39 **ISMS-P의 보호대책 요구사항 중 '외부자 보안' 인증 항목에 해당하지 않는 것은?** 2024년 지방직 9급

① 보호 구역 지정
② 외부자 현황 관리
③ 외부자 보안 이행 관리
④ 외부자 계약 변경 및 만료 시 보안

해설

- 외부자 보안 : 외부자 현황 관리, 외부자 계약 시 보안, 외부자 보안 이행 관리, 외부자 계약 변경 및 만료 시 보안
- 물리 보안 : 보호구역 지정, 출입통제, 정보시스템 보호, 보호설비 운영, 보호구역 내 작업, 반출입 기기 통제, 업무환경 보안

40 **정보시스템을 보호하기 위한 미국의 정보보호관리체계로 적합한 것은?** 2017년 국가직 7급

① PIPL ② FISMA
③ JIPDEC ④ NICST

해설

- FISMA(Federal Information Security Management Act) : 미국 연방 정보보안 관리법. 정보보안을 제공하기 위한 기관 차원의 프로그램을 개발, 문서화하고 구현할 것을 요구한다.
- JIPDEC(Japan Information Processing Development Center) : 인증기관. JIPDEC PrivacyMark(일본 개인정보보호 마크 제도)
- NICST(National Information and Communication Security Taskforce) : 대만 총리실 산하 정보통신 및 정보보호 자문(대책)위원회

PART 09

정답 37. ③ 38. ① 39. ① 40. ②

41 **ISO 27001:2013의 통제 항목에 해당하지 않는 것은?** 2017년 국가직 9급 추가

① 정보보호 정책(information security policy)

② 자산 관리(asset management)

③ 모니터링과 검토(monitoring and review)

④ 정보보호 사고 관리(information security incident management)

해설

ISO 27001 : 2013의 통제 항목 : 정보보호 정책, 정보보호 조직, 인적자원 보안, 자산 관리, 접근통제, 암호화, 물리적 및 환경적 보안, 운영 보안, 통신 보안, 시스템 도입·개발·유지보수, 공급자 관계, 정보보호 사고 관리, 업무연속성 관리의 정보보호 측면, 준거성

42 **ISO 27001의 통제 영역별 주요 내용에 대한 설명으로 옳지 않은 것은?** 2017년 국가직 7급

① 자산 관리 영역은 자산을 파악하고, 이를 적절히 분류하고 보호하는 데 활용하는 것이다.

② 사업 연속성 관리 영역은 형법과 민법, 법령, 규정 또는 계약 의무 및 보안 요구 사항에 대한 위반을 피하기 위한 기준을 제시한 것이다.

③ 정보시스템 획득, 개발, 유지 보수 영역은 정보시스템 내에 보안이 수립되어 있음을 보장하기 위한 것이다.

④ 통신 및 운영 관리 영역은 정보처리 설비의 정확하고 안전한 운영을 보장하기 위한 내용을 포함하고 있다.

해설

형법과 민법, 법령, 규정 또는 계약 의무 및 보안 요구 사항에 대한 위반을 피하기 위한 기준을 제시한 것은 준수 영역(준거성)이다.

43 **다음 중 ISO 27001의 통제 영역별 주요 내용으로 옳은 것은?** 2016년 서울시 9급

① 정보보안 조직 : 정보보호에 대한 경영진의 방향성 및 지원을 제공

② 인적 자원 보안 : 정보에 대한 접근을 통제

③ 정보보안 사고 관리 : 사업장의 비인가된 접근 및 방해 요인을 예방

④ 통신 및 운영 관리 : 정보처리시설의 정확하고 안전한 운영을 보장

해설

- 정보보안 조직 : 조직 내의 정보 보안 및 외부자에 의해 사용되는 정보 및 자원 관리
- 인적자원 보안 : 고용 전, 고용 중, 고용 종료 및 직무변경의 내용이 포함
- 정보보안 사고 관리 : 정보보호 사고 및 취약점 보고, 사고관리, 개선

44 **ISO/IEC 27002 보안 통제의 범주에 대한 설명으로 옳지 않은 것은?** 2016년 국가직 9급

① 보안 정책 : 비즈니스 요구사항, 관련 법률 및 규정을 준수하여 관리 방향 및 정보 보안 지원을 제공
② 인적 자원 보안 : 조직 내의 정보 보안 및 외부자에 의해 사용되는 정보 및 자원 관리
③ 자산 관리 : 조직의 자산에 대한 적절한 보호를 성취하고 관리하며, 정보가 적절히 분류될 수 있도록 보장
④ 비즈니스 연속성 관리 : 비즈니스 활동에 대한 방해에 대처하고, 중대한 비즈니스 프로세스를 정보 시스템 실패 또는 재난으로부터 보호하며, 정보 시스템의 시의적절한 재개를 보장

해설

ISO/IEC 27002:2013 보안 통제에서 인적자원 보안은 고용 전, 고용 중, 고용 종료 및 직무변경의 내용이 포함된다.

45 **ISO/IEC 27001의 보안 위험 관리를 위한 PDCA 모델에 대한 설명으로 옳지 않은 것은?** 2016년 국가직 9급

① IT기술과 위험 환경의 변화에 대응하기 위하여 반복되어야 하는 순환적 프로세스이다.
② Plan 단계에서는 보안 정책, 목적, 프로세스 및 절차를 수립한다.
③ Do 단계에서는 수립된 프로세스 및 절차를 구현하고 운영한다.
④ Act 단계에서는 성과를 측정하고 평가한다.

해설

Act 단계에서는 개선활동을 실행한다. 사건, 검토 또는 인지된 변화에 대응하여 정보 보안 위험 관리를 유지보수하고 개선한다.

09

정답 41. ③ 42. ② 43. ④ 44. ② 45. ④

46 다음에서 설명하는 컴퓨터 시스템의 평가 기준은? 2018년 국가직 7급

- 컴퓨터 시스템의 보안성을 평가하기 위해 미국 정부의 표준으로 채택된 기준이다.
- Rainbow 시리즈라는 미 국방부 문서 중의 하나로 오렌지 북(Orange Book)으로 불린다.
- 안전성과 신뢰성이 입증된 컴퓨터 시스템을 보급하기 위해 단계별 보안 평가 등급(D, C1, C2, B1, B2, B3, A1)을 분류하여 각 기관별 특성에 맞는 컴퓨터 시스템을 도입 및 운영하도록 권고하고 있다.

① TCSEC ② CC
③ CMVP ④ ITSEC

해설

TCSEC(Trusted Computer System Evaluation Criteria, Orange-book)
- 미 국방부가 컴퓨터 보안 제품을 평가하기 위해 채택한 컴퓨터 보안 평가지침서이다.
- 정보가 안전한 정도를 객관적으로 판단하기 위하여 보안의 정도를 판별하는 기준을 제시한 것이다.

47 다음은 TCSEC 보안등급 중 하나를 설명한 것이다. 이에 해당하는 것은? 2017년 서울시 9급

- 각 계정별 로그인이 가능하며 그룹 ID에 따라 통제가 가능한 시스템이다.
- 보안감사가 가능하며 특정 사용자의 접근을 거부할 수 있다.
- 윈도우 NT 4.0과 현재 사용되는 대부분의 유닉스 시스템이 이에 해당한다.

① C1 ② C2
③ B1 ④ B2

해설

TCSEC 보안등급에서 C2 등급은 C1 등급보다 상세한 접근 통제가 가능하며, 보안에 관한 것을 기록하도록 하여 책임추적성이 가능하도록 하였다.

48 영국, 독일, 네덜란드, 프랑스 등 유럽 국가에서 평가 제품의 상호 인정 및 정보보호 평가 기준의 상이함에서 오는 시간과 인력 낭비를 줄이기 위해 제정한 유럽형 보안 기준은? 2017년 지방직 9급 추가

① CC(Common Criteria)
② ITSEC(Information Technology Security Evaluation Criteria)
③ TCSEC(Trusted Computer System Evaluation Criteria)
④ ISO/IEC JTC 1

해설

ITSEC(Information Technology Security Evaluation Criteria) : 1991년 독일, 프랑스, 네덜란드, 영국 등 유럽 4개국이 평가제품의 상호 인정 및 평가기준이 상이함에 따른 불합리함을 보완하기 위하여 작성한 것이다. 평가등급은 최하위 레벨의 신뢰도를 요구하는 E0(부적합판정)부터 최상위 레벨의 신뢰도를 요구하는 E6까지 7등급으로 구분한다.

49 다음 설명에 해당하는 정보보호 평가 기준은? 2014년 국회사무처 9급

- 국제적으로 통용되는 제품 평가 기준
- 현재 ISO 표준으로 제정되어 있음
- 일반적인 소개와 일반 모델, 보안기능 요구사항, 보증 요구사항 등으로 구성되어 있음

① CC ② BS 7799
③ ITSEC ④ TCSEC
⑤ TNI

해설

• CC(Common Criteria)는 Part1(CC 소개 및 일반모델), Part2(보안기능 요구사항), Part3(보증 요구사항) 등 3개 부분으로 구성되었으며, EAL1 ~ EAL7까지 7개 등급 체계로 되어 있다.
• 인증서 효력은 CCRA(Common Criteria Recognization Arrangment)에 가입되어야 한다.

50 다음에서 설명하는 국제공통평가기준(CC)의 구성요소는? 2017년 지방직 9급

- 정보제품이 갖추어야 할 공통적인 보안 요구사항을 모아 놓은 것이다.
- 구현에 독립적인 보안 요구사항의 집합이다.

① 평가보증등급(EAL) ② 보호프로파일(PP)
③ 보안목표명세서(ST) ④ 평가대상(TOE)

해설

• 평가보증등급(EAL)은 CC 보증등급으로 EAL1 ~ EAL7로 구성된다.
• 보호프로파일(PP)은 사용자의 보안 요구를 표현하기 위해 공통평가기준을 준용하여 작성된 것으로, 보안기능을 포함한 IT 제품이 갖추어야 할 보안 요구사항의 집합이다.
• 보안목표명세서(ST)는 개발자가 특정 IT 제품의 보안기능을 표현하기 위해 공통평가기준을 준용하여 작성한 것으로, 제품 평가를 위한 기초자료로 사용된다.
• 평가대상(TOE ; Target of Evaluation)은 평가의 대상인 IT 제품이나 시스템과 이와 관련된 관리자 설명서 및 사용자 설명서이다.

정답 46. ① 47. ② 48. ② 49. ① 50. ②

51 **다음은 CC(Common Criteria)의 7가지 보증 등급 중 하나에 대한 설명이다. 시스템이 체계적으로 설계되고, 테스트되고, 재검토되도록(methodically designed, tested and reviewed) 요구하는 것은?** 2018년 국가직 9급

> 낮은 수준과 높은 수준의 설계 명세를 요구한다. 인터페이스 명세가 완벽할 것을 요구한다. 제품의 보안을 명시적으로 정의한 추상화 모델을 요구한다. 독립적인 취약점 분석을 요구한다. 개발자 또는 사용자가 일반적인 TOE의 중간 수준부터 높은 수준까지의 독립적으로 보증된 보안을 요구하는 곳에 적용 가능하다. 또한 추가적인 보안 관련 비용을 감수할 수 있는 곳에 적용 가능하다.

① EAL 2
② EAL 3
③ EAL 4
④ EAL 5

해설

CC 인증의 평가보증등급

EAL 1 기능 시험 (산출물: 기능명세서, 설명서): 기능적인 시험
EAL 2 구조 시험 (산출물: 기본설계서, 기능시험서): 구조적인 시험
EAL 3 체계적 시험 (산출물: 생명주기, 개발보안, 오용분석): 체계적인 시험 및 검사
EAL 4 설계 시험/검토 (산출물: 상세설계, 보안정책, 상세시험): 체계적인 설계, 시험 및 검토
EAL 5 준정형화 설계/시험 (산출물: 개발문서, 보안기능 전체코드): 준정형화된 설계 및 시험
EAL 6 준정형화 설계 검증 (산출물: 전체 소스 코드): 준정형화된 설계 검증 및 시험
EAL 7 정형화 설계 검증 (산출물: 개발 문서 정형화 기술): 정형화된 설계 검증 및 시험

52 **국제공통평가기준(Common Criteria)에 대한 설명으로 옳지 않은 것은?** 2015년 국가직 9급

① 국가마다 서로 다른 정보보호시스템 평가기준을 연동하고 평가결과를 상호인증하기 위해 제정된 평가기준이다.
② 보호 프로파일(Protection Profiles)은 특정 제품이나 시스템에만 종속되어 적용하는 보안기능 수단과 보증수단을 기술한 문서이다.
③ 평가 보증 등급(EAL : Evaluation Assurance Level)에서 가장 엄격한 보증(formally verified) 등급은 EAL7이다.
④ 보안 요구조건을 명세화하고 평가기준을 정의하기 위한 ISO/IEC 15408 표준이다.

해설

보안목표명세서가 특정 TOE(평가대상물)을 서술하는 반면, 보호프로파일은 TOE 유형을 서술한다. 따라서 동일한 보호프로파일이 여러 평가에 사용될 다양한 보안목표명세서들에 대한 기본모델(Template)로써 사용된다.

53 **공통평가기준(Common Criteria, CC)에 대한 설명 중 옳지 않은 것은?** 2016년 서울시 9급

① 보호프로파일(Protection Profile)과 보안목표명세서(Security Target) 중 제품군에 대한 요구사항 중심으로 기술되어 있는 것은 보안목표명세서(Security Target)이다.

② 평가대상에는 EAL 1에서 EAL 7까지 보증등급을 부여할 수 있다.

③ CC의 개발은 오렌지북이라는 기준서를 근간으로 하였다.

④ CC의 요구사항은 class, family, component로 분류한다.

해설

보호프로파일(Protection Profile)과 보안목표명세서(Security Target) 중 제품군에 대한 요구사항 중심으로 기술되어 있는 것은 보호프로파일(Protection Profile)이다.

54 **국제공통평가기준(Common Criteria)에 대한 설명으로 옳지 않은 것은?** 2014년 국가직 9급

① 정보보호 측면에서 정보보호 기능이 있는 IT 제품의 안전성을 보증·평가하는 기준이다.

② 국제공통평가기준은 소개 및 일반모델, 보안기능요구사항, 보증요구사항 등으로 구성되고, 보증등급은 5개이다.

③ 보안기능요구사항과 보증요구사항의 구조는 클래스로 구성된다.

④ 상호인정협정(CCRA : Common Criteria Recognition Arrangement)은 정보보호제품의 평가인증 결과를 가입 국가 간 상호 인정하는 협정으로서 미국, 영국, 프랑스 등을 중심으로 시작되었다.

해설

국제공통평가기준은 소개 및 일반모델, 보안기능요구사항, 보증요구사항 등으로 구성되고, 보증 등급은 7개이다.

정답 51. ③ 52. ② 53. ① 54. ②

MEMO

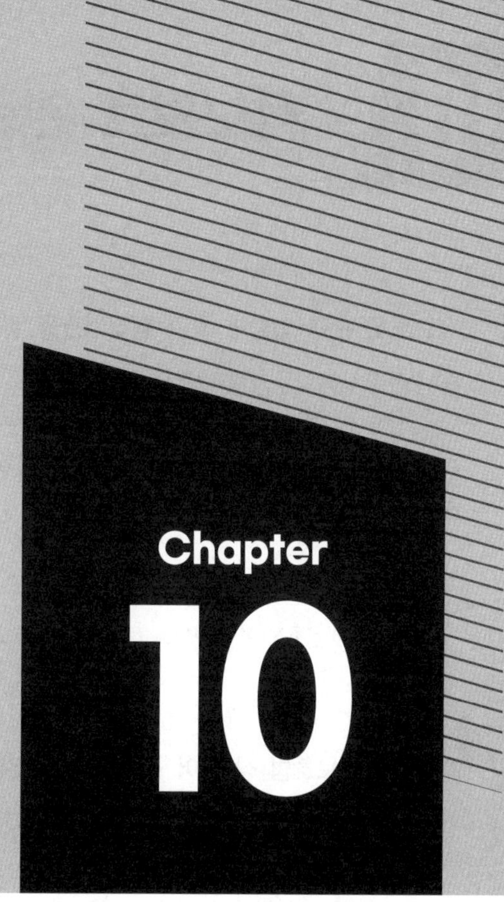

정보보호 관련 법률

정보보호 관련 법률

01 **정보보호 관련 법률과 소관 행정기관을 잘못 짝지은 것은?** 2021년 국가직 9급

① 「전자정부법」 – 행정안전부
② 「신용정보의 이용 및 보호에 관한 법률」 – 금융위원회
③ 「정보통신망 이용촉진 및 정보보호 등에 관한 법률」 – 개인정보보호위원회
④ 「정보통신기반 보호법」 – 과학기술정보통신부

해설

「정보통신망 이용촉진 및 정보보호 등에 관한 법률」의 소관 행정기관은 과학기술정보통신부와 방송통신위원회이다.

02 **「개인정보 보호법」상 용어 정의로 옳지 않은 것은?** 2016년 지방직 9급 응용

① 개인정보파일 : 개인정보를 쉽게 검색할 수 있도록 일정한 규칙에 따라 체계적으로 배열하거나 구성한 개인정보의 집합물을 말한다.
② 정보주체 : 업무를 목적으로 개인정보파일을 운용하기 위하여 스스로 또는 다른 사람을 통하여 개인정보를 처리하는 공공 기관, 법인, 단체 및 개인
③ 처리 : 개인정보의 수집, 생성, 연계, 연동, 기록, 저장, 보유, 가공, 편집, 검색, 출력, 정정, 복구, 이용, 제공, 공개, 파기, 그 밖에 이와 유사한 행위
④ 가명처리 : 개인정보의 일부를 삭제하거나 일부 또는 전부를 대체하는 등의 방법으로 추가 정보가 없이는 특정 개인을 알아볼 수 없도록 처리하는 것을 말한다.

해설

「개인정보 보호법」 제2조(정의)

3. "정보주체"란 처리되는 정보에 의하여 알아볼 수 있는 사람으로서 그 정보의 주체가 되는 사람을 말한다.
5. "개인정보처리자"란 업무를 목적으로 개인정보파일을 운용하기 위하여 스스로 또는 다른 사람을 통하여 개인정보를 처리하는 공공기관, 법인, 단체 및 개인 등을 말한다.

03 **다음 정보통신 관계 법률의 목적에 대한 설명으로 옳지 않은 것은?** 2017년 국가직 9급

① 「정보통신기반 보호법」은 전자적 침해행위에 대비하여 주요정보통신기반시설의 보호에 관한 대책을 수립·시행함으로써 동 시설을 안정적으로 운영하도록 하여 국가의 안전과 국민 생활의 안정을 보장하는 것을 목적으로 한다.

② 「전자서명법」은 전자문서의 안전성과 신뢰성을 확보하고 그 이용을 활성화하기 위하여 전자서명에 관한 기본적인 사항을 정함으로써 국가사회의 정보화를 촉진하고 국민생활의 편익을 증진함을 목적으로 한다.

③ 「통신비밀보호법」은 통신 및 대화의 비밀과 자유에 대한 제한은 그 대상을 한정하고 엄격한 법적절차를 거치도록 함으로써 통신비밀을 보호하고 통신의 자유를 신장함을 목적으로 한다.

④ 「정보통신산업 진흥법」은 정보통신망의 이용을 촉진하고 정보통신서비스를 이용하는 자의 개인정보를 보호함과 아울러 정보통신망을 건전하고 안전하게 이용할 수 있는 환경을 조성하여 국민생활의 향상과 공공복리의 증진에 이바지함을 목적으로 한다.

해설

- 「정보통신망 이용촉진 및 정보보호 등에 관한 법률」은 정보통신망의 이용을 촉진하고 정보통신서비스를 이용하는 자를 보호함과 아울러 정보통신망을 건전하고 안전하게 이용할 수 있는 환경을 조성하여 국민생활의 향상과 공공복리의 증진에 이바지함을 목적으로 한다.
- 「정보통신산업 진흥법」은 정보통신산업의 진흥을 위한 기반을 조성함으로써 정보통신산업의 경쟁력을 강화하고 국민경제의 발전에 이바지함을 목적으로 한다.

PART 10

정답 01. ③ 02. ② 03. ④

04 「개인정보 보호법」상의 개인정보에 대한 설명으로 옳지 않은 것은? 2021년 지방직 9급

① 개인정보 보호위원회의 위원 임기는 3년이다.
② 개인정보는 가명처리를 할 수 없다.
③ 개인정보 보호위원회의 위원은 대통령이 임명 또는 위촉한다.
④ 개인정보처리자는 개인정보파일의 ~~운용을~~ 위하여 다른 사람을 통하여 개인정보를 처리할 수 있다.

해설

「개인정보 보호법」 제2조(정의) 이 법에서 사용하는 용어의 뜻은 다음과 같다. 〈개정 2014. 3. 24., 2020. 2. 4.〉

1. "개인정보"란 살아 있는 개인에 관한 정보로서 다음 각 목의 어느 하나에 해당하는 정보를 말한다.
  가. 성명, 주민등록번호 및 영상 등을 통하여 개인을 알아볼 수 있는 정보
  나. 해당 정보만으로는 특정 개인을 알아볼 수 없더라도 다른 정보와 쉽게 결합하여 알아볼 수 있는 정보. 이 경우 쉽게 결합할 수 있는지 여부는 다른 정보의 입수 가능성 등 개인을 알아보는 데 소요되는 시간, 비용, 기술 등을 합리적으로 고려하여야 한다.
  다. 가목 또는 나목을 제1호의2에 따라 가명처리함으로써 원래의 상태로 복원하기 위한 추가 정보의 사용·결합 없이는 특정 개인을 알아볼 수 없는 정보(이하 "가명정보"라 한다)

1의2. "가명처리"란 개인정보의 일부를 삭제하거나 일부 또는 전부를 대체하는 등의 방법으로 추가 정보가 없이는 특정 개인을 알아볼 수 없도록 처리하는 것을 말한다.

05 「개인정보 보호법」 제3조(개인정보 보호 원칙)에 대한 설명으로 옳지 않은 것은? 2022년 국가직 9급

① 개인정보의 처리 목적을 명확하게 하여야 하고 그 목적에 필요한 범위에서 최소한의 개인정보만을 적법하고 정당하게 수집하여야 한다.
② 개인정보의 처리 목적에 필요한 범위에서 개인정보의 정확성, 완전성 및 최신성이 보장되도록 하여야 한다.
③ 개인정보 처리방침 등 개인정보의 처리에 관한 사항을 비공개로 하여야 하며, 열람청구권 등 정보주체의 권리를 보장하여야 한다.
④ 개인정보를 익명 또는 가명으로 처리하여도 개인정보 수집목적을 달성할 수 있는 경우 익명처리가 가능한 경우에는 익명에 의하여, 익명처리로 목적을 달성할 수 없는 경우에는 가명에 의하여 처리될 수 있도록 하여야 한다.

해설

「개인정보 보호법」 제3조(개인정보 보호 원칙) ① 개인정보처리자는 개인정보의 처리 목적을 명확하게 하여야 하고 그 목적에 필요한 범위에서 최소한의 개인정보만을 적법하고 정당하게 수집하여야 한다.
② 개인정보처리자는 개인정보의 처리 목적에 필요한 범위에서 적합하게 개인정보를 처리하여야 하며, 그 목적 외의 용도로 활용하여서는 아니 된다.
③ 개인정보처리자는 개인정보의 처리 목적에 필요한 범위에서 개인정보의 정확성, 완전성 및 최신성이 보장되도록 하여야 한다.
④ 개인정보처리자는 개인정보의 처리 방법 및 종류 등에 따라 정보주체의 권리가 침해받을 가능성과 그 위험 정도를 고려하여 개인정보를 안전하게 관리하여야 한다.
⑤ 개인정보처리자는 개인정보 처리방침 등 개인정보의 처리에 관한 사항을 공개하여야 하며, 열람청구권 등 정보주체의 권리를 보장하여야 한다.
⑥ 개인정보처리자는 정보주체의 사생활 침해를 최소화하는 방법으로 개인정보를 처리하여야 한다.
⑦ 개인정보처리자는 개인정보를 익명 또는 가명으로 처리하여도 개인정보 수집목적을 달성할 수 있는 경우 익명처리가 가능한 경우에는 익명에 의하여, 익명처리로 목적을 달성할 수 없는 경우에는 가명에 의하여 처리될 수 있도록 하여야 한다. 〈개정 2020. 2. 4.〉
⑧ 개인정보처리자는 이 법 및 관계 법령에서 규정하고 있는 책임과 의무를 준수하고 실천함으로써 정보주체의 신뢰를 얻기 위하여 노력하여야 한다.

법 개정 〈개정 2023. 3. 14.〉 [시행 2023. 9. 15.]

「개인정보 보호법」 제3조(개인정보 보호 원칙) ① 개인정보처리자는 개인정보의 처리 목적을 명확하게 하여야 하고 그 목적에 필요한 범위에서 최소한의 개인정보만을 적법하고 정당하게 수집하여야 한다.
② 개인정보처리자는 개인정보의 처리 목적에 필요한 범위에서 적합하게 개인정보를 처리하여야 하며, 그 목적 외의 용도로 활용하여서는 아니 된다.
③ 개인정보처리자는 개인정보의 처리 목적에 필요한 범위에서 개인정보의 정확성, 완전성 및 최신성이 보장되도록 하여야 한다.
④ 개인정보처리자는 개인정보의 처리 방법 및 종류 등에 따라 정보주체의 권리가 침해받을 가능성과 그 위험 정도를 고려하여 개인정보를 안전하게 관리하여야 한다.
⑤ 개인정보처리자는 제30조에 따른 개인정보 처리방침 등 개인정보의 처리에 관한 사항을 공개하여야 하며, 열람청구권 등 정보주체의 권리를 보장하여야 한다. 〈개정 2023. 3. 14.〉
⑥ 개인정보처리자는 정보주체의 사생활 침해를 최소화하는 방법으로 개인정보를 처리하여야 한다.
⑦ 개인정보처리자는 개인정보를 익명 또는 가명으로 처리하여도 개인정보 수집목적을 달성할 수 있는 경우 익명처리가 가능한 경우에는 익명에 의하여, 익명처리로 목적을 달성할 수 없는 경우에는 가명에 의하여 처리될 수 있도록 하여야 한다. 〈개정 2020. 2. 4.〉
⑧ 개인정보처리자는 이 법 및 관계 법령에서 규정하고 있는 책임과 의무를 준수하고 실천함으로써 정보주체의 신뢰를 얻기 위하여 노력하여야 한다.

정답 04. ② 05. ③

06 「개인정보 보호법」 제3조(개인정보보호원칙)에 명시된 내용으로 옳지 않은 것은? 2021년 군무원 9급

① 개인정보처리자는 개인정보의 처리 목적에 필요한 범위에서 적합하게 개인정보를 처리하여야 하며, 그 목적 외의 용도로 활용하여서는 아니 된다.

② 개인정보처리자는 정보주체의 동의를 받은 경우 개인정보를 수집할 수 있으며 그 수집 목적의 범위에서 이용할 수 있다.

③ 개인정보처리자는 개인정보 처리방침 등 개인정보의 처리에 관한 사항을 공개하여야 하며, 열람청구권 등 정보주체의 권리를 보장하여야 한다.

④ 개인정보처리자는 개인정보의 처리 목적에 필요한 범위에서 개인정보의 정확성, 완전성 및 최신성이 보장되도록 하여야 한다.

해설

• 「개인정보 보호법」 제3조: 5번 문제 해설 참조

「개인정보 보호법」 제15조(개인정보의 수집·이용) ① 개인정보처리자는 다음 각 호의 어느 하나에 해당하는 경우에는 개인정보를 수집할 수 있으며 그 수집 목적의 범위에서 이용할 수 있다.

1. 정보주체의 동의를 받은 경우
2. 법률에 특별한 규정이 있거나 법령상 의무를 준수하기 위하여 불가피한 경우
3. 공공기관이 법령 등에서 정하는 소관 업무의 수행을 위하여 불가피한 경우
4. 정보주체와의 계약의 체결 및 이행을 위하여 불가피하게 필요한 경우
5. 정보주체 또는 그 법정대리인이 의사표시를 할 수 없는 상태에 있거나 주소불명 등으로 사전 동의를 받을 수 없는 경우로서 명백히 정보주체 또는 제3자의 급박한 생명, 신체, 재산의 이익을 위하여 필요하다고 인정되는 경우
6. 개인정보처리자의 정당한 이익을 달성하기 위하여 필요한 경우로서 명백하게 정보주체의 권리보다 우선하는 경우. 이 경우 개인정보처리자의 정당한 이익과 상당한 관련이 있고 합리적인 범위를 초과하지 아니하는 경우에 한한다.

② 개인정보처리자는 제1항 제1호에 따른 동의를 받을 때에는 다음 각 호의 사항을 정보주체에게 알려야 한다. 다음 각 호의 어느 하나의 사항을 변경하는 경우에도 이를 알리고 동의를 받아야 한다.

1. 개인정보의 수집·이용 목적
2. 수집하려는 개인정보의 항목
3. 개인정보의 보유 및 이용 기간
4. 동의를 거부할 권리가 있다는 사실 및 동의 거부에 따른 불이익이 있는 경우에는 그 불이익의 내용

③ 개인정보처리자는 당초 수집 목적과 합리적으로 관련된 범위에서 정보주체에게 불이익이 발생하는지 여부, 암호화 등 안전성 확보에 필요한 조치를 하였는지 여부 등을 고려하여 대통령령으로 정하는 바에 따라 정보주체의 동의 없이 개인정보를 이용할 수 있다. 〈신설 2020. 2. 4.〉

법 개정 〈개정 2023. 3. 14.〉 [시행 2023. 9. 15.]

「개인정보 보호법」 제15조(개인정보의 수집·이용) ① 개인정보처리자는 다음 각 호의 어느 하나에 해당하는 경우에는 개인정보를 수집할 수 있으며 그 수집 목적의 범위에서 이용할 수 있다. 〈개정 2023. 3. 14.〉

1. 정보주체의 동의를 받은 경우
2. 법률에 특별한 규정이 있거나 법령상 의무를 준수하기 위하여 불가피한 경우
3. 공공기관이 법령 등에서 정하는 소관 업무의 수행을 위하여 불가피한 경우
4. 정보주체와 체결한 계약을 이행하거나 계약을 체결하는 과정에서 정보주체의 요청에 따른 조치를 이행하기 위하여 필요한 경우
5. 명백히 정보주체 또는 제3자의 급박한 생명, 신체, 재산의 이익을 위하여 필요하다고 인정되는 경우
6. 개인정보처리자의 정당한 이익을 달성하기 위하여 필요한 경우로서 명백하게 정보주체의 권리보다 우선하는 경우. 이 경우 개인정보처리자의 정당한 이익과 상당한 관련이 있고 합리적인 범위를 초과하지 아니하는 경우에 한한다.
7. 공중위생 등 공공의 안전과 안녕을 위하여 긴급히 필요한 경우

② 개인정보처리자는 제1항 제1호에 따른 동의를 받을 때에는 다음 각 호의 사항을 정보주체에게 알려야 한다. 다음 각 호의 어느 하나의 사항을 변경하는 경우에도 이를 알리고 동의를 받아야 한다.

1. 개인정보의 수집·이용 목적
2. 수집하려는 개인정보의 항목
3. 개인정보의 보유 및 이용 기간
4. 동의를 거부할 권리가 있다는 사실 및 동의 거부에 따른 불이익이 있는 경우에는 그 불이익의 내용

③ 개인정보처리자는 당초 수집 목적과 합리적으로 관련된 범위에서 정보주체에게 불이익이 발생하는지 여부, 암호화 등 안전성 확보에 필요한 조치를 하였는지 여부 등을 고려하여 대통령령으로 정하는 바에 따라 정보주체의 동의 없이 개인정보를 이용할 수 있다. 〈신설 2020. 2. 4.〉

07 **「개인정보 보호법」상 개인정보 보호 원칙으로 옳지 않은 것은?** 2018년 지방직 9급 응용

① 개인정보처리자는 개인정보의 처리 목적을 명확하게 하여야 하고 그 목적에 필요한 범위에서 최소한의 개인정보만을 적법하고 정당하게 수집하여야 한다.

② 개인정보처리자는 개인정보의 처리 목적에 필요한 범위에서 적합하게 개인정보를 처리하여야 하며, 그 목적 외의 용도로 활용하여서는 아니 된다.

③ 개인정보처리자는 개인정보를 익명 또는 가명으로 처리하여도 개인정보 수집목적을 달성할 수 있는 경우 익명처리가 가능한 경우에는 익명에 의하여, 익명처리로 목적을 달성할 수 없는 경우에는 가명에 의하여 처리될 수 있도록 하여야 한다.

④ 개인정보처리자는 개인정보 처리방침 등 개인정보의 처리에 관한 사항을 비밀로 하여야 한다.

PART 10

해설

• 5번 문제 해설 참조

정답 06. ② 07. ④

08 「개인정보 보호법」상 정보주체가 자신의 개인정보 처리와 관련하여 갖는 권리로 옳지 않은 것은?

2017년 지방직 9급

① 개인정보의 처리에 관한 동의 여부, 동의 범위 등을 선택하고 결정할 권리
② 개인정보의 처리 정지, 정정·삭제 및 파기를 요구할 권리
③ 개인정보의 처리로 인하여 발생한 피해를 신속하고 공정한 절차에 따라 구제받을 권리
④ 개인정보 처리를 수반하는 정책이나 제도를 도입·변경하는 경우에 개인정보보호위원회에 개인정보 침해요인평가를 요청할 권리

해설

「개인정보 보호법」 제4조(정보주체의 권리)
1. 개인정보의 처리에 관한 정보를 제공받을 권리
2. 개인정보의 처리에 관한 동의 여부, 동의 범위 등을 선택하고 결정할 권리
3. 개인정보의 처리 여부를 확인하고 개인정보에 대하여 열람(사본의 발급을 포함한다. 이하 같다)을 요구할 권리
4. 개인정보의 처리 정지, 정정·삭제 및 파기를 요구할 권리
5. 개인정보의 처리로 인하여 발생한 피해를 신속하고 공정한 절차에 따라 구제받을 권리

「개인정보 보호법」 제8조의2(개인정보 침해요인 평가) ① 중앙행정기관의 장은 소관 법령의 제정 또는 개정을 통하여 개인정보 처리를 수반하는 정책이나 제도를 도입·변경하는 경우에는 보호위원회에 개인정보 침해요인 평가를 요청하여야 한다.

법 개정 〈개정 2023. 3. 14.〉 [시행 2023. 9. 15.]

「개인정보 보호법」 제4조(정보주체의 권리) 정보주체는 자신의 개인정보 처리와 관련하여 다음 각 호의 권리를 가진다. 〈개정 2023. 3. 14.〉
1. 개인정보의 처리에 관한 정보를 제공받을 권리
2. 개인정보의 처리에 관한 동의 여부, 동의 범위 등을 선택하고 결정할 권리
3. 개인정보의 처리 여부를 확인하고 개인정보에 대한 열람(사본의 발급을 포함한다. 이하 같다) 및 전송을 요구할 권리
4. 개인정보의 처리 정지, 정정·삭제 및 파기를 요구할 권리
5. 개인정보의 처리로 인하여 발생한 피해를 신속하고 공정한 절차에 따라 구제받을 권리
6. 완전히 자동화된 개인정보 처리에 따른 결정을 거부하거나 그에 대한 설명 등을 요구할 권리

09 「개인정보 보호법」 제4조(정보주체의 권리)에 따른 정보주체의 권리가 아닌 것은? 2024년 국가직 9급

① 개인정보의 처리에 관한 정보를 제공받을 권리
② 개인정보의 처리 정지, 정정·삭제 및 파기를 요구할 권리
③ 개인정보의 처리로 인하여 발생한 피해를 신속하고 공정한 절차에 따라 구제받을 권리
④ 완전히 자동화된 개인정보 처리에 따른 결정을 승인하거나 그에 대한 회복 등을 요구할 권리

해설

• 8번 문제 해설 참조

10 **「개인정보 보호법」 제4조(정보주체의 권리)에서 정보주체가 자신의 개인정보 처리와 관련해서 가지는 권리로 옳지 않은 것은?** 2021년 국가직 7급

① 개인정보의 처리 정지, 정정·삭제 및 파기를 요구할 권리
② 개인정보의 처리에 관한 동의 여부, 동의 범위 등을 선택하고 결정할 권리
③ 개인정보의 목적 외 수집, 오용·남용 및 무분별한 감시·추적 등에 따른 폐해를 방지하여 인간의 존엄과 개인의 사생활 보호를 도모하기 위한 시책을 강구할 권리
④ 개인정보의 처리로 인하여 발생한 피해를 신속하고 공정한 절차에 따라 구제받을 권리

해설

- 「개인정보 보호법」 제4조 : 8번 문제 해설 참조

「개인정보 보호법」 제5조(국가 등의 책무) ① 국가와 지방자치단체는 개인정보의 목적 외 수집, 오용·남용 및 무분별한 감시·추적 등에 따른 폐해를 방지하여 인간의 존엄과 개인의 사생활 보호를 도모하기 위한 시책을 강구하여야 한다.

11 **「개인정보 보호법」상의 개인정보 보호위원회에 대한 조항의 일부이다. 괄호 안에 들어갈 용어를 바르게 연결한 것은?** 2020년 국가직 7급

> 제7조(개인정보 보호위원회) ① 개인정보 보호에 관한 사무를 독립적으로 수행하기 위하여 (㉠) 소속으로 개인정보 보호위원회(이하 "보호위원회"라 한다)를 둔다.
> ② 보호위원회는 「정부조직법」 제2조에 따른 (㉡)으로 본다.

	㉠	㉡
①	대통령	중앙행정기관의 보조기관
②	대통령	중앙행정기관
③	국무총리	중앙행정기관의 보조기관
④	국무총리	중앙행정기관

해설

「개인정보 보호법」 제7조(개인정보 보호위원회) ① 개인정보 보호에 관한 사무를 독립적으로 수행하기 위하여 국무총리 소속으로 개인정보 보호위원회(이하 "보호위원회"라 한다)를 둔다.
② 보호위원회는 「정부조직법」 제2조에 따른 중앙행정기관으로 본다. 다만, 다음 각 호의 사항에 대하여는 「정부조직법」 제18조를 적용하지 아니한다.
1. 제7조의8 제3호 및 제4호의 사무
2. 제7조의9 제1항의 심의·의결 사항 중 제1호에 해당하는 사항

PART 10

정답 08. ④ 09. ④ 10. ③ 11. ④

12 **「개인정보 보호법」상 기본계획에 대한 조항의 일부이다. ㉠, ㉡에 들어갈 내용을 바르게 연결한 것은?** 2020년 국가직 9급

> 제9조(기본계획) ① 보호위원회는 개인정보의 보호와 정보 주체의 권익 보장을 위하여 (㉠)년마다 개인정보 보호 기본계획(이하 "기본계획"이라 한다)을 관계 중앙행정기관의 장과 협의하여 수립한다.
> ② 기본계획에는 다음 각 호의 사항이 포함되어야 한다.
> 1. 개인정보 보호의 기본목표와 추진방향
> 2. 개인정보 보호와 관련된 제도 및 법령의 개선
> 3. 개인정보 침해 방지를 위한 대책
> 4. (㉡)
> 5. 개인정보 보호 교육·홍보의 활성화
> 6. 개인정보 보호를 위한 전문인력의 양성
> 7. 그 밖에 개인정보 보호를 위하여 필요한 사항

	㉠	㉡
①	1	개인정보 보호 자율규제의 활성화
②	3	개인정보 보호 자율규제의 활성화
③	1	개인정보 활용·폐지를 위한 계획
④	3	개인정보 활용·폐지를 위한 계획

해설

「개인정보 보호법」 제9조(기본계획) ① 보호위원회는 개인정보의 보호와 정보주체의 권익 보장을 위하여 3년마다 개인정보 보호 기본계획(이하 "기본계획"이라 한다)을 관계 중앙행정기관의 장과 협의하여 수립한다.
② 기본계획에는 다음 각 호의 사항이 포함되어야 한다.
1. 개인정보 보호의 기본목표와 추진방향
2. 개인정보 보호와 관련된 제도 및 법령의 개선
3. 개인정보 침해 방지를 위한 대책
4. 개인정보 보호 자율규제의 활성화
5. 개인정보 보호 교육·홍보의 활성화
6. 개인정보 보호를 위한 전문인력의 양성
7. 그 밖에 개인정보 보호를 위하여 필요한 사항

③ 국회, 법원, 헌법재판소, 중앙선거관리위원회는 해당 기관(그 소속 기관을 포함한다)의 개인정보 보호를 위한 기본계획을 수립·시행할 수 있다.

13 **다음은 개인정보의 수집 이용에 대한 사항이다. 동의를 받아야 할 항목만을 모두 고른 것은?**

2014년 국가직 7급

ㄱ. 개인정보의 수집·이용 목적
ㄴ. 수집하는 개인정보의 항목
ㄷ. 개인정보의 보유 및 이용 기간
ㄹ. 동의를 거부할 권리가 있다는 사실 및 동의 거부에 따른 불이익이 있는 경우에는 그 불이익의 내용

① ㄱ, ㄴ
② ㄴ, ㄷ, ㄹ
③ ㄱ, ㄷ, ㄹ
④ ㄱ, ㄴ, ㄷ, ㄹ

해설

「개인정보 보호법」 제15조(개인정보의 수집·이용)

1. 개인정보의 수집·이용 목적
2. 수집하려는 개인정보의 항목
3. 개인정보의 보유 및 이용 기간
4. 동의를 거부할 권리가 있다는 사실 및 동의 거부에 따른 불이익이 있는 경우에는 그 불이익의 내용

정답 12. ② 13. ④

PART 10

14 **「개인정보 보호법」 제15조(개인정보의 수집 · 이용)에서 개인정보처리자가 개인정보를 수집할 수 있으며 그 수집 목적의 범위에서 이용할 수 있는 경우에 해당하지 않는 것은?** 2023년 국가직 9급

① 정보주체의 동의를 받은 경우
② 법률에 특별한 규정이 있거나 법령상 의무를 준수하기 위하여 불가피한 경우
③ 공공기관이 법령 등에서 정하는 소관 업무의 수행을 위하여 불가피한 경우
④ 공공기관과의 계약의 체결 및 이행을 위하여 불가피하게 필요한 경우

해설

「개인정보 보호법」 제15조(개인정보의 수집 · 이용) ① 개인정보처리자는 다음 각 호의 어느 하나에 해당하는 경우에는 개인정보를 수집할 수 있으며 그 수집 목적의 범위에서 이용할 수 있다.

1. 정보주체의 동의를 받은 경우
2. 법률에 특별한 규정이 있거나 법령상 의무를 준수하기 위하여 불가피한 경우
3. 공공기관이 법령 등에서 정하는 소관 업무의 수행을 위하여 불가피한 경우
4. 정보주체와의 계약의 체결 및 이행을 위하여 불가피하게 필요한 경우
5. 정보주체 또는 그 법정대리인이 의사표시를 할 수 없는 상태에 있거나 주소불명 등으로 사전 동의를 받을 수 없는 경우로서 명백히 정보주체 또는 제3자의 급박한 생명, 신체, 재산의 이익을 위하여 필요하다고 인정되는 경우
6. 개인정보처리자의 정당한 이익을 달성하기 위하여 필요한 경우로서 명백하게 정보주체의 권리보다 우선하는 경우. 이 경우 개인정보처리자의 정당한 이익과 상당한 관련이 있고 합리적인 범위를 초과하지 아니하는 경우에 한한다.

법 개정 〈개정 2023. 3. 14.〉 [시행 2023. 9. 15.]

「개인정보 보호법」 제15조(개인정보의 수집 · 이용) ① 개인정보처리자는 다음 각 호의 어느 하나에 해당하는 경우에는 개인정보를 수집할 수 있으며 그 수집 목적의 범위에서 이용할 수 있다. 〈개정 2023. 3. 14.〉

1. 정보주체의 동의를 받은 경우
2. 법률에 특별한 규정이 있거나 법령상 의무를 준수하기 위하여 불가피한 경우
3. 공공기관이 법령 등에서 정하는 소관 업무의 수행을 위하여 불가피한 경우
4. 정보주체와 체결한 계약을 이행하거나 계약을 체결하는 과정에서 정보주체의 요청에 따른 조치를 이행하기 위하여 필요한 경우
5. 명백히 정보주체 또는 제3자의 급박한 생명, 신체, 재산의 이익을 위하여 필요하다고 인정되는 경우
6. 개인정보처리자의 정당한 이익을 달성하기 위하여 필요한 경우로서 명백하게 정보주체의 권리보다 우선하는 경우. 이 경우 개인정보처리자의 정당한 이익과 상당한 관련이 있고 합리적인 범위를 초과하지 아니하는 경우에 한한다.
7. 공중위생 등 공공의 안전과 안녕을 위하여 긴급히 필요한 경우

15 「개인정보 보호법」에서 규정하고 있는 사항이 아닌 것은? 2024년 지방직 9급

① 개인정보의 수집 · 이용
② 위치정보사업자의 개인위치정보 제공
③ 고정형 영상정보처리기기의 설치 · 운영 제한
④ 개인정보 처리방침의 수립 및 공개

해설

- 「개인정보 보호법」 제15조(개인정보의 수집 · 이용)
- 「개인정보 보호법」 제25조(고정형 영상정보처리기기의 설치 · 운영 제한)
- 「개인정보 보호법」 제30조(개인정보 처리방침의 수립 및 공개)
- 「위치정보의 보호 및 이용 등에 관한 법률」 제20조(위치정보사업자의 개인위치정보 제공 등)

16 「개인정보 보호법」상의 개인정보의 수집 · 이용 및 수집 제한에 대한 설명으로 옳지 않은 것은? 2018년 국가직 9급

① 개인정보처리자는 정보주체의 동의를 받은 경우에는 개인정보를 수집할 수 있으며 그 수집 목적의 범위에서 이용할 수 있다.
② 개인정보처리자는 「개인정보 보호법」에 따라 개인정보를 수집하는 경우에는 그 목적에 필요한 최소한의 개인정보를 수집하여야 한다. 이 경우 최소한의 개인정보 수집이라는 입증책임은 개인정보처리자가 부담한다.
③ 개인정보처리자는 정보주체의 동의를 받아 개인정보를 수집하는 경우 필요한 최소한의 정보 외의 개인정보 수집에는 동의하지 아니할 수 있다는 사실을 구체적으로 알리고 개인정보를 수집하여야 한다.
④ 개인정보처리자는 정보주체가 필요한 최소한의 정보 외의 개인정보 수집에 동의하지 아니하는 경우 정보주체에게 재화 또는 서비스의 제공을 거부할 수 있다.

해설

「개인정보 보호법」 제15조(개인정보의 수집 · 이용)

「개인정보 보호법」 제16조(개인정보의 수집 제한) ③ 개인정보처리자는 정보주체가 필요한 최소한의 정보 외의 개인정보 수집에 동의하지 아니한다는 이유로 정보주체에게 재화 또는 서비스의 제공을 거부하여서는 아니 된다.

PART 10

정답 14. ④ 15. ② 16. ④

17 **다음의 「개인정보 보호법」 제17조 ①항에 따라 개인 정보처리자가 정보주체의 개인정보를 수집한 목적범위 안에서 제3자에게 제공할 수 있는 경우로 〈보기〉에서 옳은 것만을 모두 고른 것은?**

2018년 교육청 9급

> 제17조(개인정보의 제공) ① 개인정보처리자는 다음 각호의 어느 하나에 해당되는 경우에는 정보주체의 개인 정보를 제3자에게 제공(공유를 포함한다. 이하 같다)할 수 있다.

보기

ㄱ. 정보주체와의 계약의 체결 및 이행을 위하여 불가피하게 필요한 경우
ㄴ. 공공기관이 법령 등에서 정하는 소관 업무의 수행을 위하여 불가피한 경우
ㄷ. 법률에 특별한 규정이 있거나 법령상 의무를 준수하기 위하여 불가피한 경우

① ㄱ　② ㄷ　③ ㄴ, ㄷ　④ ㄱ, ㄴ, ㄷ

해설

「개인정보 보호법」 제17조(개인정보의 제공) ① 개인정보처리자는 다음 각 호의 어느 하나에 해당되는 경우에는 정보주체의 개인정보를 제3자에게 제공(공유를 포함한다. 이하 같다)할 수 있다.

1. 정보주체의 동의를 받은 경우
2. 제15조 제1항 제2호·제3호·제5호 및 제39조의3 제2항 제2호·제3호에 따라 개인정보를 수집한 목적 범위에서 개인정보를 제공하는 경우

「개인정보 보호법」 제15조(개인정보의 수집·이용) ① 개인정보처리자는 다음 각 호의 어느 하나에 해당하는 경우에는 개인정보를 수집할 수 있으며 그 수집 목적의 범위에서 이용할 수 있다.

1. 정보주체의 동의를 받은 경우
2. 법률에 특별한 규정이 있거나 법령상 의무를 준수하기 위하여 불가피한 경우
3. 공공기관이 법령 등에서 정하는 소관 업무의 수행을 위하여 불가피한 경우
4. 정보주체와의 계약의 체결 및 이행을 위하여 불가피하게 필요한 경우
5. 정보주체 또는 그 법정대리인이 의사표시를 할 수 없는 상태에 있거나 주소불명 등으로 사전 동의를 받을 수 없는 경우로서 명백히 정보주체 또는 제3자의 급박한 생명, 신체, 재산의 이익을 위하여 필요하다고 인정되는 경우

법 개정 〈개정 2023. 3. 14.〉 [시행 2023. 9. 15.]

「개인정보 보호법」 제17조(개인정보의 제공) ① 개인정보처리자는 다음 각 호의 어느 하나에 해당되는 경우에는 정보주체의 개인정보를 제3자에게 제공(공유를 포함한다. 이하 같다)할 수 있다. 〈개정 2020. 2. 4., 2023. 3. 14.〉

1. 정보주체의 동의를 받은 경우
2. 제15조 제1항 제2호, 제3호 및 제5호부터 제7호까지에 따라 개인정보를 수집한 목적 범위에서 개인정보를 제공하는 경우

「개인정보 보호법」 제15조(개인정보의 수집·이용) ① 개인정보처리자는 다음 각 호의 어느 하나에 해당하는 경우에는 개인정보를 수집할 수 있으며 그 수집 목적의 범위에서 이용할 수 있다. 〈개정 2023. 3. 14.〉

1. 정보주체의 동의를 받은 경우
2. 법률에 특별한 규정이 있거나 법령상 의무를 준수하기 위하여 불가피한 경우
3. 공공기관이 법령 등에서 정하는 소관 업무의 수행을 위하여 불가피한 경우
4. 정보주체와 체결한 계약을 이행하거나 계약을 체결하는 과정에서 정보주체의 요청에 따른 조치를 이행하기 위하여 필요한 경우
5. 명백히 정보주체 또는 제3자의 급박한 생명, 신체, 재산의 이익을 위하여 필요하다고 인정되는 경우
6. 개인정보처리자의 정당한 이익을 달성하기 위하여 필요한 경우로서 명백하게 정보주체의 권리보다 우선하는 경우. 이 경우 개인정보처리자의 정당한 이익과 상당한 관련이 있고 합리적인 범위를 초과하지 아니하는 경우에 한한다.
7. 공중위생 등 공공의 안전과 안녕을 위하여 긴급히 필요한 경우

18 **「개인정보 보호법」상 개인정보처리자가 정보주체 또는 제3자의 이익을 부당하게 침해할 우려가 있을 때를 제외하고 개인정보를 목적 외의 용도로 이용하거나 이를 제3자에게 제공할 수 있는 경우에 해당하지 않는 것은?** 2019년 국가직 7급 응용

① 정보주체로부터 별도의 동의를 받은 경우
② 법원의 재판업무 수행을 위하여 필요한 경우
③ 범죄의 예방을 위하여 필요한 경우
④ 정보주체 또는 그 법정대리인이 의사표시를 할 수 없는 상태에 있거나 주소불명 등으로 사전 동의를 받을 수 없는 경우로서 명백히 정보주체 또는 제3자의 급박한 생명, 신체, 재산의 이익을 위하여 필요하다고 인정되는 경우

해설

「개인정보 보호법」 제18조(개인정보의 목적 외 이용 · 제공 제한) ② 제1항에도 불구하고 개인정보처리자는 다음 각 호의 어느 하나에 해당하는 경우에는 정보주체 또는 제3자의 이익을 부당하게 침해할 우려가 있을 때를 제외하고는 개인정보를 목적 외의 용도로 이용하거나 이를 제3자에게 제공할 수 있다. 다만, 이용자(「정보통신망 이용촉진 및 정보보호 등에 관한 법률」 제2조 제1항 제4호에 해당하는 자를 말한다. 이하 같다)의 개인정보를 처리하는 정보통신서비스 제공자(「정보통신망 이용촉진 및 정보보호 등에 관한 법률」 제2조 제1항 제3호에 해당하는 자를 말한다. 이하 같다)의 경우 제1호 · 제2호의 경우로 한정하고, 제5호부터 제9호까지의 경우는 공공기관의 경우로 한정한다.

1. 정보주체로부터 별도의 동의를 받은 경우
2. 다른 법률에 특별한 규정이 있는 경우
3. 정보주체 또는 그 법정대리인이 의사표시를 할 수 없는 상태에 있거나 주소불명 등으로 사전 동의를 받을 수 없는 경우로서 명백히 정보주체 또는 제3자의 급박한 생명, 신체, 재산의 이익을 위하여 필요하다고 인정되는 경우
4. 삭제 〈2020. 2. 4.〉
5. 개인정보를 목적 외의 용도로 이용하거나 이를 제3자에게 제공하지 아니하면 다른 법률에서 정하는 소관 업무를 수행할 수 없는 경우로서 보호위원회의 심의 · 의결을 거친 경우
6. 조약, 그 밖의 국제협정의 이행을 위하여 외국정부 또는 국제기구에 제공하기 위하여 필요한 경우
7. 범죄의 수사와 공소의 제기 및 유지를 위하여 필요한 경우
8. 법원의 재판업무 수행을 위하여 필요한 경우
9. 형(刑) 및 감호, 보호처분의 집행을 위하여 필요한 경우

법 개정 〈개정 2023. 3. 14.〉 [시행 2023. 9. 15.]

「개인정보 보호법」 제18조(개인정보의 목적 외 이용 · 제공 제한) ① 개인정보처리자는 개인정보를 제15조 제1항에 따른 범위를 초과하여 이용하거나 제17조 제1항 및 제28조의8 제1항에 따른 범위를 초과하여 제3자에게 제공하여서는 아니 된다. 〈개정 2020. 2. 4., 2023. 3. 14.〉

② 제1항에도 불구하고 개인정보처리자는 다음 각 호의 어느 하나에 해당하는 경우에는 정보주체 또는 제3자의 이익을 부당하게 침해할 우려가 있을 때를 제외하고는 개인정보를 목적 외의 용도로 이용하거나 이를 제3자에게 제공할 수 있다. 다만, 제5호부터 제9호까지에 따른 경우는 공공기관의 경우로 한정한다. 〈개정 2020. 2. 4., 2023. 3. 14.〉

1. 정보주체로부터 별도의 동의를 받은 경우
2. 다른 법률에 특별한 규정이 있는 경우
3. 명백히 정보주체 또는 제3자의 급박한 생명, 신체, 재산의 이익을 위하여 필요하다고 인정되는 경우
4. 삭제 〈2020. 2. 4.〉

PART 10

정답 17. ③ 18. ③

5. 개인정보를 목적 외의 용도로 이용하거나 이를 제3자에게 제공하지 아니하면 다른 법률에서 정하는 소관 업무를 수행할 수 없는 경우로서 보호위원회의 심의·의결을 거친 경우
6. 조약, 그 밖의 국제협정의 이행을 위하여 외국정부 또는 국제기구에 제공하기 위하여 필요한 경우
7. 범죄의 수사와 공소의 제기 및 유지를 위하여 필요한 경우
8. 법원의 재판업무 수행을 위하여 필요한 경우
9. 형(刑) 및 감호, 보호처분의 집행을 위하여 필요한 경우
10. 공중위생 등 공공의 안전과 안녕을 위하여 긴급히 필요한 경우

19 「개인정보 보호법」에서 규정하고 있는 개인정보 중 민감정보에 해당하지 않는 것은?

2016년 국가직 7급

① 주민등록번호

② 노동조합·정당의 가입·탈퇴에 관한 정보

③ 건강에 관한 정보

④ 사상·신념에 관한 정보

해설

「개인정보 보호법」 제23조(민감정보의 처리 제한) ① 개인정보처리자는 사상·신념, 노동조합·정당의 가입·탈퇴, 정치적 견해, 건강, 성생활 등에 관한 정보, 그 밖에 정보주체의 사생활을 현저히 침해할 우려가 있는 개인정보로서 대통령령으로 정하는 정보(이하 "민감정보"라 한다)를 처리하여서는 아니 된다.

20 「개인정보 보호법」 제24조의2(주민등록번호 처리의 제한)에서 개인정보처리자가 주민등록번호를 처리할 수 있도록 허용하는 경우는? 2017년 국가직 9급 추가

① 정보주체에게 별도로 동의를 받은 경우

② 시민단체에서 주민등록번호 처리를 요구한 경우

③ 정보주체 또는 제3자의 급박한 생명, 신체, 재산의 이익을 위하여 명백히 필요하다고 인정되는 경우

④ 개인정보처리자가 주민등록번호 처리가 불가피하다고 판단한 경우

해설

「개인정보 보호법」 제24조의2(주민등록번호 처리의 제한) ① 제24조 제1항에도 불구하고 개인정보처리자는 다음 각 호의 어느 하나에 해당하는 경우를 제외하고는 주민등록번호를 처리할 수 없다.

1. 법률·대통령령·국회규칙·대법원규칙·헌법재판소규칙·중앙선거관리위원회규칙 및 감사원규칙에서 구체적으로 주민등록번호의 처리를 요구하거나 허용한 경우
2. 정보주체 또는 제3자의 급박한 생명, 신체, 재산의 이익을 위하여 명백히 필요하다고 인정되는 경우
3. 제1호 및 제2호에 준하여 주민등록번호 처리가 불가피한 경우로서 행정안전부령으로 정하는 경우

21 **「개인정보 보호법」상 주민등록번호 처리에 대한 설명으로 옳지 않은 것은?** 2015년 국가직 9급

① 주민등록번호를 목적 외의 용도로 이용하거나 이를 제3자에게 제공하지 아니하면 다른 법률에서 정하는 소관 업무를 수행할 수 없는 경우, 개인인 개인정보처리자는 개인정보 보호위원회의 심의 · 의결을 거쳐 목적 외의 용도로 이용하거나 이를 제3자에게 제공할 수 있다.

② 행정자치부장관은 개인정보처리자가 처리하는 주민등록번호가 유출된 경우에는 5억원 이하의 과징금을 부과 · 징수할 수 있으나, 주민등록번호가 유출되지 아니하도록 개인정보처리자가 「개인정보 보호법」에 다른 안전성 확보에 필요한 조치를 다한 경우에는 그러하지 아니하다.

③ 개인정보처리자는 정보주체가 인터넷 홈페이지를 통하여 회원으로 가입하는 단계에서는 주민등록번호를 사용하지 아니하고도 회원으로 가입할 수 있는 방법을 제공하여야 한다.

④ 개인정보처리자는 주민등록번호가 분실 · 도난 · 유출 · 변조 또는 훼손되지 아니하도록 암호화 조치를 통하여 안전하게 보관하여야 한다.

해설

보기 1번은 주민등록번호가 아니라, 개인정보이다. 주민등록번호는 「개인정보 보호법」 제24조의2에서 명시하는 경우를 제외하고는 처리 · 수집 · 제공할 수 없다.

「개인정보 보호법」 제24조의2(주민등록번호 처리의 제한) ① 제24조 제1항에도 불구하고 개인정보처리자는 다음 각 호의 어느 하나에 해당하는 경우를 제외하고는 주민등록번호를 처리할 수 없다.

1. 법률 · 대통령령 · 국회규칙 · 대법원규칙 · 헌법재판소규칙 · 중앙선거관리위원회규칙 및 감사원규칙에서 구체적으로 주민등록번호의 처리를 요구하거나 허용한 경우
2. 정보주체 또는 제3자의 급박한 생명, 신체, 재산의 이익을 위하여 명백히 필요하다고 인정되는 경우
3. 제1호 및 제2호에 준하여 주민등록번호 처리가 불가피한 경우로서 보호위원회가 고시로 정하는 경우

「개인정보 보호법」 제18조(개인정보의 목적 외 이용 · 제공 제한) ① 개인정보처리자는 개인정보를 제15조 제1항에 따른 범위를 초과하여 이용하거나 제17조 제1항 및 제3항에 따른 범위를 초과하여 제3자에게 제공하여서는 아니 된다.
② 제1항에도 불구하고 개인정보처리자는 다음 각 호의 어느 하나에 해당하는 경우에는 정보주체 또는 제3자의 이익을 부당하게 침해할 우려가 있을 때를 제외하고는 개인정보를 목적 외의 용도로 이용하거나 이를 제3자에게 제공할 수 있다. 다만, 제5호부터 제9호까지의 경우는 공공기관의 경우로 한정한다.

✓ 법 개정 〈개정 2023. 3. 14.〉 [시행 2023. 9. 15.]

「개인정보 보호법」 제18조(개인정보의 목적 외 이용 · 제공 제한) ① 개인정보처리자는 개인정보를 제15조 제1항에 따른 범위를 초과하여 이용하거나 제17조 제1항 및 제28조의8 제1항에 따른 범위를 초과하여 제3자에게 제공하여서는 아니 된다. 〈개정 2020. 2. 4., 2023. 3. 14.〉
② 제1항에도 불구하고 개인정보처리자는 다음 각 호의 어느 하나에 해당하는 경우에는 정보주체 또는 제3자의 이익을 부당하게 침해할 우려가 있을 때를 제외하고는 개인정보를 목적 외의 용도로 이용하거나 이를 제3자에게 제공할 수 있다. 다만, 제5호부터 제9호까지에 따른 경우는 공공기관의 경우로 한정한다. 〈개정 2020. 2. 4., 2023. 3. 14.〉

정답 19. ① 20. ③ 21. ①

22 **공공 기관에서 「개인정보 보호법」에 의거하여 영상정보처리기기를 설치 및 운용하려고 할 때, 안내판에 기재해야 할 내용으로 옳지 않은 것은?** 2014년 국가직 7급

① 설치 장소
② 영상정보 저장 방식
③ 촬영 시간
④ 관리 책임자의 이름

해설

「개인정보 보호법」 제25조(영상정보처리기기의 설치·운영 제한) ④ 제1항 각 호에 따라 영상정보처리기기를 설치·운영하는 자(이하 "영상정보처리기기운영자"라 한다)는 정보주체가 쉽게 인식할 수 있도록 다음 각 호의 사항이 포함된 안내판을 설치하는 등 필요한 조치를 하여야 한다. 다만, 「군사기지 및 군사시설 보호법」 제2조 제2호에 따른 군사시설, 「통합방위법」 제2조 제13호에 따른 국가중요시설, 그 밖에 대통령령으로 정하는 시설에 대하여는 그러하지 아니하다.

1. 설치 목적 및 장소
2. 촬영 범위 및 시간
3. 관리책임자 성명 및 연락처
4. 그 밖에 대통령령으로 정하는 사항

법 개정 〈개정 2023. 3. 14.〉 [시행 2023. 9. 15.]

「개인정보 보호법」 제25조(고정형 영상정보처리기기의 설치·운영 제한) ④ 제1항 각 호에 따라 고정형 영상정보처리기기를 설치·운영하는 자(이하 "고정형영상정보처리기기운영자"라 한다)는 정보주체가 쉽게 인식할 수 있도록 다음 각 호의 사항이 포함된 안내판을 설치하는 등 필요한 조치를 하여야 한다. 다만, 「군사기지 및 군사시설 보호법」 제2조 제2호에 따른 군사시설, 「통합방위법」 제2조 제13호에 따른 국가중요시설, 그 밖에 대통령령으로 정하는 시설의 경우에는 그러하지 아니하다. 〈개정 2016. 3. 29., 2023. 3. 14.〉

1. 설치 목적 및 장소
2. 촬영 범위 및 시간
3. 관리책임자의 연락처
4. 그 밖에 대통령령으로 정하는 사항

23 「개인정보 보호법」상 공개된 장소에 영상정보처리기기를 설치 · 운영할 수 있는 경우가 아닌 것은?

2020년 지방직 9급

① 범죄의 예방 및 수사를 위하여 필요한 경우
② 공공기관의 장이 허가한 경우
③ 교통정보의 수집 · 분석 및 제공을 위하여 필요한 경우
④ 시설안전 및 화재 예방을 위하여 필요한 경우

해 설

「개인정보 보호법」 제25조(영상정보처리기기의 설치 · 운영 제한) ① 누구든지 다음 각 호의 경우를 제외하고는 공개된 장소에 영상정보처리기기를 설치 · 운영하여서는 아니 된다.

1. 법령에서 구체적으로 허용하고 있는 경우
2. 범죄의 예방 및 수사를 위하여 필요한 경우
3. 시설안전 및 화재 예방을 위하여 필요한 경우
4. 교통단속을 위하여 필요한 경우
5. 교통정보의 수집 · 분석 및 제공을 위하여 필요한 경우

법 개정 〈개정 2023. 3. 14.〉 [시행 2023. 9. 15.]

「개인정보 보호법」 제25조(고정형 영상정보처리기기의 설치 · 운영 제한) ① 누구든지 다음 각 호의 경우를 제외하고는 공개된 장소에 고정형 영상정보처리기기를 설치 · 운영하여서는 아니 된다. 〈개정 2023. 3. 14.〉

1. 법령에서 구체적으로 허용하고 있는 경우
2. 범죄의 예방 및 수사를 위하여 필요한 경우
3. 시설의 안전 및 관리, 화재 예방을 위하여 정당한 권한을 가진 자가 설치 · 운영하는 경우
4. 교통단속을 위하여 정당한 권한을 가진 자가 설치 · 운영하는 경우
5. 교통정보의 수집 · 분석 및 제공을 위하여 정당한 권한을 가진 자가 설치 · 운영하는 경우
6. 촬영된 영상정보를 저장하지 아니하는 경우로서 대통령령으로 정하는 경우

PART 10

정답 22. ② 23. ②

24 **「개인정보 보호법」 제26조(업무위탁에 따른 개인정보의 처리 제한)에 대한 설명으로 옳지 않은 것은?** 2022년 국가직 9급

① 위탁자가 재화 또는 서비스를 홍보하거나 판매를 권유하는 업무를 위탁하는 경우에는 대통령령으로 정하는 방법에 따라 위탁하는 업무의 내용과 수탁자를 정보주체에게 알려야 한다.

② 위탁자는 업무 위탁으로 인하여 정보주체의 개인정보가 분실·도난·유출·위조·변조 또는 훼손되지 아니하도록 수탁자를 교육하고, 처리 현황 점검 등 대통령령으로 정하는 바에 따라 수탁자가 개인정보를 안전하게 처리하는지를 감독하여야 한다.

③ 수탁자는 개인정보처리자로부터 위탁받은 해당 업무 범위를 초과하여 개인정보를 이용하거나 제3자에게 제공할 수 있다.

④ 수탁자가 위탁받은 업무와 관련하여 개인정보를 처리하는 과정에서 「개인정보 보호법」을 위반하여 발생한 손해배상책임에 대하여 수탁자를 개인정보처리자의 소속 직원으로 본다.

해설

「개인정보 보호법」 제26조(업무위탁에 따른 개인정보의 처리 제한) ① 개인정보처리자가 제3자에게 개인정보의 처리 업무를 위탁하는 경우에는 다음 각 호의 내용이 포함된 문서에 의하여야 한다.

1. 위탁업무 수행 목적 외 개인정보의 처리 금지에 관한 사항
2. 개인정보의 기술적·관리적 보호조치에 관한 사항
3. 그 밖에 개인정보의 안전한 관리를 위하여 대통령령으로 정한 사항

② 제1항에 따라 개인정보의 처리 업무를 위탁하는 개인정보처리자(이하 "위탁자"라 한다)는 위탁하는 업무의 내용과 개인정보 처리 업무를 위탁받아 처리하는 자(이하 "수탁자"라 한다)를 정보주체가 언제든지 쉽게 확인할 수 있도록 대통령령으로 정하는 방법에 따라 공개하여야 한다.

③ 위탁자가 재화 또는 서비스를 홍보하거나 판매를 권유하는 업무를 위탁하는 경우에는 대통령령으로 정하는 방법에 따라 위탁하는 업무의 내용과 수탁자를 정보주체에게 알려야 한다. 위탁하는 업무의 내용이나 수탁자가 변경된 경우에도 또한 같다.

④ 위탁자는 업무 위탁으로 인하여 정보주체의 개인정보가 분실·도난·유출·위조·변조 또는 훼손되지 아니하도록 수탁자를 교육하고, 처리 현황 점검 등 대통령령으로 정하는 바에 따라 수탁자가 개인정보를 안전하게 처리하는지를 감독하여야 한다. 〈개정 2015. 7. 24.〉

⑤ 수탁자는 개인정보처리자로부터 위탁받은 해당 업무 범위를 초과하여 개인정보를 이용하거나 제3자에게 제공하여서는 아니 된다.

⑥ 수탁자가 위탁받은 업무와 관련하여 개인정보를 처리하는 과정에서 이 법을 위반하여 발생한 손해배상책임에 대하여는 수탁자를 개인정보처리자의 소속 직원으로 본다.

⑦ 수탁자에 관하여는 제15조부터 제25조까지, 제27조부터 제31조까지, 제33조부터 제38조까지 및 제59조를 준용한다.

법 개정 〈개정 2023. 3. 14.〉 [시행 2023. 9. 15.]

「개인정보 보호법」 제26조(업무위탁에 따른 개인정보의 처리 제한) ① 개인정보처리자가 제3자에게 개인정보의 처리 업무를 위탁하는 경우에는 다음 각 호의 내용이 포함된 문서로 하여야 한다. 〈개정 2023. 3. 14.〉

1. 위탁업무 수행 목적 외 개인정보의 처리 금지에 관한 사항
2. 개인정보의 기술적·관리적 보호조치에 관한 사항
3. 그 밖에 개인정보의 안전한 관리를 위하여 대통령령으로 정한 사항

② 제1항에 따라 개인정보의 처리 업무를 위탁하는 개인정보처리자(이하 "위탁자"라 한다)는 위탁하는 업무의 내용과 개인정보 처리 업무를 위탁받아 처리하는 자(개인정보 처리 업무를 위탁받아 처리하는 자로부터 위탁받은 업무를 다시 위탁받은 제3자를 포함하며, 이하 "수탁자"라 한다)를 정보주체가 언제든지 쉽게 확인할 수 있도록 대통령령으로 정하는 방법에 따라 공개하여야 한다. 〈개정 2023. 3. 14.〉

③ 위탁자가 재화 또는 서비스를 홍보하거나 판매를 권유하는 업무를 위탁하는 경우에는 대통령령으로 정하는 방법에 따라 위탁하는 업무의 내용과 수탁자를 정보주체에게 알려야 한다. 위탁하는 업무의 내용이나 수탁자가 변경된 경우에도 또한 같다.

④ 위탁자는 업무 위탁으로 인하여 정보주체의 개인정보가 분실·도난·유출·위조·변조 또는 훼손되지 아니하도록 수탁자를 교육하고, 처리 현황 점검 등 대통령령으로 정하는 바에 따라 수탁자가 개인정보를 안전하게 처리하는지를 감독하여야 한다. 〈개정 2015. 7. 24.〉

⑤ 수탁자는 개인정보처리자로부터 위탁받은 해당 업무 범위를 초과하여 개인정보를 이용하거나 제3자에게 제공하여서는 아니 된다.

⑥ 수탁자는 위탁받은 개인정보의 처리 업무를 제3자에게 다시 위탁하려는 경우에는 위탁자의 동의를 받아야 한다. 〈신설 2023. 3. 14.〉

⑦ 수탁자가 위탁받은 업무와 관련하여 개인정보를 처리하는 과정에서 이 법을 위반하여 발생한 손해배상책임에 대하여는 수탁자를 개인정보처리자의 소속 직원으로 본다. 〈개정 2023. 3. 14.〉

⑧ 수탁자에 관하여는 제15조부터 제18조까지, 제21조, 제22조, 제22조의2, 제23조, 제24조, 제24조의2, 제25조, 제25조의2, 제27조, 제28조, 제28조의2부터 제28조의5까지, 제28조의7부터 제28조의11까지, 제29조, 제30조, 제30조의2, 제31조, 제33조, 제34조, 제34조의2, 제35조, 제35조의2, 제36조, 제37조, 제37조의2, 제38조, 제59조, 제63조, 제63조의2 및 제64조의2를 준용한다. 이 경우 "개인정보처리자"는 "수탁자"로 본다. 〈개정 2023. 3. 14.〉

정답 24. ③

25 **개인정보 보호법령상 영업양도 등에 따른 개인정보의 이전 제한에 대한 내용으로 옳지 않은 것은?**

2018년 지방직 9급

① 영업양수자등은 영업의 양도·합병 등으로 개인정보를 이전받은 경우에는 이전 당시의 본래 목적으로만 개인정보를 이용하거나 제3자에게 제공할 수 있다.

② 영업양수자등이 과실 없이 서면 등의 방법으로 개인정보를 이전받은 사실 등을 정보주체에게 알릴 수 없는 경우에는 해당 사항을 인터넷 홈페이지에 10일 이상 게재하여야 한다.

③ 개인정보처리자는 영업의 전부 또는 일부의 양도·합병 등으로 개인정보를 다른 사람에게 이전하는 경우에는 미리 개인정보를 이전하려는 사실 등을 서면 등의 방법에 따라 해당 정보주체에게 알려야 한다.

④ 영업양수자등은 개인정보를 이전받았을 때에는 지체 없이 그 사실을 서면 등의 방법에 따라 정보주체에게 알려야 한다. 다만, 개인정보처리자가 「개인정보 보호법」 제27조제1항에 따라 그 이전 사실을 이미 알린 경우에는 그러하지 아니하다.

해설

「개인정보 보호법」 제27조(영업양도 등에 따른 개인정보의 이전 제한)

「개인정보 보호법 시행령」 제29조(영업양도 등에 따른 개인정보 이전의 통지) ② 영업양수자등이 과실 없이 서면 등의 방법으로 개인정보를 이전받은 사실 등을 정보주체에게 알릴 수 없는 경우에는 해당 사항을 인터넷 홈페이지에 30일 이상 게재하여야 한다. 다만, 인터넷 홈페이지를 운영하지 아니하는 영업양도자등의 경우에는 사업장등의 보기 쉬운 장소에 30일 이상 게시하여야 한다.

법 개정 [2023. 9. 12., 일부개정]

「개인정보 보호법 시행령」 제29조(영업양도 등에 따른 개인정보 이전의 통지) ① 법 제27조 제1항 각 호 외의 부분과 같은 조 제2항 본문에서 "대통령령으로 정하는 방법"이란 서면등의 방법을 말한다.

② 법 제27조 제1항에 따라 개인정보를 이전하려는 자(이하 이 항에서 "영업양도자등"이라 한다)가 과실 없이 제1항에 따른 방법으로 법 제27조 제1항 각 호의 사항을 정보주체에게 알릴 수 없는 경우에는 해당 사항을 인터넷 홈페이지에 30일 이상 게재하여야 한다. 다만, 인터넷 홈페이지에 게재할 수 없는 정당한 사유가 있는 경우에는 다음 각 호의 어느 하나의 방법으로 법 제27조 제1항 각 호의 사항을 정보주체에게 알릴 수 있다. 〈개정 2020. 8. 4.〉

1. 영업양도자등의 사업장등의 보기 쉬운 장소에 30일 이상 게시하는 방법
2. 영업양도자등의 사업장등이 있는 시·도 이상의 지역을 주된 보급지역으로 하는 「신문 등의 진흥에 관한 법률」 제2조 제1호 가목·다목 또는 같은 조 제2호에 따른 일반일간신문·일반주간신문 또는 인터넷신문에 싣는 방법

26 「개인정보 보호법」 제28조의2(가명정보의 처리 등)의 내용으로서 (가)와 (나)에 들어갈 용어를 바르게 연결한 것은? 2023년 국가직 9급

> 제1항 개인정보처리자는 통계작성, 과학적 연구, 공익적 기록보존 등을 위하여 정보주체의 (가) 가명정보를 처리할 수 있다.
> 제2항 개인정보처리자는 제1항에 따라 가명정보를 제3자에게 제공하는 경우에는 특정 개인을 알아보기 위하여 사용될 수 있는 정보를 포함 (나).

	(가)	(나)
①	동의를 받아	할 수 있다
②	동의를 받아	해서는 아니 된다
③	동의 없이	해서는 아니 된다
④	동의 없이	할 수 있다

해설

「개인정보 보호법」 제28조의2(가명정보의 처리 등) ① 개인정보처리자는 통계작성, 과학적 연구, 공익적 기록보존 등을 위하여 정보주체의 동의 없이 가명정보를 처리할 수 있다.
② 개인정보처리자는 제1항에 따라 가명정보를 제3자에게 제공하는 경우에는 특정 개인을 알아보기 위하여 사용될 수 있는 정보를 포함해서는 아니 된다.

27 개인정보 보호위원회의 「가명정보 처리 가이드라인」(2024. 2.)에 있는 정형데이터 가명처리 기술로 다음에서 설명하는 암호화 기법은? 2024년 지방직 9급

> – 암호화된 상태에서의 연산이 가능한 암호화 방식으로 원래의 값을 암호화한 상태로 연산 처리를 하여 다양한 분석에 이용 가능한 기술이다.
> – 암호화된 상태의 연산값을 복호화하면 원래의 값을 연산한 것과 동일한 결과를 얻을 수 있는 4세대 암호화기법이다.

① 동형 암호화(homomorphic encryption)
② 다형성 암호화(polymorphic encryption)
③ 순서보존 암호화(order-preserving encryption)
④ 형태보존 암호화(format-preserving encryption)

PART 10

정답 25. ② 26. ③ 27. ①

해설

1. 동형 암호화(homomorphic encryption)
   - 암호화된 상태에서의 연산이 가능한 암호화 방식으로 원래의 값을 암호화한 상태로 연산 처리를 하여 다양한 분석에 이용 가능
   - 암호화된 상태의 연산값을 복호화하면 원래의 값을 연산한 것과 동일한 결과를 얻을 수 있는 4세대 암호화 기법
2. 다형성 암호화(polymorphic encryption)
   - 가명정보의 부정한 결합을 차단하기 위해 각 도메인별로 서로 다른 가명처리 방법을 사용하여 정보를 제공하는 방법
   - 정보 제공 시 서로 다른 방식의 암호화된 가명처리를 적용함에 따라 도메인별로 다른 가명정보를 가지게 됨
3. 순서보존 암호화(order-preserving encryption)
   - 원본정보의 순서와 암호값의 순서가 동일하게 유지되는 암호화 방식
   - 암호화된 상태에서도 원본정보의 순서가 유지되어 값들 간의 크기에 대한 비교 분석이 필요한 경우 안전한 분석이 가능
4. 형태보존 암호화(format-preserving encryption)
   - 원본 정보의 형태와 암호화된 값의 형태가 동일하게 유지되는 암호화 방식
   - 원본 정보와 동일한 크기와 구성 형태를 가지기 때문에 일반적인 암호화가 가지고 있는 저장 공간의 스키마 변경 이슈가 없어 저장 공간의 비용 증가를 해결할 수 있음
   - 암호화로 인해 발생하는 시스템의 수정이 거의 발생하지 않아 토큰화, 신용카드 번호의 암호화 등에서 기존 시스템의 변경 없이 암호화를 적용할 때 사용

28 **「개인정보 보호법」상 가명정보의 처리에 관한 특례에 대한 사항으로 옳지 않은 것은?**

2021년 국가직 9급

① 개인정보처리자는 통계작성, 과학적 연구, 공익적 기록보존 등을 위하여 정보주체의 동의 없이 가명정보를 처리할 수 있다.

② 개인정보처리자는 가명정보를 처리하는 과정에서 특정 개인을 알아볼 수 있는 정보가 생성된 경우에는 내부적으로 해당 정보를 처리 보관하되, 제3자에게 제공해서는 아니 된다.

③ 개인정보처리자는 가명정보를 처리하고자 하는 경우에는 가명정보의 처리 목적, 제3자 제공 시 제공받는 자 등 가명정보의 처리 내용을 관리하기 위하여 대통령령으로 정하는 사항에 대한 관련 기록을 작성하여 보관하여야 한다.

④ 통계작성, 과학적 연구, 공익적 기록보존 등을 위한 서로 다른 개인정보처리자 간의 가명정보의 결합은 개인정보 보호위원회 또는 관계 중앙행정기관의 장이 지정하는 전문기관이 수행한다.

해설

「개인정보 보호법」 제28조의2(가명정보의 처리 등) ① 개인정보처리자는 통계작성, 과학적 연구, 공익적 기록보존 등을 위하여 정보주체의 동의 없이 가명정보를 처리할 수 있다.
② 개인정보처리자는 제1항에 따라 가명정보를 제3자에게 제공하는 경우에는 특정 개인을 알아보기 위하여 사용될 수 있는 정보를 포함해서는 아니 된다. [본조신설 2020. 2. 4.]

「개인정보 보호법」 제28조의3(가명정보의 결합 제한) ① 제28조의2에도 불구하고 통계작성, 과학적 연구, 공익적 기록보존 등을 위한 서로 다른 개인정보처리자 간의 가명정보의 결합은 보호위원회 또는 관계 중앙행정기관의 장이 지정하는 전문기관이 수행한다.
② 결합을 수행한 기관 외부로 결합된 정보를 반출하려는 개인정보처리자는 가명정보 또는 제58조의2에 해당하는 정보로 처리한 뒤 전문기관의 장의 승인을 받아야 한다.
③ 제1항에 따른 결합 절차와 방법, 전문기관의 지정과 지정 취소 기준 · 절차, 관리 · 감독, 제2항에 따른 반출 및 승인 기준 · 절차 등 필요한 사항은 대통령령으로 정한다. [본조신설 2020. 2. 4.]

「개인정보 보호법」 제28조의4(가명정보에 대한 안전조치의무 등) ① 개인정보처리자는 가명정보를 처리하는 경우에는 원래의 상태로 복원하기 위한 추가 정보를 별도로 분리하여 보관 · 관리하는 등 해당 정보가 분실 · 도난 · 유출 · 위조 · 변조 또는 훼손되지 않도록 대통령령으로 정하는 바에 따라 안전성 확보에 필요한 기술적 · 관리적 및 물리적 조치를 하여야 한다.
② 개인정보처리자는 가명정보를 처리하고자 하는 경우에는 가명정보의 처리 목적, 제3자 제공 시 제공받는 자 등 가명정보의 처리 내용을 관리하기 위하여 대통령령으로 정하는 사항에 대한 관련 기록을 작성하여 보관하여야 한다.
[본조신설 2020. 2. 4.]

「개인정보 보호법」 제28조의5(가명정보 처리 시 금지의무 등) ① 누구든지 특정 개인을 알아보기 위한 목적으로 가명정보를 처리해서는 아니 된다.
② 개인정보처리자는 가명정보를 처리하는 과정에서 특정 개인을 알아볼 수 있는 정보가 생성된 경우에는 즉시 해당 정보의 처리를 중지하고, 지체 없이 회수 · 파기하여야 한다. [본조신설 2020. 2. 4.]

법 개정 〈개정 2023. 3. 14.〉 [시행 2023. 9. 15.]

「개인정보 보호법」 제28조의4(가명정보에 대한 안전조치의무 등) ① 개인정보처리자는 제28조의2 또는 제28조의3에 따라 가명정보를 처리하는 경우에는 원래의 상태로 복원하기 위한 추가 정보를 별도로 분리하여 보관 · 관리하는 등 해당 정보가 분실 · 도난 · 유출 · 위조 · 변조 또는 훼손되지 않도록 대통령령으로 정하는 바에 따라 안전성 확보에 필요한 기술적 · 관리적 및 물리적 조치를 하여야 한다. 〈개정 2023. 3. 14.〉
② 개인정보처리자는 제28조의2 또는 제28조의3에 따라 가명정보를 처리하는 경우 처리목적 등을 고려하여 가명정보의 처리 기간을 별도로 정할 수 있다. 〈신설 2023. 3. 14.〉
③ 개인정보처리자는 제28조의2 또는 제28조의3에 따라 가명정보를 처리하고자 하는 경우에는 가명정보의 처리 목적, 제3자 제공 시 제공받는 자, 가명정보의 처리 기간(제2항에 따라 처리 기간을 별도로 정한 경우에 한한다) 등 가명정보의 처리 내용을 관리하기 위하여 대통령령으로 정하는 사항에 대한 관련 기록을 작성하여 보관하여야 하며, 가명정보를 파기한 경우에는 파기한 날부터 3년 이상 보관하여야 한다. 〈개정 2023. 3. 14.〉

「개인정보 보호법」 제28조의5(가명정보 처리 시 금지의무 등) ① 제28조의2 또는 제28조의3에 따라 가명정보를 처리하는 자는 특정 개인을 알아보기 위한 목적으로 가명정보를 처리해서는 아니 된다. 〈개정 2023. 3. 14.〉
② 개인정보처리자는 제28조의2 또는 제28조의3에 따라 가명정보를 처리하는 과정에서 특정 개인을 알아볼 수 있는 정보가 생성된 경우에는 즉시 해당 정보의 처리를 중지하고, 지체 없이 회수 · 파기하여야 한다. 〈개정 2023. 3. 14.〉

정답 28. ②

29 **개인정보 가명처리에 대한 설명으로 옳지 않은 것은?** 2021년 군무원 9급

① 가명정보는 개인정보를 가명처리함으로써 원래의 상태로 복원하기 위한 추가정보의 사용·결합 없이는 특정 개인을 알아볼 수 없는 정보이다.

② 가명정보는 처리(제공) 환경에 따라 가명정보 처리자 내부에서 활용(자체활용 또는 내부 제공·결합)하는 경우와 제3자에게 제공하는 경우로 구분할 수 있다.

③ 가명정보처리자는 가명정보 또는 추가정보의 안전한 관리를 위하여 기술적 안전조치와 관리적 안전조치를 취해야 하며, 물리적 안전조치를 취하지 않아도 무방하다.

④ 가명정보는 개인정보처리자의 정당한 처리 범위 내에서 통계작성, 과학적 연구, 공익적 기록보존 등의 목적으로 정보주체의 동의 없이 처리할 수 있다.

해설

「개인정보 보호법」 제28조의2(가명정보의 처리 등) ① 개인정보처리자는 통계작성, 과학적 연구, 공익적 기록보존 등을 위하여 정보주체의 동의 없이 가명정보를 처리할 수 있다.

② 개인정보처리자는 제1항에 따라 가명정보를 제3자에게 제공하는 경우에는 특정 개인을 알아보기 위하여 사용될 수 있는 정보를 포함해서는 아니 된다. [본조신설 2020. 2. 4.]

「개인정보 보호법」 제28조의4(가명정보에 대한 안전조치의무 등) ① 개인정보처리자는 가명정보를 처리하는 경우에는 원래의 상태로 복원하기 위한 추가 정보를 별도로 분리하여 보관·관리하는 등 해당 정보가 분실·도난·유출·위조·변조 또는 훼손되지 않도록 대통령령으로 정하는 바에 따라 안전성 확보에 필요한 기술적·관리적 및 물리적 조치를 하여야 한다.

② 개인정보처리자는 가명정보를 처리하고자 하는 경우에는 가명정보의 처리 목적, 제3자 제공 시 제공받는 자 등 가명정보의 처리 내용을 관리하기 위하여 대통령령으로 정하는 사항에 대한 관련 기록을 작성하여 보관하여야 한다. [본조신설 2020. 2. 4.]

⊘ 법 개정 〈개정 2023. 3. 14.〉 [시행 2023. 9. 15.]

「개인정보 보호법」 제28조의4(가명정보에 대한 안전조치의무 등) ① 개인정보처리자는 제28조의2 또는 제28조의3에 따라 가명정보를 처리하는 경우에는 원래의 상태로 복원하기 위한 추가 정보를 별도로 분리하여 보관·관리하는 등 해당 정보가 분실·도난·유출·위조·변조 또는 훼손되지 않도록 대통령령으로 정하는 바에 따라 안전성 확보에 필요한 기술적·관리적 및 물리적 조치를 하여야 한다. 〈개정 2023. 3. 14.〉

② 개인정보처리자는 제28조의2 또는 제28조의3에 따라 가명정보를 처리하는 경우 처리목적 등을 고려하여 가명정보의 처리 기간을 별도로 정할 수 있다. 〈신설 2023. 3. 14.〉

③ 개인정보처리자는 제28조의2 또는 제28조의3에 따라 가명정보를 처리하고자 하는 경우에는 가명정보의 처리 목적, 제3자 제공 시 제공받는 자, 가명정보의 처리 기간(제2항에 따라 처리 기간을 별도로 정한 경우에 한한다) 등 가명정보의 처리 내용을 관리하기 위하여 대통령령으로 정하는 사항에 대한 관련 기록을 작성하여 보관하여야 하며, 가명정보를 파기한 경우에는 파기한 날부터 3년 이상 보관하여야 한다. 〈개정 2023. 3. 14.〉

30 「개인정보 보호법」 제30조(개인정보 처리방침의 수립 및 공개)에 따라 개인정보처리자가 정해야 하는 '개인정보 처리방침'에 포함되는 사항이 아닌 것은? 2024년 국가직 9급

① 개인정보의 처리 목적
② 개인정보의 처리 및 보유 기간
③ 정보주체와 법정대리인의 권리·의무 및 그 행사방법에 관한 사항
④ 개인정보처리자의 성명 또는 개인정보를 활용하는 부서의 명칭과 전화번호 등 연락처

해설

「개인정보 보호법」 제30조(개인정보 처리방침의 수립 및 공개) ① 개인정보처리자는 다음 각 호의 사항이 포함된 개인정보의 처리 방침(이하 "개인정보 처리방침"이라 한다)을 정하여야 한다. 이 경우 공공기관은 제32조에 따라 등록대상이 되는 개인정보파일에 대하여 개인정보 처리방침을 정한다. 〈개정 2016. 3. 29., 2020. 2. 4., 2023. 3. 14.〉

1. 개인정보의 처리 목적
2. 개인정보의 처리 및 보유 기간
3. 개인정보의 제3자 제공에 관한 사항(해당되는 경우에만 정한다)

3의2. 개인정보의 파기절차 및 파기방법(제21조 제1항 단서에 따라 개인정보를 보존하여야 하는 경우에는 그 보존근거와 보존하는 개인정보 항목을 포함한다)

3의3. 제23조 제3항에 따른 민감정보의 공개 가능성 및 비공개를 선택하는 방법(해당되는 경우에만 정한다)

4. 개인정보처리의 위탁에 관한 사항(해당되는 경우에만 정한다)

4의2. 제28조의2 및 제28조의3에 따른 가명정보의 처리 등에 관한 사항(해당되는 경우에만 정한다)

5. 정보주체와 법정대리인의 권리·의무 및 그 행사방법에 관한 사항
6. 제31조에 따른 개인정보 보호책임자의 성명 또는 개인정보 보호업무 및 관련 고충사항을 처리하는 부서의 명칭과 전화번호 등 연락처
7. 인터넷 접속정보파일 등 개인정보를 자동으로 수집하는 장치의 설치·운영 및 그 거부에 관한 사항(해당하는 경우에만 정한다)
8. 그 밖에 개인정보의 처리에 관하여 대통령령으로 정한 사항

PART 10

정답 29. ③ 30. ④

31 **「개인정보 보호법」상 개인정보처리자는 개인정보의 처리에 관한 업무를 총괄해서 책임질 개인정보 보호책임자를 지정하도록 명시하고 있다. 개인정보 보호책임자의 업무에 해당하지 않는 것은?**

2016년 국가직 7급

① 개인정보 처리방침의 수립 및 공개
② 개인정보 처리 실태 및 관행의 정기적인 조사 및 개선
③ 개인정보 유출 및 오용·남용 방지를 위한 내부통제시스템의 구축
④ 개인정보 보호 교육 계획의 수립 및 시행

해설

「개인정보 보호법」 제31조(개인정보 보호책임자의 지정) ② 개인정보 보호책임자는 다음 각 호의 업무를 수행한다.

1. 개인정보 보호 계획의 수립 및 시행
2. 개인정보 처리 실태 및 관행의 정기적인 조사 및 개선
3. 개인정보 처리와 관련한 불만의 처리 및 피해 구제
4. 개인정보 유출 및 오용·남용 방지를 위한 내부통제시스템의 구축
5. 개인정보 보호 교육 계획의 수립 및 시행
6. 개인정보파일의 보호 및 관리·감독
7. 그 밖에 개인정보의 적절한 처리를 위하여 대통령령으로 정한 업무

법 개정 〈개정 2023. 3. 14.〉 [시행 2023. 9. 15.]

「개인정보 보호법」 제31조(개인정보 보호책임자의 지정 등) ① 개인정보처리자는 개인정보의 처리에 관한 업무를 총괄해서 책임질 개인정보 보호책임자를 지정하여야 한다. 다만, 종업원 수, 매출액 등이 대통령령으로 정하는 기준에 해당하는 개인정보처리자의 경우에는 지정하지 아니할 수 있다. 〈개정 2023. 3. 14.〉

② 제1항 단서에 따라 개인정보 보호책임자를 지정하지 아니하는 경우에는 개인정보처리자의 사업주 또는 대표자가 개인정보 보호책임자가 된다. 〈신설 2023. 3. 14.〉

③ 개인정보 보호책임자는 다음 각 호의 업무를 수행한다. 〈개정 2023. 3. 14.〉

1. 개인정보 보호 계획의 수립 및 시행
2. 개인정보 처리 실태 및 관행의 정기적인 조사 및 개선
3. 개인정보 처리와 관련한 불만의 처리 및 피해 구제
4. 개인정보 유출 및 오용·남용 방지를 위한 내부통제시스템의 구축
5. 개인정보 보호 교육 계획의 수립 및 시행
6. 개인정보파일의 보호 및 관리·감독
7. 그 밖에 개인정보의 적절한 처리를 위하여 대통령령으로 정한 업무

32 「개인정보 보호법」상 다음 업무를 수행하는 자는? 2017년 지방직 9급 추가

> 개인정보파일의 보호 및 관리·감독하는 임원(임원이 없는 경우에는 개인 정보를 담당하는 부서의 장)을 말한다.

① 수탁자
② 정보통신서비스 제공자
③ 개인정보취급자
④ 개인정보 보호책임자

해설
• 31번 문제 해설 참조

33 「개인정보 보호법」 제31조(개인정보 보호책임자의 지정 등)에서 규정한 개인정보 보호책임자의 수행 업무가 아닌 것은? 2024년 지방직 9급

① 개인정보 보호 계획의 수립 및 시행
② 개인정보 처리 실태 및 관행의 정기적인 조사 및 개선
③ 개인정보 유출 및 오용·남용 방지를 위한 내부통제시스템의 구축
④ 정보주체의 권리침해에 대한 조사 및 이에 따른 처분에 관한 사항

해설
「개인정보 보호법」 제31조(개인정보 보호책임자의 지정 등) ① 개인정보처리자는 개인정보의 처리에 관한 업무를 총괄해서 책임질 개인정보 보호책임자를 지정하여야 한다. 다만, 종업원 수, 매출액 등이 대통령령으로 정하는 기준에 해당하는 개인정보처리자의 경우에는 지정하지 아니할 수 있다. 〈개정 2023. 3. 14.〉
② 제1항 단서에 따라 개인정보 보호책임자를 지정하지 아니하는 경우에는 개인정보처리자의 사업주 또는 대표자가 개인정보 보호책임자가 된다. 〈신설 2023. 3. 14.〉
③ 개인정보 보호책임자는 다음 각 호의 업무를 수행한다. 〈개정 2023. 3. 14.〉
1. 개인정보 보호 계획의 수립 및 시행
2. 개인정보 처리 실태 및 관행의 정기적인 조사 및 개선
3. 개인정보 처리와 관련한 불만의 처리 및 피해 구제
4. 개인정보 유출 및 오용·남용 방지를 위한 내부통제시스템의 구축
5. 개인정보 보호 교육 계획의 수립 및 시행
6. 개인정보파일의 보호 및 관리·감독
7. 그 밖에 개인정보의 적절한 처리를 위하여 대통령령으로 정한 업무

정답 31. ① 32. ④ 33. ④

「개인정보 보호법」 제7조의8(보호위원회의 소관 사무) 보호위원회는 다음 각 호의 소관 사무를 수행한다. 〈개정 2023. 3. 14.〉

1. 개인정보의 보호와 관련된 법령의 개선에 관한 사항
2. 개인정보 보호와 관련된 정책·제도·계획 수립·집행에 관한 사항
3. 정보주체의 권리침해에 대한 조사 및 이에 따른 처분에 관한 사항
4. 개인정보의 처리와 관련한 고충처리·권리구제 및 개인정보에 관한 분쟁의 조정
5. 개인정보 보호를 위한 국제기구 및 외국의 개인정보 보호기구와의 교류·협력
6. 개인정보 보호에 관한 법령·정책·제도·실태 등의 조사·연구, 교육 및 홍보에 관한 사항
7. 개인정보 보호에 관한 기술개발의 지원·보급, 기술의 표준화 및 전문인력의 양성에 관한 사항
8. 이 법 및 다른 법령에 따라 보호위원회의 사무로 규정된 사항

34 **다음 중 「개인정보 보호법」에서 공공기관의 장이 개인정보파일을 운용하는 경우에 보호위원회에게 등록하는 내용으로 옳지 않은 것은?** 보안기사 문제 응용

① 개인정보의 처리방법, 보유기간
② 개인정보파일의 운영 근거 및 목적
③ 개인정보의 보관방법
④ 개인정보파일의 명칭

해설

「개인정보 보호법」 제32조(개인정보파일의 등록 및 공개) ① 공공기관의 장이 개인정보파일을 운용하는 경우에는 다음 각 호의 사항을 보호위원회에 등록하여야 한다. 등록한 사항이 변경된 경우에도 또한 같다.

1. 개인정보파일의 명칭
2. 개인정보파일의 운영 근거 및 목적
3. 개인정보파일에 기록되는 개인정보의 항목
4. 개인정보의 처리방법
5. 개인정보의 보유기간
6. 개인정보를 통상적 또는 반복적으로 제공하는 경우에는 그 제공받는 자
7. 그 밖에 대통령령으로 정하는 사항

35 **「개인정보 보호법」상 개인정보처리자가 개인정보가 유출되었음을 알게 되었을 때에 지체 없이 해당 정보주체에게 알려야 할 사항에 해당하지 않는 것은?** 2018년 국가직 9급

① 유출된 개인정보의 항목
② 유출된 시점과 그 경위
③ 조치 결과를 행정안전부장관 또는 대통령령으로 정하는 전문기관에 신고한 사실
④ 정보주체에게 피해가 발생한 경우 신고 등을 접수할 수 있는 담당부서 및 연락처

해설

「개인정보 보호법」 제34조(개인정보 유출 통지 등) ① 개인정보처리자는 개인정보가 유출되었음을 알게 되었을 때에는 지체 없이 해당 정보주체에게 다음 각 호의 사실을 알려야 한다.
1. 유출된 개인정보의 항목
2. 유출된 시점과 그 경위
3. 유출로 인하여 발생할 수 있는 피해를 최소화하기 위하여 정보주체가 할 수 있는 방법 등에 관한 정보
4. 개인정보처리자의 대응조치 및 피해 구제절차
5. 정보주체에게 피해가 발생한 경우 신고 등을 접수할 수 있는 담당부서 및 연락처

② 개인정보처리자는 개인정보가 유출된 경우 그 피해를 최소화하기 위한 대책을 마련하고 필요한 조치를 하여야 한다.

③ 개인정보처리자는 대통령령으로 정한 규모 이상의 개인정보가 유출된 경우에는 제1항에 따른 통지 및 제2항에 따른 조치 결과를 지체 없이 보호위원회 또는 대통령령으로 정하는 전문기관에 신고하여야 한다. 이 경우 보호위원회 또는 대통령령으로 정하는 전문기관은 피해 확산방지, 피해 복구 등을 위한 기술을 지원할 수 있다.

법 개정 〈개정 2023. 3. 14.〉 [시행 2023. 9. 15.]

「개인정보 보호법」 제34조(개인정보 유출 등의 통지·신고) ① 개인정보처리자는 개인정보가 분실·도난·유출(이하 이 조에서 "유출등"이라 한다)되었음을 알게 되었을 때에는 지체 없이 해당 정보주체에게 다음 각 호의 사항을 알려야 한다. 다만, 정보주체의 연락처를 알 수 없는 경우 등 정당한 사유가 있는 경우에는 대통령령으로 정하는 바에 따라 통지를 갈음하는 조치를 취할 수 있다. 〈개정 2023. 3. 14.〉
1. 유출등이 된 개인정보의 항목
2. 유출등이 된 시점과 그 경위
3. 유출등으로 인하여 발생할 수 있는 피해를 최소화하기 위하여 정보주체가 할 수 있는 방법 등에 관한 정보
4. 개인정보처리자의 대응조치 및 피해 구제절차
5. 정보주체에게 피해가 발생한 경우 신고 등을 접수할 수 있는 담당부서 및 연락처

② 개인정보처리자는 개인정보가 유출등이 된 경우 그 피해를 최소화하기 위한 대책을 마련하고 필요한 조치를 하여야 한다. 〈개정 2023. 3. 14.〉

③ 개인정보처리자는 개인정보의 유출등이 있음을 알게 되었을 때에는 개인정보의 유형, 유출등의 경로 및 규모 등을 고려하여 대통령령으로 정하는 바에 따라 제1항 각 호의 사항을 지체 없이 보호위원회 또는 대통령령으로 정하는 전문기관에 신고하여야 한다. 이 경우 보호위원회 또는 대통령령으로 정하는 전문기관은 피해 확산방지, 피해 복구 등을 위한 기술을 지원할 수 있다. 〈개정 2013. 3. 23., 2014. 11. 19., 2017. 7. 26., 2020. 2. 4., 2023. 3. 14.〉

정답 34. ③ 35. ③

36 **「개인정보 보호법」상 개인정보 유출 시 개인정보처리자가 정보 주체에게 알려야 할 사항으로 옳은 것만을 모두 고르면?** 2014년 국가직 9급

> ㄱ. 유출된 개인정보의 위탁기관 현황
> ㄴ. 유출된 시점과 그 경위
> ㄷ. 개인정보처리자의 개인정보 보관·폐기 기간
> ㄹ. 정보주체에게 피해가 발생한 경우 신고 등을 접수할 수 있는 담당부서 및 연락처

① ㄱ, ㄴ　② ㄷ, ㄹ
③ ㄱ, ㄷ　④ ㄴ, ㄹ

해 설

「개인정보 보호법」 제34조(개인정보 유출 통지 등) ① 개인정보처리자는 개인정보가 유출되었음을 알게 되었을 때에는 지체 없이 해당 정보주체에게 다음 각 호의 사실을 알려야 한다.

1. 유출된 개인정보의 항목
2. 유출된 시점과 그 경위
3. 유출로 인하여 발생할 수 있는 피해를 최소화하기 위하여 정보주체가 할 수 있는 방법 등에 관한 정보
4. 개인정보처리자의 대응조치 및 피해 구제절차
5. 정보주체에게 피해가 발생한 경우 신고 등을 접수할 수 있는 담당부서 및 연락처

⊘ 법 개정 〈개정 2023. 3. 14.〉 [시행 2023. 9. 15.]

「개인정보 보호법」 제34조(개인정보 유출 등의 통지·신고) ① 개인정보처리자는 개인정보가 분실·도난·유출(이하 이 조에서 "유출등"이라 한다)되었음을 알게 되었을 때에는 지체 없이 해당 정보주체에게 다음 각 호의 사항을 알려야 한다. 다만, 정보주체의 연락처를 알 수 없는 경우 등 정당한 사유가 있는 경우에는 대통령령으로 정하는 바에 따라 통지를 갈음하는 조치를 취할 수 있다. 〈개정 2023. 3. 14.〉

1. 유출등이 된 개인정보의 항목
2. 유출등이 된 시점과 그 경위
3. 유출등으로 인하여 발생할 수 있는 피해를 최소화하기 위하여 정보주체가 할 수 있는 방법 등에 관한 정보
4. 개인정보처리자의 대응조치 및 피해 구제절차
5. 정보주체에게 피해가 발생한 경우 신고 등을 접수할 수 있는 담당부서 및 연락처

37 「개인정보 보호법 시행령」상 개인정보 영향평가의 대상에 대한 규정의 일부이다. ㉠, ㉡에 들어갈 내용으로 옳은 것은? 2019년 국가직 9급

> 第35조(개인정보 영향평가의 대상) 「개인정보 보호법」 제33조 제1항에서 "대통령령으로 정하는 기준에 해당하는 개인정보파일"이란 개인정보를 전자적으로 처리할 수 있는 개인정보파일로서 다음 각 호의 어느 하나에 해당하는 개인정보파일을 말한다.
> 1. 구축·운용 또는 변경하려는 개인정보파일로서 (㉠) 이상의 정보주체에 관한 민감정보 또는 고유식별정보의 처리가 수반되는 개인정보파일
> 2. 구축·운용하고 있는 개인정보파일을 해당 공공기관 내부 또는 외부에서 구축·운용하고 있는 다른 개인정보파일과 연계하려는 경우로서 연계 결과 50만 명 이상의 정보주체에 관한 개인정보가 포함되는 개인정보파일
> 3. 구축·운용 또는 변경하려는 개인정보파일로서 (㉡) 이상의 정보주체에 관한 개인정보파일

	㉠	㉡
①	5만 명	100만 명
②	10만 명	100만 명
③	5만 명	150만 명
④	10만 명	150만 명

해설

「개인정보 보호법 시행령」 제35조(개인정보 영향평가의 대상) 법 제33조 제1항에서 "대통령령으로 정하는 기준에 해당하는 개인정보파일"이란 개인정보를 전자적으로 처리할 수 있는 개인정보파일로서 다음 각 호의 어느 하나에 해당하는 개인정보파일을 말한다.

1. 구축·운용 또는 변경하려는 개인정보파일로서 5만명 이상의 정보주체에 관한 민감정보 또는 고유식별정보의 처리가 수반되는 개인정보파일
2. 구축·운용하고 있는 개인정보파일을 해당 공공기관 내부 또는 외부에서 구축·운용하고 있는 다른 개인정보파일과 연계하려는 경우로서 연계 결과 50만명 이상의 정보주체에 관한 개인정보가 포함되는 개인정보파일
3. 구축·운용 또는 변경하려는 개인정보파일로서 100만명 이상의 정보주체에 관한 개인정보파일
4. 법 제33조 제1항에 따른 개인정보 영향평가(이하 "영향평가"라 한다)를 받은 후에 개인정보 검색체계 등 개인정보파일의 운용체계를 변경하려는 경우 그 개인정보파일. 이 경우 영향평가 대상은 변경된 부분으로 한정한다.

정답 36. ④ 37. ①

38 **개인정보 보호법령상 개인정보 영향평가에 대한 설명으로 옳지 않은 것은?** 2016년 지방직 9급

① 공공기관의 장은 대통령령으로 정하는 기준에 해당하는 개인 정보파일의 운용으로 인하여 정보주체의 개인정보 침해가 우려되는 경우에는 위험요인분석과 개선 사항 도출을 위한 평가를 하고, 그 결과를 행정자치부장관에게 제출하여야 한다.

② 개인정보 영향평가의 대상에 해당하는 개인정보파일은 공공 기관이 구축·운용 또는 변경하려는 개인정보파일로서 50만명 이상의 정보주체에 관한 개인정보파일을 말한다.

③ 영향평가를 하는 경우에는 처리하는 개인정보의 수, 개인 정보의 제3자 제공 여부, 정보주체의 권리를 해할 가능성 및 그 위험정도, 그 밖에 대통령령으로 정한 사항을 고려하여야 한다.

④ 행정자치부장관은 제출받은 영향평가 결과에 대하여 보호 위원회의 심의·의결을 거쳐 의견을 제시할 수 있다.

해설

• 37번 문제 해설 참조

39 **「개인정보 보호법」상 개인정보 분쟁조정위원회에 대한 설명으로 옳지 않은 것은?** 2019년 지방직 9급

① 분쟁조정위원회는 위원장 1명을 포함한 20명 이내의 위원으로 구성한다.

② 위원장은 행정안전부·방송통신위원회·금융위원회 및 개인정보보호위원회의 고위공무원단에 속하는 일반직공무원 중에서 위촉한다.

③ 분쟁조정위원회는 재적위원 과반수의 출석으로 개의하며 출석위원 과반수의 찬성으로 의결한다.

④ 위원은 자격정지 이상의 형을 선고받거나 심신상의 장애로 직무를 수행할 수 없는 경우를 제외하고는 그의 의사에 반하여 면직되거나 해촉되지 아니한다.

해설

「개인정보 보호법」 제40조(설치 및 구성) ① 개인정보에 관한 분쟁의 조정(調停)을 위하여 개인정보 분쟁조정위원회(이하 "분쟁조정위원회"라 한다)를 둔다.

② 분쟁조정위원회는 위원장 1명을 포함한 20명 이내의 위원으로 구성하며, 위원은 당연직위원과 위촉위원으로 구성한다.

③ 위촉위원은 다음 각 호의 어느 하나에 해당하는 사람 중에서 보호위원회 위원장이 위촉하고, 대통령령으로 정하는 국가기관 소속 공무원은 당연직위원이 된다.

④ 위원장은 위원 중에서 공무원이 아닌 사람으로 보호위원회 위원장이 위촉한다.

⊙ 법 개정 〈개정 2023. 3. 14.〉 [시행 2023. 9. 15.]

「개인정보 보호법」 제40조(설치 및 구성) ① 개인정보에 관한 분쟁의 조정(調停)을 위하여 개인정보 분쟁조정위원회(이하 "분쟁조정위원회"라 한다)를 둔다.

② 분쟁조정위원회는 위원장 1명을 포함한 30명 이내의 위원으로 구성하며, 위원은 당연직위원과 위촉위원으로 구성한다. 〈개정 2015. 7. 24., 2023. 3. 14.〉

③ 위촉위원은 다음 각 호의 어느 하나에 해당하는 사람 중에서 보호위원회 위원장이 위촉하고, 대통령령으로 정하는 국가기관 소속 공무원은 당연직위원이 된다. 〈개정 2013. 3. 23., 2014. 11. 19., 2015. 7. 24.〉

1. 개인정보 보호업무를 관장하는 중앙행정기관의 고위공무원단에 속하는 공무원으로 재직하였던 사람 또는 이에 상당하는 공공부문 및 관련 단체의 직에 재직하고 있거나 재직하였던 사람으로서 개인정보 보호업무의 경험이 있는 사람

2. 대학이나 공인된 연구기관에서 부교수 이상 또는 이에 상당하는 직에 재직하고 있거나 재직하였던 사람
3. 판사·검사 또는 변호사로 재직하고 있거나 재직하였던 사람
4. 개인정보 보호와 관련된 시민사회단체 또는 소비자단체로부터 추천을 받은 사람
5. 개인정보처리자로 구성된 사업자단체의 임원으로 재직하고 있거나 재직하였던 사람

④ 위원장은 위원 중에서 공무원이 아닌 사람으로 보호위원회 위원장이 위촉한. 〈개정 2013. 3. 23., 2014. 11. 19., 2015. 7. 24.〉

⑤ 위원장과 위촉위원의 임기는 2년으로 하되, 1차에 한하여 연임할 수 있다. 〈개정 2015. 7. 24.〉

⑥ 분쟁조정위원회는 분쟁조정 업무를 효율적으로 수행하기 위하여 필요하면 대통령령으로 정하는 바에 따라 조정사건의 분야별로 5명 이내의 위원으로 구성되는 조정부를 둘 수 있다. 이 경우 조정부가 분쟁조정위원회에서 위임받아 의결한 사항은 분쟁조정위원회에서 의결한 것으로 본다.

⑦ 분쟁조정위원회 또는 조정부는 재적위원 과반수의 출석으로 개의하며 출석위원 과반수의 찬성으로 의결한다.

⑧ 보호위원회는 분쟁조정 접수, 사실 확인 등 분쟁조정에 필요한 사무를 처리할 수 있다. 〈개정 2015. 7. 24.〉

⑨ 이 법에서 정한 사항 외에 분쟁조정위원회 운영에 필요한 사항은 대통령령으로 정한다.

40 「개인정보 보호법 시행령」상 개인정보처리자가 하여야 하는 안전성 확보 조치에 해당하지 않는 것은? 2017년 국가직 9급

① 개인정보의 안전한 처리를 위한 내부 관리계획의 수립·시행

② 개인정보가 정보주체의 요구를 받아 삭제되더라도 이를 복구 또는 재생할 수 있는 내부 방안 마련

③ 개인정보를 안전하게 저장·전송할 수 있는 암호화 기술의 적용 또는 이에 상응하는 조치

④ 개인정보 침해사고 발생에 대응하기 위한 접속기록의 보관 및 위조·변조 방지를 위한 조치

해설

「개인정보 보호법 시행령」 제30조(개인정보의 안전성 확보 조치) ① 개인정보처리자는 법 제29조에 따라 다음 각 호의 안전성 확보 조치를 하여야 한다.
1. 개인정보의 안전한 처리를 위한 내부 관리계획의 수립·시행
2. 개인정보에 대한 접근 통제 및 접근 권한의 제한 조치
3. 개인정보를 안전하게 저장·전송할 수 있는 암호화 기술의 적용 또는 이에 상응하는 조치
4. 개인정보 침해사고 발생에 대응하기 위한 접속기록의 보관 및 위조·변조 방지를 위한 조치
5. 개인정보에 대한 보안프로그램의 설치 및 갱신
6. 개인정보의 안전한 보관을 위한 보관시설의 마련 또는 잠금장치의 설치 등 물리적 조치

② 행정안전부장관은 개인정보처리자가 제1항에 따른 안전성 확보 조치를 하도록 시스템을 구축하는 등 필요한 지원을 할 수 있다.

③ 제1항에 따른 안전성 확보 조치에 관한 세부 기준은 행정안전부장관이 정하여 고시한다.

법 개정 [2023. 9. 12., 일부개정]

「개인정보 보호법 시행령」 제30조(개인정보의 안전성 확보 조치) ① 개인정보처리자는 법 제29조에 따라 다음 각 호의 안전성 확보 조치를 해야 한다.〈개정 2023. 9. 12.〉
1. 개인정보의 안전한 처리를 위한 다음 각 목의 내용을 포함하는 내부 관리계획의 수립·시행 및 점검
   가. 법 제28조 제1항에 따른 개인정보취급자(이하 "개인정보취급자"라 한다)에 대한 관리·감독 및 교육에 관한 사항
   나. 법 제31조에 따른 개인정보 보호책임자의 지정 등 개인정보 보호 조직의 구성·운영에 관한 사항
   다. 제2호부터 제8호까지의 규정에 따른 조치를 이행하기 위하여 필요한 세부 사항

정답 38. ② 39. ② 40. ②

PART 10

2. 개인정보에 대한 접근 권한을 제한하기 위한 다음 각 목의 조치
   가. 데이터베이스시스템 등 개인정보를 처리할 수 있도록 체계적으로 구성한 시스템(이하 "개인정보처리시스템"이라 한다)에 대한 접근 권한의 부여·변경·말소 등에 관한 기준의 수립·시행
   나. 정당한 권한을 가진 자에 의한 접근인지를 확인하기 위해 필요한 인증수단 적용 기준의 설정 및 운영
   다. 그 밖에 개인정보에 대한 접근 권한을 제한하기 위하여 필요한 조치
3. 개인정보에 대한 접근을 통제하기 위한 다음 각 목의 조치
   가. 개인정보처리시스템에 대한 침입을 탐지하고 차단하기 위하여 필요한 조치
   나. 개인정보처리시스템에 접속하는 개인정보취급자의 컴퓨터 등으로서 보호위원회가 정하여 고시하는 기준에 해당하는 컴퓨터 등에 대한 인터넷망의 차단. 다만, 전년도 말 기준 직전 3개월간 그 개인정보가 저장·관리되고 있는「정보통신망 이용촉진 및 정보보호 등에 관한 법률」제2조 제1항 제4호에 따른 이용자 수가 일일평균 100만명 이상인 개인정보처리자만 해당한다.
   다. 그 밖에 개인정보에 대한 접근을 통제하기 위하여 필요한 조치
4. 개인정보를 안전하게 저장·전송하는데 필요한 다음 각 목의 조치
   가. 비밀번호의 일방향 암호화 저장 등 인증정보의 암호화 저장 또는 이에 상응하는 조치
   나. 주민등록번호 등 보호위원회가 정하여 고시하는 정보의 암호화 저장 또는 이에 상응하는 조치
   다.「정보통신망 이용촉진 및 정보보호 등에 관한 법률」제2조 제1항 제1호에 따른 정보통신망을 통하여 정보주체의 개인정보 또는 인증정보를 송신·수신하는 경우 해당 정보의 암호화 또는 이에 상응하는 조치
   라. 그 밖에 암호화 또는 이에 상응하는 기술을 이용한 보안조치
5. 개인정보 침해사고 발생에 대응하기 위한 접속기록의 보관 및 위조·변조 방지를 위한 다음 각 목의 조치
   가. 개인정보처리시스템에 접속한 자의 접속일시, 처리내역 등 접속기록의 저장·점검 및 이의 확인·감독
   나. 개인정보처리시스템에 대한 접속기록의 안전한 보관
   다. 그 밖에 접속기록 보관 및 위조·변조 방지를 위하여 필요한 조치
6. 개인정보처리시스템 및 개인정보취급자가 개인정보 처리에 이용하는 정보기기에 대해 컴퓨터바이러스, 스파이웨어, 랜섬웨어 등 악성프로그램의 침투 여부를 항시 점검·치료할 수 있도록 하는 등의 기능이 포함된 프로그램의 설치·운영과 주기적 갱신·점검 조치
7. 개인정보의 안전한 보관을 위한 보관시설의 마련 또는 잠금장치의 설치 등 물리적 조치
8. 그 밖에 개인정보의 안전성 확보를 위하여 필요한 조치

② 보호위원회는 개인정보처리자가 제1항에 따른 안전성 확보 조치를 하도록 시스템을 구축하는 등 필요한 지원을 할 수 있다. 〈개정 2013. 3. 23., 2014. 11. 19., 2017. 7. 26., 2020. 8. 4.〉

③ 제1항에 따른 안전성 확보 조치에 관한 세부 기준은 보호위원회가 정하여 고시한다. 〈개정 2013. 3. 23., 2014. 11. 19., 2017. 7. 26., 2020. 8. 4.〉

41 「개인정보 보호법 시행령」의 내용으로 옳지 않은 것은? 2019년 국가직 9급

① 공공기관의 영상정보처리기기는 재위탁하여 운영할 수 없다.

② 개인정보처리자가 전자적 파일 형태의 개인정보를 파기하여야 하는 경우 복원이 불가능한 형태로 영구 삭제하여야 한다.

③ 개인정보처리자는 개인정보의 처리에 대해서 전화를 통하여 동의 내용을 정보주체에게 알리고 동의 의사표시를 확인하는 방법으로 동의를 받을 수 있다.

④ 공공기관이 개인정보를 목적 외의 용도로 이용하는 경우에는 '이용하거나 제공하는 개인정보 또는 개인정보파일의 명칭'을 개인정보의 목적 외 이용 및 제3자 제공 대장에 기록하고 관리하여야 한다.

해 설

1번 보기 관련 법령

「개인정보 보호법 시행령」 제26조(공공기관의 영상정보처리기기 설치·운영 사무의 위탁) ① 법 제25조 제8항 단서에 따라 공공기관이 영상정보처리기기의 설치·운영에 관한 사무를 위탁하는 경우에는 다음 각 호의 내용이 포함된 문서로 하여야 한다.

1. 위탁하는 사무의 목적 및 범위
2. 재위탁 제한에 관한 사항
3. 영상정보에 대한 접근 제한 등 안전성 확보 조치에 관한 사항
4. 영상정보의 관리 현황 점검에 관한 사항
5. 위탁받는 자가 준수하여야 할 의무를 위반한 경우의 손해배상 등 책임에 관한 사항

2번 보기 관련 법령

「개인정보 보호법 시행령」 제16조(개인정보의 파기방법) ① 개인정보처리자는 법 제21조에 따라 개인정보를 파기할 때에는 다음 각 호의 구분에 따른 방법으로 하여야 한다.

1. 전자적 파일 형태인 경우 : 복원이 불가능한 방법으로 영구 삭제

3번 보기 관련 법령

「개인정보 보호법 시행령」 제17조(동의를 받는 방법) ① 개인정보처리자는 법 제22조에 따라 개인정보의 처리에 대하여 다음 각 호의 어느 하나에 해당하는 방법으로 정보주체의 동의를 받아야 한다.

1. 동의 내용이 적힌 서면을 정보주체에게 직접 발급하거나 우편 또는 팩스 등의 방법으로 전달하고, 정보주체가 서명하거나 날인한 동의서를 받는 방법
2. 전화를 통하여 동의 내용을 정보주체에게 알리고 동의의 의사표시를 확인하는 방법
3. 전화를 통하여 동의 내용을 정보주체에게 알리고 정보주체에게 인터넷주소 등을 통하여 동의 사항을 확인하도록 한 후 다시 전화를 통하여 그 동의 사항에 대한 동의의 의사표시를 확인하는 방법
4. 인터넷 홈페이지 등에 동의 내용을 게재하고 정보주체가 동의 여부를 표시하도록 하는 방법
5. 동의 내용이 적힌 전자우편을 발송하여 정보주체로부터 동의의 의사표시가 적힌 전자우편을 받는 방법

4번 보기 관련 법령

「개인정보 보호법 시행령」 제15조(개인정보의 목적 외 이용 또는 제3자 제공의 관리) 공공기관은 법 제18조 제2항에 따라 개인정보를 목적 외의 용도로 이용하거나 이를 제3자에게 제공하는 경우에는 다음 각 호의 사항을 보호위원회가 정하여 고시하는 개인정보의 목적 외 이용 및 제3자 제공 대장에 기록하고 관리해야 한다.

법 개정 [2023. 9. 12., 일부개정]

「개인정보 보호법 시행령」 제26조(공공기관의 고정형 영상정보처리기기 설치·운영 사무의 위탁) ① 법 제25조 제8항 단서에 따라 공공기관이 고정형 영상정보처리기기의 설치·운영에 관한 사무를 위탁하는 경우에는 다음 각 호의 내용이 포함된 문서로 하여야 한다. 〈개정 2023. 9. 12.〉

1. 위탁하는 사무의 목적 및 범위
2. 재위탁 제한에 관한 사항
3. 영상정보에 대한 접근 제한 등 안전성 확보 조치에 관한 사항
4. 영상정보의 관리 현황 점검에 관한 사항
5. 위탁받는 자가 준수하여야 할 의무를 위반한 경우의 손해배상 등 책임에 관한 사항

PART 10

정 답 41. ①

「개인정보 보호법 시행령」 제17조(동의를 받는 방법) ① 개인정보처리자는 법 제22조에 따라 개인정보의 처리에 대하여 정보주체의 동의를 받을 때에는 다음 각 호의 조건을 모두 충족해야 한다. 〈신설 2023. 9. 12.〉
1. 정보주체가 자유로운 의사에 따라 동의 여부를 결정할 수 있을 것
2. 동의를 받으려는 내용이 구체적이고 명확할 것
3. 그 내용을 쉽게 읽고 이해할 수 있는 문구를 사용할 것
4. 동의 여부를 명확하게 표시할 수 있는 방법을 정보주체에게 제공할 것

② 개인정보처리자는 법 제22조에 따라 개인정보의 처리에 대하여 다음 각 호의 어느 하나에 해당하는 방법으로 정보주체의 동의를 받아야 한다. 〈개정 2023. 9. 12.〉
1. 동의 내용이 적힌 서면을 정보주체에게 직접 발급하거나 우편 또는 팩스 등의 방법으로 전달하고, 정보주체가 서명하거나 날인한 동의서를 받는 방법
2. 전화를 통하여 동의 내용을 정보주체에게 알리고 동의의 의사표시를 확인하는 방법
3. 전화를 통하여 동의 내용을 정보주체에게 알리고 정보주체에게 인터넷주소 등을 통하여 동의 사항을 확인하도록 한 후 다시 전화를 통하여 그 동의 사항에 대한 동의의 의사표시를 확인하는 방법
4. 인터넷 홈페이지 등에 동의 내용을 게재하고 정보주체가 동의 여부를 표시하도록 하는 방법
5. 동의 내용이 적힌 전자우편을 발송하여 정보주체로부터 동의의 의사표시가 적힌 전자우편을 받는 방법
6. 그 밖에 제1호부터 제5호까지의 규정에 따른 방법에 준하는 방법으로 동의 내용을 알리고 동의의 의사표시를 확인하는 방법

42 **「개인정보 보호법 시행령」에서 규정한 민감정보에 해당하지 않는 것은? (단, 공공기관이 관련 규정에 따라 해당 정보를 처리하는 경우는 제외한다)** 2024년 지방직 9급

① 유전자검사 등의 결과로 얻어진 유전정보
② 「형의 실효 등에 관한 법률」 제2조제5호에 따른 범죄경력자료에 해당하는 정보
③ 개인의 신체적, 생리적, 행동적 특징에 관한 정보로서 특정 개인을 알아보지 못하도록 일정한 기술적 수단을 통해 생성한 정보
④ 인종이나 민족에 관한 정보

해설

「개인정보 보호법 시행령」 제18조(민감정보의 범위) 법 제23조 제1항 각 호 외의 부분 본문에서 "대통령령으로 정하는 정보"란 다음 각 호의 어느 하나에 해당하는 정보를 말한다. 다만, 공공기관이 법 제18조 제2항 제5호부터 제9호까지의 규정에 따라 다음 각 호의 어느 하나에 해당하는 정보를 처리하는 경우의 해당 정보는 제외한다. 〈개정 2016. 9. 29., 2020. 8. 4.〉
1. 유전자검사 등의 결과로 얻어진 유전정보
2. 「형의 실효 등에 관한 법률」 제2조 제5호에 따른 범죄경력자료에 해당하는 정보
3. 개인의 신체적, 생리적, 행동적 특징에 관한 정보로서 특정 개인을 알아볼 목적으로 일정한 기술적 수단을 통해 생성한 정보
4. 인종이나 민족에 관한 정보

43 「정보통신망 이용촉진 및 정보보호 등에 관한 법률」의 용어에 대한 설명으로 옳지 않은 것은?

2022년 국가직 9급

① "정보통신서비스 제공자"란 「전기통신사업법」 제2조제8호에 따른 전기통신사업자와 영리를 목적으로 전기통신사업자의 전기통신역무를 이용하여 정보를 제공하거나 정보의 제공을 매개하는 자를 말한다.

② "통신과금서비스이용자"란 정보통신서비스 제공자가 제공하는 정보통신서비스를 이용하는 자를 말한다.

③ "전자문서"란 컴퓨터 등 정보처리능력을 가진 장치에 의하여 전자적인 형태로 작성되어 송수신되거나 저장된 문서형식의 자료로서 표준화된 것을 말한다.

④ 해킹, 컴퓨터바이러스, 논리폭탄, 메일폭탄, 서비스거부 또는 고출력 전자기파 등의 방법으로 정보통신망 또는 이와 관련된 정보시스템을 공격하는 행위로 인하여 발생한 사태는 "침해사고"에 해당한다.

해 설

「정보통신망 이용촉진 및 정보보호 등에 관한 법률」 제2조(정의) ① 이 법에서 사용하는 용어의 뜻은 다음과 같다.

3. "정보통신서비스 제공자"란 「전기통신사업법」 제2조 제8호에 따른 전기통신사업자와 영리를 목적으로 전기통신사업자의 전기통신역무를 이용하여 정보를 제공하거나 정보의 제공을 매개하는 자를 말한다.
4. "이용자"란 정보통신서비스 제공자가 제공하는 정보통신서비스를 이용하는 자를 말한다.
5. "전자문서"란 컴퓨터 등 정보처리능력을 가진 장치에 의하여 전자적인 형태로 작성되어 송수신되거나 저장된 문서형식의 자료로서 표준화된 것을 말한다.
7. "침해사고"란 다음 각 목의 방법으로 정보통신망 또는 이와 관련된 정보시스템을 공격하는 행위로 인하여 발생한 사태를 말한다.
   가. 해킹, 컴퓨터바이러스, 논리폭탄, 메일폭탄, 서비스거부 또는 고출력 전자기파 등의 방법
   나. 정보통신망의 정상적인 보호·인증 절차를 우회하여 정보통신망에 접근할 수 있도록 하는 프로그램이나 기술적 장치 등을 정보통신망 또는 이와 관련된 정보시스템에 설치하는 방법
12. "통신과금서비스이용자"란 통신과금서비스제공자로부터 통신과금서비스를 이용하여 재화등을 구입·이용하는 자를 말한다.

PART 10

정답 42. ③ 43. ②

44 「정보통신망 이용촉진 및 정보보호 등에 관한 법률」에서 규정하고 있는 사항이 아닌 것은?

2023년 지방직 9급

① 정보통신망의 표준화 및 인증
② 정보통신망의 안정성 확보
③ 고정형 영상정보처리기기의 설치·운영 제한
④ 집적된 정보통신시설의 보호

해설

「정보통신망 이용촉진 및 정보보호 등에 관한 법률」 제8조(정보통신망의 표준화 및 인증) ① 과학기술정보통신부장관은 정보통신망의 이용을 촉진하기 위하여 정보통신망에 관한 표준을 정하여 고시하고, 정보통신서비스 제공자 또는 정보통신망과 관련된 제품을 제조하거나 공급하는 자에게 그 표준을 사용하도록 권고할 수 있다. 다만, 「산업표준화법」 제12조에 따른 한국산업표준이 제정되어 있는 사항에 대하여는 그 표준에 따른다.

「정보통신망 이용촉진 및 정보보호 등에 관한 법률」 제45조(정보통신망의 안정성 확보 등) ① 다음 각 호의 어느 하나에 해당하는 자는 정보통신서비스의 제공에 사용되는 정보통신망의 안정성 및 정보의 신뢰성을 확보하기 위한 보호조치를 하여야 한다.

1. 정보통신서비스 제공자
2. 정보통신망에 연결되어 정보를 송·수신할 수 있는 기기·설비·장비 중 대통령령으로 정하는 기기·설비·장비(이하 "정보통신망연결기기등"이라 한다)를 제조하거나 수입하는 자

「정보통신망 이용촉진 및 정보보호 등에 관한 법률」 제46조(집적된 정보통신시설의 보호) ① 다음 각 호의 어느 하나에 해당하는 정보통신서비스 제공자 중 정보통신시설의 규모 등이 대통령령으로 정하는 기준에 해당하는 자(이하 "집적정보통신시설 사업자등"이라 한다)는 정보통신시설을 안정적으로 운영하기 위하여 대통령령으로 정하는 바에 따른 보호조치를 하여야 한다. 〈개정 2020. 6. 9., 2023. 1. 3.〉

1. 타인의 정보통신서비스 제공을 위하여 집적된 정보통신시설을 운영·관리하는 자(이하 "집적정보통신시설 사업자"라 한다)
2. 자신의 정보통신서비스 제공을 위하여 직접 집적된 정보통신시설을 운영·관리하는 자

45 「정보통신망 이용촉진 및 정보보호 등에 관한 법률 시행령」 제19조(국내대리인 지정 대상자의 범위)에 명시된 자가 아닌 것은? 2020년 국가직 9급

① 전년도(법인인 경우에는 전(前) 사업연도를 말한다) 매출액이 1,000억 원 이상인 자
② 정보통신서비스 부문 전년도(법인인 경우에는 전 사업연도를 말한다) 매출액이 100억 원 이상인 자
③ 전년도 말 기준 직전 3개월간 그 개인정보가 저장·관리되고 있는 이용자 수가 일일평균 100만 명 이상인 자
④ 이 법을 위반하여 개인정보 침해 사건·사고가 발생하였거나 발생할 가능성이 있는 경우로서 법 제64조제1항에 따라 방송 통신위원회로부터 관계 물품·서류 등을 제출하도록 요구받은 자

해설

「정보통신망 이용촉진 및 정보보호 등에 관한 법률 시행령」 제19조(국내대리인 지정 대상자의 범위) ① 법 제32조의5 제1항에서 "대통령령으로 정하는 기준에 해당하는 자"란 다음 각 호의 어느 하나에 해당하는 자를 말한다.

1. 전년도[법인인 경우에는 전(前) 사업연도를 말한다] 매출액이 1조원 이상인 자
2. 정보통신서비스 부문 전년도(법인인 경우에는 전 사업연도를 말한다) 매출액이 100억원 이상인 자
3. 전년도 말 기준 직전 3개월간 그 개인정보가 저장·관리되고 있는 이용자 수가 일일평균 100만명 이상인 자
4. 이 법을 위반하여 개인정보 침해 사건·사고가 발생하였거나 발생할 가능성이 있는 경우로서 법 제64조 제1항에 따라 방송통신위원회로부터 관계 물품·서류 등을 제출하도록 요구받은 자

② 제1항 제1호 및 제2호에 따른 매출액은 전년도(법인인 경우에는 전 사업연도를 말한다) 평균환율을 적용하여 원화로 환산한 금액을 기준으로 한다.

법 개정

「정보통신망 이용촉진 및 정보보호 등에 관한 법률 시행령」 제19조(국내대리인 지정 대상자의 범위) ① 법 제32조의5 제1항에서 "대통령령으로 정하는 기준에 해당하는 자"란 다음 각 호의 어느 하나에 해당하는 자를 말한다. 〈개정 2020. 8. 4.〉

1. 전년도[법인인 경우에는 전(前) 사업연도를 말한다] 매출액이 1조원 이상인 자
2. 정보통신서비스 부문 전년도(법인인 경우에는 전 사업연도를 말한다) 매출액이 100억원 이상인 자
3. 삭제 〈2020. 8. 4.〉
4. 이 법을 위반하여 정보통신서비스 이용의 안전성을 현저히 해치는 사건·사고가 발생하였거나 발생할 가능성이 있는 경우로서 법 제64조 제1항에 따라 방송통신위원회로부터 관계 물품·서류 등을 제출하도록 요구받은 자

② 제1항 제1호 및 제2호에 따른 매출액은 전년도(법인인 경우에는 전 사업연도를 말한다) 평균환율을 적용하여 원화로 환산한 금액을 기준으로 한다.

PART 10

정답 44. ③ 45. ①

46 **「정보통신망 이용촉진 및 정보보호 등에 관한 법률」 제23조의3(본인확인기관의 지정 등)에 의거하여 다음의 사항을 심사하여 대체수단의 개발 · 제공 · 관리 업무(이하 "본인확인업무"라 한다)를 안전하고 신뢰성 있게 수행할 능력이 있다고 인정되는 자를 본인확인기관으로 지정할 수 있는 기관은?** 2023년 국가직 9급

> 1. 본인확인업무의 안전성 확보를 위한 물리적 · 기술적 · 관리적 조치계획
> 2. 본인확인업무의 수행을 위한 기술적 · 재정적 능력
> 3. 본인확인업무 관련 설비규모의 적정성

① 과학기술정보통신부
② 개인정보보호위원회
③ 방송통신위원회
④ 금융위원회

해설

「정보통신망 이용촉진 및 정보보호 등에 관한 법률」 제23조의3(본인확인기관의 지정 등) ① 방송통신위원회는 다음 각 호의 사항을 심사하여 대체수단의 개발 · 제공 · 관리 업무(이하 "본인확인업무"라 한다)를 안전하고 신뢰성 있게 수행할 능력이 있다고 인정되는 자를 본인확인기관으로 지정할 수 있다.

1. 본인확인업무의 안전성 확보를 위한 물리적 · 기술적 · 관리적 조치계획
2. 본인확인업무의 수행을 위한 기술적 · 재정적 능력
3. 본인확인업무 관련 설비규모의 적정성

47 **「정보통신망 이용촉진 및 정보보호 등에 관한 법률」 제23조의4(본인확인업무의 정지 및 지정취소)상 본인확인업무에 대해 전부 또는 일부의 정지를 명하거나 본인확인기관 지정을 취소할 수 있는 사유에 해당하지 않는 것은?** 2022년 지방직 9급

① 「정보통신망 이용촉진 및 정보보호 등에 관한 법률」 제23조의3제4항에 따른 지정기준에 적합하지 아니하게 된 경우
② 거짓이나 그 밖의 부정한 방법으로 본인확인기관의 지정을 받은 경우
③ 본인확인업무의 정지명령을 받은 자가 그 명령을 위반하여 업무를 정지하지 아니한 경우
④ 지정받은 날부터 3개월 이내에 본인확인업무를 개시하지 아니하거나 3개월 이상 계속하여 본인확인업무를 휴지한 경우

해설

「정보통신망 이용촉진 및 정보보호 등에 관한 법률」 제23조의4(본인확인업무의 정지 및 지정취소) ① 방송통신위원회는 본인확인기관이 다음 각 호의 어느 하나에 해당하는 때에는 6개월 이내의 기간을 정하여 본인확인업무의 전부 또는 일부의 정지를 명하거나 지정을 취소할 수 있다. 다만, 제1호 또는 제2호에 해당하는 때에는 그 지정을 취소하여야 한다.

1. 거짓이나 그 밖의 부정한 방법으로 본인확인기관의 지정을 받은 경우
2. 본인확인업무의 정지명령을 받은 자가 그 명령을 위반하여 업무를 정지하지 아니한 경우
3. 지정받은 날부터 6개월 이내에 본인확인업무를 개시하지 아니하거나 6개월 이상 계속하여 본인확인업무를 휴지한 경우
4. 제23조의3 제4항에 따른 지정기준에 적합하지 아니하게 된 경우

48 「정보통신망 이용촉진 및 정보보호 등에 관한 법률」 제45조(정보통신망의 안정성 확보 등)에 정보보호조치에 관한 지침에 포함되어야 할 보호조치로 명시되지 않은 것은? 2020년 국가직 9급

① 정보의 불법 유출 · 위조 · 변조 · 삭제 등을 방지하기 위한 기술적 보호조치
② 사전 정보보호대책 마련 및 보안조치 설계 · 구현 등을 위한 기술적 보호조치
③ 정보통신망의 지속적인 이용이 가능한 상태를 확보하기 위한 기술적 · 물리적 보호조치
④ 정보통신망의 안정 및 정보보호를 위한 인력 · 조직 · 경비의 확보 및 관련 계획수립 등 관리적 보호조치

해설

「정보통신망 이용촉진 및 정보보호 등에 관한 법률」 제45조(정보통신망의 안정성 확보 등) ① 다음 각 호의 어느 하나에 해당하는 자는 정보통신서비스의 제공에 사용되는 정보통신망의 안정성 및 정보의 신뢰성을 확보하기 위한 보호조치를 하여야 한다. 〈개정 2020. 6. 9.〉

1. 정보통신서비스 제공자
2. 정보통신망에 연결되어 정보를 송 · 수신할 수 있는 기기 · 설비 · 장비 중 대통령령으로 정하는 기기 · 설비 · 장비(이하 "정보통신망연결기기등"이라 한다)를 제조하거나 수입하는 자

② 과학기술정보통신부장관은 제1항에 따른 보호조치의 구체적 내용을 정한 정보보호조치에 관한 지침(이하 "정보보호지침"이라 한다)을 정하여 고시하고 제1항 각 호의 어느 하나에 해당하는 자에게 이를 지키도록 권고할 수 있다. 〈개정 2012. 2. 17., 2013. 3. 23., 2017. 7. 26., 2020. 6. 9.〉

③ 정보보호지침에는 다음 각 호의 사항이 포함되어야 한다. 〈개정 2016. 3. 22., 2020. 6. 9.〉

1. 정당한 권한이 없는 자가 정보통신망에 접근 · 침입하는 것을 방지하거나 대응하기 위한 정보보호시스템의 설치 · 운영 등 기술적 · 물리적 보호조치
2. 정보의 불법 유출 · 위조 · 변조 · 삭제 등을 방지하기 위한 기술적 보호조치
3. 정보통신망의 지속적인 이용이 가능한 상태를 확보하기 위한 기술적 · 물리적 보호조치
4. 정보통신망의 안정 및 정보보호를 위한 인력 · 조직 · 경비의 확보 및 관련 계획수립 등 관리적 보호조치
5. 정보통신망연결기기등의 정보보호를 위한 기술적 보호조치

④ 과학기술정보통신부장관은 관계 중앙행정기관의 장에게 소관 분야의 정보통신망연결기기등과 관련된 시험 · 검사 · 인증 등의 기준에 정보보호지침의 내용을 반영할 것을 요청할 수 있다. 〈신설 2020. 6. 9.〉
[전문개정 2008. 6. 13.] [시행일 : 2020. 12. 10.] 제45조

PART 10

정답 46. ③ 47. ④ 48. ②

49 **「정보통신망 이용촉진 및 정보보호 등에 관한 법률」 제45조(정보 통신망의 안정성 확보 등)에서 정보보호지침에 포함되어야 하는 사항으로 명시적으로 규정한 것이 아닌 것은?** 2024년 국가직 9급

① 정보통신망연결기기등의 정보보호를 위한 물리적 보호조치
② 정보의 불법 유출·위조·변조·삭제 등을 방지하기 위한 기술적 보호조치
③ 정보통신망의 지속적인 이용이 가능한 상태를 확보하기 위한 기술적·물리적 보호조치
④ 정보통신망의 안정 및 정보보호를 위한 인력·조직·경비의 확보및 관련 계획수립 등 관리적 보호조치

해설

「정보통신망 이용촉진 및 정보보호 등에 관한 법률」 제45조(정보통신망의 안정성 확보 등) ③ 정보보호지침에는 다음 각 호의 사항이 포함되어야 한다. 〈개정 2016. 3. 22., 2020. 6. 9.〉

1. 정당한 권한이 없는 자가 정보통신망에 접근·침입하는 것을 방지하거나 대응하기 위한 정보보호시스템의 설치·운영 등 기술적·물리적 보호조치
2. 정보의 불법 유출·위조·변조·삭제 등을 방지하기 위한 기술적 보호조치
3. 정보통신망의 지속적인 이용이 가능한 상태를 확보하기 위한 기술적·물리적 보호조치
4. 정보통신망의 안정 및 정보보호를 위한 인력·조직·경비의 확보 및 관련 계획수립 등 관리적 보호조치
5. 정보통신망연결기기등의 정보보호를 위한 기술적 보호조치

④ 과학기술정보통신부장관은 관계 중앙행정기관의 장에게 소관 분야의 정보통신망연결기기등과 관련된 시험·검사·인증 등의 기준에 정보보호지침의 내용을 반영할 것을 요청할 수 있다. 〈신설 2020. 6. 9.〉

50 **「정보통신망 이용촉진 및 정보보호 등에 관한 법률」 제45조의3(정보보호 최고책임자의 지정 등)에 따른 정보보호 최고책임자의 업무가 아닌 것은?** 2021년 지방직 9급

① 정보보호 사전 보안성 검토
② 정보보호 취약점 분석·평가 및 개선
③ 중요 정보의 암호화 및 보안서버 적합성 검토
④ 정보통신시설을 안정적으로 운영하기 위하여 대통령령으로 정하는 바에 따른 보호조치

해설

「정보통신망 이용촉진 및 정보보호 등에 관한 법률」 제45조의3(정보보호 최고책임자의 지정 등) ① 정보통신서비스 제공자는 정보통신시스템 등에 대한 보안 및 정보의 안전한 관리를 위하여 임원급의 정보보호 최고책임자를 지정하고 과학기술정보통신부장관에게 신고하여야 한다. 다만, 자산총액, 매출액 등이 대통령령으로 정하는 기준에 해당하는 정보통신서비스 제공자의 경우에는 정보보호 최고책임자를 지정하지 아니할 수 있다. 〈개정 2014. 5. 28., 2017. 7. 26., 2018. 6. 12.〉

② 제1항에 따른 신고의 방법 및 절차 등에 대해서는 대통령령으로 정한다. 〈신설 2014. 5. 28.〉

③ 제1항 본문에 따라 지정 및 신고된 정보보호 최고책임자(자산총액, 매출액 등 대통령령으로 정하는 기준에 해당하는 정보통신서비스 제공자의 경우로 한정한다)는 제4항의 업무 외의 다른 업무를 겸직할 수 없다. 〈신설 2018. 6. 12.〉

④ 정보보호 최고책임자는 다음 각 호의 업무를 총괄한다. 〈개정 2014. 5. 28., 2018. 6. 12.〉
1. 정보보호관리체계의 수립 및 관리·운영
2. 정보보호 취약점 분석·평가 및 개선
3. 침해사고의 예방 및 대응
4. 사전 정보보호대책 마련 및 보안조치 설계·구현 등
5. 정보보호 사전 보안성 검토
6. 중요 정보의 암호화 및 보안서버 적합성 검토
7. 그 밖에 이 법 또는 관계 법령에 따라 정보보호를 위하여 필요한 조치의 이행

법 개정

「정보통신망 이용촉진 및 정보보호 등에 관한 법률」 제45조의3(정보보호 최고책임자의 지정 등) ① 정보통신서비스 제공자는 정보통신시스템 등에 대한 보안 및 정보의 안전한 관리를 위하여 대통령령으로 정하는 기준에 해당하는 임직원을 정보보호 최고책임자로 지정하고 과학기술정보통신부장관에게 신고하여야 한다. 다만, 자산총액, 매출액 등이 대통령령으로 정하는 기준에 해당하는 정보통신서비스 제공자의 경우에는 정보보호 최고책임자를 신고하지 아니할 수 있다. 〈개정 2014. 5. 28., 2017. 7. 26., 2018. 6. 12., 2021. 6. 8.〉

② 제1항에 따른 신고의 방법 및 절차 등에 대해서는 대통령령으로 정한다. 〈신설 2014. 5. 28.〉

③ 제1항 본문에 따라 지정 및 신고된 정보보호 최고책임자(자산총액, 매출액 등 대통령령으로 정하는 기준에 해당하는 정보통신서비스 제공자의 경우로 한정한다)는 제4항의 업무 외의 다른 업무를 겸직할 수 없다. 〈신설 2018. 6. 12.〉

④ 정보보호 최고책임자의 업무는 다음 각 호와 같다. 〈개정 2021. 6. 8.〉
1. 정보보호 최고책임자는 다음 각 목의 업무를 총괄한다.
   가. 정보보호 계획의 수립·시행 및 개선
   나. 정보보호 실태와 관행의 정기적인 감사 및 개선
   다. 정보보호 위험의 식별 평가 및 정보보호 대책 마련
   라. 정보보호 교육과 모의 훈련 계획의 수립 및 시행
2. 정보보호 최고책임자는 다음 각 목의 업무를 겸할 수 있다.
   가. 「정보보호산업의 진흥에 관한 법률」 제13조에 따른 정보보호 공시에 관한 업무
   나. 「정보통신기반 보호법」 제5조 제5항에 따른 정보보호책임자의 업무
   다. 「전자금융거래법」 제21조의2 제4항에 따른 정보보호최고책임자의 업무
   라. 「개인정보 보호법」 제31조 제2항에 따른 개인정보 보호책임자의 업무
   마. 그 밖에 이 법 또는 관계 법령에 따라 정보보호를 위하여 필요한 조치의 이행

「정보통신망 이용촉진 및 정보보호 등에 관한 법률」 제46조(집적된 정보통신시설의 보호) ① 타인의 정보통신서비스 제공을 위하여 집적된 정보통신시설을 운영·관리하는 정보통신서비스 제공자(이하 "집적정보통신시설 사업자"라 한다)는 정보통신시설을 안정적으로 운영하기 위하여 대통령령으로 정하는 바에 따른 보호조치를 하여야 한다. 〈개정 2020. 6. 9.〉

정답 49. ① 50. ④

51 **다음 법 조문의 출처는?** 2020년 지방직 9급

> 제47조(정보보호 관리체계의 인증) ① 과학기술정보통신부장관은 정보통신망의 안정성 · 신뢰성 확보를 위하여 관리적 · 기술적 · 물리적 보호조치를 포함한 종합적 관리체계(이하 "정보보호 관리체계"라 한다)를 수립 · 운영하고 있는 자에 대하여 제4항에 따른 기준에 적합한지에 관하여 인증을 할 수 있다.

① 국가정보화 기본법
② 개인정보 보호법
③ 정보통신망 이용촉진 및 정보보호 등에 관한 법률
④ 정보통신산업진흥법

해 설

「정보통신망 이용촉진 및 정보보호 등에 관한 법률」 제47조(정보보호 관리체계의 인증) ① 과학기술정보통신부장관은 정보통신망의 안정성 · 신뢰성 확보를 위하여 관리적 · 기술적 · 물리적 보호조치를 포함한 종합적 관리체계(이하 "정보보호 관리체계"라 한다)를 수립 · 운영하고 있는 자에 대하여 제4항에 따른 기준에 적합한지에 관하여 인증을 할 수 있다.

52 **「정보통신망 이용촉진 및 정보보호 등에 관한 법률」 제48조의4(침해사고의 원인 분석 등)의 내용으로 옳지 않은 것은?** 2023년 지방직 9급

① 정보통신서비스 제공자 등 정보통신망을 운영하는 자는 침해사고가 발생하면 침해사고의 원인을 분석하고 그 결과에 따라 피해의 확산 방지를 위하여 사고대응, 복구 및 재발 방지에 필요한 조치를 하여야 한다.
② 과학기술정보통신부장관은 정보통신서비스 제공자의 정보통신망에 침해사고가 발생하면 그 침해사고의 원인을 분석하고 피해 확산 방지, 사고대응, 복구 및 재발 방지를 위한 대책을 마련하여 해당 정보통신서비스 제공자에게 필요한 조치를 하도록 권고할 수 있다.
③ 과학기술정보통신부장관은 정보통신서비스 제공자의 정보통신망에 발생한 침해사고의 원인 분석 및 대책 마련을 위하여 필요하면 정보통신서비스 제공자에게 정보통신망의 접속기록 등 관련 자료의 보전을 명할 수 있다.
④ 과학기술정보통신부장관이나 민 · 관합동조사단은 관련 규정에 따라 정보통신서비스 제공자로부터 제출받은 침해사고 관련 자료와 조사를 통하여 알게 된 정보를 재발 방지 목적으로 필요한 경우 원인 분석이 끝난 후에도 보존할 수 있다.

해 설

「정보통신망 이용촉진 및 정보보호 등에 관한 법률」 제48조의4(침해사고의 원인 분석 등) ① 정보통신서비스 제공자 등 정보통신망을 운영하는 자는 침해사고가 발생하면 침해사고의 원인을 분석하고 그 결과에 따라 피해의 확산 방지를 위하여 사고대응, 복구 및 재발 방지에 필요한 조치를 하여야 한다.

② 과학기술정보통신부장관은 정보통신서비스 제공자의 정보통신망에 침해사고가 발생하면 그 침해사고의 원인을 분석하고 피해 확산 방지, 사고대응, 복구 및 재발 방지를 위한 대책을 마련하여 해당 정보통신서비스 제공자에게 필요한 조치를 하도록 권고할 수 있다.

③ 과학기술정보통신부장관은 정보통신서비스 제공자의 정보통신망에 중대한 침해사고가 발생한 경우 제2항에 따른 원인 분석 및 대책 마련을 위하여 필요하면 정보보호에 전문성을 갖춘 민·관합동조사단을 구성하여 그 침해사고의 원인 분석을 할 수 있다.

④ 과학기술정보통신부장관은 제2항에 따른 침해사고의 원인 분석 및 대책 마련을 위하여 필요하면 정보통신서비스 제공자에게 정보통신망의 접속기록 등 관련 자료의 보전을 명할 수 있다.

⑤ 과학기술정보통신부장관은 제2항에 따른 침해사고의 원인 분석 및 대책 마련을 하기 위하여 필요하면 정보통신서비스 제공자에게 침해사고 관련 자료의 제출을 요구할 수 있으며, 중대한 침해사고의 경우 소속 공무원 또는 제3항에 따른 민·관합동조사단에게 관계인의 사업장에 출입하여 침해사고 원인을 조사하도록 할 수 있다. 다만, 「통신비밀보호법」 제2조 제11호에 따른 통신사실확인자료에 해당하는 자료의 제출은 같은 법으로 정하는 바에 따른다.

⑥ 과학기술정보통신부장관이나 민·관합동조사단은 제5항에 따라 제출받은 자료와 조사를 통하여 알게 된 정보를 침해사고의 원인 분석 및 대책 마련 외의 목적으로는 사용하지 못하며, 원인 분석이 끝난 후에는 즉시 파기하여야 한다.

⑦ 제3항에 따른 민·관합동조사단의 구성·운영, 제5항에 따라 제출된 자료의 보호 및 조사의 방법·절차 등에 필요한 사항은 대통령령으로 정한다.

53 「정보통신망 이용촉진 및 정보보호 등에 관한 법률」 제52조에 의거하여 정부가 정보통신망의 고도화(정보통신망의 구축·개선 및 관리에 관한 사항을 제외한다)와 안전한 이용 촉진 및 방송통신과 관련한 국제협력·국외진출 지원을 효율적으로 추진하기 위하여 설립한 기관은?

2017년 국가직 9급 추가

① 방송통신위원회
② 한국인터넷진흥원
③ 한국정보화진흥원
④ 정보통신산업진흥원

해 설

「정보통신망 이용촉진 및 정보보호 등에 관한 법률」 제52조(한국인터넷진흥원) ① 정부는 정보통신망의 고도화(정보통신망의 구축·개선 및 관리에 관한 사항을 제외한다)와 안전한 이용 촉진 및 방송통신과 관련한 국제협력·국외진출 지원을 효율적으로 추진하기 위하여 한국인터넷진흥원(이하 "인터넷진흥원"이라 한다)을 설립한다.

PART 10

정답 51. ③ 52. ④ 53. ②

54 **「전자서명법」에 대한 설명으로 옳지 않은 것은?** 2021년 군무원 9급

① "전자문서"란 정보처리시스템에 의하여 전자적 형태로 작성되어 송신 또는 수신되거나 저장된 정보를 말한다.

② 당사자 간의 약정에 따라 행해진 서명, 서명날인 또는 기명날인 방식의 전자서명은 제3의 신뢰기관이 개입하지 않았으므로 「전자서명법」상 효력을 가지지 않는다.

③ "인증서"란 전자서명생성정보가 가입자에게 유일하게 속한다는 사실 등을 확인하고 이를 증명하는 전자적 정보를 말한다.

④ "전자서명생성정보"란 전자서명을 생성하기 위하여 이용하는 전자적 정보를 말한다.

해설

「전자서명법」 제3조(전자서명의 효력) ① 전자서명은 전자적 형태라는 이유만으로 서명, 서명날인 또는 기명날인으로서의 효력이 부인되지 아니한다.

② 법령의 규정 또는 당사자 간의 약정에 따라 서명, 서명날인 또는 기명날인의 방식으로 전자서명을 선택한 경우 그 전자서명은 서명, 서명날인 또는 기명날인으로서의 효력을 가진다.

55 **「전자서명법」상 과학기술정보통신부장관이 정하여 고시하는 전자서명인증업무 운영기준에 포함되어 있는 사항이 아닌 것은?** 2021년 국가직 9급

① 전자서명 관련 기술의 연구·개발·활용 및 표준화

② 전자서명 및 전자문서의 위조·변조 방지대책

③ 전자서명인증서비스의 가입·이용 절차 및 가입자 확인방법

④ 전자서명인증업무의 휴지·폐지 절차

해설

「전자서명법」 제7조(전자서명인증업무 운영기준 등) ① 과학기술정보통신부장관은 전자서명의 신뢰성을 높이고 가입자 및 이용자가 합리적으로 전자서명인증서비스를 선택할 수 있도록 정보를 제공하기 위하여 필요한 조치를 마련하여야 한다.

② 과학기술정보통신부장관은 다음 각 호의 사항이 포함된 전자서명인증업무 운영기준(이하 "운영기준"이라 한다)을 정하여 고시한다. 이 경우 운영기준은 국제적으로 인정되는 기준 등을 고려하여 정하여야 한다.

1. 전자서명 및 전자문서의 위조·변조 방지대책
2. 전자서명인증서비스의 가입·이용 절차 및 가입자 확인방법
3. 전자서명인증업무의 휴지·폐지 절차
4. 전자서명인증업무 관련 시설기준 및 자료의 보호방법
5. 가입자 및 이용자의 권익 보호대책
6. 그 밖에 전자서명인증업무의 운영·관리에 관한 사항

「전자서명법」 제5조(전자서명의 이용 촉진을 위한 지원) 과학기술정보통신부장관은 전자서명의 이용을 촉진하기 위하여 다음 각 호의 사항에 대한 행정적·재정적·기술적 지원을 할 수 있다.

1. 전자서명 관련 기술의 연구·개발·활용 및 표준화
2. 전자서명 관련 전문인력의 양성
3. 다양한 전자서명수단의 이용 확산을 위한 시범사업 추진
4. 전자서명의 상호연동 촉진을 위한 기술지원 및 연동설비 등의 운영
5. 제9조에 따른 인정기관 및 제10조에 따른 평가기관의 업무 수행 및 운영
6. 그 밖에 전자서명의 이용 촉진을 위하여 필요한 사항

56 「전자서명법」상 전자서명인증사업자에 대한 전자서명인증업무 운영기준 준수사실의 인정(이하 "인정"이라 한다)에 대한 설명으로 옳지 않은 것은? 2023년 지방직 9급

① 인정을 받으려는 전자서명인증사업자는 국가기관, 지방자치단체 또는 공공기관이어야 한다.
② 인정을 받으려는 전자서명인증사업자는 평가기관으로부터 평가를 먼저 받아야 한다.
③ 평가기관은 평가를 신청한 전자서명인증사업자의 운영기준 준수 여부에 대한 평가를 하고, 그 결과를 인정기관에 제출하여야 한다.
④ 인정기관은 평가 결과를 제출받은 경우 그 평가 결과와 인정을 받으려는 전자서명인증사업자가 법정 자격을 갖추었는지 여부를 확인하여 인정 여부를 결정하여야 한다.

해설

「전자서명법」 제8조(운영기준 준수사실의 인정) ① 전자서명인증사업자(전자서명인증업무를 하려는 자를 포함한다. 이하 제8조부터 제11조까지에서 같다)는 제9조에 따른 인정기관으로부터 운영기준의 준수사실에 대한 인정을 받을 수 있다. 이 경우 제10조에 따른 평가기관으로부터 운영기준의 준수 여부에 대한 평가를 먼저 받아야 한다.
② 제1항 전단에 따른 인정(이하 "운영기준 준수사실의 인정"이라 한다)을 받으려는 전자서명인증사업자는 국가기관, 지방자치단체 또는 법인이어야 한다.
③ 임원 중에 다음 각 호의 어느 하나에 해당하는 사람이 있는 법인은 운영기준 준수사실의 인정을 받을 수 없다. 〈개정 2021. 10. 19.〉
1. 피성년후견인
2. 파산선고를 받고 복권되지 아니한 사람
3. 금고 이상의 실형을 선고받고 그 집행이 끝나거나(끝난 것으로 보는 경우를 포함한다) 면제된 날부터 3년이 지나지 아니한 사람
4. 금고 이상의 형의 집행유예를 선고받고 그 유예기간 중에 있는 사람
5. 법원의 판결 또는 다른 법률에 따라 자격이 상실되거나 정지된 사람

PART 10

정답 54. ② 55. ① 56. ①

57 **정보통신기반 보호에 대한 설명으로 옳지 않은 것은?** 2021년 군무원 9급

① 중앙행정기관의 장은 소관분야의 정보통신 기반시설 중 업무의 국가사회적 중요성, 업무의 정보통신기반시설에 대한 의존도, 국가안전보장과 경제사회에 미치는 피해규모 및 범위 등을 고려하여 정보통신기반시설을 주요정보통신기반시설로 지정할 수 있다.

② 주요정보통신기반시설 보호계획에는 주요 정보통신기반시설의 취약점 분석 · 평가, 침해사고에 대한 예방 · 백업 · 복구대책, 보호에 관하여 필요한 사항을 포함해야 한다.

③ 정보통신기반보호위원회는 주요정보통신기반 시설에 대하여 보호지침을 제정하고 해당 분야 관리기관의 장에게 이를 지키도록 권고할 수 있다.

④ "정보통신기반시설"이라 함은 국가안전보장 · 행정 · 국방 · 치안 · 금융 · 통신 · 운송 · 에너지 등의 업무와 관련된 전자적 제어 · 관리시스템 및 정보통신망을 말한다.

해설

「정보통신기반 보호법」 제3조(정보통신기반보호위원회) ① 제8조에 따라 지정된 주요정보통신기반시설(이하 "주요정보통신기반시설"이라 한다)의 보호에 관한 사항을 심의하기 위하여 국무총리 소속하에 정보통신기반보호위원회(이하 "위원회"라 한다)를 둔다. 〈개정 2020. 6. 9.〉

② 위원회의 위원은 위원장 1인을 포함한 25인 이내의 위원으로 구성한다.

③ 위원회의 위원장은 국무조정실장이 되고, 위원회의 위원은 대통령령으로 정하는 중앙행정기관의 차관급 공무원과 위원장이 위촉하는 사람으로 한다. 〈개정 2007. 12. 21., 2008. 2. 29., 2013. 3. 23., 2020. 6. 9.〉

④ 위원회의 효율적인 운영을 위하여 위원회에 공공분야와 민간분야를 각각 담당하는 실무위원회를 둔다. 〈개정 2007. 12. 21.〉

⑤ 위원회 및 실무위원회의 구성 · 운영 등에 관하여 필요한 사항은 대통령령으로 정한다.

58 **「정보통신기반 보호법」상의 정보통신기반보호위원회에 관한 사항으로 옳지 않은 것은?**

2020년 국가직 7급

① 「정보통신기반 보호법」 제8조에 따라 지정된 주요정보통신기반시설의 보호에 관한 사항을 심의하기 위하여 국무총리 소속하에 정보통신기반보호위원회(이하 "위원회"라 한다)를 둔다.

② 위원회의 위원은 위원장 1인을 포함한 25인 이내의 위원으로 구성한다.

③ 위원회의 위원장은 과학기술정보통신부장관이 되고, 위원회의 위원은 대통령령으로 정하는 중앙행정기관의 차관급 공무원과 위원장이 위촉하는 사람으로 한다.

④ 위원회의 효율적인 운영을 위하여 위원회에 공공분야와 민간분야를 각각 담당하는 실무위원회를 둔다.

해설

- 57번 문제 해설 참조

59 다음 중 주요정보통신기반시설에 대한 설명으로 가장 적절한 것은? 2024년 군무원 9급

① 주요정보통신기반시설은 「국가정보원법」에서 관련 근거 조항을 찾을 수 있다.
② 주요정보통신기반시설에 대한 취약점 분석·평가는 주요정보통신기반시설의 관리기관이 직접 수행하는 방법이 유일하다고 할 수 있다.
③ 주요정보통신기반시설로 신규 지정이 된 경우, 지정 후 10개월 이내에 취약점 분석·평가를 실시하여야 한다.
④ 주요정보통신기반시설에 대한 최초의 취약점 분석·평가를 한 후에는 매년 정기적으로 취약점 분석·평가를 실시하여야 한다.

해설

주요정보통신기반시설은 「정보통신기반 보호법」에서 관련 근거 조항을 찾을 수 있다.

「정보통신기반 보호법」 제5조(주요정보통신기반시설보호대책의 수립 등) ① 주요정보통신기반시설을 관리하는 기관(이하 "관리기관"이라 한다)의 장은 제9조 제1항 또는 제2항에 따른 취약점 분석·평가의 결과에 따라 소관 주요정보통신기반시설 및 관리 정보를 안전하게 보호하기 위한 예방, 백업, 복구 등 물리적·기술적 대책을 포함한 관리대책(이하 "주요정보통신기반시설보호대책"이라 한다)을 수립·시행하여야 한다.

「정보통신기반 보호법 시행령」 제17조(취약점 분석·평가의 시기) ② 관리기관의 장은 제1항에 따라 소관 주요정보통신기반시설이 지정된 후 당해 주요정보통신기반시설에 대한 최초의 취약점 분석·평가를 한 후에는 매년 취약점의 분석·평가를 실시한다. 다만, 소관 주요정보통신기반시설에 중대한 변화가 발생하였거나 관리기관의 장이 취약점 분석·평가가 필요하다고 판단하는 경우에는 1년이 되지 아니한 때에도 취약점의 분석·평가를 실시할 수 있다.
③ 관리기관의 장은 법 제9조 제2항에 따라 중앙행정기관의 장으로부터 주요정보통신기반시설의 취약점을 분석·평가하도록 명령을 받은 경우에는 그 명령을 받은 날부터 6개월 이내에 해당 시설의 취약점 분석·평가를 실시해야 한다.

정답 57. ③ 58. ③ 59. ④

60 「정보통신기반 보호법」상 주요정보통신기반시설의 보호체계에 대한 설명으로 옳지 않은 것은?

2019년 국가직 9급

① 주요정보통신기반시설 관리기관의 장은 정기적으로 소관 주요정보통신시설의 취약점을 분석・평가하여야 한다.

② 중앙행정기관의 장은 소관분야의 정보통신기반시설을 필요한 경우 주요정보통신기반시설로 지정할 수 있다.

③ 지방자치단체의 장이 관리・감독하는 기관의 정보통신기반시설은 지방자치단체의 장이 주요정보통신기반시설로 지정한다.

④ 과학기술정보통신부장관과 국가정보원장등은 특정한 정보통신기반시설을 주요정보통신기반시설로 지정할 필요가 있다고 판단하면 중앙행정기관의 장에게 해당 정보통신기반시설을 주요정보통신기반시설로 지정하도록 권고할 수 있다.

해 설

「정보통신기반 보호법」 제8조(주요정보통신기반시설의 지정 등) ① 중앙행정기관의 장은 소관분야의 정보통신기반시설 중 다음 각호의 사항을 고려하여 전자적 침해행위로부터의 보호가 필요하다고 인정되는 정보통신기반시설을 주요정보통신기반시설로 지정할 수 있다.

1. 해당 정보통신기반시설을 관리하는 기관이 수행하는 업무의 국가사회적 중요성
2. 제1호의 규정에 의한 기관이 수행하는 업무의 정보통신기반시설에 대한 의존도
3. 다른 정보통신기반시설과의 상호연계성
4. 침해사고가 발생할 경우 국가안전보장과 경제사회에 미치는 피해규모 및 범위
5. 침해사고의 발생가능성 또는 그 복구의 용이성

② 중앙행정기관의 장은 제1항의 규정에 의한 지정 여부를 결정하기 위하여 필요한 자료의 제출을 해당 관리기관에 요구할 수 있다.

③ 관계중앙행정기관의 장은 관리기관이 해당 업무를 폐지・정지 또는 변경하는 경우에는 직권 또는 해당 관리기관의 신청에 의하여 주요정보통신기반시설의 지정을 취소할 수 있다.

④ 지방자치단체의 장이 관리・감독하는 기관의 정보통신기반시설에 대하여는 행정안전부장관이 지방자치단체의 장과 협의하여 주요정보통신기반시설로 지정하거나 그 지정을 취소할 수 있다.

⑤ 중앙행정기관의 장이 제1항 및 제3항의 규정에 의하여 지정 또는 지정 취소를 하고자 하는 경우에는 위원회의 심의를 받아야 한다. 이 경우 위원회는 제1항 및 제3항의 규정에 의하여 지정 또는 지정취소의 대상이 되는 관리기관의 장을 위원회에 출석하게 하여 그 의견을 들을 수 있다.

⑥ 중앙행정기관의 장은 제1항 및 제3항의 규정에 의하여 주요정보통신기반시설을 지정 또는 지정 취소한 때에는 이를 고시하여야 한다. 다만, 국가안전보장을 위하여 필요한 경우에는 위원회의 심의를 받아 이를 고시하지 아니할 수 있다.

⑦ 주요정보통신기반시설의 지정 및 지정취소 등에 관하여 필요한 사항은 이를 대통령령으로 정한다.

61 「정보통신기반 보호법」상 주요정보통신기반시설을 관리하는 기관의 장이 소관 주요정보통신기반 시설의 취약점을 분석 · 평가하게 할 수 있는 기관에 해당하지 않는 것은? 2018년 국가직 7급

① 「정보통신망 이용촉진 및 정보보호 등에 관한 법률」 제52조의 규정에 의한 한국인터넷진흥원
② 「정보보호산업의 진흥에 관한 법률」 제23조에 따라 지정된 정보보호 전문서비스 기업
③ 「정부출연연구기관 등의 설립 · 운영 및 육성에 관한 법률」 제8조의 규정에 의한 한국전자통신 연구원
④ 「국가정보화 기본법」 제14조의 규정에 의한 한국정보화진흥원

해설

「정보통신기반 보호법」 제9조(취약점의 분석 · 평가) ③ 관리기관의 장은 제1항의 규정에 의하여 취약점을 분석 · 평가하고자 하는 경우에는 다음 각호의 1에 해당하는 기관으로 하여금 소관 주요정보통신기반시설의 취약점을 분석 · 평가하게 할 수 있다. 다만, 이 경우 제2항의 규정에 의한 전담반을 구성하지 아니할 수 있다.

1. 「정보통신망 이용촉진 및 정보보호 등에 관한 법률」 제52조의 규정에 의한 한국인터넷진흥원(이하 "인터넷진흥원"이라 한다)
2. 제16조의 규정에 의한 정보공유 · 분석센터(대통령령이 정하는 기준을 충족하는 정보공유 · 분석센터에 한한다)
3. 「정보보호산업의 진흥에 관한 법률」 제23조에 따라 지정된 정보보호 전문서비스 기업
4. 「정부출연연구기관 등의 설립 · 운영 및 육성에 관한 법률」 제8조의 규정에 의한 한국전자통신연구원

62 「정보통신기반 보호법」상 정보통신기반시설과 관련된 사항으로 옳지 않은 것은? 2016년 국가직 7급

① 과학기술정보통신부장관과 국가정보원장등은 특정한 정보통신기반 시설을 주요정보통신기반 시설로 지정할 필요가 있다고 판단되는 경우에는 중앙행정기관의 장에게 해당 정보통신기반시설을 주요정보통신기반시설로 지정하도록 권고할 수 있다.
② 누구든지 주요정보통신기반시설의 운영을 방해할 목적으로 일시에 대량의 신호를 보내거나 부정한 명령을 처리하도록 하는 등의 방법으로 정보처리에 오류를 발생하게 하는 행위를 하여서는 아니 된다.
③ 관리기관의 장은 침해사고가 발생하여 소관 주요정보통신기반 시설의 교란 · 마비 또는 파괴된 사실을 인지한 때에는 관계 행정기관이나 수사기관에 그 사실을 통지할 수 있다.
④ 정부는 정보통신기반시설의 보호에 필요한 기술개발을 효율적으로 추진하기 위하여 필요한 때에는 정보보호 기술개발과 관련된 연구기관 및 민간단체로 하여금 이를 대행하게 할 수 있다.

PART 10

해설

「정보통신기반 보호법」 제13조(침해사고의 통지) ① 관리기관의 장은 침해사고가 발생하여 소관 주요정보통신기반시설이 교란 · 마비 또는 파괴된 사실을 인지한 때에는 관계 행정기관, 수사기관 또는 인터넷진흥원(이하 "관계기관등"이라 한다)에 그 사실을 통지하여야 한다. 이 경우 관계기관등은 침해사고의 피해확산 방지와 신속한 대응을 위하여 필요한 조치를 취하여야 한다.

정답 60. ③ 61. ④ 62. ③

63 **다음은 「정보보호산업의 진흥에 관한 법률」상 정보보호산업의 활성화를 위한 구매수요정보의 제공에 관한 조항의 일부이다. ㉠, ㉡에 들어갈 용어를 바르게 연결한 것은?** 2019년 국가직 7급

> 전자정부법 제2조제2호에 따른 행정기관 또는 공공기관의 장은 소관 기관・시설의 정보보호 수준을 강화하기 위하여 (㉠) 정보보호기술등에 대한 구매수요 정보를 (㉡)에게 제출하여야 한다.

	㉠	㉡
①	매년	과학기술정보통신부장관
②	매년	행정안전부장관
③	2년마다	과학기술정보통신부장관
④	2년마다	행정안전부장관

해설

「정보보호산업의 진흥에 관한 법률」 제6조(구매수요정보의 제공) ① 「전자정부법」 제2조 제2호에 따른 행정기관 또는 공공기관(이하 "공공기관등"이라 한다)의 장은 소관 기관・시설의 정보보호 수준을 강화하기 위하여 매년 정보보호기술등에 대한 구매수요 정보(이하 이 조에서 "구매수요정보"라 한다)를 과학기술정보통신부장관에게 제출하여야 한다.

64 **「정보보호 및 개인정보보호 관리체계 인증 등에 관한 고시」에서 인증심사원에 대한 설명으로 옳지 않은 것은?** 2022년 국가직 9급

① 인증심사원의 자격 유효기간은 자격을 부여받은 날부터 3년으로 한다.

② 인증심사 과정에서 취득한 정보 또는 서류를 관련 법령의 근거나 인증신청인의 동의 없이 누설 또는 유출하거나 업무목적 외에 이를 사용한 경우에는 인증심사원의 자격이 취소될 수 있다.

③ 인증위원회는 자격 유효기간 동안 1회 이상의 인증심사를 참여한 인증심사원에 대하여 자격유지를 위해 자격 유효기간 만료 전까지 수료하여야 하는 보수 교육시간 전부를 이수한 것으로 인정할 수 있다.

④ 인증심사원의 등급별 자격요건 중 선임심사원은 심사원 자격취득자로서 정보보호 및 개인정보보호 관리체계 인증심사를 3회 이상 참여하고 심사일수의 합이 15일 이상인 자이다.

해설

「정보보호 및 개인정보보호 관리체계 인증 등에 관한 고시」 제15조(인증심사원 자격 유지 및 갱신) ① 인증심사원의 자격 유효기간은 자격을 부여받은 날부터 3년으로 한다.

② 인증심사원은 자격유지를 위해 자격 유효기간 만료 전까지 인터넷진흥원이 인정하는 보수교육을 수료하여야 한다.

③ 인터넷진흥원은 자격 유효기간 동안 1회 이상의 인증심사를 참여한 인증심사원에 대하여 제2항의 보수교육 시간 중 일부를 이수한 것으로 인정할 수 있다.

④ 인터넷진흥원은 인증정보를 제공하는 홈페이지에 제2항의 보수교육 운영에 관한 세부내용을 공지하여야 한다.

⑤ 인터넷진흥원은 제2항의 요건을 충족한 인증심사원에 한하여 별지 제8호서식의 정보보호 및 개인정보보호 관리체계 인증심사원 자격 증명서를 갱신하여 발급하고 자격 유효기간을 3년간 연장한다.

65 「개인정보 영향평가에 관한 고시」상 용어의 정의로 옳지 않은 것은? 2022년 지방직 9급

① "대상시스템"이란 「개인정보 보호법 시행령」 제35조에 해당하는 개인정보파일을 구축·운용, 변경 또는 연계하려는 정보시스템을 말한다.

② "대상기관"이란 「개인정보 보호법 시행령」 제35조에 해당하는 개인정보파일을 구축·운용, 변경 또는 연계하려는 공공기관 및 민간기관을 말한다.

③ "개인정보 영향평가 관련 분야 수행실적"이란 「개인정보 보호법 시행령」 제37조제1항제1호에 따른 영향평가 업무 또는 이와 유사한 업무, 정보보호 컨설팅 업무 등을 수행한 실적을 말한다.

④ "개인정보 영향평가"란 「개인정보 보호법」 제33조제1항에 따라 공공기관의 장이 「개인정보 보호법 시행령」 제35조에 해당하는 개인정보파일의 운용으로 인하여 정보주체의 개인정보 침해가 우려되는 경우에 그 위험요인의 분석과 개선 사항 도출을 위한 평가를 말한다.

해설

「개인정보 영향평가에 관한 고시」 제2조(용어의 정의) 이 고시에서 사용하는 용어의 정의는 다음과 각 호와 같다.

1. "개인정보 영향평가(이하 "영향평가"라 한다)"란 법 제33조 제1항에 따라 공공기관의 장이 영 제35조에 해당하는 개인정보파일의 운용으로 인하여 정보주체의 개인정보 침해가 우려되는 경우에 그 위험요인의 분석과 개선 사항 도출을 위한 평가를 말한다.
2. "대상기관"이란 영 제35조에 해당하는 개인정보파일을 구축·운용, 변경 또는 연계하려는 공공기관을 말한다.
3. "개인정보 영향평가기관(이하 "평가기관"이라 한다)"이란 영 제37조 제1항 각 호의 요건을 모두 갖춘 법인으로서 공공기관의 영향평가를 수행하기 위하여 개인정보 보호위원회(이하 "보호위원회"라 한다)가 지정한 기관을 말한다.
4. "대상시스템"이란 영 제35조에 해당하는 개인정보파일을 구축·운용, 변경 또는 연계하려는 정보시스템을 말한다.
5. "개인정보 영향평가 관련 분야 수행실적(이하 "영향평가 관련 분야 수행실적"이라 한다)"이란 영 제37조 제1항 제1호에 따른 영향평가 업무 또는 이와 유사한 업무, 정보보호 컨설팅 업무 등을 수행한 실적을 말한다.

PART 10

정답 63. ① 64. ③ 65. ②

66 **다음 중 「개인정보의 안전성 확보조치 기준」에 대한 설명으로 가장 적절한 것은?** 2024년 군무원 9급

① 개인정보 암호화 대상은 주민등록번호, 여권번호, 비밀번호 등이 있으며 모두 복호화가 가능한 암호화 알고리즘을 사용하여 암호화하여야 한다.

② 개인정보처리자는 개인정보처리시스템에 대한 불법적인 접근 및 침해사고 방지를 위하여 개인정보취급자가 일정시간 이상 업무처리를 하지 않는 경우에는 자동으로 접속이 차단되도록 하는 등 필요한 조치를 하여야 한다.

③ 개인정보처리자는 개인정보취급자의 개인정보처리시스템에 대한 접속기록을 6개월 이상 보관·관리하여야 한다.

④ 개인정보처리자는 개인정보처리시스템에 개인정보취급자의 권한 부여, 변경 또는 말소에 대한 내역을 기록하고, 그 기록을 최소 1년간 보관하여야 한다.

해설

「개인정보의 안전성 확보조치 기준」 제6조(접근통제) ④ 개인정보처리자는 개인정보처리시스템에 대한 불법적인 접근 및 침해사고 방지를 위하여 개인정보취급자가 일정시간 이상 업무처리를 하지 않는 경우에는 자동으로 접속이 차단되도록 하는 등 필요한 조치를 하여야 한다.

「개인정보의 안전성 확보조치 기준」 제7조(개인정보의 암호화) ① 개인정보처리자는 비밀번호, 생체인식정보 등 인증정보를 저장 또는 정보통신망을 통하여 송·수신하는 경우에 이를 안전한 암호 알고리즘으로 암호화하여야 한다. 다만, 비밀번호를 저장하는 경우에는 복호화되지 아니하도록 일방향 암호화하여 저장하여야 한다.

② 개인정보처리자는 다음 각 호의 해당하는 이용자의 개인정보에 대해서는 안전한 암호 알고리즘으로 암호화하여 저장하여야 한다.

1. 주민등록번호
2. 여권번호
3. 운전면허번호
4. 외국인등록번호
5. 신용카드번호
6. 계좌번호
7. 생체인식정보

「개인정보의 안전성 확보조치 기준」 제8조(접속기록의 보관 및 점검) ① 개인정보처리자는 개인정보취급자의 개인정보처리시스템에 대한 접속기록을 1년 이상 보관·관리하여야 한다. 다만, 다음 각 호의 어느 하나에 해당하는 경우에는 2년 이상 보관·관리하여야 한다.

1. 5만명 이상의 정보주체에 관한 개인정보를 처리하는 개인정보처리시스템에 해당하는 경우
2. 고유식별정보 또는 민감정보를 처리하는 개인정보처리시스템에 해당하는 경우
3. 개인정보처리자로서 「전기통신사업법」 제6조 제1항에 따라 등록을 하거나 같은 항 단서에 따라 신고한 기간통신사업자에 해당하는 경우

「개인정보의 안전성 확보조치 기준」 제5조(접근 권한의 관리) ③ 개인정보처리자는 제1항 및 제2항에 의한 권한 부여, 변경 또는 말소에 대한 내역을 기록하고, 그 기록을 최소 3년간 보관하여야 한다.

67 **「개인정보의 안전성 확보조치 기준」상 개인정보처리자가 개인정보를 암호화할 때 준수해야 할 사항으로 옳지 않은 것은?** 2018년 국가직 7급

① 개인정보처리자는 고유식별정보, 비밀번호, 바이오정보를 정보통신망을 통하여 송신하거나 보조저장매체 등을 통하여 전달하는 경우에는 이를 암호화하여야 한다.

② 개인정보처리자는 비밀번호 및 바이오정보는 암호화하여 저장하여야 한다. 다만, 비밀번호를 저장하는 경우에는 복호화되지 아니하도록 일방향 암호화하여 저장하여야 한다.

③ 개인정보처리자는 인터넷 구간 및 인터넷 구간과 내부망의 중간 지점(DMZ : Demilitarized Zone)에 고유식별정보를 저장하는 경우에는 이를 암호화하여야 한다.

④ 개인정보처리자는 업무용 컴퓨터 또는 모바일 기기에 고유식별정보를 저장하여 관리하는 경우 상용 암호화 소프트웨어를 사용하여서는 아니 된다.

해설

「개인정보의 안전성 확보조치 기준」 제7조(개인정보의 암호화) ① 개인정보처리자는 고유식별정보, 비밀번호, 바이오정보를 정보통신망을 통하여 송신하거나 보조저장매체 등을 통하여 전달하는 경우에는 이를 암호화하여야 한다.

② 개인정보처리자는 비밀번호 및 바이오정보는 암호화하여 저장하여야 한다. 다만, 비밀번호를 저장하는 경우에는 복호화되지 아니하도록 일방향 암호화하여 저장하여야 한다.

③ 개인정보처리자는 인터넷 구간 및 인터넷 구간과 내부망의 중간 지점(DMZ : Demilitarized Zone)에 고유식별정보를 저장하는 경우에는 이를 암호화하여야 한다.

⑦ 개인정보처리자는 업무용 컴퓨터 또는 모바일 기기에 고유식별정보를 저장하여 관리하는 경우 상용 암호화 소프트웨어 또는 안전한 암호화 알고리즘을 사용하여 암호화한 후 저장하여야 한다.

PART 10

정답 66. ② 67. ④

68 **「전자정부 SW 개발 · 운영자를 위한 소프트웨어 개발보안 가이드」상 분석 · 설계 단계 보안요구항목과 구현 단계 보안약점을 연결한 것으로 옳지 않은 것은?** 2018년 지방직 9급

분석 · 설계 단계 보안요구항목	구현 단계 보안약점
① DBMS 조회 및 결과 검증	SQL 삽입
② 디렉터리 서비스 조회 및 결과 검증	LDAP 삽입
③ 웹서비스 요청 및 결과 검증	크로스사이트 스크립트
④ 보안기능 동작에 사용되는 입력값 검증	솔트 없이 일방향 해시함수 사용

해설

- DBMS 조회 및 결과 검증: 공지사항 검색을 위한 검색어에 쿼리를 조작할 수 있는 입력값으로 SQL 삽입공격이 시도될 수 있으므로 입력값 검증이 필요하다.
- 웹 서비스 요청 및 결과 검증: 공지사항 검색을 위한 입력정보에 악의적인 스크립트가 포함될 수 있으므로 입력값 검증이 필요하다.
- 디렉터리 서비스 조회 및 결과 검증: LDAP 인증서버를 통해 인증을 구현하는 경우 인증요청을 위해 사용되는 외부입력값은 LDAP 삽입 취약점을 가지지 않도록 필터링해서 사용해야 한다.
- 보안기능 동작에 사용되는 입력값 검증: 보안기능 결정에 사용되는 부적절한 입력값 정수형 오버플로우
- 웹 서비스 요청 및 결과 검증: 크로스사이트 스크립트

69 **「전자정부 SW 개발 · 운영자를 위한 소프트웨어 개발보안 가이드」상 분석 · 설계 단계 보안요구항목과 그에 대한 설명으로 옳지 않은 것은?** 2019년 국가직 7급

① 인증 수행 제한 – 인증 반복시도 제한 및 인증실패 등에 대한 인증제한 기능 설계

② 암호키 관리 – 암호키 생성, 분배, 접근, 파기 등 안전하게 암호키 생명주기를 관리할 수 있는 방법 설계

③ 예외 처리 – 보안기능 동작을 위해 사용되는 입력값과 함수의 외부입력값 및 수행결과에 대한 처리방법 설계

④ 시스템 자원 접근 및 명령어 수행 입력값 검증 – 시스템 자원접근 및 명령어 수행을 위해 사용되는 입력값에 대한 유효성 검증방법과 유효하지 않은 값에 대한 처리방법 설계

해설

예외 처리: 오류메시지에 중요정보(개인정보, 시스템정보, 민감정보 등)가 포함되어 출력되거나, 에러 및 오류가 부적절하게 처리되어 의도치 않는 상황이 발생하는 것을 막기 위한 안전한 방안 설계

70 **온라인상 본인확인서비스에 대한 설명 중 옳지 않은 것은?** 2021년 군무원 9급

① "연계정보"라 함은 정보통신서비스 제공자의 온·오프라인 서비스 연계를 위해 본인확인 기관이 이용자의 주민등록번호와 본인확인 기관 간 공유 비밀정보를 이용하여 생성한 정보를 말한다.
② "중복가입확인정보"라 함은 웹사이트에 가입하고자 하는 이용자의 중복가입 여부를 확인하는데 사용되는 정보로서 본인확인 기관이 이용자의 주민등록번호, 웹사이트 식별번호 및 본인확인기관 간 공유비밀정보를 이용하여 생성한 정보를 말한다.
③ "공유비밀정보"라 함은 본인확인기관이 특정 이용자에 대해 동일한 중복가입확인정보와 연계정보를 생성하기 위해 공유하는 정보를 말한다.
④ 전자서명법에 따른 "전자서명인증사업자"는 "정보통신망 이용촉진 및 정보보호 등에 관한 법률"에 근거해 지정되는 본인확인기관으로 간주된다.

해설

- "전자서명인증사업자"란 전자서명인증업무를 하는 자를 말한다.
- "전자서명인증업무"란 전자서명인증, 전자서명인증 관련 기록의 관리 등 전자서명인증서비스를 제공하는 업무를 말한다.

71 **다음 중 개인정보의 자기결정권에 대한 설명으로 가장 옳은 것은?** 2022년 군무원 9급

① 개인정보를 수집하는 경우에, 처리목적 달성에 필요한 최소한의 개인정보만을 수집해야 하는 책임
② 특정개인을 알아볼 수 있는 정보가 생성된 경우에는 즉시 처리중지, 회수·파기해야 하는 의무
③ 개인정보가 분실·도난·유출·위조·변조·훼손되지 않도록 안전성 확보를 해야 하는 책임
④ 자신에 관한 정보가 언제, 어떻게, 어느 범위까지 수집, 이용, 공개될 수 있는지를 정보주체가 스스로 통제, 결정할 수 있는 권리

해설

개인정보 자기결정권은 정보주체가 자신에 관한 정보를 보호받기 위하여 자신에 관한 정보의 공개와 이용에 관하여 스스로 자율적으로 결정하고 관리할 수 있는 권리이다. 헌법재판소의 판례에 따르면 「헌법」 제10조의 인간의 존엄과 가치 및 행복추구권에 근거를 둔 '일반적 인격권'과 「헌법」 제17조의 '사생활의 비밀과 자유를 침해받지 않을 권리' 등을 바탕으로 개인정보 자기결정권이 보장받아야 할 권리임을 판단하고 있다.

정답 68. ④ 69. ③ 70. ④ 71. ④

72 **다음은 「지능정보화 기본법」 제6조(지능정보사회 종합계획의 수립)의 일부이다. (가), (나)에 들어갈 내용을 바르게 연결한 것은?** 2022년 지방직 9급

> 제6조(지능정보사회 종합계획의 수립) ① 정부는 지능정보사회 정책의 효율적·체계적 추진을 위하여 지능정보사회 종합계획(이하 "종합계획"이라 한다)을 [(가)] 단위로 수립하여야 한다.
> ② 종합계획은 [(나)]이 관계 중앙행정기관(대통령 소속 기관 및 국무총리 소속 기관을 포함한다. 이하 같다)의 장 및 지방자치단체의 장의 의견을 들어 수립하며, 「정보통신 진흥 및 융합 활성화 등에 관한 특별법」 제7조에 따른 정보통신 전략위원회(이하 "전략위원회"라 한다)의 심의를 거쳐 수립·확정한다. 종합계획을 변경하는 경우에도 또한 같다.

	(가)	(나)
①	3년	과학기술정보통신부장관
②	3년	행정안전부장관
③	5년	과학기술정보통신부장관
④	5년	행정안전부장관

해설

「지능정보화 기본법」 제6조(지능정보사회 종합계획의 수립) ① 정부는 지능정보사회 정책의 효율적·체계적 추진을 위하여 지능정보사회 종합계획(이하 "종합계획"이라 한다)을 3년 단위로 수립하여야 한다.
② 종합계획은 과학기술정보통신부장관이 관계 중앙행정기관(대통령 소속 기관 및 국무총리 소속 기관을 포함한다. 이하 같다)의 장 및 지방자치단체의 장의 의견을 들어 수립하며, 「정보통신 진흥 및 융합 활성화 등에 관한 특별법」 제7조에 따른 정보통신 전략위원회(이하 "전략위원회"라 한다)의 심의를 거쳐 수립·확정한다. 종합계획을 변경하는 경우에도 또한 같다.

73 **「클라우드컴퓨팅 발전 및 이용자 보호에 관한 법률」 제25조(침해사고 등의 통지 등), 제26조(이용자 보호 등을 위한 정보 공개), 제27조(이용자 정보의 보호)에 명시된 것으로 옳지 않은 것은?** 2020년 지방직 9급

① 클라우드컴퓨팅서비스 제공자는 이용자 정보가 유출된 때에는 즉시 그 사실을 과학기술정보통신부장관에게 알려야 한다.
② 이용자는 클라우드컴퓨팅서비스 제공자에게 이용자 정보가 저장되는 국가의 명칭을 알려 줄 것을 요구할 수 있다.
③ 클라우드컴퓨팅서비스 제공자는 법원의 제출명령이나 법관이 발부한 영장에 의하지 아니하고는 이용자의 동의 없이 이용자 정보를 제3자에게 제공하거나 서비스 제공 목적 외의 용도로 이용할 수 없다. 클라우드컴퓨팅서비스 제공자로부터 이용자 정보를 제공받은 제3자도 또한 같다.
④ 클라우드컴퓨팅서비스 제공자는 이용자와의 계약이 종료되었을 때에는 이용자에게 이용자 정보를 반환하여야 하고 클라우드컴퓨팅서비스 제공자가 보유하고 있는 이용자 정보를 파기할 수 있다.

해설

「클라우드컴퓨팅 발전 및 이용자 보호에 관한 법률」 제25조(침해사고 등의 통지 등) ① 클라우드컴퓨팅서비스 제공자는 다음 각 호의 어느 하나에 해당하는 경우에는 지체 없이 그 사실을 해당 이용자에게 알려야 한다.

1. 「정보통신망 이용촉진 및 정보보호 등에 관한 법률」 제2조 제7호에 따른 침해사고(이하 "침해사고"라 한다)가 발생한 때
2. 이용자 정보가 유출된 때
3. 사전예고 없이 대통령령으로 정하는 기간(당사자 간 계약으로 기간을 정하였을 경우에는 그 기간을 말한다) 이상 서비스 중단이 발생한 때

② 클라우드컴퓨팅서비스 제공자는 제1항 제2호에 해당하는 경우에는 즉시 그 사실을 과학기술정보통신부장관에게 알려야 한다.

③ 과학기술정보통신부장관은 제2항에 따른 통지를 받거나 해당 사실을 알게 되면 피해 확산 및 재발의 방지와 복구 등을 위하여 필요한 조치를 할 수 있다.

④ 제1항부터 제3항까지의 규정에 따른 통지 및 조치에 필요한 사항은 대통령령으로 정한다.

「클라우드컴퓨팅 발전 및 이용자 보호에 관한 법률」 제26조(이용자 보호 등을 위한 정보 공개) ① 이용자는 클라우드컴퓨팅서비스 제공자에게 이용자 정보가 저장되는 국가의 명칭을 알려 줄 것을 요구할 수 있다.

② 정보통신서비스(「정보통신망 이용촉진 및 정보보호 등에 관한 법률」 제2조 제2호에 따른 정보통신서비스를 말한다. 이하 제3항에서 같다)를 이용하는 자는 정보통신서비스 제공자(「정보통신망 이용촉진 및 정보보호 등에 관한 법률」 제2조 제3호에 따른 정보통신서비스 제공자를 말한다. 이하 제3항에서 같다)에게 클라우드컴퓨팅서비스 이용 여부와 자신의 정보가 저장되는 국가의 명칭을 알려 줄 것을 요구할 수 있다.

③ 과학기술정보통신부장관은 이용자 또는 정보통신서비스 이용자의 보호를 위하여 필요하다고 인정하는 경우에는 클라우드컴퓨팅서비스 제공자 또는 정보통신서비스 제공자에게 제1항 및 제2항에 따른 정보를 공개하도록 권고할 수 있다.

④ 과학기술정보통신부장관이 제3항에 따라 정보를 공개하도록 권고하려는 경우에는 미리 방송통신위원회의 의견을 들어야 한다.

「클라우드컴퓨팅 발전 및 이용자 보호에 관한 법률」 제27조(이용자 정보의 보호) ① 클라우드컴퓨팅서비스 제공자는 법원의 제출명령이나 법관이 발부한 영장에 의하지 아니하고는 이용자의 동의 없이 이용자 정보를 제3자에게 제공하거나 서비스 제공 목적 외의 용도로 이용할 수 없다. 클라우드컴퓨팅서비스 제공자로부터 이용자 정보를 제공받은 제3자도 또한 같다.

② 클라우드컴퓨팅서비스 제공자는 이용자 정보를 제3자에게 제공하거나 서비스 제공 목적 외의 용도로 이용할 경우에는 다음 각 호의 사항을 이용자에게 알리고 동의를 받아야 한다. 다음 각 호의 어느 하나의 사항이 변경되는 경우에도 또한 같다.

1. 이용자 정보를 제공받는 자
2. 이용자 정보의 이용 목적(제공 시에는 제공받는 자의 이용 목적을 말한다)
3. 이용 또는 제공하는 이용자 정보의 항목
4. 이용자 정보의 보유 및 이용 기간(제공 시에는 제공받는 자의 보유 및 이용 기간을 말한다)
5. 동의를 거부할 권리가 있다는 사실 및 동의 거부에 따른 불이익이 있는 경우에는 그 불이익의 내용

③ 클라우드컴퓨팅서비스 제공자는 이용자와의 계약이 종료되었을 때에는 이용자에게 이용자 정보를 반환하여야 하고 클라우드컴퓨팅서비스 제공자가 보유하고 있는 이용자 정보를 파기하여야 한다. 다만, 이용자가 반환받지 아니하거나 반환을 원하지 아니하는 등의 이유로 사실상 반환이 불가능한 경우에는 이용자 정보를 파기하여야 한다.

④ 클라우드컴퓨팅서비스 제공자는 사업을 종료하려는 경우에는 그 이용자에게 사업 종료 사실을 알리고 사업 종료일 전까지 이용자 정보를 반환하여야 하며 클라우드컴퓨팅서비스 제공자가 보유하고 있는 이용자 정보를 파기하여야 한다. 다만, 이용자가 사업 종료일 전까지 반환받지 아니하거나 반환을 원하지 아니하는 등의 이유로 사실상 반환이 불가능한 경우에는 이용자 정보를 파기하여야 한다.

⑤ 제3항 및 제4항에도 불구하고 클라우드컴퓨팅서비스 제공자와 이용자 간의 계약으로 특별히 다르게 정한 경우에는 그에 따른다.

⑥ 제3항 및 제4항에 따른 이용자 정보의 반환 및 파기의 방법·시기, 계약 종료 및 사업 종료 사실의 통지 방법 등에 필요한 사항은 대통령령으로 정한다.

정답 72. ① 73. ④

74 **디지털 포렌식의 기본 원칙에 대한 설명으로 옳지 않은 것은?** 2014년 지방직 9급

① 정당성의 원칙 : 모든 증거는 적법한 절차를 거쳐서 획득되어야 한다.
② 신속성의 원칙 : 컴퓨터 내부의 정보 획득은 신속하게 이루어져야 한다.
③ 연계보관성의 원칙 : 증거자료는 같은 환경에서 같은 결과가 나오도록 재현이 가능해야 한다.
④ 무결성의 원칙 : 획득된 정보는 위·변조되지 않았음을 입증할 수 있어야 한다.

해설

디지털 포렌식의 기본 원칙

1. 정당성의 원칙: 모든 증거는 적법한 절차를 거쳐서 획득되어야 한다.
2. 신속성의 원칙: 컴퓨터 내부의 정보 획득은 신속하게 이루어져야 한다.
3. 연계보관성의 원칙: 수집, 이동, 보관, 분석, 법정제출의 각 단계에서 증거가 명확히 관리되어야 한다.
4. 무결성의 원칙: 획득된 정보는 위·변조되지 않았음을 입증할 수 있어야 한다.
5. 재현의 원칙: 증거자료는 같은 환경에서 같은 결과가 나오도록 재현이 가능해야 한다.

75 **디지털 포렌식을 통해 획득한 증거가 법적인 효력을 갖기 위해 만족해야 할 원칙이 아닌 것은?** 2021년 지방직 9급

① 정당성의 원칙
② 재현의 원칙
③ 무결성의 원칙
④ 기밀성의 원칙

해설

• 74번 문제 해설 참조

76 **디지털포렌식의 원칙에 대한 설명으로 옳지 않은 것은?** 2023년 국가직 9급

① 연계성의 원칙 : 수집된 증거가 위변조되지 않았음을 증명해야 한다.
② 정당성의 원칙 : 법률에서 정하는 적법한 절차와 방식으로 증거가 입수되어야 하며 입수 경위에서 불법이 자행되었다면 그로 인해 수집된 2차적 증거는 모두 무효가 된다.
③ 재현의 원칙 : 불법 해킹 용의자의 해킹 도구가 증거 능력을 가지기 위해서는 같은 상황의 피해 시스템에 도구를 적용할 경우 피해 상황과 일치하는 결과가 나와야 한다.
④ 신속성의 원칙 : 컴퓨터 내부의 정보는 휘발성을 가진 것이 많기 때문에 신속하게 수집되어야 한다.

해설

• 74번 문제 해설 참조

77 **컴퓨터 포렌식(forensics)은 정보처리기기를 통하여 이루어지는 각종 행위에 대한 사실 관계를 확정하거나 증명하기 위해 행하는 각종 절차와 방법이라고 정의할 수 있다. 다음 중 컴퓨터 포렌식에 대한 설명으로 옳지 않은 것은?** 2015년 서울시 9급

① 컴퓨터 포렌식 중 네트워크 포렌식은 사용자가 웹상의 홈페이지를 방문하여 게시판 등에 글을 올리거나 읽는 것을 파악하고 필요한 증거물을 확보하는 것 등의 인터넷 응용프로토콜을 사용하는 분야에서 증거를 수집하는 포렌식 분야이다.
② 컴퓨터 포렌식은 단순히 과학적인 컴퓨터 수사 방법 및 절차뿐만 아니라 법률, 제도 및 각종 기술 등을 포함하는 종합적인 분야라고 할 수 있다.
③ 컴퓨터 포렌식 처리 절차는 크게 증거 수집, 증거 분석, 증거 제출과 같은 단계들로 이루어진다.
④ 디스크 포렌식은 정보기기의 주·보조기억장치에 저장되어 있는 데이터 중에서 어떤 행위에 대한 증거 자료를 찾아서 분석한 보고서를 제출하는 절차와 방법을 말한다.

해설

보기 1번의 내용은 웹 포렌식에 대한 설명이며, 네트워크 포렌식은 네트워크를 통해 전송되는 데이터를 대상으로 증거를 획득하거나 분석하는 것을 말한다.

78 **디지털 포렌식 원칙에 해당하지 않는 것은?** 2021년 군무원 9급

① 정당성의 원칙
② 재현의 원칙
③ 연계보관성의 원칙
④ 무죄 추정의 원칙

해설

무죄 추정의 원칙: 모든 피의자나 피고인은 무죄의 가능성이 있기 때문에 가능한 한 시민의 권리가 보장되어야 한다는 원칙

✓ 포렌식의 기본 원칙

1. 정당성의 원칙: 모든 증거는 적법한 절차를 거쳐서 획득되어야 한다.
2. 신속성의 원칙: 컴퓨터 내부의 정보 획득은 신속하게 이루어져야 한다.
3. 연계보관성의 원칙: 수집, 이동, 보관, 분석, 법정제출의 각 단계에서 증거가 명확히 관리되어야 한다.
4. 무결성의 원칙: 획득된 정보는 위·변조되지 않았음을 입증할 수 있어야 한다.
5. 재현의 원칙: 증거자료는 같은 환경에서 같은 결과가 나오도록 재현이 가능해야 한다.

정답 74. ③ 75. ④ 76. ① 77. ① 78. ④

79 **증거물의 "획득 → 이송 → 분석 → 보관 → 법정 제출" 과정에 대한 추적성을 보장하기 위하여 준수해야 하는 원칙은?** 2024년 국가직 9급

① 연계 보관성의 원칙 ② 정당성의 원칙
③ 재현의 원칙 ④ 무결성의 원칙

해설
• 78번 문제 해설 참조

80 **디지털 포렌식에 대한 설명에서 ㉠, ㉡에 들어갈 용어는?** 2019년 지방직 9급

> (㉠) 공간은 물리적으로 파일에 할당된 공간이지만 논리적으로 사용할 수 없는 낭비 공간이기 때문에, 공격자가 의도적으로 정보를 은닉할 가능성이 있다. 또한, 이전에 저장되었던 데이터가 남아 있을 가능성이 있어 파일 복구와 삭제된 파일의 파편 조사에 활용할 수 있다. 이때, 디지털 포렌식의 파일 (㉡) 과정을 통해 디스크 내 비구조화된 데이터 스트림을 식별하고 의미 있는 내용을 추출할 수 있다.

	㉠	㉡
①	실린더(Cylinder)	역어셈블링(Disassembling)
②	MBR(Master Boot Record)	리버싱(Reversing)
③	클러스터(Cluster)	역컴파일(Decompiling)
④	슬랙(Slack)	카빙(Carving)

해설
• 슬랙(Slack) 공간: 물리적으로 파일에 할당된 공간이지만 논리적으로 사용할 수 없는 낭비 공간
• 카빙(Carving): 바이너리 데이터를 이용하여 디스크의 비할당 영역에서 파일을 복구하는 방식

정답 79. ① 80. ④

MEMO

MEMO